de Gruyter Lehrbuch

Hornfeck · Algebra

Algebra

von

Prof. Dr. Bernhard Hornfeck
Technische Universität Clausthal

2., verbesserte Auflage

Walter de Gruyter · Berlin · New York · 1973

ISBN 3 11 004455 2

Vorwort

Dieses Buch ist aus Vorlesungen entstanden, die zu wiederholten Malen an der Technischen Universität Braunschweig gehalten wurden. Die Auswahl und die Wiedergabe des Stoffes stehen verschiedentlich unter dem Einfluß der letzten Hamburger Algebra-Vorlesungen von Emil ARTIN, deren Inhalt mir durch Mitschriften bekannt wurde. Insbesondere stammt die Darstellung der Sylowschen Sätze hierher.

Die Herren Dr. R. Ecks, Dr. W. Grölz, Prof. Dr. L. Jantscher und G. Langbein haben das ganze Manuskript, Herr Dr. H. Kairies hat einen Teil davon gelesen; ihre Ratschläge waren für mich von großem Nutzen. Meine Frau hat die Reinschrift des Manuskripts besorgt und sämtliche Korrekturen geduldig mitgelesen. Die Zusammenarbeit mit dem Verlag war immer angenehm.

Bei ihnen allen möchte ich mich bedanken.

B. HORNFECK

Inhaltsverzeichnis

Seite

Einleitung

Was ist Algebra? Welche Fragen untersucht man heute in diesem Teilgebiet der Mathematik? Wohl die meisten werden sich an ihren Schulunterricht erinnern und mit dem Wort Algebra Vorstellungen verbinden, die ihr Wesen gar nicht oder nur am Rande beschreiben. Man denkt vielleicht an besondere Techniken beim Umformen oder Berechnen komplizierter Ausdrücke oder wartet auf eine Sammlung überraschender Methoden zur Auflösung gewisser Gleichungen.

Aber all das steht zumindest nicht im Vordergrund einer Algebra, so wie sie heute betrieben wird. Die Motive dafür sind zum Teil recht praktischer Natur. Man mag sich beispielsweise darüber freuen, explizite Formeln für die Nullstellen kubischer Polynome hinschreiben zu können; doch wird es wenige Mathematiker geben, die sie jemals benutzt haben. Das Interessante an diesen für die praktische Anwendung zu komplizierten Formeln, in denen neben Summen, Produkten, Differenzen und Quotienten der Polynomkoeffizienten nur Wurzelzeichen auftreten, ist lediglich ihre Existenz: Es ist ja keineswegs selbstverständlich, daß man die gesuchten Nullstellen in der beschriebenen Gestalt angeben kann.

Wir kommen dem Kern der Algebra durch einfachere Beispiele näher. Man betrachte etwa die bekannten Bruchrechenregeln. Wenn man sie überhaupt einmal sauber bewiesen hat, dann vielleicht in der Form, daß die Zähler und Nenner ganze Zahlen waren. Später lernt man die reellen oder die komplexen Zahlen kennen; wieder gelten die Bruchrechenregeln; aber man muß sie erneut beweisen, obwohl man ziemlich rasch sieht, daß man die alten Beweise ohne wesentliche Änderungen abschreiben kann. Es ist eine der Hauptaufgaben der Algebra, derartige Wiederholungen durch die Herleitung allgemeinerer Sätze zu vermeiden. In dem vorgelegten Fall würden wir etwa folgendes feststellen: Wenn in einem Rechenbereich, den wir dann einen Körper nennen, gewisse Voraussetzungen erfüllt sind, so gelten in ihm die Bruchrechenregeln. Hinterher hätte man sich nur noch zu vergewissern, daß die Menge der komplexen Zahlen ein Körper ist; die Bruchrechenregeln für komplexe Zahlen erscheinen nun als ein Spezialfall eines Satzes der Algebra.

Solche Möglichkeiten der Vereinfachung und Zusammenfassung mathematischer Sachverhalte haben sich im Verlauf der Zeit immer häufiger ergeben, und sie waren keineswegs immer so vordergründiger Natur wie in dem eben geschilderten Beispiel. Auf diese Weise ist die Algebra zu einer Theorie der verschiedensten Rechenoperationen geworden und hat sich längst zu einer selbständigen Disziplin entwickelt, deren Weiterentwicklung eine große Bedeutung für viele andere Gebiete der Mathematik bekommen hat. Etwas konkreter gesagt, betrachtet man Mengen, auf denen gewisse Rechenoperationen erklärt sind, die möglichst wenige einfache Forderungen erfüllen. Man gibt ihnen Namen wie Gruppen, Ringe, Körper und betreibt etwa Gruppentheorie als eine Theorie der Konsequenzen, die sich aus den Gruppenaxiomen ergeben. Weiß man dann von irgendeiner Menge von Zahlen, Matrizen, Funktionen, daß sie eine Gruppe ist, so kann jeder Satz der Gruppentheorie auf sie angewandt werden. Die wichtigsten Anwendungen der Algebra betreffen die Zahlentheorie und die Geometrie, und umgekehrt liefern Geometrie und Zahlentheorie viele Beispiele und Vorstellungen, die zu algebraischen Sätzen führen.

Wollte man eine Geschichte dieser Entwicklung skizzieren, die zur heutigen Auffassung der Algebra geführt hat, so könnte man sie mit drei großen Namen beginnen, die uns noch oft begegnen werden: ABEL (1802—1829), GALOIS (1811—1832), GAUSS (1777—1855). In der zweiten Hälfte des vergangenen Jahrhunderts entwickelte sich dann vor allem die Gruppentheorie, und DEDEKIND (1831—1916) begründete die Idealtheorie; aber der Übergang zum axiomatischen Standpunkt, der sich als so fruchtbar erwiesen hat, war allgemein noch nicht vollzogen. Entscheidende Impulse für diesen Durchbruch gingen erst von HILBERT (1862—1943) aus; sein Einfluß auf die Gestalt der neuzeitlichen Mathematik kann kaum überschätzt werden. In den letzten Jahrzehnten ist die Hinwendung zur Abstraktion immer stärker geworden, und dieser Prozeß hält aus mancherlei Gründen an. Für den schöpferischen Mathematiker bedeutet das nicht gleichzeitig einen Verzicht auf die Anschauung; nur ihre Formen haben sich gewandelt. Letzten Endes wird jede abstrakte Theorie sich an konkreten Spezialfällen bewähren müssen, wenn sie lebendig bleiben soll.

Es ist das Ziel dieses Buches, einen ersten Einblick in dieses umfangreiche Teilgebiet der Mathematik zu vermitteln; bei der Stoffauswahl beschränken wir uns auf einige wesentliche Ausschnitte der Algebra. Viele Fragen, die in ausführlicheren Darstellungen behandelt werden, bleiben deshalb unerwähnt. Auch die sogenannte lineare Algebra, die zusammen mit der analytischen Geometrie an den Beginn eines Mathematikstudiums gehört, ist nur in dem Umfang wiedergegeben, in dem sie später von uns gebraucht wird. Der Leser sollte eine gewisse Vertrautheit im Umgang mit mathematischen Begriffsbildungen besitzen und vielleicht die ersten beiden Studiensemester schon hinter sich haben. Vorkenntnisse werden dagegen nur in ganz geringem Umfang erwartet. Das Rechnen mit komplexen Zahlen ist in einem Anhang, der bei Bedarf zu Rate gezogen werden kann, noch einmal kurz zusammengestellt. Auch das erste Kapitel über die Grundbegriffe der Algebra wird vieles dem Leser bereits Bekannte enthalten. Unbewiesen blieb lediglich der an einigen Stellen aus der komplexen Analysis übernommene Satz, daß jedes nichtkonstante Polynom mit komplexen Koeffizienten wenigstens eine komplexe Nullstelle besitzt.

Der Text ist in Kapitel und die Kapitel sind in Paragraphen aufgeteilt. Längere Paragraphen werden der besseren Übersicht wegen noch einmal in Teilabschnitte zerlegt. Die Sätze sind in jedem Paragraphen neu durchnumeriert; bei Verweisen auf frühere Paragraphen wird deren Nummer vorangestellt; Satz 7.5 ist also Satz 5 aus § 7. Ein Verweis auf § 7.3 dagegen bedeutet den dritten Abschnitt von § 7. Vielen Paragraphen sind Aufgaben beigefügt; die Lösungen finden sich am Schluß des Buches; wenn es erlaubt schien, wurden sie entsprechend knapp formuliert. Von den Ergebnissen früher gestellter Aufgaben wird im Text des Buches mitunter Gebrauch gemacht; sie werden

wie die Sätze zitiert. Am Ende eines jeden Kapitels und hin und wieder auch in einzelnen Paragraphen stehen Literaturverweise, die zu weiterer Lektüre anregen sollen. Nur diese im Text genannten Bücher sind im Literaturverzeichnis aufgeführt. Wer sich ausführlicher mit Algebra beschäftigen will, sei insbesondere auf die umfangreicheren und weiterführenden Werke von JACOBSON [10] und VAN DER WAERDEN [16] hingewiesen.
Die in dem vorliegenden Buch benutzten Symbole wurden, soweit sie nicht allgemein geläufig sind, in einem gesonderten Verzeichnis noch einmal zusammengestellt. Schließlich sind einige Paragraphen, deren Lektüre überschlagen werden kann, durch einen Stern gekennzeichnet.

1 Grundlagen

Wie bereits angedeutet, beschäftigt sich die Algebra mit dem Rechnen in geeignet erklärten Mengen. Wir stellen deshalb zunächst die von uns benötigten Grundbegriffe der Mengenlehre zusammen, wobei wir den sogenannten naiven Standpunkt einnehmen: Fragen der Axiomatik werden nicht erörtert.

§ 1 Mengen

1.1 Unter einer *Menge* verstehen wir die Zusammenfassung irgendwelcher paarweise voneinander verschiedener Objekte, etwa Zahlen oder Buchstaben, zu einem Ganzen; wir bezeichnen Mengen mit großen Buchstaben wie A, B, G, M. Die in der Menge A enthaltenen Objekte heißen *Elemente* von A; ist a ein Element von A, so schreiben wir $a \in A$, andernfalls $a \notin A$.
Wollen wir eine Menge M explizit angeben, so zählen wir in geschweiften Klammern ihre Elemente auf oder beschreiben deren Gesamtheit. Beispielsweise enthält $M_1 = \{1, 2, 3\}$ die Elemente 1, 2, 3;

$$M_2 = \{(x,y): x,y \text{ reell}, x^2 + y^2 = 1\}$$

ist die Menge aller Punkte (x,y) des Einheitskreises. Enthält eine Menge überhaupt keine Elemente, so heißt sie leer. Wir bezeichnen die leere Menge mit $\mathfrak{L}$.

Die Anzahl der Elemente einer Menge M sei $|M|$. Bei unendlichen Mengen schreiben wir $|M| = \infty$; sonst ist $|M|$ eine nichtnegative ganze Zahl und speziell $|\mathfrak{L}| = 0$.

Für einige Mengen, die wiederholt auftreten, wählen wir die folgenden festen Bezeichnungen. Es seien
$\mathfrak{N}$ die Menge der natürlichen Zahlen,
$\mathfrak{Z}$ die Menge der ganzen Zahlen,
$\mathfrak{Q}$ die Menge der rationalen Zahlen,
$\mathfrak{R}$ die Menge der reellen Zahlen,
$\mathfrak{C}$ die Menge der komplexen Zahlen.

Ist jedes Element der Menge A auch Element der Menge B, so heißt A *Teilmenge* von B oder B Obermenge von A; wir sagen auch, A sei in B enthalten, schreiben dafür $A \subset B$ und nennen diese Relation die mengentheoretische Inklusion. Gleichbedeutend mit $A \subset B$ sei $B \supset A$. Für jede Menge M gilt also $M \subset M$ und $\mathfrak{L} \subset M$. Aus $A \subset B$ und $B \subset C$ folgt $A \subset C$; deshalb schreibt man auch fortlaufend $A \subset B \subset C$. So gilt etwa $\mathfrak{N} \subset \mathfrak{Z} \subset \mathfrak{Q} \subset \mathfrak{R} \subset \mathfrak{C}$.

Zwei Mengen A,B heißen einander gleich, $A = B$, wenn sie aus denselben Elementen bestehen, andernfalls ungleich: $A \neq B$; die Reihenfolge, in der die

Elemente der beiden Mengen eventuell explizit aufgeführt werden, spielt also keine Rolle. Die Mengen A, B sind demnach genau dann einander gleich, wenn $A \subset B$ und $A \supset B$ gelten:

$$(1) \qquad A = B \quad \Leftrightarrow \quad A \subset B \text{ und } A \supset B.$$

(Der Pfeil $\Rightarrow$ bedeute, daß aus der Aussage links die Aussage rechts folgt; eine analoge Bedeutung habe $\Leftarrow$. Der Doppelpfeil $\Leftrightarrow$ steht für „$\Rightarrow$ und $\Leftarrow$"; die Aussagen links und rechts sind dann gleichwertig.) Die Gleichheit zweier Mengen wird in der Regel nach dem Schema (1) gezeigt. Die Menge A heißt echte Teilmenge von B, wenn $A \subset B$, aber $A \neq B$ ist.

Unter der *Vereinigung* $A \cup B$ zweier Mengen A, B verstehen wir die Menge aller Elemente aus wenigstens einer der Mengen A oder B,

$$A \cup B =_{Df} \{x \colon x \in A \text{ oder } x \in B\};$$

durch das Zeichen „$=_{Df}$" (lies: definitionsgleich) weisen wir darauf hin, daß die linke Seite der Gleichung nur eine andere Bezeichnung für die rechte ist oder umgekehrt. Entsprechend wird $A \cup B \cup C$ erklärt. Es gelten die Regeln $(A \cup B) \cup C = A \cup (B \cup C) = A \cup B \cup C$ und $A \cup B = B \cup A$. Wir setzen $A_1 \cup A_2 \cup \ldots \cup A_n = \bigcup_{\nu=1}^{n} A_\nu$; für die Vereinigung der Mengen $A_1, A_2, A_3, \ldots$ schreiben wir $\bigcup_{\lambda=1}^{\infty} A_\lambda$ oder unter Angabe der Indexmenge besser $\bigcup_{\lambda \in \mathfrak{N}} A_\lambda$.

Der *Durchschnitt* $A \cap B$ der Mengen A, B wird definiert durch

$$A \cap B =_{Df} \{x \colon x \in A \text{ und } x \in B\},$$

und $A \cap B \cap C$ oder $\bigcap_{\lambda \in \mathfrak{N}} A_\lambda$ usw. haben entsprechende Bedeutungen wie für das Vereinigungszeichen. Die Mengen A, B heißen *elementefremd* oder *disjunkt*, wenn $A \cap B = \mathfrak{L}$ ist. Wieder gelten die Regeln $(A \cap B) \cap C = A \cap (B \cap C) = A \cap B \cap C$ und $A \cap B = B \cap A$. Außerdem sind auch die folgenden Distributivgesetze (2) richtig, die man nach dem Muster (1) beweist.

Aufgabe 1: Zeige

$$(2) \qquad \begin{aligned} A \cap (B \cup C) &= (A \cap B) \cup (A \cap C), \\ A \cup (B \cap C) &= (A \cup B) \cap (A \cup C). \end{aligned}$$

Man darf also in beiden Fällen die Klammern „ausmultiplizieren".

1.2 Die Elemente der Mengen $\mathfrak{N}, \mathfrak{Z}, \mathfrak{Q}, \mathfrak{R}$ lassen sich etwa nach wachsender Größe ordnen. So bekommt man einfache Beispiele für geordnete Mengen im Sinne der folgenden

Definition: *Die Menge M mit den Elementen $a, b, c, \ldots$ heißt teilweise geordnet oder halbgeordnet, wenn in M eine (Ordnungs-)Relation $a < b$ (lies: a vor b) mit den folgenden Eigenschaften (1), (2) erklärt ist:*

(1) Dann und nur dann gilt sowohl $a < b$ als auch $b < a$, wenn $a = b$ ist.

(2) Aus $a < b$ und $b < c$ folgt $a < c$.
Sind überdies je zwei Elemente aus M vergleichbar, gilt also zusätzlich
(3) $a, b \in M \Rightarrow a < b$ oder $b < a$,
so heißt M geordnet oder vollständig geordnet.

Ist also M eine halbgeordnete Menge, so gilt nach (1) speziell $m < m$ für jedes $m \in M$.
Wie schon erwähnt, werden die Mengen $\mathfrak{N}$, $\mathfrak{Z}$, $\mathfrak{Q}$, $\mathfrak{R}$ durch die Relation $a \leqq b$ geordnet im Sinne der aufgeschriebenen Definition.

Ein wichtiges Beispiel einer teilweise geordneten Menge ist die Menge P aller Teilmengen einer vorgelegten Menge M. Es sei etwa $M = \{1, 2, 3\}$. Die sämtlichen Teilmengen von M sind $T_1 = \mathfrak{L}$, $T_2 = \{1\}$, $T_3 = \{2\}$, $T_4 = \{3\}$, $T_5 = \{1, 2\}$, $T_6 = \{1, 3\}$, $T_7 = \{2, 3\}$, $T_8 = \{1, 2, 3\}$, und man bekommt dann $P = \{T_1, T_2, \ldots, T_8\}$. Als Ordnungsrelation für P wählen wir die mengentheoretische Inklusion:

$$T_i < T_j \Leftrightarrow T_i \subset T_j.$$

Auf Grund unserer Feststellungen im vorigen Abschnitt sind damit sicher die Forderungen (1) und (2) unserer Definition erfüllt. Auf diese Weise wird also tatsächlich P teilweise geordnet. Aber P ist dadurch nicht vollständig geordnet; beispielsweise gilt weder $T_2 < T_3$ noch $T_3 < T_2$; (3) ist verletzt.
Im allgemeinen kann eine Menge M auf verschiedene Arten vollständig oder teilweise geordnet werden. Ist M teilweise geordnet, so ist es auch jede Teilmenge T von M vermöge derselben Ordnungsrelation. Ist M teilweise und die nicht leere Teilmenge $K \subset M$ sogar vollständig geordnet, so heißt K eine *Kette* aus M. Ketten aus der eben notierten halbgeordneten Menge P sind zum Beispiel $\{T_1, T_5, T_8\}$ und $\{T_1, T_3, T_7, T_8\}$.
Ein Element a einer geordneten Menge A heißt *erstes Element* von A, wenn für jedes $x \in A$ gilt: $a < x$. Besitzt eine geordnete Menge A ein erstes Element a, so ist es nach (1) eindeutig bestimmt. Im Sinne der erwähnten Ordnung besitzt $\mathfrak{N}$ ein erstes Element, $\mathfrak{Z}$ dagegen nicht. Wir heben nun gewisse geordnete Mengen noch besonders hervor.

Definition: *Eine geordnete Menge M heißt wohlgeordnet, wenn jede nicht leere Teilmenge $T \subset M$ ein erstes Element besitzt.*

Sind also $\mathfrak{N}$, $\mathfrak{Z}$, $\mathfrak{Q}$, $\mathfrak{R}$ nach wachsender Größe ihrer Elemente geordnet, so ist $\mathfrak{N}$ wohlgeordnet, $\mathfrak{Z}$, $\mathfrak{Q}$, $\mathfrak{R}$ dagegen sind es nicht. Eine endliche geordnete Menge ist bereits wohlgeordnet.
Ein klassischer Satz der Mengenlehre, der sogenannte *Wohlordnungssatz* (Zermelo 1904), soll hier nur mitgeteilt sein: *Jede Menge kann wohlgeordnet werden.* Erst recht kann also jede Menge M geordnet werden.

1.3 Sind A, B zwei Mengen, so definieren wir ihr *cartesisches Produkt* $A \times B$ durch

$$A \times B = \{(a, b) \colon a \in A, b \in B\};$$

es besteht also aus allen (geordneten) Paaren (a, b), deren erste Komponente a aus A und deren zweite Komponente b aus B stammt; dabei gilt (a, b)

$= (a', b')$ genau dann, wenn $a = a'$ und $b = b'$ ist. Entsprechend ist $A \times B \times C$ eine Menge von Tripeln (a, b, c) usw.; statt $M \times M$ schreiben wir auch M^2, und M^n bezeichne das Produkt $M \times M \times \ldots \times M$ aus n Faktoren M. Anschaulich bedeutet $\mathfrak{R}^2$ die Menge aller Punkte der Ebene. Schließlich sei M^∞ die Menge aller unendlichen Folgen $(m_1, m_2, m_3, \ldots)$ von Elementen aus M.

1.4 Es seien A und M zwei nicht leere Mengen. Wenn durch eine geeignete Vorschrift jedem Paar (a, m) aus $A \times M$ genau ein $m^* \in M$ zugeordnet ist, so nennt man diese Zuordnung eine *Komposition* von M mit A und schreibt mit einem entsprechenden Zeichen wie $+, \cdot, \circ$ usw. etwa $a \circ m = m^*$. Ist $A = M$, so spricht man auch von einer *inneren Komposition* oder einer *Verknüpfung* von M; ist $A \neq M$, so liegt dagegen eine *äußere Komposition* von M mit A vor. Eine Menge $M \neq \mathfrak{L}$ mit wenigstens einer Komposition heißt *algebraische Struktur*. Die Algebra ist im wesentlichen eine Theorie der algebraischen Strukturen.

Angenommen, die Menge M besitze eine innere Komposition; diese auf M erklärte Verknüpfung sei bequemlichkeitshalber für den Augenblick einfach multiplikativ geschrieben. Man nennt sie *kommutativ*, wenn $xy = yx$ für alle $x, y \in M$ gilt; als *assoziativ* wird sie bezeichnet, wenn für alle $x, y, z \in M$ gilt: $(xy)z = x(yz)$.

Beispiel 1. Man wähle $A = M = \mathfrak{N}$ und als innere Komposition die Addition $a \circ m = a + m$ in $\mathfrak{N}$. Diese Verknüpfung von $\mathfrak{N}$ ist assoziativ und kommutativ.

Beispiel 2. Man wähle $A = M = \mathfrak{Z}$ und als Verknüpfungen die Addition $a + m$ und die Multiplikation $a \cdot m$ in $\mathfrak{Z}$. So wird $\mathfrak{Z}$ eine Menge mit zwei assoziativen und kommutativen Verknüpfungen.

Beispiel 3. Es seien $A = \mathfrak{R}$ und $M = \mathfrak{R}^2$, und $a \circ m$ bedeute das übliche Produkt (ax, ay) des Skalars a mit dem Vektor $m = (x, y)$.

Beispiel 4. Wir betrachten die Menge $P = \{T_1, T_2, \ldots, T_8\}$ aus Abschnitt 2. Mit $T_i, T_j \in P$ gilt auch $T_i \cup T_j \in P$; durch $T_i \cup T_j$ wird also eine Verknüpfung auf P definiert, und diese Verknüpfung ist wieder assoziativ und kommutativ. Eine zweite ebenfalls assoziative und kommutative Verknüpfung auf P liefert $T_i \cap T_j$. Diese beiden Verknüpfungen sind noch durch die sogenannten Absorptionsregeln

$$T_i \cup (T_i \cap T_j) = T_i \,, \quad T_i \cap (T_i \cup T_j) = T_i$$

aneinander gekoppelt. Eine algebraische Struktur V mit zwei assoziativen und kommutativen Verknüpfungen, für die die Absorptionsregeln gelten, heißt ein *Verband*. Die Elemente des Verbandes P sind Mengen; deshalb heißt P auch ein Mengenverband. Die Theorie der Verbände wird in diesem Buch nicht behandelt.

Wir betrachten nun eine Verknüpfung einer algebraischen Struktur S und schreiben sie der Einfachheit halber wieder multiplikativ. Wir setzen $s_1 s_2 s_3 = (s_1 s_2) s_3$, $s_1 s_2 s_3 s_4 = (s_1 s_2 s_3) s_4$ usw. $(s_i \in S)$. Damit ist das Produkt $s_1 s_2 \ldots s_k$ erklärt. Es wird im allgemeinen von der Reihenfolge der Faktoren abhängen.

Besonders wichtig sind die assoziativen Verknüpfungen. Für sie besteht der

Satz 1: *Ist die Verknüpfung assoziativ, so behält das Produkt* $s_1 s_2 \ldots s_k$ *bei jeder Beklammerung denselben Wert.*

Beweis: Vollständige Induktion nach k. Die Behauptung ist nach Voraussetzung für $k = 1, 2, 3$ richtig. Sie sei für k und weniger Faktoren bereits bewiesen. Dann bleibt zu zeigen, daß für jedes $i < k$ die Beziehung

$$(s_1 s_2 \ldots s_i)(s_{i+1} s_{i+2} \ldots s_{k+1}) = s_1 s_2 \ldots s_{k+1}$$

richtig ist; auf weitere Klammern linker Hand konnte wegen der Induktionsvoraussetzung verzichtet werden. Das Assoziativgesetz und die Induktionsvoraussetzung liefern aber gerade

$$\begin{aligned}(s_1 s_2 \ldots s_i)(s_{i+1} s_{i+2} \ldots s_{k+1}) &= (s_1 s_2 \ldots s_i)((s_{i+1} s_{i+2} \ldots s_k) s_{k+1}) \\ &= ((s_1 s_2 \ldots s_i)(s_{i+1} s_{i+2} \ldots s_k)) s_{k+1} \\ &= (s_1 s_2 \ldots s_k) s_{k+1} \\ &= s_1 s_2 \ldots s_{k+1}.\end{aligned}$$

Auf der Gültigkeit dieses Satzes beruht die Bedeutung der assoziativen Verknüpfungen. Das Rechnen mit nicht assoziativen Verknüpfungen ist wegen der Notwendigkeit, auf die Art der Klammersetzung zu achten, sehr viel unbequemer.

§ 2 Die Menge $\mathfrak{N}$ der natürlichen Zahlen

Wir sehen die algebraischen Strukturen $\mathfrak{N}$, $\mathfrak{Z}$, $\mathfrak{Q}$, $\mathfrak{R}$, $\mathfrak{C}$ und das Rechnen mit den beiden Verknüpfungen Addition und Multiplikation als bekannt an. Im Verlauf unserer späteren Untersuchungen wird sich jedoch zeigen, wie die Mengen $\mathfrak{Z}$, $\mathfrak{Q}$, $\mathfrak{R}$, $\mathfrak{C}$ konstruiert und die Verknüpfungen Addition und Multiplikation in ihnen eingeführt werden können, wenn nur $\mathfrak{N}$ und das Rechnen in $\mathfrak{N}$ bekannt sind. Es erscheint deshalb angebracht, die Menge $\mathfrak{N}$ und ihre beiden Verknüpfungen noch axiomatisch zu charakterisieren.

Das folgende Peano*sche Axiomensystem* beschreibt die Menge $\mathfrak{N}$:

(1) $1 \in \mathfrak{N}$.

(2) *Jedes* $n \in \mathfrak{N}$ *besitzt genau einen Nachfolger* $n^* \in \mathfrak{N}$.

(3) *Es gibt kein* $n \in \mathfrak{N}$ *mit* $n^* = 1$; *es ist also stets* $n^* \neq 1$.

(4) $n_1^* = n_2^* \;\Rightarrow\; n_1 = n_2$.

(5) *Ist* $T \subset \mathfrak{N}$, $1 \in T$, *und gilt mit* $t \in T$ *auch* $t^* \in T$, *so ist* $T = \mathfrak{N}$.

Das Axiom (1) besagt, daß $\mathfrak{N}$ nicht leer ist, und es wird ein (erstes) Element von $\mathfrak{N}$, die Eins, angegeben. Die Forderungen (2), (3) und (4) axiomatisieren in anschaulich plausibler Form den Zählprozeß, und das sogenannte Induktionsaxiom (5) drückt aus, daß auf diese Weise alle natürlichen Zahlen gefunden werden. Auf ihm beruht das dem Leser bekannte Beweisprinzip der vollständigen Induktion. Aus (1), (3), (4) und (5) folgt zum Beispiel, daß für alle $n \in \mathfrak{N}$ gilt: $n^* \neq n$. Die Teilmenge $T \subset \mathfrak{N}$ aller $n \in \mathfrak{N}$ mit $n^* \neq n$ wird nämlich gleich $\mathfrak{N}$. Ähnlich sieht man, daß es zu jedem $n \in \mathfrak{N}$, $n \neq 1$, genau ein $k \in \mathfrak{N}$ mit $n = k^*$ gibt.

Auf $\mathfrak{N}$ lassen sich nun durch

(6) $n + 1 = n^*,\ n + m^* = (n + m)^*$

und

(7) $n \cdot 1 = n,\ n \cdot m^* = n \cdot m + n$

(wobei wie üblich das Zeichen für die Multiplikation stärker binden soll als das für die Addition) die Addition und die Multiplikation einführen.

Dieser Aufbau ist sehr lehrreich und kann mit allen Einzelheiten im Kapitel 1 des Buches von LANDAU [15] nachgelesen werden. Wir verzichten auf die genaue Durchführung und formulieren das Ergebnis, auf das wir uns später stützen, als

Satz 1: *Auf* $\mathfrak{N}$ *lassen sich durch* (6) *und* (7) *zwei Verknüpfungen, die Addition und die Multiplikation, erklären. Sie sind beide assoziativ und kommutativ. Für* $a, b, c \in \mathfrak{N}$ *gilt das Distributivgesetz* $a(b + c) = ab + ac$. *An Stelle der nicht immer ausführbaren Umkehroperationen* (*Subtraktion und Division*) *sind die Kürzungsregeln*

$$a + x = a + y \quad \Rightarrow \quad x = y$$

und

$$ax = ay \quad \Rightarrow \quad x = y$$

erfüllt $(a, x, y \in \mathfrak{N})$.

Zum Schluß noch eine Verabredung: Eine natürliche Zahl $p \neq 1$ heißt *Primzahl*, wenn aus $p = mn$ $(m, n \in \mathfrak{N})$ entweder $m = 1$ oder $n = 1$ folgt. Die Eins ist also keine Primzahl.

§ 3 Abbildungen

3.1 Eine Vorschrift f, die jedem Element a einer Menge A genau ein Element b einer Menge B als Bild zuordnet, heißt eine *Abbildung* (Funktion) von A in B. Wir schreiben $f\colon A \to B$ oder $A \underset{f}{\to} B$ und bezeichnen das Bild b von $a \in A$ mit $b = f(a)$. Zu vorgelegtem $b \in B$ braucht dagegen kein $a \in A$ mit $b = f(a)$ zu existieren, und wenn es ein solches a gibt, muß es nicht eindeutig bestimmt sein; jedes a mit $f(a) = b$ heißt *Urbild* oder *Original* von b. Mit $f(A)$ bezeichnen wir die Menge aller Bilder $f(a)$; es gilt also $f(A) \subset B$. Für $T \subset A$ bedeute allgemein $f(T)$ die Menge aller $f(t)$, $t \in T$.

Zwei Abbildungen $f_1\colon A \to B$ und $f_2\colon A \to B$ sind genau dann einander gleich, $f_1 = f_2$, wenn für jedes $x \in A$ gilt: $f_1(x) = f_2(x)$. Gleichheiten von Abbildungen werden so gezeigt.

Ist $f\colon A \to B$ eine Abbildung von A in B und T eine Teilmenge von A, so ordnet f erst recht jedem Element von T genau ein Element aus B als Bild zu und definiert damit eine Abbildung von T in B, die wir die *Restriktion* von f auf T nennen.

Eine Abbildung $f\colon A \to B$, bei der jedes $b \in B$ als Bild auftritt, für die also $f(A) = B$ gilt, heißt *Surjektion, surjektive Abbildung* oder *Abbildung* von A *auf* B.
Eine Abbildung $f\colon A \to B$, bei der jedes $b \in B$ höchstens einmal als Bild auftritt, für die also aus $f(a_1) = f(a_2)$ immer $a_1 = a_2$ folgt, heißt *Injektion, injektive* oder *eineindeutige Abbildung* von A in B.
Eine eineindeutige Abbildung $f\colon A \to B$ von A auf B, also eine Abbildung, die sowohl injektiv als auch surjektiv ist, nennt man auch *bijektiv*. Dann und nur dann, wenn zu jedem $b \in B$ genau ein Original a existiert, ist die Abbildung $f\colon A \to B$ bijektiv, und in diesem Fall schreiben wir auch $a = f^{-1}(b)$ an Stelle von $b = f(a)$. Genau dann also besitzt die Abbildung $f\colon A \to B$ eine sogenannte Umkehrabbildung $f^{-1}\colon B \to A$, wenn sie bijektiv ist, und es gelten dann $f^{-1}(f(a)) = a$ für alle $a \in A$ und $f(f^{-1}(b)) = b$ für alle $b \in B$. Wenn f bijektiv ist, so ist es auch f^{-1}.
Unabhängig davon versteht man unter dem *Urbild* $f^{-1}(T)$ der Menge $T \subset B$ für eine beliebige Abbildung $f\colon A \to B$ die Menge

$$f^{-1}(T) = \{x\colon x \in A \text{ und } f(x) \in T\}$$

aller derjenigen $x \in A$, deren Bilder in T liegen.

Die folgenden Beispiele kann man sich leicht durch einfache Skizzen veranschaulichen:

1) Die durch $f(x) = \sin x$ definierte Abbildung $f\colon \Re \to \Re$ ist weder surjektiv noch injektiv.

2) Die durch $f((x, y)) = x$ definierte Abbildung $f\colon \Re^2 \to \Re$ ist surjektiv, aber nicht injektiv.

3) Die durch $f(x) = \operatorname{arctg} x$ definierte Abbildung $f\colon \Re \to \Re$ ist injektiv, aber nicht surjektiv.

4) Die durch $f(x) = x^3$ definierte Abbildung $f\colon \Re \to \Re$ ist bijektiv.

Ist schließlich M eine beliebige Menge und bildet $f\colon M \to M$ jedes $m \in M$ auf sich selbst ab, $f(m) = m$, so nennt man f die *identische Abbildung*. Wir bezeichnen die identische Abbildung meist mit ε.

3.2 Es seien die Abbildungen $f\colon A \to B$ und $g\colon B \to C$ gegeben; setzt man $h(a) = g(f(a))$ für jedes $a \in A$, so wird dadurch eine Abbildung $h\colon A \to C$ definiert. Man bezeichnet sie als die *Produktabbildung* und schreibt $h = gf$; es ist also $(gf)(a) = g(f(a))$, und wenn Verwechslungen nicht zu befürchten sind, schreiben wir statt $(gf)(a)$ auch einfach $gf(a)$.
Man betrachte zum Beispiel eine bijektive Abbildung $f\colon A \to B$ und ihre Umkehrabbildung $f^{-1}\colon B \to A$. Es folgt $f^{-1}f(a) = a$ für alle $a \in A$; also ist $f^{-1}f = \varepsilon_A$ die identische Abbildung von A, und entsprechend wird $ff^{-1} = \varepsilon_B$ die identische Abbildung von B. Für den Fall $B = A$ können wir schreiben:

$$f^{-1}f = ff^{-1} = \varepsilon.$$

Man prüft ohne Mühe nach: Sind $f: A \to B$ und $g: B \to C$ bijektive Abbildungen, so ist auch die Produktabbildung $gf: A \to C$ bijektiv.
Gehen wir nun von drei Abbildungen f, g, h und dem Schema

$$A \underset{f}{\to} B \underset{g}{\to} C \underset{h}{\to} D$$

aus, so ist das Produkt $hgf =_{Df} h\,(gf)$ erklärt, und es gilt der wichtige

Satz 1: *Das Produkt von Abbildungen ist assoziativ*: $h(gf) = (hg)f$.

Beweis: Die Abbildungen $h(gf)$ und $(hg)f$ bilden A in D ab und haben auf jedes $x \in A$ dieselbe Wirkung; es ist ja $h(gf)(x) = h(gf(x)) = h(g(f(x)))$ und $(hg)f(x) = h(g(f(x)))$.

Aufgabe 1: Es sei f eine Abbildung von A in B. Man zeige:
a) Für jede Teilmenge $T \subset A$ gilt $f^{-1}(f(T)) \supset T$.
b) Für jede Teilmenge $T \subset B$ gilt $f(f^{-1}(T)) \subset T$.
Weder in a) noch in b) steht notwendig das Gleichheitszeichen.

Aufgabe 2: Es seien M und N Teilmengen von A und f eine Abbildung von A in B. Man zeige
a) $f(M \cup N) = f(M) \cup f(N)$,
b) $f(M \cap N) \subset f(M) \cap f(N)$;
an Hand eines Beispiels weise man nach, daß in b) nicht notwendig das Gleichheitszeichen steht.

§ 4 Abzählbarkeit

Eine Menge M heißt *abzählbar*, wenn eine eineindeutige Abbildung von M auf $\mathfrak{N}$ existiert, wenn sich also die Elemente von M mit Eins beginnend durchnumerieren lassen: $m_1, m_2, m_3, \ldots$, und wenn in dieser Liste kein $m \in M$ fehlt. Ist M endlich oder abzählbar, so sagt man auch, M sei *höchstens abzählbar*.
Man sieht sofort, daß eine Teilmenge einer abzählbaren Menge höchstens abzählbar ist.
Ein Beispiel einer nicht abzählbaren Menge ist $\mathfrak{R}$. Schon die Teilmenge $T = \{x: x \in \mathfrak{R}, 0 < x \leqq 1\}$ von $\mathfrak{R}$ ist nämlich nicht abzählbar. Um das einzusehen, denke man sich jedes $t \in T$ eindeutig als unendlichen Dezimalbruch, zum Beispiel $0{,}5 = 0{,}4999\ldots$, geschrieben und eine Liste $t_1, t_2, t_3, \ldots$ von T vorgelegt. Es sei nun a_i die i-te Ziffer hinter dem Komma von t_i und $t = 0, b_1b_2b_3\ldots \in T$ ein unendlicher Dezimalbruch mit $b_i \neq 0$ und $b_i \neq a_i$ $(i = 1, 2, 3, \ldots)$. Dann kann t in der Liste nicht vorkommen. Wäre nämlich $t = t_k$, so müßten t und t_k in der k-ten Ziffer hinter dem Komma übereinstimmen, was aber auf Grund der Konstruktion gerade nicht der Fall ist.
$\mathfrak{R}$ und erst recht $\mathfrak{C}$ sind also nicht abzählbar. Mit $\mathfrak{N}$ ist dagegen auch $\mathfrak{Z}$ abzählbar, wie die Liste $0, 1, -1, 2, -2, \ldots$ zeigt.
Sind die Mengen A, B abzählbar, so ist es auch $A \times B$. Die meisten Abzählbarkeitsbeweise beruhen auf diesem Sachverhalt. Zum Beweis schreibe man sich,

ausgehend von zwei Listen $a_1, a_2, a_3, \ldots$ bzw. $b_1, b_2, b_3, \ldots$ für A bzw. B, die Paare von $A \times B$ in dem quadratischen Schema

$$\begin{array}{ccccc}
(a_1, b_1) & (a_1, b_2) & (a_1, b_3) & (a_1, b_4) & \ldots \\
(a_2, b_1) & (a_2, b_2) & (a_2, b_3) & (a_2, b_4) & \ldots \\
(a_3, b_1) & (a_3, b_2) & (a_3, b_3) & (a_3, b_4) & \ldots \\
(a_4, b_1) & (a_4, b_2) & (a_4, b_3) & (a_4, b_4) & \ldots \\
\ldots & \ldots & \ldots & \ldots & \ldots
\end{array}$$

auf. Eine Liste von $A \times B$ bekommt man dann, indem man die Paare den Pfeilen folgend notiert: $(a_1, b_1), (a_1, b_2), (a_2, b_1), (a_1, b_3), (a_2, b_2), (a_3, b_1), (a_1, b_4), \ldots$

Etwas allgemeiner können wir sagen: Sind die Mengen A, B höchstens abzählbar, so ist auch ihr cartesisches Produkt $A \times B$ höchstens abzählbar. Vollständige Induktion nach n liefert den

Satz 1: *Sind die Mengen $A_1, A_2, \ldots, A_n$ höchstens abzählbar, so ist auch ihr cartesisches Produkt $A_1 \times A_2 \times \ldots \times A_n$ höchstens abzählbar.*

Sind die Mengen A_i $(i = 1, 2, 3, \ldots)$ abzählbar, so ist es auch deren Vereinigung $\bigcup_{i \in \mathfrak{N}} A_i$. Dazu schreibe man sich in die i-te Zeile eine Liste von A_i $(i = 1, 2, 3, \ldots)$ und durchlaufe das entstehende quadratische Schema nach dem obigen Vorbild; bei der Liste für $\bigcup_{i \in \mathfrak{N}} A_i$ hat man nur noch darauf zu achten, daß ein und dasselbe Element in ihr nicht mehrfach auftritt. Etwas allgemeiner formulieren wir den

Satz 2: *Sind die A_i endlich viele oder abzählbar viele höchstens abzählbare Mengen, so ist auch ihre Vereinigung $\bigcup A_i$ höchstens abzählbar.*

Die positiven rationalen Zahlen lassen sich als gekürzte Brüche mit Zähler und Nenner aus $\mathfrak{N}$ schreiben und nach dem Paarschema abzählen. Damit wird schließlich auch $\mathfrak{Q}$ abzählbar.

§ 5 Äquivalenzrelationen

Der Begriff der Äquivalenzrelation ist über die Algebra hinaus von zentraler Bedeutung.

Definition: *Auf einer Menge $M \neq \mathfrak{L}$ mit Elementen $a, b, c, \ldots$ sei eine Relation „$\sim$" erklärt, das heißt, für je zwei Elemente $a, b \in M$ soll feststehen, ob $a \sim b$ gilt oder nicht. Diese Relation heißt Äquivalenzrelation, wenn sie die folgenden drei Bedingungen erfüllt:*

(1) Für jedes $a \in M$ gilt $a \sim a$ (Reflexivität).
(2) Aus $a \sim b$ folgt $b \sim a$ (Symmetrie).
(3) Aus $a \sim b$ und $b \sim c$ folgt $a \sim c$ (Transitivität).

Die einfachste Äquivalenzrelation ist die Gleichheit. In der Mathematik besteht nun oft das Bedürfnis, Dinge als einander gleich anzusehen, die es von

vornherein gar nicht sind. Schon in der Schule werden beispielsweise in bestimmten Fällen kongruente Dreiecke einfach als dieselben betrachtet. Bei solchen Anlässen spielen unsere anschließenden Überlegungen eine grundlegende Rolle.
Beispiel 1. M sei die Menge aller Dreiecke des $\mathfrak{R}^2$, und „$\sim$" bedeute „kongruent".
Beispiel 2. M sei dieselbe Menge, und „$\sim$" bedeute „ähnlich".
Beispiel 3. M sei die Menge aller Geraden des $\mathfrak{R}^3$, und „$\sim$" bedeute „parallel".
Beispiel 4. M sei die Menge aller auf $\mathfrak{R}$ erklärten reellen Funktionen, und „$f \sim g$" bedeute „$f - g$ ist konstant" ($f, g \in M$).

Eine Zerlegung $M = A \cup B \cup C \cup \ldots$ einer Menge M in paarweise disjunkte nicht leere Teilmengen $A, B, C, \ldots$ wollen wir eine *Partition* von M nennen. Eine solche Partition definiert in trivialer Weise eine Äquivalenzrelation auf M: Es bedeute $m \sim n$, daß m und n in derselben Teilmenge der Partition liegen.
Umgekehrt sei nun M vorgelegt und eine Äquivalenzrelation auf M erklärt. Wir wollen zeigen, daß sie in natürlicher Weise eine Partition auf M definiert. Dazu führen wir für jedes $a \in M$ die zugehörige sogenannte *Äquivalenzklasse*

$$K(a) = \{x : x \in M \text{ und } a \sim x\}$$

ein; sie ist wegen $a \sim a$, also $a \in K(a)$, nicht leer. Ersichtlich gilt $M = \bigcup_{a \in M} K(a)$.
Zwei Äquivalenzklassen $K(a)$, $K(b)$ sind nun aber entweder elementefremd oder identisch: Es sei $c \in K(a) \cap K(b)$; ist y ein beliebiges Element aus $K(a)$, so folgt aus $a \sim c$, $b \sim c$ und $a \sim y$ mit (2) und (3) jedenfalls $b \sim y$, also $K(a) \subset K(b)$, und analog wird $K(a) \supset K(b)$. Mit anderen Worten: Aus $K(a) \cap K(b) \neq \mathfrak{L}$ folgt $K(a) = K(b)$. Streicht man also in $M = \bigcup_{a \in M} K(a)$ die überzähligen Klassen rechter Hand heraus, so erhält man eine Partition von M. Wir fassen diese Überlegungen zusammen.

Satz 1: *Eine Äquivalenzrelation auf einer Menge $M \neq \mathfrak{L}$ definiert eine Partition auf M und umgekehrt.*

Ist $K(a)$ eine Äquivalenzklasse in M und b ein beliebiges Element aus $K(a)$, so heißt b ein *Repräsentant* oder Vertreter von $K(a)$. Eine Menge $R \subset M$ heißt *vollständiges Repräsentantensystem* einer Partition von M, wenn R aus jeder Klasse der Partition genau einen Vertreter enthält. Sind m, n Elemente aus M, so gilt dann und nur dann $K(m) = K(n)$, wenn $m \sim n$ ist; aus der Äquivalenz der Elemente wird die Gleichheit der Klassen.
So ist es also etwa auch im obigen Beispiel 1. Die untereinander kongruenten Dreiecke sind äquivalent und nicht von vornherein gleich; Gleichheit gilt dann für die Klassen, zu denen sie gehören.
Beispiel 5. Es sei n eine fest gewählte natürliche Zahl und $M = \mathfrak{Z}$. Die Relation $a \sim b$ bedeute: $a - b$ ist durch n teilbar. Man prüft leicht das Erfülltsein der Forderungen (1), (2), (3) nach. Es wird also M in genau n Äquivalenzklassen zerlegt, und zwar derart, daß alle Elemente einer Klasse bei Division durch n den gleichen Rest r, $0 \leq r < n$, liefern. Diese Äquivalenzklassen heißen

deshalb auch *Restklassen modulo n*; als vollständiges Repräsentantensystem kann $0, 1, 2, \ldots, n-1$ gewählt werden: $M = K(0) \cup K(1) \cup \ldots \cup K(n-1)$.

Aufgabe 1: Es sei $M = \mathfrak{N} \times \mathfrak{N}$. Zeige, daß durch

$$(a, b) \sim (c, d) \quad \Leftrightarrow \quad a + d = b + c$$

eine Äquivalenzrelation auf M erklärt wird.

Aufgabe 2: Es sei $M = \{(x, y) \colon x \in \mathfrak{Z},\ y \in \mathfrak{Z},\ y \neq 0\}$. Zeige, daß durch

$$(a, b) \sim (c, d) \quad \Leftrightarrow \quad ad = bc$$

eine Äquivalenzrelation auf M erklärt wird.

Aufgabe 3: Es sei $f\colon A \to B$ eine Abbildung. Zeige, daß durch

$$a_1 \sim a_2 \quad \Leftrightarrow \quad f(a_1) = f(a_2)$$

eine Äquivalenzrelation auf A erklärt wird.

Literatur: Die Paragraphen 1—5 von Alexandroff [1] und Kamke [11].

2 Gruppen

Wir betrachten im folgenden algebraische Strukturen mit genau einer in der Regel multiplikativ geschriebenen Verknüpfung und beschäftigen uns mit den wichtigsten unter ihnen, den Gruppen. Von der Verknüpfung wird dann nur verlangt, daß sie assoziativ und in einem noch zu präzisierenden Sinn (Satz 6.2) umkehrbar ist. Vorbilder für diese letzte Forderung sind etwa die Subtraktion als Umkehrung der Addition oder die Division als Umkehrung der Multiplikation. So einfache Strukturen wie Gruppen treten oft auf, und darauf beruht ihre Bedeutung.

§ 6 Das Rechnen in Gruppen

6.1 Wir beginnen mit der folgenden

Definition: *Eine Menge $H \neq \emptyset$ mit einer assoziativen Verknüpfung heißt eine Halbgruppe.*

Sind h_i Elemente der Halbgruppe H, so gilt also immer $(h_1h_2)h_3 = h_1(h_2h_3)$, und nach Satz 1.1 behält das Produkt $h_1h_2 \ldots h_k$ bei jeder Beklammerung denselben Wert. Gruppen sind nun Halbgruppen mit den zusätzlichen nachstehenden Eigenschaften (1) und (2).

Definition: *Eine Menge $G \neq \emptyset$ mit einer assoziativen Verknüpfung heißt eine Gruppe, wenn in ihr gilt:*
(1) Es existiert eine sogenannte Linkseins $e \in G$ mit $ea = a$ für alle $a \in G$.
(2) Zu jedem $a \in G$ existiert ein sogenanntes Linksinverses $a^{-1} \in G$ mit $a^{-1}a = e$.
Die Elementeanzahl $|G|$ heißt die Ordnung der Gruppe.

Zunächst wäre es denkbar, daß es neben e weitere Elemente mit der Eigenschaft (1) in G gibt; auch geht aus (2) nicht hervor, daß zu jedem $a \in G$ nur genau ein Linksinverses a^{-1} vorhanden ist. Diese und andere Fragen behandelt der

Satz 1: *G sei eine Gruppe mit der Linkseins e. Dann gelten folgende Aussagen:*
a) *Ist a^{-1} ein Linksinverses von $a \in G$, so ist es auch ein Rechtsinverses: $a^{-1}a = e \quad \Rightarrow \quad aa^{-1} = e$.*
b) *Die Linkseins e ist auch Rechtseins: Für alle $a \in G$ gilt $ae = a$.*
c) *Es seien a und b Elemente aus G. Dann sind die Gleichungen $ax = b$ und $ya = b$ in G eindeutig lösbar.*
d) *Es gibt in G genau ein Element e mit der Eigenschaft (1).*
e) *Zu $a \in G$ gibt es genau ein $a^{-1} \in G$ mit der Eigenschaft (2).*

f) *Es ist* $(a^{-1})^{-1} = a$.
g) *Sind* $a_1, a_2, \ldots, a_n$ *Elemente von* G, *so gilt* $(a_1a_2\ldots a_n)^{-1} = a_n^{-1}a_{n-1}^{-1} \ldots a_1^{-1}$.

Beweis:
a) Es sei a ein beliebiges Element aus G. Wir wählen nach (2) ein a^{-1} und zu diesem ein $(a^{-1})^{-1}$. In G ist dann das Produkt $(a^{-1})^{-1}a^{-1}aa^{-1}$ erklärt. Wir berechnen es, indem wir auf verschiedene Arten Klammern setzen. Einmal wird $(a^{-1})^{-1}(a^{-1}a)a^{-1} = (a^{-1})^{-1}(ea^{-1}) = (a^{-1})^{-1}a^{-1} = e$. Zum anderen ergibt sich $((a^{-1})^{-1}a^{-1})(aa^{-1}) = e(aa^{-1}) = aa^{-1}$. Beides zusammen liefert $aa^{-1} = e$.
b) Nach a) wird $ae = a(a^{-1}a) = (aa^{-1})a = ea = a$.
c) Die Gleichung $ax = b$ ist in G lösbar: Zu $a \in G$ wähle man ein $a^{-1} \in G$ gemäß (2) und setze $x = a^{-1}b$. Auf Grund von a) wird dann richtig $a(a^{-1}b) = (aa^{-1})b = eb = b$. Die Gleichung ist eindeutig lösbar: Aus $ax = ax'$ $(x, x' \in G)$ folgt ja $(a^{-1}a)x = (a^{-1}a)x'$ oder $x = x'$. Analog zeigt man die eindeutige Lösbarkeit von $ya = b$.
d) Nach c) hat die Gleichung $ya = a$ nur eine Lösung.
e) Nach c) hat die Gleichung $ya = e$ nur eine Lösung.
f) Nach c) hat die Gleichung $ya^{-1} = e$ genau eine Lösung y in G. Definitionsgemäß ist $y = (a^{-1})^{-1}$; nach a) darf auch $y = a$ gesetzt werden. Es folgt $(a^{-1})^{-1} = a$.
g) Die Gleichung $y(a_1a_2\ldots a_n) = e$ wird sowohl von $(a_1a_2\ldots a_n)^{-1}$ als auch von $a_n^{-1}a_{n-1}^{-1}\ldots a_1^{-1}$ gelöst, und diese beiden Lösungen müssen nach c) übereinstimmen.

Das Rechnen in Gruppen ist nun übersichtlich geworden; es hat vieles mit der gewohnten Multiplikation gemeinsam; lediglich auf die Reihenfolge der Faktoren muß geachtet werden. Auf Grund von Satz 1 ist ferner die obige Gruppendefinition gleichwertig mit der

Definition: *Eine Menge* $G \neq \mathfrak{L}$ *mit einer assoziativen Verknüpfung heißt eine Gruppe, wenn in ihr gilt:*
(1′) Es existiert ein Einselement $e \in G$ *mit* $ea = ae = a$ *für alle* $a \in G$.
(2′) Zu jedem $a \in G$ *existiert ein Inverses* $a^{-1} \in G$ *mit* $a^{-1}a = aa^{-1} = e$.

Schließlich hätten wir oben an Stelle einer Linkseins und eines Linksinversen auch Rechtseins und Rechtsinverses verlangen und einen zu Satz 1 analogen Satz beweisen können. Gleichwertig mit den beiden bereits gegebenen ist also die folgende dritte

Definition: *Eine Menge* $G \neq \mathfrak{L}$ *mit einer assoziativen Verknüpfung heißt eine Gruppe, wenn in ihr gilt:*
(1″) Es existiert eine Rechtseins $e \in G$ *mit* $ae = a$ *für alle* $a \in G$.
(2″) Zu jedem $a \in G$ *existiert ein Rechtsinverses* $a^{-1} \in G$ *mit* $aa^{-1} = e$.

Als letzte Aussage in diesem Zusammenhang notieren wir noch den

Satz 2: *Eine Gruppe kann auch definiert werden als eine Halbgruppe* G, *in der die Gleichungen* $ax = b$ *und* $ya = b$ *für alle* $a, b \in G$ *lösbar sind.*

Beweis: Nach Satz 1 sind $ax = b$ und $ya = b$ in einer Gruppe immer lösbar. Es sei daher umgekehrt G eine Halbgruppe, in der $ax = b$ und $ya = b$ stets lösbar sind. Wir haben die Forderungen (1) und (2) zu prüfen und zeigen als erstes die Existenz einer Linkseins $e \in G$. Dazu sei g ein beliebiges Element aus G; es existiert, da G nicht leer ist. Wir wählen eine Lösung von $yg = g$ und nennen sie e. Ist nun a irgendein Element aus G, so kann es in der Gestalt $a = gx$ mit einem $x \in G$ geschrieben werden. Es folgt $ea = (eg)x = gx = a$; also ist e Linkseins, und (1) ist erfüllt. Nach Voraussetzung ist ferner für jedes $a \in G$ die Gleichung $ya = e$ lösbar, wie es in (2) verlangt wird.

An die bahnbrechenden Arbeiten des norwegischen Mathematikers N. H. ABEL erinnert die

Definition: *Gilt für alle $a, b \in G$ der Gruppe G das kommutative Gesetz $ab = ba$, so heißt G eine kommutative oder abelsche Gruppe.*

In einer abelschen Gruppe ist folglich das Produkt $a_1a_2\ldots a_n$ von n Gruppenelementen auch noch von der Reihenfolge der Faktoren unabhängig. Abelsche Gruppen schreibt man oft additiv. Das Verknüpfungsergebnis von a und b heißt dann also $a + b$; das bezüglich dieser Verknüpfung *neutrale Element* e wird der Gewohnheit entsprechend mit 0 bezeichnet und Nullelement der Gruppe genannt. Schließlich steht $-a$ an Stelle des Inversen a^{-1}, und man definiert $a + (-b) = a - b$.
In einer multiplikativ geschriebenen beliebigen Gruppe wird dagegen e vielfach mit 1 bezeichnet. Außerdem verwendet man die geläufigen Abkürzungen $aa = a^2$, $aaa = a^3$, $(a^{-1})^2 = a^{-2}$, $a^0 = 1$ usw. und erhält für ganze Zahlen m, n die Potenzrechenregeln $(a^m)^n = a^{mn}$ und $a^m a^n = a^{m+n}$. Naheliegend ist endlich noch die

Definition: *Eine Teilmenge U der Gruppe G heißt Untergruppe von G, wenn U bezüglich der in G erklärten Verknüpfung eine Gruppe ist. Die Untergruppe U heißt echte Untergruppe, wenn $U \neq G$ ist.*

Es gibt natürlich auch andere als die oben erwähnten Möglichkeiten, Gruppen zu definieren. Man hat verschiedentlich nach möglichst schwachen Axiomen gesucht, die zur Charakterisierung von Gruppen noch ausreichen. Die besonders hübschen Axiomensysteme von R. BAER und F.W. LEVI findet man etwa bei KUROSCH [14].

In gruppentheoretischen Untersuchungen taucht oft das sogenannte Zentrum einer Gruppe auf. Wir beschreiben es in der folgenden

Definition: *Es sei G eine Gruppe. Unter dem Zentrum von G versteht man die Menge*

$$Z = \{x: x \in G,\ xg = gx \text{ für alle } g \in G\}$$

aller derjenigen Elemente $x \in G$, die mit jedem $g \in G$ vertauschbar sind.

Aufgabe 1: In einer Gruppe G gelte $x^2 = e$ für jedes $x \in G$. Zeige: Dann ist G abelsch.

Aufgabe 2: Es seien $I \neq \mathfrak{L}$ eine Indexmenge, G eine Gruppe und die U_i ($i \in I$) Untergruppen von G. Man zeige: Auch der Durchschnitt $D = \bigcap_{i \in I} U_i$ dieser Untergruppen ist eine Untergruppe von G.

Aufgabe 3: Es sei G eine Gruppe und Z ihr Zentrum. Man zeige, daß Z eine abelsche Untergruppe von G ist.

6.2 Man kann leicht Beispiele für Gruppen angeben. Die Menge $\mathfrak{Q}_0$ aller von Null verschiedenen rationalen Zahlen ist eine Gruppe bezüglich der Multiplikation, und dasselbe gilt für die entsprechend erklärten Mengen $\mathfrak{R}_0$ und $\mathfrak{C}_0$. Wir nennen sie in Zukunft *die multiplikativen Gruppen von* $\mathfrak{Q}$, $\mathfrak{R}$, $\mathfrak{C}$. Die vollen Mengen $\mathfrak{Z}$, $\mathfrak{Q}$, $\mathfrak{R}$, $\mathfrak{C}$ sind Gruppen bezüglich der Addition; wir nennen sie *die additiven Gruppen von* $\mathfrak{Z}$, $\mathfrak{Q}$, $\mathfrak{R}$, $\mathfrak{C}$. Alle diese Gruppen sind abelsch. Die Menge aller nichtsingulären reellen zweireihigen quadratischen Matrizen ist eine nichtkommutative Gruppe bezüglich der Matrizenmultiplikation. Beispielsweise die Aussagen a) und g) von Satz 1 lassen sich nun als Sätze über Matrizen deuten.

Weiter wollen wir uns Beispiele von Gruppen endlicher Ordnung ansehen. Jede multiplikativ geschriebene Gruppe muß das Einselement e enthalten. Es gibt also genau eine Gruppe der Ordnung Eins, $G = \{e\}$, mit der Verknüpfung $ee = e$; andere Modelle unterscheiden sich von ihr nur durch die Schreibweise. Wollen wir auf der zweielementigen Menge $G = \{e, a\}$ eine multiplikative Gruppenstruktur mit dem Einselement e einführen, so müssen wir $ee = e$, $ea = a$ und $ae = a$ definieren; wegen $ae = a$ und Aussage c) von Satz 1 kann nicht auch aa den Wert a haben; wir setzen also noch $aa = e$. Schreiben wir in die erste Spalte den ersten, in die erste Zeile den zweiten Faktor, so lautet also die einzig mögliche *Gruppentafel*

	e	a
e	e	a
a	a	e,

und man prüft leicht nach, daß auf diese Weise wirklich eine Gruppe definiert wird. Es gibt also, wenn man von der Bezeichnung und der konkreten Bedeutung ihrer Elemente absieht, genau eine Gruppe der Ordnung 2.

Probiert man dasselbe mit der dreielementigen Menge $G = \{e, a, b\}$, so ergibt sich als einzig mögliche Gruppentafel

	e	a	b
e	e	a	b
a	a	b	e
b	b	e	a.

Zunächst stehen die Verknüpfungsresultate mit e als linkem oder rechtem Faktor fest. Dann kann wegen der Aussage c) aus Satz 1 in keiner Zeile oder Spalte der Verknüpfungsergebnisse zweimal derselbe Buchstabe stehen. Für aa kommen also nur b oder e in Frage; e scheidet aus, weil sonst in der dritten Spalte zweimal b stünde. Der Rest ergibt sich zwangsläufig. Wieder prüft man nach, daß auf diese Weise tatsächlich eine Gruppe, also in dem bereits erörterten Sinn die einzige Gruppe der Ordnung 3, entstanden ist.

Versucht man in gleicher Weise, auf der Menge $M = \{e, a, b, c\}$ eine Gruppenstruktur einzuführen, so liefern Fallunterscheidungen die folgenden möglichen Gruppentafeln.

1	e	a	b	c
e	e	a	b	c
a	a	e	c	b
b	b	c	e	a
c	c	b	a	e

2	e	a	b	c
e	e	a	b	c
a	a	e	c	b
b	b	c	a	e
c	c	b	e	a

3	e	a	b	c
e	e	a	b	c
a	a	b	c	e
b	b	c	e	a
c	c	e	a	b

4	e	a	b	c
e	e	a	b	c
a	a	c	e	b
b	b	e	c	a
c	c	b	a	e

In allen vier Fällen handelt es sich wirklich um Gruppen; die Nachprüfung des Assoziativgesetzes macht allerdings ohne weitere Hilfsmittel schon recht viel Mühe. Man hat aber gar nicht vier wesentlich voneinander verschiedene Gruppen der Ordnung 4 gefunden! Vertauscht man nämlich in der zweiten Tafel a und b, ändert also lediglich diese beiden Bezeichnungen, so geht sie in die dritte über. Analog geht die vierte Tafel in die dritte über, wenn überall b statt c und c statt b geschrieben wird. Es bleiben also die beiden Tafeln 1 und 3; sie definieren die beiden einzigen Gruppen der Ordnung 4; sie sind verschieden, weil in der ersten Gruppe $x^2 = e$ für jedes Gruppenelement gilt, in der anderen nicht.
Die erste Gruppe $G_1 = \{e, a, b, c\}$, in der immer $x^2 = e$ gilt und das Produkt von je zweien der Elemente a, b, c das dritte liefert, heißt nach dem deutschen Mathematiker F. Klein (1849—1925) die Kleinsche Vierergruppe oder auch nur die *Vierergruppe*. Macht man in der dritten Gruppentafel die Umbezeichnung $e = 0$, $a = 1$, $b = 2$, $c = 3$, so erhält man mit diesen neuen Zeichen 0, 1, 2, 3 für die zweite mögliche Gruppe $G_2 = \{0, 1, 2, 3\}$ der Ordnung 4 die Gruppentafel

	0	1	2	3
0	0	1	2	3
1	1	2	3	0
2	2	3	0	1
3	3	0	1	2.

Diese *Darstellung* wird besonders durchsichtig, wenn man die Verknüpfung nun additiv liest; das Ergebnis von $m + n$ ist dann einfach der Rest bei Division durch 4.

Wir haben also gefunden: Es gibt je eine Gruppe der Ordnungen 1, 2, 3 und zwei Gruppen der Ordnung 4. Sie sind, wie die Symmetrie der Gruppentafeln zur Hauptdiagonale zeigt, alle abelsch. Wir werden später sehen, daß es genau eine Gruppe der Ordnung 5 gibt und daß sie abelsch ist, ferner, daß es genau zwei Gruppen der Ordnung 6, eine abelsche und eine nichtkommutative, gibt. Nur in Ausnahmefällen läßt sich heute die Frage nach allen Gruppen vorgegebener endlicher Ordnung n beantworten; auf einige dieser Fälle kommen wir noch zurück. Die Frage nach allen abelschen Gruppen der Ordnung n ist dagegen algebraisch gelöst; die Bestimmung ihrer Anzahl werden wir auf ein zahlentheoretisches Problem zurückführen (§ 11).

6.3 Es sei eine Gruppe G vorgelegt, und eine algebraische Struktur S habe eine Verknüpfung, die wir der Bequemlichkeit halber wie die von G multiplikativ schreiben wollen. Es möge nun außerdem eine bijektive Abbildung $f\colon G \to S$ derart existieren, daß aus der Beziehung $ab = c$ in G immer folgt: $f(a)f(b) = f(c)$ in S. Offenbar unterscheiden sich die algebraischen Strukturen G und S dann nur durch die Schreibweise; jedes $a \in G$ wird lediglich durch sein Bild $f(a) \in S$ ersetzt. Beispiele für diesen Sachverhalt sind uns in Gestalt der Gruppen der Ordnung 4 schon im letzten Abschnitt begegnet. Er führt zu der folgenden

Definition: *Es seien G eine Gruppe und S eine algebraische Struktur mit einer multiplikativ geschriebenen Verknüpfung. Dann heißen G und S isomorph, $G \simeq S$, wenn eine bijektive Abbildung $f\colon G \to S$ derart existiert, daß für alle $a, b \in G$ gilt: $f(ab) = f(a)f(b)$.*

Isomorphe Gruppen unterscheiden sich also als algebraische Strukturen nur hinsichtlich der Bezeichnung ihrer Elemente, und wenn wir sagen, es gebe nur eine Gruppe der Ordnung 3, so ist immer dieser Sachverhalt gemeint. Das schließt nicht aus, daß die verschiedensten konkreten Realisierungen ein und derselben Gruppe möglich sind. Gruppen der Ordnung 2 können sich zum Beispiel dadurch unterscheiden, daß ihre Elemente in dem einen Fall Zahlen, in dem anderen vielleicht Abbildungen sind. Soll man schließlich alle Untergruppen der Vierergruppe $V = \{e, a, b, c\}$ angeben, so möchte man sie auch erst einmal alle sehen: $\{e\}$, $\{e, a\}$, $\{e, b\}$, $\{e, c\}$, $\{e, a, b, c\}$. Daß einige von ihnen, nämlich $\{e, a\}$, $\{e, b\}$ und $\{e, c\}$, isomorph sind, ist eine nachträgliche Feststellung. Wenn wir aber später für gewisse Gruppen feste Bezeichnungen vereinbaren, wie etwa $\mathfrak{Z}_3$ für die Gruppe der Ordnung 3, so ist damit wieder das im vorigen Abschnitt aufgeschriebene eindeutig festgelegte abstrakte Modell gemeint.

Die Eigenschaft $f(ab) = f(a)f(b)$ der Abbildung $f\colon G \to S$ nennt man *Relationstreue*; f selbst heißt der Isomorphismus zwischen G und S. Es ist durchaus möglich, daß es zwischen G und S mehrere Isomorphismen gibt. Es ist klar, daß das isomorphe Bild S von G wieder eine Gruppe ist. Bei der Abbildung f geht das Einselement von G in das Einselement von S über, und Inverse gehen in Inverse über. Durch die Isomorphie wird eine Äquivalenzrelation unter den Gruppen erklärt; isomorphe Gruppen werden von diesem bereits erörterten Standpunkt aus im allgemeinen nicht mehr als voneinander verschieden angesehen. Dabei können, wie etwa in dem anschließenden Beispiel 1, die Verknüpfungen durchaus auch mit verschiedenen Zeichen geschrieben sein, wodurch die Forderung der Relationstreue formal eine andere Gestalt bekommt.

Es kann nun der Fall eintreten, daß das isomorphe Bild H einer Gruppe G selbst Teilmenge einer Menge M ist: $H \subset M$. Der vermittelnde Isomorphismus f zwischen G und H ist dann eine eineindeutige relationstreue Abbildung von G *auf* H und von G *in* M. Um diese Sachverhalte zu beschreiben, sprechen wir in Anlehnung an die Verabredungen aus § 3 gegebenenfalls von einem *Isomorphismus* f von G *auf* H oder einem *Isomorphismus* f von G *in* M.

Beispiel 1. Es sei $G = \{z\colon z \in \mathfrak{C}, z = a + bi \text{ und } a, b \in \mathfrak{Z}\}$ die Menge aller ganzen Gaußschen Zahlen; G ist eine Gruppe bezüglich der *Addition* in $\mathfrak{C}$.

Ferner sei H die Teilmenge $\{x: x = 2^a 3^b, a, b \in \mathfrak{Z}\}$ von $\mathfrak{Q}$; sie ist eine Gruppe bezüglich der *Multiplikation* in $\mathfrak{Q}$. Dann wird durch $f(a + bi) = 2^a 3^b$ ein Isomorphismus von G auf H oder von G in $\mathfrak{Q}$ definiert. Zunächst ist ja f eine Abbildung von G auf H; sie ist eineindeutig, weil aus $f(a + bi) = f(c + di)$ folgt: $a = c$ und $b = d$; sie ist relationstreu wegen

$$\begin{aligned} f((a + bi) + (c + di)) &= f((a + c) + (b + d)i) \\ &= 2^{a+c} 3^{b+d} = 2^a 3^b \cdot 2^c 3^d \\ &= f(a + bi) \cdot f(c + di). \end{aligned}$$

Beispiel 2. Es sei G die additive Gruppe von $\mathfrak{C}$ und H die Menge aller reellen Matrizen der Gestalt

$$\begin{pmatrix} a & b \\ -b & a \end{pmatrix}$$

mit der Matrizenaddition als Verknüpfung. Dann ist $G \simeq H$. Dazu ordne man dem Element $a + bi \in \mathfrak{C}$ die aufgeschriebene Matrix zu.

Beispiel 3. Im Anschluß an Beispiel 2 wollen wir mit G_0 die multiplikative Gruppe $\mathfrak{C}_0$ von $\mathfrak{C}$ bezeichnen. Analog sei H_0 die Menge H aus Beispiel 2 ohne die Nullmatrix und mit der Matrizenmultiplikation als Verknüpfung. Dann zeigt eine leichte Rechnung, daß dieselbe Zuordnung wie in Beispiel 2 auch relationstreu bezüglich der Multiplikation ist: $G_0 \simeq H_0$. Es gilt ja

$$\begin{pmatrix} a & b \\ -b & a \end{pmatrix} \begin{pmatrix} c & d \\ -d & c \end{pmatrix} = \begin{pmatrix} ac-bd & ad+bc \\ -(ad+bc) & ac-bd \end{pmatrix}.$$

Aufgabe 4: Es sei G die multiplikative Gruppe aller positiven Zahlen aus $\mathfrak{R}$ und H die additive Gruppe von $\mathfrak{R}$. Man zeige $G \simeq H$.

Aufgabe 5: Es sei $\mathfrak{R}$ die additive und $\mathfrak{R}_0$ die multiplikative Gruppe der reellen Zahlen. Zeige: Es gibt keinen Isomorphismus f von $\mathfrak{R}$ auf $\mathfrak{R}_0$.

§ 7 Darstellungen durch Transformationsgruppen

7.1 Vorangestellt sei die folgende

Definition: *Eine eineindeutige Abbildung $f: M \to M$ einer Menge M auf sich heißt Transformation. Eine Transformation einer endlichen Menge M heißt auch Permutation.*

Auf der Hand liegt die Gültigkeit von

Satz 1: *Die Menge F aller Transformationen einer Menge M ist eine multiplikative Gruppe.*

Beweis: Das Produkt zweier Transformationen ist nach § 3.2 erklärt und liefert ein Element von F. Nach Satz 3.1 ist diese Multiplikation assoziativ. Die identische Abbildung ε von M auf sich ist das Einselement von F, und wegen $f^{-1}f = ff^{-1} = \varepsilon$ ist die Umkehrabbildung $f^{-1} \in F$ (vgl. § 3.2) das Inverse von $f \in F$.

Jede Gruppe, deren Elemente Transformationen sind, nennen wir nun *Transformationsgruppe*, jede Gruppe von Permutationen *Permutationsgruppe*.
Der englische Mathematiker Cayley (1821—1895), einer der Begründer der Gruppentheorie, zeigte, daß sich jede Gruppe als Transformationsgruppe darstellen läßt. Von ihm stammt nämlich der

Satz 2: *Jede Gruppe G ist einer Transformationsgruppe isomorph.*

Beweis: Wähle ein $a \in G$ und betrachte die durch $f_a(x) = ax$ definierte Abbildung $f_a: G \to G$. Da sich nach Satz 6.1 jedes $g \in G$ in der Gestalt ax schreiben läßt, ist sie surjektiv; sie ist injektiv wegen

$$f_a(x) = f_a(y) \quad \Rightarrow \quad x = y.$$

Also ist f_a eine Transformation von G. Für verschiedene $a, b \in G$ sind auch f_a, f_b verschieden; denn aus $f_a = f_b$ folgt $f_a(e) = f_b(e)$ oder $a = b$. Nun bilden wir die Menge $F = \{f_a: a \in G\}$ aller dieser Transformationen und zeigen $G \simeq F$. Die durch $\varphi(a) = f_a$ definierte Abbildung $\varphi: G \to F$ ist, wie bereits festgestellt, bijektiv. Für die Relationstreue muß $\varphi(ab) = \varphi(a)\varphi(b)$ oder $f_{ab} = f_a f_b$ gezeigt werden; es ist aber in der Tat

$$f_{ab}(x) = abx = af_b(x) = f_a f_b(x)$$

für alle $x \in G$.

7.2 Der Beweis von Satz 2 gestattet sofort die

Folgerung: Jede endliche Gruppe läßt sich als Permutationsgruppe schreiben.

Wir betrachten zunächst die vollen Permutationsgruppen endlicher Mengen.

Definition: *Es sei $M \neq \emptyset$ eine endliche Menge von n Elementen. Die Gruppe aller Permutationen von M heißt die symmetrische Gruppe vom Index n. Wir bezeichnen sie in Zukunft mit $\mathfrak{S}_n$.*

Wir wissen also inzwischen, daß zu jeder endlichen Gruppe G eine Permutationsgruppe P und ein Index n derart existieren, daß $G \simeq P$ und $P \subset \mathfrak{S}_n$ gelten. Nach dem Beweis von Satz 2 kann man hierbei $n = |G|$ wählen.

Besonders übersichtlich ist für Permutationen die folgende Schreibweise. Man notiert M etwa in der Gestalt $M = \{1, 2, \ldots, n\}$ und $f \in \mathfrak{S}_n$ durch

$$\begin{pmatrix} 1 & 2 & 3 & \ldots & n \\ a_1 & a_2 & a_3 & \ldots & a_n \end{pmatrix},$$

wobei $a_k = f(k)$ ist. Die Gruppe $\mathfrak{S}_n$ hat so viele Elemente, wie es Anordnungen der paarweise verschiedenen $a_k \in M$ in der zweiten Zeile dieses Schemas gibt. Wir haben also den

Satz 3: *Die symmetrische Gruppe $\mathfrak{S}_n$ hat $n!$ Elemente.*

Betrachtet man etwa in $\mathfrak{S}_{n+1}$ die Teilmenge aller Permutationen, die das Element $n + 1 \in M$ festlassen, so sieht man $\mathfrak{S}_n \subset \mathfrak{S}_{n+1}$.

Die Multiplikation von Permutationen führen wir, ihrem Charakter als Abbildungen entsprechend, von rechts nach links aus. Es seien beispielsweise

$$f = \begin{pmatrix} 1 & 2 & 3 \\ 2 & 1 & 3 \end{pmatrix} \quad \text{und} \quad g = \begin{pmatrix} 1 & 2 & 3 \\ 3 & 2 & 1 \end{pmatrix}$$

Permutationen aus $\mathfrak{S}_3$; wir bekommen dann

$$gf = \begin{pmatrix} 1 & 2 & 3 \\ 2 & 3 & 1 \end{pmatrix} \quad \text{und} \quad fg = \begin{pmatrix} 1 & 2 & 3 \\ 3 & 1 & 2 \end{pmatrix} \neq gf.$$

Wegen $\mathfrak{S}_n \subset \mathfrak{S}_{n+1}$ liefert das gleich noch den

Satz 4: *Die symmetrische Gruppe $\mathfrak{S}_n$ ist kommutativ für $n = 1, 2$ und nichtkommutativ für $n \geqq 3$.*

Wir kennen also damit auch schon eine nichtkommutative Gruppe der Ordnung 6, nämlich $\mathfrak{S}_3$.

Mitunter ist eine abgekürzte Schreibweise für Permutationen empfehlenswert. Man betrachte etwa

$$f = \begin{pmatrix} 1 & 2 & 3 & 4 & 5 & 6 & 7 & 8 \\ 3 & 4 & 8 & 2 & 7 & 5 & 6 & 1 \end{pmatrix} \in \mathfrak{S}_8.$$

Zunächst geht 1 in 3, 3 in 8 und 8 in 1 über; dafür schreiben wir kurz (138) und nennen einen solchen Ausdruck einen Zyklus. Weiter geht 2 in 4 und 4 in 2 über; zusammen schreiben wir, wieder von rechts nach links gelesen, (24)(138), und schließlich wird $f = (576)(24)(138)$. Auf diese Weise läßt sich, wie man sich sofort überlegt, jede Permutation als Produkt elementefremder Zyklen schreiben. Bleibt ein Element fest, so liefert es einen Zyklus der Länge Eins, den man auch wegläßt.

7.3 Definition: *Eine Permutation $t \in \mathfrak{S}_n$, die sich als Zyklus der Länge 2 schreiben läßt, die also zwei der Zahlen $1, 2, \ldots, n$ vertauscht und die übrigen festhält, heißt Transposition.*

Intuitiv glaubt man zu wissen, daß man jede Anordnung der Zahlen $1, 2, \ldots, n$ durch sukzessives Vertauschen von je zweien herstellen kann. Dies bestätigt der

Satz 5: *Jede Permutation $f \in \mathfrak{S}_n$, $n \geqq 2$, läßt sich als Produkt $t_k t_{k-1} \ldots t_1$ von Transpositionen schreiben. Sind $f = t_k t_{k-1} \ldots t_1$ und $f = t'_l t'_{l-1} \ldots t'_1$ zwei derartige Darstellungen, so sind darüber hinaus k und l entweder beide gerade oder beide ungerade.*

Beweis: Wir zeigen zunächst die Darstellbarkeit von f als Produkt von Transpositionen. Für die identische Abbildung ε gilt etwa $\varepsilon = (12)\,(12)$. Ist

$$f = \begin{pmatrix} 1 & 2 & \ldots & n \\ a_1 & a_2 & \ldots & a_n \end{pmatrix}$$

nicht die Identität, also etwa $a_1 = 1,\ a_2 = 2, \ldots, a_{\lambda-1} = \lambda - 1,\ a_\lambda \neq \lambda$

($1 \leqq \lambda < n$), so liefert Linksmultiplikation von f mit $t_1 = (\lambda a_\lambda)$ eine Permutation

$$g = \begin{pmatrix} 1 & 2 & \dots & n \\ b_1 & b_2 & \dots & b_n \end{pmatrix}$$

mit $b_1 = 1$, $b_2 = 2, \dots, b_\lambda = \lambda$. Wiederholung des Verfahrens ergibt $t_k t_{k-1} \dots t_1 f = \varepsilon$ mit gewissen Transpositionen t_ν. Es folgt $f = t_1 t_2 \dots t_k$, wie man durch Einsetzen bestätigt; es ist ja $t_\nu^2 = \varepsilon$.
Zum Beweis der zweiten Behauptung verwenden wir einen Kunstgriff. Wir betrachten das Produkt

$$\begin{aligned} P(1, 2, \dots, n) = (1-2)(1-3) & \dots (1-n) \\ (2-3) & \dots (2-n) \\ & \dots\dots\dots \\ & (n-1-n). \end{aligned}$$

Ersetzt man hierin für alle $1 \leqq i \leqq n$ die Zahl i durch $f(i)$, so bekommt man eine Zahl

$$P(f(1), f(2), \dots, f(n)) = c_f P(1, 2, \dots, n),$$

wobei c_f ein durch $f \in \mathfrak{S}_n$ eindeutig festgelegter Vorzeichenfaktor ist: $c_f = +1$ oder $c_f = -1$. Man überlegt sich, daß für Transpositionen t dieser Vorzeichenfaktor c_t immer den Wert -1 hat. Unsere Voraussetzung war aber $f = t_k t_{k-1} \dots t_1 = t'_l t'_{l-1} \dots t'_1$; sie liefert also $c_f = (-1)^k = (-1)^l$ und damit die Restbehauptung des Satzes.

Ist nun $f \in \mathfrak{S}_n$ ein Produkt von k Transpositionen, so ist nach Satz 5 die Zahl $\operatorname{sgn} f = (-1)^k$ durch f eindeutig bestimmt. Sie heißt das *Signum* der Permutation.

Definition: *Ein $f \in \mathfrak{S}_n$ heißt gerade Permutation, wenn* $\operatorname{sgn} f = +1$ *ist, andernfalls ungerade Permutation.*

Für die geraden Permutationen gilt der

Satz 6: *Die Menge $\mathfrak{A}_n$ der geraden Permutationen aus $\mathfrak{S}_n$, $n \geqq 2$, ist eine Untergruppe von $\mathfrak{S}_n$ mit $\frac{1}{2}n!$ Elementen. Sie ist kommutativ nur für $n \leqq 3$.*

Beweis: Sind $f = t_1 t_2 \dots t_{2k} \in \mathfrak{A}_n$ und $g = t'_1 t'_2 \dots t'_{2l} \in \mathfrak{A}_n$ als Produkte von Transpositionen geschrieben, so folgt $\operatorname{sgn}(fg) = (-1)^{2k+2l} = 1$, also $fg \in \mathfrak{A}_n$. Die Multiplikation aller, speziell auch der geraden Permutationen ist assoziativ. Die identische Permutation $\varepsilon = (12)(12)$ ist gerade. Mit $f = t_1 t_2 \dots t_{2k} \in \mathfrak{A}_n$ ist auch $f^{-1} = t_{2k} t_{2k-1} \dots t_1$ gerade. Also ist $\mathfrak{A}_n$ eine Untergruppe von $\mathfrak{S}_n$.
Weiter sei t eine feste Transposition aus $\mathfrak{S}_n$. Dann läßt sich jeder geraden Permutation $g \in \mathfrak{A}_n$ mit tg eine ungerade zuordnen; dabei liefern $g_1, g_2 \in \mathfrak{A}_n$ dann und nur dann dieselben ungeraden Permutationen tg_1, tg_2, wenn $g_1 = g_2$ ist. Es gibt also mindestens so viele ungerade wie gerade Permutationen. Genauso zeigt man umgekehrt: Es gibt mindestens so viele gerade wie

ungerade Permutationen. Aus beidem zusammen folgt $|\mathfrak{A}_n| = \frac{1}{2}|\mathfrak{S}_n| = \frac{1}{2}n!$. Schließlich sind $f = (142) = (14)(24)$ und $g = (132) = (13)(23)$ Elemente aus $\mathfrak{A}_4$ mit $fg = (24)(13)$ und $gf = (23)(14)$, also $fg \neq gf$; aus $\mathfrak{A}_n \subset \mathfrak{A}_{n+1}$ folgt also, daß $\mathfrak{A}_n$ für $n \geqq 4$ nicht kommutativ ist, und da $\mathfrak{A}_2$, $\mathfrak{A}_3$ als Gruppen der Ordnungen 1, 3 kommutativ sind, ist Satz 6 damit bewiesen.

Beispielsweise ist also $\mathfrak{A}_4$ eine nichtkommutative Gruppe der Ordnung 12. Man nennt $\mathfrak{A}_n$ die *alternierende Gruppe* vom Index n.

§ 8 Untergruppen

8.1 Es sei eine Teilmenge U einer Gruppe G vorgelegt, und es soll geprüft werden, ob U eine Untergruppe von G ist. Bislang haben wir in einem solchen Fall einfach die Gruppenaxiome durchgesehen: Wenn U eine Untergruppe von G ist, so muß mit $a, b \in U$ jedenfalls auch $ab \in U$ sein; ist $u \in U$, so wird die Gleichung $ux = u$ nur durch die Eins e aus G gelöst, so daß ferner $e \in U$ gelten muß; schließlich muß mit $u \in U$ auch u^{-1} in U liegen. Diese notwendigen Bedingungen sind sicher auch hinreichend, da das in ganz G gültige Assoziativgesetz in U von selbst erfüllt ist.
Mitunter läßt sich der geforderte Nachweis in folgender Weise etwas vereinfachen.

Satz 1: *Eine nicht leere Teilmenge U einer Gruppe G ist eine Untergruppe von G genau dann, wenn eine der beiden folgenden gleichwertigen Bedingungen erfüllt ist:*
(1) Aus $a, b \in U$ folgt $ab^{-1} \in U$.
(2) Aus $a, b \in U$ folgt $a^{-1}b \in U$.

Beweis: Ist U eine Untergruppe von G, so gilt sicher (1). Wir zeigen nun: Wenn (1) erfüllt ist, so ist U eine Untergruppe von G. Wegen $U \neq \mathfrak{L}$ existiert zunächst ein $u \in U$, und es folgt $uu^{-1} = e \in U$. Jetzt ergibt sich aus $a \in U$ weiter $ea^{-1} = a^{-1} \in U$. Sind schließlich a, b Elemente aus U, so sind es hiernach auch a, b^{-1}, und man hat zuletzt noch $a(b^{-1})^{-1} = ab \in U$. Es ist also U genau dann eine Untergruppe von G, wenn (1) gilt. Ebenso zeigt man, daß U genau dann eine Untergruppe von G ist, wenn (2) gilt. Damit ist Satz 1 bewiesen.
Ist die Gruppe G endlich, so kann man oft auch mit Vorteil die in der Aufgabe folgende Variante von Satz 1 benutzen.

Aufgabe 1: Eine nicht leere Teilmenge U einer endlichen Gruppe G ist schon Untergruppe von G, wenn aus $a, b \in U$ immer folgt: $ab \in U$. Beweis?

8.2 Wir treffen nun wieder einige Verabredungen.

Definition: *Es seien A und B nicht leere Teilmengen der Gruppe G. Unter dem Komplexprodukt AB von A, B versteht man dann die Menge aller Produkte ab mit $a \in A$ und $b \in B$:*

$$AB =_{Df} \{x\colon x \in G,\ x = ab,\ a \in A,\ b \in B\}.$$

Besonders häufig treten spezielle Komplexprodukte auf, für die sich modifizierte Bezeichnungen eingebürgert haben.

Definition: *Es sei G eine Gruppe, U eine Untergruppe von G und a ein beliebiges Element aus G. Dann heißt*

$$aU =_{Df} \{x\colon x \in G,\ x = au,\ u \in U\}$$

eine Linksnebenklasse und

$$Ua =_{Df} \{x\colon x \in G,\ x = ua,\ u \in U\}$$

eine Rechtsnebenklasse von U in G.
Neuerdings wird des öfteren auch aU Rechtsnebenklasse (von a) und Ua Linksnebenklasse (von a) genannt.
Die Bedeutung der Nebenklassen von Untergruppen beruht auf dem Inhalt von

Satz 2: *Es sei G eine Gruppe mit Elementen $a, b, c, \ldots$ und U eine Untergruppe von G. Dann gelten die nachstehenden Aussagen.*
a) *Zwei Linksnebenklassen aU, bU von U sind entweder elementefremd oder identisch.*
b) *Durch die Gesamtheit derjenigen Linksnebenklassen von U, die paarweise voneinander verschieden sind, wird eine Partition auf G definiert.*
c) *Der durch die Linksnebenklassen von U auf G definierten Partition entspricht die Äquivalenzrelation*

$$a \sim b \quad \Leftrightarrow \quad a^{-1}b \in U. \tag{1}$$

Die Elemente a, b sind also genau dann äquivalent, wenn sie sich nur durch einen Rechtsfaktor aus U voneinander unterscheiden.

Beweis:
a) Haben zwei Linksnebenklassen aU, bU ein Element $c = au_1 = bu_2$ gemeinsam ($u_1, u_2 \in U$), so folgt $a = bu_2u_1^{-1}$, also $au = bu_2u_1^{-1}u \in bU$ für jedes $u \in U$. Das heißt $aU \subset bU$, und entsprechend zeigt man $bU \subset aU$. Sind also aU und bU nicht elementefremd, so gilt $aU = bU$.
b) Nach a) bleibt noch zu zeigen, daß die Linksnebenklassen von U ganz G ausschöpfen. Ist g ein Element aus G, so gilt aber $g \in gU$.
c) Zwei Elemente a, b sind genau dann äquivalent, $a \sim b$, wenn ihre Klassen gleich sind: $aU = bU$. Durch Linksmultiplikation mit a^{-1} folgt hieraus $U = a^{-1}bU$, und aus $U = a^{-1}bU$ folgt umgekehrt $aU = bU$. Es bedeuten also $a \sim b$ und $a^{-1}bU = U$ dasselbe. Die Linksnebenklassen $a^{-1}bU$ und $eU = U$ wiederum sind nach a) genau dann identisch, wenn $a^{-1}b \in eU$ ist. Es gilt also (1). Die Bedingung $a^{-1}b \in U$ besagt: Die Lösung von $ax = b$ liegt in U. Da U eine Gruppe ist, sind schließlich die Bedingungen $a^{-1}b \in U$ und $(a^{-1}b)^{-1} = b^{-1}a \in U$ gleichwertig, und letzteres besagt: Die Lösung von $a = by$ liegt in U.

Es ist klar, daß ein entsprechender Satz für die Rechtsnebenklassen einer Untergruppe U von G gilt. Die zugehörige Äquivalenzrelation lautet dann

$$(1') \qquad a \sim b \quad \Leftrightarrow \quad ab^{-1} \in U.$$

Keine der von U verschiedenen Links- oder Rechtsnebenklassen von U enthält das (in U gelegene) Einselement; nur U selbst ist also eine Untergruppe der Gruppe G. Die Rechts- und die Linksnebenklassen von U in G fallen im allgemeinen nicht zusammen; wir kommen darauf noch zurück.
Wegen $b \in bU$ und Aussage a) von Satz 2 gilt $aU = bU$ genau dann, wenn $b \in aU$ ist; diese und ähnliche Umformungen werden wir später oft benutzen.

8.3 Es sei weiterhin G eine Gruppe und U eine Untergruppe von G. Wir interessieren uns für die Anzahl der Nebenklassen von U in G und beginnen dazu mit einer Vorbetrachtung.
Setzt man $\varphi(g) = g^{-1}$ für jedes $g \in G$, so wird dadurch eine Transformation $\varphi\colon G \to G$ definiert; denn wegen $\varphi(g^{-1}) = g$ ist die Abbildung $\varphi\colon G \to G$ surjektiv, und sie ist injektiv, weil aus $g^{-1} = h^{-1}$ durch Inversenbildung folgt: $g = h$. Die Restriktion von φ auf U bildet also auch U eineindeutig auf U ab.
Es sei nun I eine Menge von Indizes und

$$G = \bigcup_{i \in I} g_i U \qquad (g_i U \cap g_j U = \emptyset \text{ für } i \neq j)$$

die Zerlegung von G in paarweise verschiedene Linksnebenklassen $g_i U$ von $U \subset G$. Hierauf wenden wir φ an. Links bekommen wir $\varphi(G) = G$. Rechts dürfen wir φ mit dem Vereinigungszeichen vertauschen und benutzen dann Aussage g) von Satz 6.1 und $\varphi(U) = U$. Da φ eineindeutig ist, lautet das Ergebnis

$$G = \bigcup_{i \in I} U g_i^{-1} \qquad (U g_i^{-1} \cap U g_j^{-1} = \emptyset \text{ für } i \neq j).$$

Aus der ersten Zerlegung von G in paarweise verschiedene Linksnebenklassen $g_i U$ von U ist die Zerlegung von G in paarweise verschiedene Rechtsnebenklassen $U g_i^{-1}$ von U geworden; das vollständige Repräsentantensystem der g_i $(i \in I)$ für die Linkszerlegung liefert ein vollständiges Repräsentantensystem für die Rechtszerlegung in Gestalt seiner sämtlichen Inversen g_i^{-1} $(i \in I)$.
Wenn es also genau k paarweise voneinander verschiedene Linksnebenklassen von U in G gibt, so gibt es ebensoviele paarweise voneinander verschiedene Rechtsnebenklassen; ist die Anzahl der paarweise voneinander verschiedenen Linksnebenklassen unendlich, so ist es auch die Anzahl der entsprechenden Rechtsnebenklassen. Diese Feststellungen berechtigen zu der folgenden

Definition: *Ist U eine Untergruppe der Gruppe G, so heißt die Anzahl der paarweise voneinander verschiedenen Nebenklassen von U in G der Index von U in G.*

Wir bezeichnen den Index von U in G mit $\operatorname{ind} U$. Ist G unendlich, aber U endlich, so ist gewiß $\operatorname{ind} U$ unendlich. Eine unendliche Untergruppe U einer unendlichen Gruppe G dagegen kann einen endlichen Index haben. Man wähle zum

Beispiel für G die additive Gruppe von $\mathfrak{Z}$ und für U die Untergruppe der geraden Zahlen; dann hat U den Index 2, und G wird in die Nebenklassen U der geraden und $1 + U = U + 1$ der ungeraden Zahlen zerlegt.

Nun wenden wir uns noch dem Fall zu, daß G endlich ist. Hier gilt der in der Gruppentheorie ständig gebrauchte

Satz 3: *Es sei U eine Untergruppe der endlichen Gruppe G. Dann ist die Ordnung $|U|$ von U ein Teiler der Ordnung $|G|$ von G. Genauer gilt $|G| = |U| \cdot \operatorname{ind} U$.*

Beweis: Wir sind fertig, wenn wir die letzte Behauptung bewiesen haben. Hierfür wiederum genügt es zu zeigen, daß jede Nebenklasse von U genauso viele Elemente hat wie U selbst. Man betrachte etwa eine Linksnebenklasse aU von U. Setzt man $f(u) = au$ für jedes $u \in U$, so bekommt man eine surjektive Abbildung $f\colon U \to aU$, die sogar bijektiv ist, weil aus $au_1 = au_2$ folgt: $u_1 = u_2$ $(u_1, u_2 \in U)$. Also gilt $|aU| = |U|$, und es folgt der Satz.

8.4 Die Linkszerlegung und die Rechtszerlegung der Gruppe G nach der Untergruppe U fallen gewiß dann zusammen, wenn für alle $a \in G$ gilt: $aU = Ua$.

Definition: *Eine Untergruppe U einer Gruppe G heißt Normalteiler von G, wenn für jedes $a \in G$ gilt: $aU = Ua$.*

In dieser Definition wird also im Unterschied zum Zentrum einer Gruppe nicht verlangt, daß jedes $u \in U$ mit jedem $a \in G$ vertauschbar sein soll; die Forderung $aU = Ua$ ist schwächer und verlangt nur die Gleichheit der Mengen aU und Ua.

Beispiele für Normalteiler sind leicht anzugeben. In einer abelschen Gruppe ist jede Untergruppe Normalteiler. Jede Gruppe G hat $\{e\}$ und G selbst als triviale Normalteiler. Das Zentrum einer Gruppe G ist ein Normalteiler von G. Ferner ist es nützlich, sich das folgende Beispiel zu merken: Ist U eine Untergruppe von G vom Index 2, so ist U Normalteiler von G. Um das nachzuweisen, genügt es, ein $a \in G$ zu betrachten, das nicht in U liegt; es gilt dann $G = U \cup aU = U \cup Ua$, also $aU = Ua$.

Genau dann ist U Normalteiler von G, wenn $aU = Ua$ für jedes $a \in G$ gilt; statt dessen kann man auch in leicht verständlicher Bezeichnungsweise schreiben: $aUa^{-1} = U$ für jedes $a \in G$. In dem folgenden oft gebrauchten Satz wird dieser Sachverhalt etwas vereinfacht.

Satz 4: *Die Untergruppe U der Gruppe G ist genau dann Normalteiler von G, wenn für jedes $a \in G$ gilt: $aUa^{-1} \subset U$.*

Beweis: Zu zeigen bleibt, daß U Normalteiler ist, sobald $aUa^{-1} \subset U$ für jedes $a \in G$ gilt. Ist a ein Element aus G, so gilt also einmal $aUa^{-1} \subset U$ oder $aU \subset Ua$; zum anderen gilt auch $a^{-1}U(a^{-1})^{-1} \subset U$ oder $Ua \subset aU$. Beides zusammen liefert $aU = Ua$ und damit die Normalteilereigenschaft von U.

Aufgabe 2: Es sei G eine Gruppe mit Elementen $a, b, c, \ldots$ und M eine Teilmenge von G. Zeige: Dann und nur dann definiert $a \sim b \Leftrightarrow a^{-1}b \in M$ eine Äquivalenzrelation auf G, wenn M eine Untergruppe von G ist.

Aufgabe 3: Man gebe je ein Beispiel einer Gruppe G mit einer Untergruppe $U \subset G$ an derart, daß
a) $|U|$ endlich und ind U unendlich ist,
b) $|U|$ und ind U unendlich sind.

Aufgabe 4: Es sei G eine Gruppe und U eine Untergruppe von G. Zeige: Dann und nur dann stimmen die Linkszerlegung und die Rechtszerlegung von G nach U überein, wenn U Normalteiler ist.

Aufgabe 5: Es seien $I \neq \mathfrak{L}$ eine Indexmenge, G eine Gruppe und die N_i $(i \in I)$ Normalteiler von G. Man zeige: Auch der Durchschnitt $D = \bigcap_{i \in I} N_i$ dieser Normalteiler ist ein Normalteiler von G.

§ 9 Zyklische Gruppen

9.1 In § 6.2 hatten wir uns unter anderem die Gruppen der Ordnung 4 angesehen. Die eine war die Kleinsche Vierergruppe. Die andere haben wir zuletzt in der Gestalt $G = \{0, 1, 2, 3\}$ geschrieben und die Verknüpfung additiv gelesen; das Verknüpfungsergebnis für zwei Elemente aus G bekam man dann, indem man nach normaler Addition wie in $\mathfrak{Z}$ den kleinsten nichtnegativen Rest nach Division durch 4 aufschrieb. Dieses Beispiel greifen wir auf und verallgemeinern es. Dabei beachten wir, daß die Elemente aus G zwar aus plausiblen Gründen wie die ganzen Zahlen 0, 1, 2, 3 bezeichnet, daß sie aber trotzdem keine ganzen Zahlen sind.
Es sei jetzt n eine beliebig gewählte feste natürliche Zahl und

$$G = \{K(0), K(1), \ldots, K(n-1)\}$$

die Menge der Restklassen modulo n (§ 5, Beispiel 5). Wir erinnern uns: Jedes $K(a) \in G$ kann auch in der Gestalt $K(a) = K(a + \lambda n)$ mit beliebigem $\lambda \in \mathfrak{Z}$ geschrieben werden, weil a und $a' = a + \lambda n$ Repräsentanten derselben Klasse sind, und umgekehrt unterscheiden sich zwei Repräsentanten a, a' derselben Klasse stets nur durch ein Vielfaches von n.
Auf G wollen wir nun durch

$$K(a) + K(b) = K(a + b) \tag{1}$$

eine additiv geschriebene Verknüpfung einführen. Da aber die Klassen $K(a)$, $K(b)$ linker Hand mit anderen Repräsentanten auch in der Gestalt $K(a')$, $K(b')$ geschrieben werden können, deren Summe laut (1) dann $K(a' + b')$ wäre, müssen wir, wenn durch (1) überhaupt ein eindeutiges Verknüpfungsergebnis erklärt sein soll, folgendes nachweisen: Wenn $K(a') = K(a)$ und $K(b') = K(b)$ ist, so gilt $K(a' + b') = K(a + b)$. Oder: Wenn $a' = a + \lambda n$ und $b' = b + \mu n$ ist ($\lambda, \mu \in \mathfrak{Z}$), so gilt $K(a' + b') = K(a + b)$. Das ist aber wegen $a' + b' = a + b + (\lambda + \mu)n$ richtig.
Jetzt erst wissen wir: (1) ist eine Definition. In Zukunft werden wir oft vor ähnlichen Situationen stehen und uns dann die entsprechende Frage vorlegen müssen, ob ein aufgeschriebener Ausdruck auch wirklich definiert ist.

Nun prüft man leicht nach, daß G mit der durch (1) festgelegten Verknüpfung eine abelsche Gruppe ist: Es ist $G \neq \mathfrak{L}$; es gilt das assoziative Gesetz

$$\begin{aligned}(K(a) + K(b)) + K(c) &= K(a + b) + K(c)\\ &= K((a + b) + c)\\ &= K(a + (b + c))\\ &= K(a) + K(b + c) = K(a) + (K(b) + K(c))\end{aligned}$$

und analog das kommutative Gesetz; es ist $K(0)$ das Nullelement und $K(-a)$ das additive Inverse von $K(a)$. Man nennt G *die additive Restklassengruppe modulo n*. Setzt man $n = 4$, so erhält man die eingangs erwähnte Gruppe der Ordnung 4 mit $K(0)$, $K(1)$, $K(2)$, $K(3)$ an Stelle von 0, 1, 2, 3. Etwa für $n = 6$ wird $K(4) + K(5) + K(5) = K(2)$; man tut so, als rechne man in $\mathfrak{Z}$, setzt aber Vielfache von 6 gleich Null.
Die additive Restklassengruppe $G = \{K(0), K(1), \ldots, K(n-1)\}$ hat eine wichtige Eigenschaft: Jedes Element aus G läßt sich durch Summanden $K(1)$ darstellen; G besteht aus den Elementen $K(1)$, $K(1) + K(1)$, ...; dabei wird $K(n-1)$ eine Summe von $n-1$ und $K(0)$ die Summe von n Summanden $K(1)$.

9.2 Wir interessieren uns nun nur noch für die gruppentheoretische Struktur der Gruppe G aus 9.1 und nicht mehr für die spezielle Gestalt ihrer Elemente. Die Verknüpfung schreiben wir wieder multiplikativ und setzen etwa $K(1) = g$. Dann wird $G = \{e, g, g^2, \ldots, g^{n-1}\}$ eine Gruppe, die nur aus den Potenzen eines Elementes g besteht, für das $g^n = e$ gilt. Die Gruppe G hat n Elemente; für $n = 1$ ist $G = \{e\}$. Das Rechnen in G ist klar: Es wird $g^k g^l = g^{k+l}$, wenn $k + l < n$ ist, und $g^k g^l = g^r$, wenn $k + l = n + r$ mit $r \geqq 0$ ist; dabei wird, wie bereits in § 6.1 verabredet, $g^0 = e$ gesetzt. Das Inverse von $g^k \in G$ ist g^{n-k}. Eine Gruppe G, die nur aus den Potenzen $g, g^2, \ldots, g^n = e$ eines festen Elementes g besteht, heißt *zyklische Gruppe der Ordnung n*. Die im vorigen Abschnitt durchgeführte Konstruktion besagt: Zu jeder natürlichen Zahl n gibt es eine zyklische Gruppe der Ordnung n. Sind andrerseits $G = \{e, g, g^2, \ldots, g^{n-1}\}$ und $H = \{e, h, h^2, \ldots, h^{n-1}\}$ zwei zyklische Gruppen gleicher Ordnung n, so wird durch $f(g^k) = h^k$ ersichtlich ein Isomorphismus von G auf H definiert. Das liefert den

Satz 1: *Zu jeder natürlichen Zahl n gibt es genau eine zyklische Gruppe der Ordnung n. Sie ist abelsch und isomorph zur additiven Restklassengruppe modulo n.*

Nun dürfen wir von *der* zyklischen Gruppe der Ordnung n sprechen und für sie eine feste Bezeichnung einführen: $\mathfrak{Z}_n$. Ein Element g, aus dessen Potenzen $\mathfrak{Z}_n$ besteht, heißt *erzeugendes Element* von $\mathfrak{Z}_n$.
Zu jeder vorgegebenen endlichen Ordnung n gibt es also wenigstens eine Gruppe G mit $|G| = n$, die zyklische Gruppe $\mathfrak{Z}_n$. Die Beispiele $n \leqq 4$ sind uns demnach bereits in § 6.2 begegnet. Die Kleinsche Vierergruppe $V = \{e, a, b, c\}$ besitzt die drei zyklischen Untergruppen $\{e, a\}$, $\{e, b\}$, $\{e, c\}$ der Ordnung 2, ist aber selbst nicht zyklisch. Die Menge der n-ten Einheitswurzeln aus $\mathfrak{C}$ ist eine

zyklische Gruppe der Ordnung n bezüglich der Multiplikation in $\mathfrak{C}$ als Verknüpfung (vgl. Anhang).

9.3 Wir führen nun eine oft gebrauchte Sprechweise ein.

Definition: *Eine Menge E von Elementen einer Gruppe G heißt Erzeugendensystem von G, wenn jedes $g \in G$, $g \neq e$, als Produkt von endlich vielen Elementen geschrieben werden kann, die entweder selbst oder deren Inverse in E liegen. Eine Gruppe G heißt zyklisch, wenn sie ein einelementiges Erzeugendensystem besitzt. Ist E ein Erzeugendensystem von G, so sagt man auch: Die Elemente von E erzeugen G.*

Die oben definierten endlichen zyklischen Gruppen sind gewiß zyklisch im Sinne dieser Definition. Ist umgekehrt G eine von einem Element g erzeugte endliche Gruppe, so ist zu zeigen, daß G auch im oben erklärten Sinn zyklisch ist. Zunächst muß es Exponenten $k > l > 0$ mit $g^k = g^l$, also $g^{k-l} = e$, geben, weil andernfalls G unendlich wäre. Es gibt also positive Exponenten m mit $g^m = e$; den kleinsten von ihnen nennen wir n. Sind nun $1 \leqq \lambda < \varkappa \leqq n$ zwei verschiedene Exponenten zwischen 1 und n, so muß $g^\varkappa \neq g^\lambda$ gelten, weil andernfalls $g^{\varkappa-\lambda} = e$, $0 < \varkappa - \lambda < n$, wäre im Widerspruch zur Wahl von n. In der Gruppe G liegen also sicher die n paarweise voneinander verschiedenen Elemente $g, g^2, \ldots, g^n = e$. Weitere davon verschiedene positive Potenzen von g gibt es nicht; dazu schreibe man bloß den Exponenten k in g^k in der Gestalt $k = qn + r$, $0 \leqq r < n$ $(q, r \in \mathfrak{Z})$; man bekommt $g^k = g^{qn} g^r = g^r$, also eine bereits aufgeschriebene Potenz von g. Nach Definition ist nun jedes Element aus G Produkt aus Faktoren g und g^{-1}; da hier aber $g^{-1} = g^{n-1}$ gilt, ist also jedes Element aus G eine positive Potenz von g oder $G = \{e, g, g^2, \ldots, g^{n-1}\}$. Wegen $g^n = e$ ist das die im vorigen Abschnitt aufgeschriebene zyklische Gruppe $\mathfrak{Z}_n$.

Ein Beispiel einer unendlichen zyklischen Gruppe ist die additive Gruppe von $\mathfrak{Z}$ mit dem Erzeugendensystem $E = \{1\}$; ein von Null verschiedenes Element aus $\mathfrak{Z}$ läßt sich ja entweder durch Summanden 1 oder durch Summanden -1 darstellen. Schreibt man diese Gruppe wieder multiplikativ, so bekommt sie die Gestalt $G = \{g^k : k \in \mathfrak{Z}\}$. Die Existenz wenigstens einer multiplikativ geschriebenen zyklischen Gruppe unendlicher Ordnung ist damit wieder gesichert; das Rechnen in G ist durch $g^k g^l = g^{k+l}$ erklärt, und es gilt $g^m = e$ nur für $m = 0$. Ist $H = \{h^k : k \in \mathfrak{Z}\}$ eine zweite zyklische Gruppe unendlicher Ordnung mit dem erzeugenden Element h, so kann $h^m = e$ nur für $m = 0$ gelten, weil andernfalls H endlich würde. Wie oben vermittelt deshalb $f(g^k) = h^k$ einen Isomorphismus von G auf H, und wir können sagen: *Es gibt genau eine unendliche zyklische Gruppe. Sie ist abelsch und isomorph zur additiven Gruppe von $\mathfrak{Z}$.*

Etwa die additive Gruppe aller durch 5 teilbaren ganzen Zahlen ist zyklisch mit dem erzeugenden Element 5 und folglich isomorph $\mathfrak{Z}$, obwohl sie eine echte Teilmenge von $\mathfrak{Z}$ ist. Die additive Gruppe G aller ganzen Gaußschen Zahlen (vgl. § 6.3, Beispiel 1) dagegen ist sicher nicht zyklisch, da sonst alle ihre Punkte in der Gaußschen Zahlenebene auf einer Geraden liegen müßten. Aber jedes von Null verschiedene Element von G läßt sich als Summe endlich vieler Summanden 1, —1, i, —i darstellen, so daß G etwa von 1 und i erzeugt wird. Jede Gruppe besitzt trivialerweise sich selbst als Erzeugendensystem E; aber man wird natürlich nach Systemen E mit möglichst kleiner Elementezahl suchen. Die Kleinsche Vierergruppe $V = \{e, a, b, c\}$ beispielsweise besitzt das zweielementige Erzeugendensystem $E = \{a, b\}$.

9.4 Es sei nun eine beliebige Gruppe G vorgelegt und $g \in G$ irgendein Element aus G. Wir betrachten jetzt die Menge $U = \{g^k : k \in \mathfrak{Z}\} \subset G$ aller Potenzen von g. Zwei Fälle können eintreten. Entweder es ist $g^m = e$ nur für $m = 0$; dann gilt $g^k = g^l$ nur für $k = l$, und U ist die eben betrachtete unendliche zyklische Gruppe. Oder es gibt ein $m \neq 0$ mit $g^m = e$; dann ist auch $g^{-m} = e$, so daß $m > 0$ angenommen werden darf; es folgt die Existenz eines kleinsten positiven Exponenten n mit $g^n = e$, und wir bekommen, wie bereits ausgeführt, mit $U = \{e, g, g^2, \ldots, g^{n-1}\}$ die zyklische Gruppe $\mathfrak{Z}_n$. Wir nennen in beiden Fällen U die von g erzeugte (zyklische) Untergruppe von G.

Definition: *Ist g ein Element der Gruppe G und $g^m = e$ nur für $m = 0$, so heißt $g \in G$ ein Element von unendlicher Ordnung. Ist andernfalls n der kleinste positive Exponent mit $g^n = e$, so sagen wir, g habe die Ordnung n.*

Wir notieren nun einige ebenso einfache wie wichtige Sätze.

Satz 2: *Das Element g der Gruppe G habe die endliche Ordnung n. Dann gilt $g^m = e$ genau dann, wenn n ein Teiler von m ist.*

Beweis: Ist $m = qn$ mit einem $q \in \mathfrak{Z}$, so gilt natürlich $g^m = e$. Ist umgekehrt $g^m = e$ und $m = qn + r$, $0 \leqq r < n$ $(q, r \in \mathfrak{Z})$, so wird $g^m = g^{qn} g^r = g^r = e$, und nach Wahl von n kann nur $r = 0$, also n ein Teiler von m, sein.

Satz 3: *Es sei G eine endliche Gruppe der Ordnung n und g ein Element aus G. Dann ist die Ordnung d von g ein Teiler von n.*

Beweis: Die von g erzeugte Untergruppe U von G ist endlich wie G; sie hat d Elemente. Nach Satz 8.3 ist also d ein Teiler von n.

Satz 4: *Ist G eine endliche Gruppe der Ordnung n und g ein Element aus G, so gilt $g^n = e$.*

Beweis: Es sei d die Ordnung von $g \in G$. Nach Satz 3 ist d ein Teiler von n; nach Satz 2 gilt also $g^n = e$.

Nun sei eine Gruppe G von Primzahlordnung p gegeben. Wir wählen ein $g \in G$, $g \neq e$, und betrachten die von g erzeugte zyklische Untergruppe U. Dann ist $|U|$ größer als Eins und Teiler von p, also gleich p; es folgt $G = U = \mathfrak{Z}_p$ und damit der

Satz 5: *Zu jeder Primzahl p gibt es nur genau eine Gruppe der Ordnung p, die zyklische Gruppe $\mathfrak{Z}_p$.*

Damit sind uns inzwischen auch die beiden einzigen Gruppen der Ordnungen 5 und 7 bekannt. Wir kennen zwei Gruppen der Ordnung 6, $\mathfrak{Z}_6$ und $\mathfrak{S}_3$, und wir werden noch sehen, daß es weitere nicht gibt (Aufgabe 12.4).

Zuletzt betrachten wir noch die Untergruppen zyklischer Gruppen.

Satz 6: *Es sei G eine von g erzeugte zyklische Gruppe. Dann gelten die folgenden Aussagen.*
a) *Jede Untergruppe U von G ist zyklisch.*
b) *Hat $G = \{e, g, g^2, \ldots, g^{n-1}\}$ die Ordnung n, so gibt es zu jeder natürlichen Zahl d, die n teilt, genau eine Untergruppe U_d der Ordnung d von G; sie ist zyklisch und wird von $g^{\frac{n}{d}}$ erzeugt. Sind d_1 und d_2 Teiler von n und d_1 ein Teiler von d_2, so gilt $U_{d_1} \subset U_{d_2}$ und umgekehrt.*

Beweis:
a) Der Fall $U = \{e\}$ ist trivial. Es sei daher $U \neq \{e\}$; da mit $u \in U$ auch $u^{-1} \in U$ gilt, existiert in diesem Fall ein kleinster positiver Exponent k mit $g^k \in U$. Wir zeigen, daß U von g^k erzeugt wird. Es sei g^m ein beliebiges Element aus U. Wieder schreiben wir nach Division von m durch k mit Rest r den Exponenten in der Gestalt $m = qk + r$, $0 \leqq r < k$ $(q, r \in \mathfrak{Z})$. Aus $g^k \in U$ folgt auch $g^{-qk} \in U$ und damit $g^{-qk}g^m = g^r \in U$; da k minimal gewählt war, folgt weiter $r = 0$. Das heißt aber $m = qk$ oder $g^m = (g^k)^q$, was wir zeigen wollten.
b) Für jeden Teiler d von n kann man leicht eine Untergruppe $U_d \subset G$ der Ordnung d aufschreiben:

$$U_d = \{e, g^{\frac{n}{d}}, g^{2\frac{n}{d}}, \ldots, g^{(d-1)\frac{n}{d}}\}.$$

Sie ist zyklisch und wird von $g^{\frac{n}{d}}$ erzeugt. Um die Eindeutigkeitsaussage nachzuweisen, nehmen wir an, $U \subset G$ sei eine Untergruppe der Ordnung d und $g^\lambda \in U$. Nach Satz 4 gilt $(g^\lambda)^d = g^{\lambda d} = e$. Die Ordnung n von g teilt also nach Satz 2 den Exponenten λd, und das besagt, daß λ ein Vielfaches von $\frac{n}{d}$ ist. Da g^λ ein beliebiges Element aus U war, heißt das $U \subset U_d$; weil $|U| = d$ sein sollte, folgt also richtig $U = U_d$.
Sind schließlich d_1, d_2 Teiler von n und d_1 ein Teiler von d_2, so folgt aus dem bereits Bewiesenen $U_{d_1} \subset U_{d_2} \subset G$. Die Umkehrung gilt wegen Satz 8.3. Damit ist auch Satz 6 bewiesen.

Aufgabe 1: Man bestimme die Ordnungen der Elemente der alternierenden Gruppe $\mathfrak{A}_4$.

Aufgabe 2: Es sei $G = \{e, g, g^2, \ldots, g^{n-1}\}$ eine zyklische Gruppe der Ordnung $n > 1$. Man zeige: Ein Element $g^k \in G$ ist genau dann Erzeugendes von G, wenn k zu n teilerfremd ist.

§ 10 Direkte Produkte

10.1 Wir wollen aus zwei Gruppen G, H mit Elementen g_i, h_j eine neue konstruieren. Dazu führen wir auf dem cartesischen Produkt $G \times H$ (vgl. § 1.3) die Verknüpfung $(g_1, h_1) \cdot (g_2, h_2) = (g_1g_2, h_1h_2)$ ein. Bezeichnen wir die Einsen aus G und H

etwas nachlässig beide mit e, so wird ersichtlich $G \times H$ eine Gruppe mit dem Einselement (e, e). Sind G und H abelsch, so ist es auch $G \times H$; sind G und H endlich, so wird $|G \times H| = |G| \cdot |H|$.

Beispiel 1. Man wähle die Gruppen $G = \{e, g\}$ und $H = \{e, h\}$ der Ordnung 2. Schreibt man sich die Verknüpfungstafel von $G \times H$ auf und nennt die Elemente $(e, e), (g, e), (e, h), (g, h)$ von $G \times H$ hinterher kurz e, a, b, c, so sieht man, daß $G \times H$ die Kleinsche Vierergruppe ist. Nun brauchen wir auch das in § 6.2 so lästige Assoziativgesetz nicht mehr nachzuprüfen.

Angenommen, es wird eine Gruppe vorgelegt, die auf diese Weise entstanden ist; wir bezeichnen sie deshalb wieder mit $G \times H$. Man betrachte die Teilmengen $G' = \{g' : g' = (g, e), g \in G\}$ und $H' = \{h' : h' = (e, h), h \in H\}$ von $G \times H$. Dann sind, wie man sieht, G', H' zu G, H isomorphe Gruppen: $G \simeq G'$, $H \simeq H'$; aber im Gegensatz zu G und H sind G' und H' Untergruppen von $G \times H$. Produkte der Gestalt $g'h'$ mit $g' \in G'$ und $h' \in H'$ liegen in $G \times H$; ihre Gesamtheit liefert ganz $G \times H$, und aus $g_1'h_1' = g_2'h_2'$ folgt $g_1' = g_2'$ und $h_1' = h_2'$ $(g_i' \in G', h_i' \in H')$. Das heißt: Jedes Element aus $G \times H$ läßt sich in der Gestalt $g'h'$ mit $g' \in G'$ und $h' \in H'$ schreiben, und diese Darstellung ist eindeutig. Außerdem gilt $g'h' = h'g'$.

Beispiel 1. In der oben konstruierten Kleinschen Vierergruppe $G \times H = \{e, a, b, c\}$ ist $G' = \{e, a\}$, $H' = \{e, b\}$, und man hat $e = ee$, $a = ae$, $b = eb$, $c = ab$.

Beide Versionen des Rechnens in $G \times H$ unterscheiden sich nur durch die Schreibweise; denn die Abbildung $f \colon G \times H \to G'H'$ auf das Komplexprodukt $G'H'$, die durch $f((g, h)) = (g, e) \cdot (e, h)$ definiert wird, ist bijektiv, und sie ist auch relationstreu:

$$\begin{aligned} f((g_1, h_1) \cdot (g_2, h_2)) = f((g_1g_2, h_1h_2)) &= (g_1g_2, e) \cdot (e, h_1h_2) \\ &= (g_1, e)(g_2, e)(e, h_1)(e, h_2) \\ &= (g_1, e)(e, h_1) \cdot (g_2, e)(e, h_2) \\ &= f((g_1, h_1)) \cdot f((g_2, h_2)). \end{aligned}$$

Läßt man an den zu G, H isomorphen Modellen G', H' die Striche wieder weg, so ist es also erlaubt, das eingangs beschriebene Konstruktionsverfahren für das sogenannte direkte Produkt $G \times H$ der Gruppen G, H wie folgt zu vereinfachen: Man bildet die Menge aller formalen Produkte gh $(g \in G, h \in H)$ und sieht zwei von ihnen genau dann als gleich an, wenn sie komponentenweise übereinstimmen; man definiert $g_1h_1 \cdot g_2h_2 = g_1g_2h_1h_2$ und schreibt für ge nur g, für eh nur h. Die Gruppen G, H sind dann sogar Untergruppen ihres direkten Produktes.

Das läuft auf die folgende Definition hinaus, die nun gleich den allgemeinen Fall des direkten Produkts aus endlich vielen Faktoren behandelt.

Definition: *Die Gruppe G heißt direktes Produkt $G = U_1 \times U_2 \times \ldots \times U_n$ der Untergruppen $U_1, U_2, \ldots, U_n$ von G, wenn jedes $g \in G$ genau eine Darstellung der Gestalt $g = u_1u_2 \ldots u_n$ $(u_i \in U_i)$ besitzt und für $i \neq j$ gilt: $u_iu_j = u_ju_i$.*

Hiernach hat man also zwischen dem cartesischen Produkt $U_1 \times U_2$ der Mengen und dem direkten Produkt $U_1 \times U_2$ der Gruppen U_1, U_2 zu unterscheiden; sollten Verwechslungen zu befürchten sein, werden wir sie durch einen Hinweis auszuschließen haben. Die direkten Produkte $U_1 \times U_2$ und $U_2 \times U_1$ stimmen auf Grund der Definition überein; die Reihenfolge der U_i spielt also beim direkten Produkt $G = U_1 \times U_2 \times \ldots \times U_n$ keine Rolle.
Wir notieren noch unser bereits am Anfang erwähntes Resultat.

Satz 1: *Ist G das direkte Produkt der Gruppen $U_1, U_2, \ldots, U_n$, so gilt $|G| = |U_1| \cdot |U_2| \cdots |U_n|$. Sind die U_i abelsche Gruppen, so ist auch $G = U_1 \times U_2 \times \ldots \times U_n$ abelsch.*

Beispiel 1. Wie wir gesehen haben, ist die Kleinsche Vierergruppe $V = \{e, a, b, c\}$ das direkte Produkt zweier Modelle der zyklischen Gruppe $\mathfrak{Z}_2$. Dafür schreiben wir auch $V = \mathfrak{Z}_2 \times \mathfrak{Z}_2$.

Beispiel 2. Es seien $U_1 = \{e, a\}$, $U_2 = \{e, b\}$, $U_3 = \{e, c\}$ drei Modelle der Gruppe $\mathfrak{Z}_2$. Ihr direktes Produkt $G = \mathfrak{Z}_2 \times \mathfrak{Z}_2 \times \mathfrak{Z}_2$ ist dann abelsch und besteht aus den acht Elementen $e, a, b, c, ab, ac, bc, abc$. Die Verknüpfungstafel von G ergibt sich aus der Vertauschbarkeit der Elemente a, b, c und den Regeln $a^2 = b^2 = c^2 = e$; beispielsweise gilt $(ab)(abc) = a^2b^2c = c$. Die Gruppe G ist wie $\mathfrak{Z}_2 \times \mathfrak{Z}_2$ nicht zyklisch; außer e hat jedes $g \in G$ die Ordnung 2.

Beispiel 3. Es seien $U_1 = \{e, a\}$ eine zyklische Gruppe der Ordnung 2 und $U_2 = \{e, b, b^2, b^3\}$ eine zyklische Gruppe der Ordnung 4. Ihr direktes Produkt $H = \mathfrak{Z}_2 \times \mathfrak{Z}_4$ ist wieder abelsch und besteht aus den acht Elementen $e, b, b^2, b^3, a, ab, ab^2, ab^3$. Das Rechnen in H ergibt sich aus der Vertauschbarkeit von a und b und den Regeln $a^2 = b^4 = e$. Da in H wenigstens ein Element b der Ordnung 4 vorkommt, sind $\mathfrak{Z}_2 \times \mathfrak{Z}_2 \times \mathfrak{Z}_2$ und $\mathfrak{Z}_2 \times \mathfrak{Z}_4$ nicht isomorph, und da jedes Element aus H höchstens die Ordnung 4 hat, ist auch $\mathfrak{Z}_2 \times \mathfrak{Z}_4$ nicht zyklisch.

Wir kennen also inzwischen die drei abelschen Gruppen $\mathfrak{Z}_8$, $\mathfrak{Z}_2 \times \mathfrak{Z}_4$ und $\mathfrak{Z}_2 \times \mathfrak{Z}_2 \times \mathfrak{Z}_2$ der Ordnung 8; in § 11 wird sich zeigen, daß es weitere abelsche Gruppen der Ordnung 8 nicht gibt.

Beispiel 4. Bei additiver Schreibweise wird aus dem direkten Produkt die *direkte Summe*; man verwendet für sie oft das Zeichen $\oplus$. Man betrachte etwa die additive Gruppe $\mathfrak{C}$ der komplexen Zahlen mit den Untergruppen $U_1 = \mathfrak{R}$ und $U_2 = \{z : z = ir, r \in \mathfrak{R}\}$. Offenbar gilt $\mathfrak{C} = U_1 \oplus U_2$, und da U_1, U_2 Modelle der additiven Gruppe $\mathfrak{R}$ sind, schreiben wir auch $\mathfrak{C} = \mathfrak{R} \oplus \mathfrak{R}$. Für die additive Gruppe $G \subset \mathfrak{C}$ der ganzen Gaußschen Zahlen (vgl. § 6.3, Beispiel 1) gilt entsprechend $G = \mathfrak{Z} \oplus \mathfrak{Z}$.

10.2 Im folgenden geben wir ein notwendiges und hinreichendes Kriterium dafür, daß eine Gruppe G direktes Produkt zweier Untergruppen U, V ist. Es wird oft gebraucht.

Satz 2: *Es seien U und V Untergruppen der Gruppe G. Genau dann ist G das direkte Produkt von U und V, wenn die nachstehenden drei Bedingungen erfüllt sind:*

(*1*) *Für das Komplexprodukt UV gilt $UV = G$.*
(*2*) *Es ist $U \cap V = \{e\}$.*
(*3*) *U und V sind Normalteiler von G.*

Beweis:
a) Es gelte $G = U \times V$. Dann ist (1) erfüllt und sicher auch (2) $U \cap V = \{e\}$; wäre nämlich $c \in U \cap V$, $c \neq e$, so hätte $c \in G$ die beiden voneinander verschiedenen Darstellungen $c = ce$ und $c = ec$ mit Faktoren aus U, V. Ferner sind U, V Normalteiler; ist g ein Element aus G und $g = uv$, $u \in U$, $v \in V$, so gilt ja etwa für U die Beziehung

$$gUg^{-1} = uvUv^{-1}u^{-1} = uUvv^{-1}u^{-1} = uUu^{-1} = U,$$

weil nach Voraussetzung v mit jedem Element aus U vertauschbar ist.
b) Für die Untergruppen U, V von G seien die Bedingungen (1),(2),(3) erfüllt. Zu zeigen ist: Jedes $g \in G$ läßt sich in der Gestalt $g = uv$, $u \in U$, $v \in V$, schreiben, diese Darstellung ist eindeutig, und es gilt $uv = vu$. Die Darstellbarkeit $g = uv$ folgt sofort aus (1). Ist dann $g = u_1v_1 = u_2v_2$ ($u_i \in U$, $v_i \in V$), so wird $u_2^{-1}u_1 = v_2v_1^{-1}$; links steht ein Element aus U, rechts eines aus V, und beide sind gleich, können also nach (2) nur e sein. Es folgt die Eindeutigkeit $u_1 = u_2$, $v_1 = v_2$ der Darstellung von g. Aus (3) folgt schließlich $uvu^{-1} \in V$ und $vu^{-1}v^{-1} \in U$; es gilt also sowohl $uvu^{-1}v^{-1} = (uvu^{-1})v^{-1} \in V$ als auch $uvu^{-1}v^{-1} = u(vu^{-1}v^{-1}) \in U$, mithin $uvu^{-1}v^{-1} \in U \cap V$ oder nach (2) $uvu^{-1}v^{-1} = e$, und das liefert noch $uv = vu$.

10.3 Den *größten gemeinschaftlichen Teiler* (*g.g.T.*) $d > 0$ zweier ganzer Zahlen m, n, die nicht beide Null sind, bezeichnen wir in Zukunft auch mit (m, n); sind m und n beide Null, so setzen wir ihren *g.g.T.* $(0, 0)$ gleich Null. Für das Folgende verabreden wir noch $(n, \infty) = n$ und $(\infty, \infty) = \infty$. Ist die ganze Zahl a ein Teiler der ganzen Zahl b, so schreiben wir $a|b$, andernfalls $a \nmid b$. Dies vorausgeschickt, gilt der

Satz 3: *Das direkte Produkt zweier zyklischer Gruppen A, B der Ordnungen $m \leqq \infty$, $n \leqq \infty$ ist abelsch; es ist zyklisch genau dann, wenn $(m, n) = 1$ ist.*

Beweis: Daß $A \times B$ als direktes Produkt abelscher Gruppen wieder abelsch ist, ist klar. Es seien nun a, b die erzeugenden Elemente von A, B. Wir zeigen: Im Falle $(m, n) = 1$ besitzt $A \times B$ ein erzeugendes Element, sonst nicht.
a) Es sei $m = n = \infty$. Würde $a^kb^l \in A \times B$ das direkte Produkt erzeugen ($k, l \in \mathfrak{Z}$), so müßte es ein $\lambda \in \mathfrak{Z}$ mit $(a^kb^l)^\lambda = a^{\lambda k}b^{\lambda l} = a$ geben. Das hätte $\lambda k = 1$ und $\lambda l = 0$, also $l = 0$ zur Folge. Entsprechend müßte $k = 0$ gelten. Das Element $a^kb^l = a^0b^0 = e$ erzeugt aber $A \times B$ nicht.
b) Es sei $m \in \mathfrak{N}$ und $n = \infty$. Würde $a^kb^l \in A \times B$ das direkte Produkt erzeugen ($k, l \in \mathfrak{Z}$), so müßte es ein $\lambda \in \mathfrak{Z}$ mit $(a^kb^l)^\lambda = a^{\lambda k}b^{\lambda l} = a$, also $a^{\lambda k-1}b^{\lambda l} = e$ geben. In $A \times B$ müßte einzeln $a^{\lambda k-1} = e$ und $b^{\lambda l} = e$ sein, da die Darstellung von e eindeutig ist. Es folgen die Beziehungen $\lambda l = 0$ und $m|(\lambda k - 1)$, letztere wegen Satz 9.2. Ist $m \neq 1$, so muß wieder $l = 0$ sein; aber man sieht, daß $a^kb^l = a^k$ die Gruppe $A \times B$ nicht erzeugen kann, da

keine Potenz von a^k gleich b ist. Ist dagegen $m = 1$, also $(m, \infty) = 1$, so wird $A \times B = B$ von b erzeugt.
c) Es seien m und n natürliche Zahlen. Wir betrachten zunächst den Fall $(m, n) = 1$ und zeigen: Das Element ab erzeugt $A \times B$. Die mn Elemente $(ab)^0, (ab)^1, \ldots, (ab)^{mn-1}$ aus $A \times B$ sind dann nämlich paarweise voneinander verschieden und liefern deshalb ganz $A \times B$: Aus $(ab)^r = (ab)^s$, $0 \leqq s \leqq r < mn$, folgt $a^{r-s}b^{r-s} = e$ oder, da die Darstellung von e in $A \times B$ eindeutig ist, $a^{r-s} = b^{r-s} = e$; dies wiederum hat nach Satz 9.2 sowohl $m|(r-s)$ als auch $n|(r-s)$ zur Folge; da m und n teilerfremd sind, muß also sogar $mn|(r-s)$ gelten, und das ist für $0 \leqq r - s < mn$ nur möglich, wenn $r = s$ ist.
Zuletzt sei $m, n \in \mathfrak{N}$ und $(m, n) = d > 1$. Wir betrachten die natürliche Zahl $v = \frac{mn}{d} < mn$ und zeigen: Für jedes Element $a^k b^l \in A \times B$ gilt $(a^k b^l)^v = e$; dann kann also kein Element aus $A \times B$ die Ordnung mn haben. Wegen der Vertauschbarkeit von a und b wird richtig $(a^k b^l)^v = (a^m)^{k\frac{n}{d}}(b^n)^{l\frac{m}{d}} = e$. Damit ist Satz 3 bewiesen.

Es ist also etwa $\mathfrak{Z}_6 = \mathfrak{Z}_2 \times \mathfrak{Z}_3$ oder $\mathfrak{Z}_{360} = \mathfrak{Z}_5 \times \mathfrak{Z}_{72} = \mathfrak{Z}_5 \times \mathfrak{Z}_8 \times \mathfrak{Z}_9$.

Wiederholte Anwendung von Satz 3 liefert den

Satz 4: *Es sei $n = p_1^{\alpha_1} p_2^{\alpha_2} \ldots p_r^{\alpha_r}$ die eindeutige Primfaktorzerlegung von $n \in \mathfrak{N}$. Dann gilt*

$$\mathfrak{Z}_n = \mathfrak{Z}_{p_1^{\alpha_1}} \times \mathfrak{Z}_{p_2^{\alpha_2}} \times \ldots \times \mathfrak{Z}_{p_r^{\alpha_r}}.$$

Diese direkte Zerlegung von $\mathfrak{Z}_n$ in r zyklische Faktoren ist überdies bis auf ihre Reihenfolge eindeutig, da n nur so in r paarweise teilerfremde Faktoren aus $\mathfrak{N}$ zerlegt werden kann.

Aufgabe 1: Läßt sich $\mathfrak{S}_3$ als direktes Produkt echter Untergruppen schreiben?

Aufgabe 2: Man gebe sechs verschiedene abelsche Gruppen der Ordnung 72 an.

§ 11 Abelsche Gruppen

11.1 Über abelsche Gruppen weiß man relativ gut Bescheid. Wir beschäftigen uns zunächst mit abelschen Gruppen, die von endlich vielen Elementen erzeugt werden; speziell gehören zu ihnen die endlichen abelschen Gruppen. Es gilt der folgende sogenannte *Hauptsatz über abelsche Gruppen*; sein Beweis erfordert etwas mehr Aufwand, als wir es bisher gewöhnt waren.

Satz 1: *Eine abelsche Gruppe G, die von endlich vielen Elementen erzeugt wird, ist das direkte Produkt zyklischer Untergruppen.*

In Verbindung mit Satz 10.4 ergibt sich daraus noch der

Spezialfall: *Jede von $\{e\}$ verschiedene endliche abelsche Gruppe ist das direkte Produkt zyklischer Untergruppen von Primzahlpotenzordnung.*

Beweis von Satz 1: Nach Voraussetzung besitzt G endliche Erzeugendensysteme (vgl. § 9.3); unter ihnen gibt es Systeme mit minimaler Elementeanzahl n. Für jede abelsche Gruppe G, die die Voraussetzungen des Satzes erfüllt, ist diese natürliche Zahl $n = n(G)$ wohldefiniert, und wir führen den Beweis durch vollständige Induktion nach n. Für $n = 1$ ist der Satz richtig; es sei daher $n > 1$ und der Satz für abelsche Gruppen mit weniger als n Erzeugenden bereits bewiesen.
Wir betrachten sämtliche möglichen Mengen $\{g_1, g_2, \ldots, g_n\}$ von n Erzeugenden von G. Gibt es unter ihnen eine mit der Eigenschaft, daß aus

$$g_1^{\gamma_1} g_2^{\gamma_2} \ldots g_n^{\gamma_n} = e$$

folgt: $\gamma_1 = \gamma_2 = \ldots = \gamma_n = 0$, so ist G das direkte Produkt der von diesen g_λ erzeugten Untergruppen, weil ja dann

$$g_1^{\nu_1} g_2^{\nu_2} \ldots g_n^{\nu_n} = g_1^{\mu_1} g_2^{\mu_2} \ldots g_n^{\mu_n}$$

nur für $\nu_1 = \mu_1, \nu_2 = \mu_2, \ldots, \nu_n = \mu_n$ gilt. Die Behauptung ist in diesem Fall also richtig; G ist dann das direkte Produkt von n unendlichen zyklischen Gruppen.
Im folgenden kann daher angenommen werden, daß eine solche Menge von Erzeugenden nicht existiert. Für jedes $\{g_1, g_2, \ldots, g_n\}$ gibt es also Beziehungen $g_1^{\gamma_1} g_2^{\gamma_2} \ldots g_n^{\gamma_n} = e$, in denen nicht alle γ_i Null sind. Man denke sich alle diese Gleichungen für sämtliche betrachteten Erzeugendensysteme $\{g_1, g_2, \ldots, g_n\}$ aufgeschrieben. Da mit $g_1^{\gamma_1} g_2^{\gamma_2} \ldots g_n^{\gamma_n} = e$ auch $g_1^{-\gamma_1} g_2^{-\gamma_2} \ldots g_n^{-\gamma_n} = e$ gilt, kommen unter den Exponenten positive vor, und unter den insgesamt in allen diesen Gleichungen auftretenden Exponenten gibt es deshalb einen kleinsten positiven; er sei $\alpha_1 > 0$. Unter den vorliegenden Erzeugendensystemen $\{g_1, g_2, \ldots, g_n\}$ existiert also nach einer eventuell vorgenommenen Umnumerierung der Indizes ein spezielles $\{a_1, a_2, \ldots, a_n\}$ derart, daß $a_1^{\alpha_1} a_2^{\alpha_2} \ldots a_n^{\alpha_n} = e$ gilt mit dem bereits fixierten α_1 und gewissen weiteren $\alpha_i \in \mathfrak{Z}$.
Diesem Erzeugendensystem $\{a_1, a_2, \ldots, a_n\}$ wenden wir uns nun zu und zeigen $\alpha_1 | \alpha_i$ für alle i. Dazu werde ein beliebiges α_i mit $i \geqq 2$ fest ausgewählt und mit Rest durch α_1 dividiert: $\alpha_i = \beta_i \alpha_1 + \varrho_i, \beta_i \in \mathfrak{Z}, \; 0 \leqq \varrho_i < \alpha_i$. Wir wollen zeigen: $\varrho_i = 0$. Nun gilt jedenfalls

$$(a_1 a_i^{\beta_i})^{\alpha_1} a_2^{\alpha_2} \ldots a_{i-1}^{\alpha_{i-1}} a_i^{\varrho_i} a_{i+1}^{\alpha_{i+1}} \ldots a_n^{\alpha_n} = e;$$

hierbei ist wegen

$$a_1^{\lambda_1} a_2^{\lambda_2} \ldots a_n^{\lambda_n} = (a_1 a_i^{\beta_i})^{\lambda_1} a_2^{\lambda_2} \ldots a_{i-1}^{\lambda_{i-1}} a_i^{\lambda_i - \lambda_1 \beta_i} a_{i+1}^{\lambda_{i+1}} \ldots a_n^{\lambda_n}$$

auch $\{a_1 a_i^{\beta_i}, a_2, a_3, \ldots, a_n\}$ ein Erzeugendensystem von G, und wegen der Minimalität von α_1 ist $0 < \varrho_i < \alpha_1$ nicht möglich, so daß $\varrho_i = 0$ wird. Für jedes $i \geqq 2$ gilt also $\alpha_i = \beta_i \alpha_1$ mit einem $\beta_i \in \mathfrak{Z}$.

Für das Element $a = a_1 a_2^{\beta_2} a_3^{\beta_3} \ldots a_n^{\beta_n} \in G$ gilt nun

$$a^{\alpha_1} = e;$$

außerdem ist mit $\{a_1, a_2, \ldots, a_n\}$ auch $\{a, a_2, a_3, \ldots, a_n\}$ wegen

$$a_1^{\lambda_1} a_2^{\lambda_2} \ldots a_n^{\lambda_n} = a^{\lambda_1} a_2^{\lambda_2 - \lambda_1\beta_2} a_3^{\lambda_3 - \lambda_1\beta_3} \ldots a_n^{\lambda_n - \lambda_1\beta_n}$$

ein Erzeugendensystem von G. Es sei jetzt A die von a, B die von $a_2, a_3, \ldots, a_n$ erzeugte Untergruppe von G. Es gilt gewiß $G = AB$. Wir zeigen sogar $G = A \times B$, wonach die Behauptung aus der Induktionsvoraussetzung für B folgt.
Für $G = A \times B$ ist noch zu zeigen: Ist $g = a'b' \in G$, $a' \in A$, $b' \in B$, so ist diese Darstellung eindeutig. Gleichwertig damit ist: Aus $a^*b^* = e$, $a^* \in A$, $b^* \in B$, folgt $a^* = b^* = e$. Eine Beziehung $a'b' = a''b''$ oder $(a'a''^{-1})(b'b''^{-1}) = e$ ist dann ja nur für $a' = a''$ und $b' = b''$ möglich ($a', a'' \in A$; $b', b'' \in B$).
Es sei deshalb $a^* = a^k$, $b^* = a_2^{k_2} a_3^{k_3} \ldots a_n^{k_n}$ und

$$a^k a_2^{k_2} a_3^{k_3} \ldots a_n^{k_n} = e \quad (k, k_i \in \mathfrak{Z}).$$

Man dividiere k durch α_1 mit Rest: $k = q\alpha_1 + r$, $q \in \mathfrak{Z}$, $0 \leqq r < \alpha_1$. Wegen $a^{\alpha_1} = e$ bekommt man

$$a^r a_2^{k_2} a_3^{k_3} \ldots a_n^{k_n} = e;$$

da $\{a, a_2, a_3, \ldots, a_n\}$ ein Erzeugendensystem von G und α_1 minimal gewählt war, folgt hieraus wieder $r = 0$. Das bedeutet $a^* = a^k = (a^{\alpha_1})^q = e$ und damit auch $b^* = a_2^{k_2} a_3^{k_3} \ldots a_n^{k_n} = e$, und Satz 1 ist bewiesen.

11.2 Wir wissen nun also, daß jede endliche abelsche Gruppe ein direktes Produkt zyklischer Gruppen ist. Eine derartige Darstellung ist im allgemeinen auf mehrere Arten möglich; nach Satz 10.3 ist ja zum Beispiel

$$\mathfrak{Z}_4 \times \mathfrak{Z}_6 = \mathfrak{Z}_4 \times \mathfrak{Z}_2 \times \mathfrak{Z}_3 = \mathfrak{Z}_2 \times \mathfrak{Z}_{12}.$$

Enthält einer der auftretenden Indizes m wenigstens zwei verschiedene Primfaktoren, so läßt sich m in der Gestalt kl mit $1 < k < m$, $1 < l < m$ und $(k, l) = 1$, also $\mathfrak{Z}_m$ in der Gestalt $\mathfrak{Z}_m = \mathfrak{Z}_k \times \mathfrak{Z}_l$ schreiben. Sucht man also alle abelschen Gruppen der Ordnung 24, so braucht man nur alle direkten Produkte zyklischer Gruppen mit Primzahlpotenzordnung anzusehen: $\mathfrak{Z}_8 \times \mathfrak{Z}_3$, $\mathfrak{Z}_2 \times \mathfrak{Z}_4 \times \mathfrak{Z}_3$, $\mathfrak{Z}_2 \times \mathfrak{Z}_2 \times \mathfrak{Z}_2 \times \mathfrak{Z}_3$. Wie in den Beispielen 2, 3 und der Aufgabe 2 aus § 10 überlegt man sich, daß dies verschiedene Gruppen sind, und hat damit alle abelschen Gruppen der Ordnung 24 gefunden. Das Entsprechende gilt für die bereits diskutierten abelschen Gruppen der Ordnungen 8 und 72. Wir wollen nun zeigen, daß man auf dieselbe Art alle abelschen Gruppen vorgelegter endlicher Ordnung n bestimmen kann.

Definition: *Ist die Gruppe $G = G_1 \times G_2 \times \ldots \times G_r$ das direkte Produkt zyklischer Gruppen G_i, die von g_i erzeugt werden, so heißt $\{g_1, g_2, \ldots, g_r\}$ eine Basis von G. Sie heißt Primzahlpotenzbasis, wenn jedes g_i Primzahlpotenzordnung hat.*

Hat nun G die Primzahlpotenzbasis $\{g_1, g_2, \ldots, g_r\}$ und sind $\gamma_1, \gamma_2, \ldots, \gamma_r$ die zugehörigen Primzahlpotenzordnungen, so liefert die Angabe des r-tupels $(\gamma_1, \gamma_2, \ldots, \gamma_r)$ die genaue Information $G = \mathfrak{Z}_{\gamma_1} \times \mathfrak{Z}_{\gamma_2} \times \ldots \times \mathfrak{Z}_{\gamma_r}$. Dabei kann man die γ_i etwa noch so ordnen, daß man mit wachsenden Potenzen der kleinsten auftretenden Primzahl beginnt, dann die wachsenden Potenzen der nächstgrößeren Primzahl folgen läßt und so fortfährt bis zum Schluß. Ist das geschehen, so sagen wir, G sei vom *Typ* $(\gamma_1, \gamma_2, \ldots, \gamma_r)$. Die sämtlichen abelschen Gruppen der Ordnung 24 haben also die Typen (8, 3), (2, 4, 3) und (2, 2, 2, 3). Die Gruppe $\mathfrak{Z}_{360}$ hat nach Satz 10.4 den Typ (8, 9, 5).
Der im Anschluß an Satz 1 notierte und inzwischen erneut rekonstruierte Spezialfall besagt: Jede von $\{e\}$ verschiedene endliche abelsche Gruppe besitzt wenigstens einen Typ. Wir wollen nun wie bei den abelschen Gruppen der Ordnungen 8, 24 und 72 zeigen, daß verschiedene Typen auch zu nichtisomorphen Gruppen führen. Der Beweis dafür ist ebenso langwierig wie der von Satz 1; aber danach sind wir in der Lage, alle abelschen Gruppen vorgegebener endlicher Ordnung n aufzuschreiben: Sie entsprechen eineindeutig den sämtlichen möglichen zu der Zahl n gehörenden Typen.
Wir formulieren unsere Behauptung in folgender Gestalt.

Satz 2: *Zwei von $\{e\}$ verschiedene endliche abelsche Gruppen G, H sind dann und nur dann isomorph, wenn sie vom gleichen Typ sind.*

Beweis: Haben G und H den gleichen Typ, so gilt natürlich $G \simeq H$. Es seien daher umgekehrt G und H zwei isomorphe abelsche Gruppen der Ordnung $n = p_1^{\alpha_1} p_2^{\alpha_2} \ldots p_r^{\alpha_r}$ (p_i Primzahlen, $p_1 < p_2 < \ldots < p_r$). Die Gruppe G sei vom Typ $(x_1, x_2, \ldots, x_k)$; es ist also $x_1 x_2 \ldots x_k = n$; die zugehörige direkte Zerlegung sei

$$G = G_1 \times G_2 \times \ldots \times G_\varrho \times G_{\varrho+1} \times \ldots \times G_k;$$

dabei habe G_i die Ordnung x_i, und ϱ sei so bestimmt, daß p_1 Teiler von $x_1, x_2, \ldots, x_\varrho$ ist, aber nicht mehr von $x_{\varrho+1}, x_{\varrho+2}, \ldots, x_k$; es ist also $x_1 x_2 \ldots x_\varrho = p_1^{\alpha_1}$. Entsprechend sei H vom Typ $(y_1, y_2, \ldots, y_l)$, also $y_1 y_2 \ldots y_l = n$; die direkte Zerlegung sei

$$H = H_1 \times H_2 \times \ldots \times H_\sigma \times H_{\sigma+1} \times \ldots \times H_l$$

mit zyklischen Gruppen H_i der Ordnungen y_i, und es gelte $p_1 | y_1, p_1 | y_2, \ldots, p_1 | y_\sigma$, aber $p_1 \nmid y_{\sigma+1}, p_1 \nmid y_{\sigma+2}, \ldots, p_1 \nmid y_l$; es ist also $y_1 y_2 \ldots y_\sigma = p_1^{\alpha_1}$. Der Isomorphismus von G auf H sei $\varphi: G \to H$.
Nach Satz 9.3 besteht die Untergruppe $U = G_1 \times G_2 \times \ldots \times G_\varrho$ von G genau aus allen den Elementen von G, deren Ordnung eine Potenz von p_1 ist; es ist $|U| = |G_1| \cdot |G_2| \cdots |G_\varrho| = x_1 x_2 \ldots x_\varrho$. Analog besteht die Untergruppe $V = H_1 \times H_2 \times \ldots \times H_\sigma$ der Ordnung $y_1 y_2 \ldots y_\sigma$ von H aus allen den Elementen von H, deren Ordnung eine Potenz von p_1 ist. Daher ist $\varphi(U) \subset V$ und ebenso $\varphi^{-1}(V) \subset U$ oder $\varphi(U) \supset V$, demnach insgesamt $\varphi(U) = V$: Die Untergruppe $V \subset H$ ist das φ-isomorphe Bild von $U \subset G$. Daß $|U| = |V| = p_1^{\alpha_1}$ ist, wußten wir schon.
Da wir ganz analog aus G und H auch die isomorphen Gruppen U_j und V_j

aller der Elemente hätten herausgreifen können, deren Ordnung eine Potenz von p_j, $1 \leqq j \leqq r$, ist, wird unsere Behauptung bewiesen sein, sobald $\varrho = \sigma$ und $x_i = y_i$ für $1 \leqq i \leqq \varrho$ gezeigt ist. Um dies tun zu können, schieben wir eine Hilfsbetrachtung ein: Es sei A eine abelsche Gruppe, m eine feste natürliche Zahl, und A^m bezeichne die Menge aller a^m, $a \in A$. Dann ist A^m eine Untergruppe von A. Ist ferner $f: A \to B$ ein Isomorphismus von A auf B, so folgt sowohl $f(A^m) \subset B^m$ als auch $f^{-1}(B^m) \subset A^m$, insgesamt also $f(A^m) = B^m$ oder $A^m \simeq B^m$.
Dies werden wir im folgenden benutzen. Wir sind ja, wie wir bereits festgestellt haben, mit unserem Beweis fertig, wenn wir zeigen können, daß die isomorphen Gruppen U und V vom gleichen Typ sind. Wir werden aber aus der Annahme, ihre Typen seien verschieden, einen Widerspruch ableiten.
Die Gruppe $U = G_1 \times G_2 \times \ldots \times G_\varrho$ habe die Basis $\{g_1, g_2, \ldots, g_\varrho\}$; der Typ von U ist $(x_1, x_2, \ldots, x_\varrho)$, wobei alle x_λ Potenzen von p_1 sind. Die zu U isomorphe Gruppe $V = H_1 \times H_2 \times \ldots \times H_\sigma$ habe die Basis $\{h_1, h_2, \ldots, h_\sigma\}$; der Typ von V ist $(y_1, y_2, \ldots, y_\sigma)$, und auch alle diese y_λ sind Potenzen von p_1. Nach der Definition des Typs ist x_i ein Teiler von x_{i+1} $(1 \leqq i < \varrho)$ und y_j ein Teiler von y_{j+1} $(1 \leqq j < \sigma)$; kein x_i und kein y_j ist Eins. Wir nehmen nun an, es sei nicht zugleich $\varrho = \sigma$ und $x_i = y_i$ für alle i, $1 \leqq i \leqq \varrho$; diese Annahme müssen wir widerlegen. Bei geeigneter Wahl der Bezeichnungen wäre dann $\varrho \leqq \sigma$, und es würde ein $m \geqq 0$ existieren derart, daß $x_\varrho = y_\sigma$, $x_{\varrho-1} = y_{\sigma-1}$, $\ldots, x_{\varrho-m+1} = y_{\sigma-m+1}$, $x_{\varrho-m} \neq y_{\sigma-m}$ ausfällt; wegen $x_1 x_2 \ldots x_\varrho = y_1 y_2 \ldots y_\sigma$ ist $m \leqq \varrho - 1$. Etwa für den Fall $x_{\varrho-m} < y_{\sigma-m}$ betrachten wir die Beziehung

$$U^{x_{\varrho-m}} \simeq V^{x_{\varrho-m}}.$$

Die Gruppe links hat die Basis

$$\{g_{\varrho-m+1}^{x_{\varrho-m}}, g_{\varrho-m+2}^{x_{\varrho-m}}, \ldots, g_\varrho^{x_{\varrho-m}}\}$$

und

$$|U^{x_{\varrho-m}}| = \frac{x_{\varrho-m+1}}{x_{\varrho-m}} \cdot \frac{x_{\varrho-m+2}}{x_{\varrho-m}} \cdots \frac{x_\varrho}{x_{\varrho-m}}$$

Elemente. Die Gruppe rechts hat eine Basis der Gestalt

$$\{h_s^{x_{\varrho-m}}, h_{s+1}^{x_{\varrho-m}}, \ldots, h_{\sigma-m}^{x_{\varrho-m}}, h_{\sigma-m+1}^{x_{\varrho-m}}, \ldots, h_\sigma^{x_{\varrho-m}}\},$$

wobei $1 \leqq s \leqq \sigma - m$ und h_s das erste unter den Basiselementen $h_1, h_2, \ldots, h_\sigma$ ist, dessen Ordnung y_s größer als $x_{\varrho-m}$ ist; die Elementeanzahl der rechts stehenden Gruppe ist daher mindestens

$$\frac{y_{\sigma-m}}{x_{\varrho-m}} \cdot \frac{y_{\sigma-m+1}}{x_{\varrho-m}} \cdots \frac{y_\sigma}{x_{\varrho-m}} = \frac{y_{\sigma-m}}{x_{\varrho-m}} \cdot |U^{x_{\varrho-m}}| > |U^{x_{\varrho-m}}|,$$

was der Isomorphie beider Gruppen widerspricht. Ist $x_{\varrho-m} > y_{\sigma-m}$, so findet man einen analogen Widerspruch zu

$$U^{y_{\sigma-m}} \simeq V^{y_{\sigma-m}}.$$

Damit ist auch Satz 2 bewiesen.

Will man also alle abelschen Gruppen der Ordnung $n = p_1^{\alpha_1} p_2^{\alpha_2} \ldots p_r^{\alpha_r}$ bestimmen, so genügt es, alle Typen $(x_1, x_2, \ldots, x_k)$ mit $x_1 x_2 \ldots x_k = n$ aufzuschreiben. Sind wieder $x_1, x_2, \ldots, x_\varrho$ Potenzen von p_1, etwa $p_1^{\beta_1}, p_1^{\beta_2}, \ldots, p_1^{\beta_\varrho}$, die Zahlen $x_{\varrho+1}, x_{\varrho+2}, \ldots, x_k$ dagegen nicht, so muß $\alpha_1 = \beta_1 + \beta_2 + \ldots + \beta_\varrho$ werden mit $1 \leqq \beta_1 \leqq \beta_2 \leqq \ldots \leqq \beta_\varrho$. Die Anzahl $p(\alpha)$ aller derartiger Zerlegungen einer Zahl $\alpha \in \mathfrak{N}$ heißt *die Anzahl der Partitionen von* α; so ist $p(1) = 1$, $p(2) = 2$, $p(3) = 3$, $p(4) = 5$, $p(5) = 7$. Über die Anzahl der abelschen Gruppen der Ordnung n gilt daher der

Satz 3: *Es gibt genau $p(\alpha_1)\, p(\alpha_2) \ldots p(\alpha_r)$ abelsche Gruppen der Ordnung $n = p_1^{\alpha_1} p_2^{\alpha_2} \ldots p_r^{\alpha_r}$ (p_i Primzahlen, $p_1 < p_2 < \ldots < p_r$).*

Die zahlentheoretische Funktion $p(\alpha)$ ist viel untersucht worden; man kennt ihr asymptotisches Verhalten, kann ihre Werte aber nicht in einfacher Weise explizit angeben.

Aufgabe 1: Man bestimme alle abelschen Gruppen der Ordnungen 800, 900, 1000.

§ 12 Homomorphe Bilder von Gruppen

12.1 Es sei G die additive Gruppe von $\mathfrak{Z}$ und A die Teilmenge der geraden, B die der ungeraden Zahlen; ferner sei $H = \{0, 1\}$ eine Gruppe der Ordnung 2 mit der Addition $0 + 0 = 1 + 1 = 0$, $0 + 1 = 1 + 0 = 1$. Dabei haben wir die ganzen Zahlen $0, 1 \in G$ von den Elementen 0, 1 von H zu unterscheiden. Wir definieren eine Abbildung $f\colon G \to H$ von G auf H durch $f(a) = 0$ für $a \in A$ und $f(b) = 1$ für $b \in B$. Diese surjektive Abbildung f ist zwar nicht eineindeutig, aber relationstreu; mit vier Fallunterscheidungen prüft man sofort $f(m + n) = f(m) + f(n)$ für alle $m, n \in G$ nach. Die Gruppe H ist ein rechnerisch sehr grobes Bild von G und gibt nur noch die Regeln „gerade plus gerade gleich gerade", „ungerade plus ungerade gleich gerade" und „gerade plus ungerade gleich ungerade" wieder. An Stelle eines isomorphen Bildes haben wir nur noch ein sogenanntes homomorphes Bild H von G vor uns.

Definition: *Es sei G eine multiplikativ geschriebene Gruppe und S eine algebraische Struktur mit einer ebenfalls multiplikativ geschriebenen Verknüpfung. Dann heißt S homomorphes Bild von G, und wir schreiben $G \simeq S$, wenn eine surjektive Abbildung $f\colon G \to S$ derart existiert, daß für alle $a, b \in G$ gilt: $f(ab) = f(a) f(b)$.*

Ein Homomorphismus f von G auf S ist also eine relationstreue surjektive Abbildung. Ein Isomorphismus ist ein spezieller Homomorphismus; die vermittelnde Abbildung f ist dann sogar eineindeutig. Ist das homomorphe Bild S von G Teilmenge einer Menge M, so sprechen wir von einem Homomorphismus von G *in* M. Es kann mehrere Homomorphismen von G in oder auf M geben.

Wir notieren zunächst den

Satz 1: *Das homomorphe Bild einer Gruppe ist eine Gruppe. Dabei geht das Einselement in das Einselement, und Inverse gehen in Inverse über. Das homomorphe Bild einer abelschen Gruppe ist abelsch, das homomorphe Bild einer zyklischen Gruppe ist zyklisch.*

Beweis: Es sei $G \precsim S$ und f der zugehörige Homomorphismus. Sind s_1, s_2, s_3 Elemente aus S, so existieren Elemente $g_1, g_2, g_3 \in G$ mit $f(g_i) = s_i$, und man bekommt das assoziative Gesetz

$$\begin{aligned}(s_1 s_2)s_3 &= (f(g_1)f(g_2))f(g_3) = f(g_1g_2)f(g_3) = f((g_1g_2)g_3) \\ &= f(g_1(g_2g_3)) = f(g_1)f(g_2g_3) = f(g_1)(f(g_2)f(g_3)) = s_1(s_2s_3).\end{aligned}$$

Also ist S eine Halbgruppe. Ist $s \in S$ und $g \in G$ ein Original von s, so wird $f(e) \cdot s = f(e)f(g) = f(eg) = f(g) = s$; also ist $f(e)$ Linkseins von S. Weiter wird $f(g^{-1}) \cdot s = f(g^{-1}g) = f(e)$; das Inverse von g geht also in das Linksinverse $f(g^{-1})$ von s über. Damit sind die ersten drei Behauptungen nachgewiesen. Ist G abelsch, so ist es auch S:

$$s_1 s_2 = f(g_1)f(g_2) = f(g_1g_2) = f(g_2g_1) = f(g_2)f(g_1) = s_2 s_1.$$

Wird schließlich G von g erzeugt, so besteht S aus den Potenzen von $f(g)$ und ist damit zyklisch.

Ein homomorphes Bild von G ist also eine Art Photographie, die mehr oder minder grob ausfallen kann, die wichtigsten gruppentheoretischen Details aber noch korrekt wiedergibt. Sind A, B, C Gruppen mit $A \precsim B$ und $B \precsim C$, so folgt $A \precsim C$. Dazu betrachte man das Produkt gf der Homomorphismen $f\colon A \to B$ und $g\colon B \to C$; es definiert eine Abbildung von A auf C, und für $a, b \in A$ gilt

$$gf(ab) = g(f(ab)) = g(f(a)f(b)) = gf(a) \cdot gf(b).$$

Wir stellen uns nun die Aufgabe, alle homomorphen Bilder einer vorgelegten Gruppe G zu bestimmen. Diese Redewendung soll hier und später immer folgendes bedeuten: Gesucht sind alle paarweise nicht isomorphen Gruppen H mit $G \precsim H$. Bilder, die einander isomorph sind, werden also nur einmal notiert.

Wir beginnen mit einem Beispiel. Es sei N ein Normalteiler von G und $F = \{N, aN, bN, \ldots\}$ die Menge der Nebenklassen von N in G. Wir wollen eine Multiplikation auf F durch $aN \cdot bN = abN$ erklären und müssen wie in § 9.1 nachsehen, ob das eine Definition ist: Das Produkt der Nebenklassen aN, bN soll die Klasse sein, die das Produkt ab der Repräsentanten a, b enthält, und wir haben zu zeigen, daß das Produkt abN von der speziellen Wahl der Repräsentanten nicht abhängt. Es sei also $a' \in aN$, das heißt $aN = a'N$, und $b' \in bN$, das heißt $bN = b'N$; mit gewissen Elementen n_i des Normalteilers N folgt dann

$$a'b' = an_1 \cdot bn_2 = a(n_1b)n_2 = a(bn_3)n_2 = abn_4 \in abN$$

oder $a'b'N = abN$. Damit ist festgestellt: Durch die Vorschrift $aN \cdot bN = abN$ ist eine Multiplikation auf F definiert. Sie ist assoziativ,

$$(aNbN)cN = abNcN = (ab)cN = a(bc)N = aNbcN = aN(bNcN),$$

N wird Einselement und $a^{-1}N$ Inverses von $aN \in F$. Also ist F eine Gruppe. Sie ist sogar ein homomorphes Bild von G; die durch $f(a) = aN$ definierte Abbildung $f\colon G \to F$ von G auf F ist ja relationstreu:

$$f(ab) = abN = aNbN = f(a)f(b).$$

Diese Gruppe F nennt man die *Faktorgruppe von G nach N* und schreibt $F = G/N$. Die Bezeichnung für F deutet an: Man rechnet in G/N wie in G, setzt aber dabei Elemente aus dem Normalteiler N gleich Eins. Wir haben gesehen: Für jeden Normalteiler N von G bekommen wir ein homomorphes Bild G/N von G. Der nachstehende *Homomorphiesatz für Gruppen* besagt nun, daß mit den Faktorgruppen G/N von G schon alle homomorphen Bilder von G gefunden sind.

Definition: *Es seien G und H Gruppen und f ein Homomorphismus von G auf H. Dann heißt die Teilmenge $K \subset G$ aller derjenigen Elemente $k \in G$, deren Bild $f(k)$ das neutrale Element aus H ist, der Kern des Homomorphismus f.*

Satz 2: *Es sei G eine Gruppe. Dann gelten die folgenden Aussagen:*
a) *Ist N ein Normalteiler von G, so ist die Faktorgruppe G/N ein homomorphes Bild von G.*
b) *Ist f ein Homomorphismus von G auf eine Gruppe H, so ist der Kern K von f ein Normalteiler von G.*
c) *Ist $f\colon G \to H$ ein Homomorphismus von G auf H und N sein Kern, so gilt $H \simeq G/N$. Das heißt: Jedes homomorphe Bild H von G ist einer Faktorgruppe G/N isomorph.*
d) *Ein Homomorphismus f von G auf H ist genau dann ein Isomorphismus, wenn sein Kern K nur aus dem neutralen Element von G besteht.*

Beweis:
a) Das ist bereits gezeigt worden.
b) Es seien e und e^* die Einselemente der multiplikativ geschriebenen Gruppen G und H. Nach Satz 1 gilt $e \in K$, also $K \neq \mathfrak{L}$. Wir zeigen nach Satz 8.1, daß K eine Untergruppe von G ist. Aus $g, h \in K$ folgt ja wieder mit Satz 1

$$f(gh^{-1}) = f(g)f(h^{-1}) = f(g)f(h)^{-1} = e^* e^{*-1} = e^*,$$

also $gh^{-1} \in K$. Nach Satz 8.4 ist die Untergruppe K von G sogar Normalteiler; aus $a \in G$ und $k \in K$ folgt ja

$$f(aka^{-1}) = f(a)f(k)f(a^{-1}) = f(a) \cdot e^* \cdot f(a)^{-1} = e^*,$$

also $aka^{-1} \in K$ und damit $aKa^{-1} \subset K$ für jedes $a \in G$.
c) Wir betrachten ein $a \in G$ und sein Bild $f(a) \in H$. Sicher haben alle Elemente an aus G mit $n \in N$ dasselbe Bild; soll andrerseits $g = ax \in G$ das Bild $f(a)$ haben, so muß $f(x) = e^*$, also $x \in N$ sein. Es folgt: Genau die Elemente aus

aN haben dasselbe Bild wie a. Durch $\varphi(aN) = f(a)$ wird deshalb eine Abbildung $\varphi\colon G/N \to H$ definiert, und diese Abbildung ist bijektiv. Sie ist auch relationstreu:

$$\varphi(aNbN) = \varphi(abN) = f(ab) = f(a)f(b) = \varphi(aN)\varphi(bN).$$

Die Abbildung φ ist also ein Isomorphismus von G/N auf H.
d) Die zu Beginn von c) vorgenommene Analyse zeigt speziell: Der Homomorphismus $f\colon G \to H$ vermittelt genau dann eine eineindeutige Abbildung, wenn sein Kern nur aus einem Element besteht, also $K = \{e\}$ gilt. Damit ist Satz 2 bewiesen.

Wir bemerken nun noch, daß durchaus verschiedene Normalteiler einer Gruppe isomorphe Faktorgruppen liefern können. Man wähle etwa die Vierergruppe $V = \{e, a, b, c\}$ und die Normalteiler $N_1 = \{e, a\}$, $N_2 = \{e, b\}$; die Faktorgruppen V/N_1 und V/N_2 sind als Gruppen der Ordnung 2 isomorph. Kehren wir zu unserer oben gestellten Aufgabe zurück, so lautet demnach das Ergebnis: Die sämtlichen homomorphen Bilder einer Gruppe G sind die voneinander verschiedenen unter den Faktorgruppen G/N.

12.2 Wir betrachten als Beispiel die additive Gruppe $\mathfrak{Z}$. Da sie abelsch ist, ist jede Untergruppe Normalteiler. Außerdem ist $\mathfrak{Z}$ zyklisch und wird von 1 erzeugt; eine Untergruppe N ist nach Satz 9.6, Aussage a), auch zyklisch und wird, wie der zugehörige Beweis zeigte, im Falle $N \neq \{0\}$ von dem kleinsten positiven Element n in N erzeugt. Die Faktorgruppe

$$\mathfrak{Z}/N = \{N, 1 + N, 2 + N, \ldots, (n - 1) + N\}$$

ist dann nur in anderer Schreibweise die additive Restklassengruppe modulo n aus § 9.1; am Anfang von § 12 stand der Spezialfall $n = 2$. Allgemein wird $\mathfrak{Z}/N$ von $1 + N$ erzeugt und ist isomorph $\mathfrak{Z}_n$. Vergröbert man das Addieren in $\mathfrak{Z}$ dadurch, daß man Vielfache von n, also die Elemente von N, gleich Null setzt, so gelangt man zu dem Rechnen im homomorphen Bild $\mathfrak{Z}/N \simeq \mathfrak{Z}_n$. Unser Ergebnis: Die sämtlichen homomorphen Bilder von $\mathfrak{Z}$ sind $\mathfrak{Z}$ selbst und die additiven Restklassengruppen modulo n ($n = 1, 2, 3, \ldots$).

Aufgabe 1: G und H seien Gruppen, $G \times H$ sei ihr direktes Produkt. Zeige: $(G \times H)/H \simeq G$.

Aufgabe 2: Man betrachte die additiven Gruppen $\mathfrak{C}$ und $\mathfrak{R}$ und zeige: $\mathfrak{C}/\mathfrak{R} \simeq \mathfrak{R}$.

Aufgabe 3: Man bestimme alle homomorphen Bilder von $\mathfrak{Z}_2 \times \mathfrak{Z}_3 \times \mathfrak{Z}_4$.

Aufgabe 4: Bestimme alle Gruppen der Ordnung 6.

12.3 Wir kehren noch einmal zu den Überlegungen des ersten Abschnitts zurück und beginnen mit der folgenden

Definition: *Es sei S eine algebraische Struktur mit Elementen $a, a', b, b', \ldots$ und einer multiplikativ geschriebenen Verknüpfung. Eine auf S definierte Äqui-*

valenzrelation „$\equiv$“ heißt Kongruenzrelation, wenn aus $a \equiv a'$ und $b \equiv b'$ folgt: $ab \equiv a'b'$.

Es sei zum Beispiel $S = G$ eine Gruppe und $N \subset G$ ein Normalteiler. Dann wird durch die Nebenklassen von N auf G eine Äquivalenzrelation

$$a \equiv a' \quad \Leftrightarrow \quad aN = a'N$$

definiert (Satz 8.2). Aus der Normalteilereigenschaft von N folgt, daß diese Äquivalenzrelation sogar eine Kongruenzrelation ist: Aus $a \equiv a'$, also $aN = a'N$, und $b \equiv b'$, also $bN = b'N$, folgt ja, wie wir im ersten Abschnitt nachprüfen mußten, $abN = a'b'N$ oder $ab \equiv a'b'$.
Hier liegt die folgende Situation vor: Es ist $G = N \cup aN \cup bN \cup \ldots$ eine Partition von G, und man versucht, auf $\{N, aN, bN, \ldots\}$ eine Verknüpfung $aN \cdot bN = gN$ so einzuführen, daß für alle $x \in aN$ und $y \in bN$ gilt: $xy \in gN$; dieser Versuch war auf der Faktorgruppe G/N gelungen. Allgemein gilt nun der

Satz 3: *Es sei S eine algebraische Struktur mit multiplikativ geschriebener Verknüpfung und $S = K(a) \cup K(b) \cup K(c) \cup \ldots$ eine Zerlegung von S in paarweise verschiedene Äquivalenzklassen mit Repräsentanten $a, b, c, \ldots \in S$. Genau dann definiert $K(a) \cdot K(b) = K(ab)$ eine Verknüpfung auf*

$$\{K(a), K(b), K(c), \ldots\},$$

wenn die durch die Partition von S erklärte Äquivalenzrelation eine Kongruenzrelation auf S ist.

Beweis: Es sei zunächst die Äquivalenzrelation

$$a \equiv a' \quad \Leftrightarrow \quad K(a) = K(a')$$

sogar eine Kongruenzrelation. Dann ist $K(a) \cdot K(b) = K(ab)$ eine Definition; denn die rechte Seite dieser Gleichung ist unabhängig von der Wahl der Repräsentanten a und b: Aus $K(a) = K(a')$, also $a \equiv a'$, und $K(b) = K(b')$, also $b \equiv b'$, folgt $ab \equiv a'b'$, also $K(ab) = K(a'b')$.
Definiert umgekehrt $K(a) \cdot K(b) = K(ab)$ eine Verknüpfung auf

$$\{K(a), K(b), K(c), \ldots\},$$

so folgt also aus $K(a) = K(a')$ und $K(b) = K(b')$ die Beziehung $K(ab) = K(a'b')$, und das bedeutet: Aus $a \equiv a'$ und $b \equiv b'$ folgt $ab \equiv a'b'$. Damit ist Satz 3 bewiesen.

Nun betrachten wir den Spezialfall, daß S eine Gruppe ist.

Satz 4: *Dann und nur dann ist auf einer Gruppe G eine Äquivalenzrelation „$\equiv$“ sogar eine Kongruenzrelation, wenn die Äquivalenzklassen Nebenklassen eines Normalteilers N von G sind; dabei besteht N genau aus allen $g \in G$ mit $g \equiv e$.*

Beweis: Daß die Nebenklassen eines Normalteilers N von G eine Kongruenzrelation auf G definieren, wurde bereits im Anschluß an die Definition der Kongruenzrelation gezeigt; wegen $e \in N$ besteht dabei N aus genau denjenigen Elementen $g \in G$, für die $g \equiv e$ gilt. Es sei nun umgekehrt eine Kongruenzrelation auf G vorgelegt und N die Menge aller $g \in G$ mit $g \equiv e$. Dann ist N eine Halbgruppe, und es ist $e \in N$. Aus $g \in N$, also $g \equiv e$, folgt mit $g^{-1} \equiv g^{-1}$ noch $e \equiv g^{-1}$, also $g^{-1} \in N$. Also ist N sogar eine Untergruppe von G. Für die Normalteilereigenschaft von N ist nun nach Satz 8.4 noch zu zeigen: Aus $g \in N$ und $a \in G$ folgt $aga^{-1} \equiv e$. Das ergibt sich aber durch Multiplikation der Kongruenzen $a \equiv a$, $g \equiv e$, $a^{-1} \equiv a^{-1}$. Wegen $b^{-1} \equiv b^{-1}$ bzw. $b \equiv b$ hat man schließlich noch

$$a \equiv b \quad \Leftrightarrow \quad b^{-1}a \equiv e \quad \Leftrightarrow \quad b^{-1}a \in N \quad \Leftrightarrow \quad a \in bN,$$

und das heißt, daß die Äquivalenzklassen die Nebenklassen von N sind. Zusammen mit Satz 2 folgt daher in kurzer Ausdrucksweise der

Satz 5: *Genau die Kongruenzrelationen auf der Gruppe G liefern die sämtlichen homomorphen Bilder von G.*

Man bekommt also alle homomorphen Bilder der Gruppe G, indem man auf alle möglichen Arten Kongruenzrelationen auf G einführt und aus den entstehenden Partitionen $G = A \cup B \cup C \cup \ldots$ von G algebraische Strukturen $S = \{A, B, C, \ldots\}$ bildet, auf denen dann wie folgt gerechnet wird:

$$AB = C \quad \Leftrightarrow \quad [(a \in A \text{ und } b \in B) \Rightarrow ab \in C].$$

12.4 Wir sehen uns noch ein Beispiel zu Satz 3 an. Es sei n eine feste natürliche Zahl und S die Teilmenge aller zu n teilerfremden Zahlen aus $\mathfrak{Z}$. Sind nun $a, b \in \mathfrak{Z}$ zu n teilerfremd, so ist es auch ab; damit wird S bezüglich der Multiplikation aus $\mathfrak{Z}$ eine Halbgruppe. Ist ferner $a \in \mathfrak{Z}$ zu n teilerfremd, so ist es auch jedes $a + \lambda n$, $\lambda \in \mathfrak{Z}$. Also besteht S aus der Vereinigung aller Restklassen

$$K(a) = \{a + \lambda n \colon \lambda \in \mathfrak{Z}\}$$

mit zu n teilerfremdem a; man nennt sie die *primen Restklassen* modulo n. Für das Weitere halten wir uns an die folgende

Definition: *Die Anzahl der natürlichen Zahlen m mit $1 \leqq m \leqq n$ und $(m, n) = 1$ sei $\varphi(n)$.*

Danach ist also $\varphi(1) = 1$, $\varphi(2) = 1$, $\varphi(3) = 2$, $\varphi(4) = 2$ und $\varphi(p) = p - 1$ für Primzahlen p. In der Zahlentheorie ist $\varphi(n)$ unter dem Namen Eulersche *Funktion* bekannt. Für unser festes n sei nun $\varphi(n) = r$, und es seien $1 = n_1 < n_2 < \ldots < n_r \leqq n$ die von $\varphi(n)$ gezählten zu n teilerfremden $n_i \in \mathfrak{N}$. Sind $K(n_i)$ die zugehörigen Restklassen modulo n, so wird demnach $S = K(n_1) \cup K(n_2) \cup \ldots \cup K(n_r)$. Diese Partition definiert nach § 5 eine Äquivalenzrelation auf S, und diese Äquivalenzrelation ist sogar eine Kongruenzrelation: $a \equiv b$ heißt ja $b - a \mid \lambda n$ mit einem $\lambda \in \mathfrak{Z}$; $c \equiv d$ heißt $d = c + \mu n$ mit einem $\mu \in \mathfrak{Z}$; es folgt $bd = (a + \lambda n)(c + \mu n) = ac + \nu n$ mit einem $\nu \in \mathfrak{Z}$, also $ac \equiv bd$.

Nach Satz 3 können wir also auf $H = \{K(n_1), K(n_2), \ldots, K(n_r)\}$ durch $K(n_i)K(n_j) = K(n_in_j)$ eine Verknüpfung einführen; sie ist assoziativ und kommutativ wie die Verknüpfung auf S. Also ist H eine kommutative endliche Halbgruppe mit dem Einselement $K(n_1)$. Wir zeigen, daß H sogar eine Gruppe ist. In H gilt nämlich

$$hx = hy \quad \Rightarrow \quad x = y \qquad (h, x, y \in H);$$

dazu setze man $h = K(n_l)$, $x = K(n_i)$, $y = K(n_j)$ und beachte, daß aus $K(n_in_l) = K(n_jn_l)$ die Teilbarkeitsbeziehung $n | n_l(n_i - n_j)$ folgt, die wegen $(n, n_l) = 1$ und $-n < n_i - n_j < n$ nur für $n_i = n_j$ möglich ist. Für festes $h_1 \in H$ gibt es also r verschiedene Produkte h_1x in H, so daß die Gleichung $h_1x = h_2$ für alle $h_1, h_2 \in H$ lösbar ist, und H ist eine Gruppe nach Satz 6.2.

Wir sind von der multiplikativen Halbgruppe S ausgegangen; sie wird durch $f(s) = K(s)$ relationstreu auf die Halbgruppe H abgebildet ($s \in S$). Es zeigte sich darüber hinaus, daß H eine abelsche Gruppe ist. Sie heißt die *prime Restklassengruppe modulo n* und wird fortan mit $\mathfrak{P}_n$ bezeichnet. Es ist $|\mathfrak{P}_n| = \varphi(n)$. Schreibt man einfach $\mathfrak{P}_n = \{n_1, n_2, \ldots, n_r\}$, so bekommt man das Verknüpfungsergebnis von $a, b \in \mathfrak{P}_n$, indem man die natürlichen Zahlen a, b ausmultipliziert und als Ergebnis den kleinsten positiven Rest ϱ nach Division durch n notiert. Beispielsweise würde in $\mathfrak{P}_{12} = \{1, 5, 7, 11\}$ für jedes $x \in \mathfrak{P}_{12}$ die Beziehung $x^2 = 1$ gelten; die Gruppe $\mathfrak{P}_{12}$ ist also isomorph zur Kleinschen Vierergruppe.

Wir wollen eine Anwendung für das Rechnen in der primen Restklassengruppe $\mathfrak{P}_n$ geben. Es sei a eine beliebige zu n teilerfremde ganze Zahl. Es ist $a \in S$, also $K(a) \in \mathfrak{P}_n$. Satz 9.4 liefert nun

$$K(a)^{\varphi(n)} = K(a^{\varphi(n)}) = K(1).$$

Das heißt aber $n | (a^{\varphi(n)} - 1)$. Dies ist der sogenannte *Kleine* FERMAT*sche Satz* der Zahlentheorie, den wir notieren wollen.

Satz 6: *Es sei n eine natürliche und a eine zu n teilerfremde ganze Zahl. Dann gilt*

$$n | (a^{\varphi(n)} - 1).$$

Ist speziell n eine Primzahl p, so gilt für jedes nicht durch p teilbare $a \in \mathfrak{Z}$ die Teilbarkeitsbeziehung $p | (a^{p-1} - 1)$; man kann auch sagen: für alle $a \in \mathfrak{Z}$ gilt $p | (a^p - a)$.

Wegen Satz 6 nennt man den zugrundeliegenden Satz 9.4 auch den *Kleinen* FERMAT*schen Satz* der Gruppentheorie.

Aufgabe 5: Es sei G die multiplikative Gruppe aller rationalen Zahlen der Gestalt $3^r5^s7^t$ ($r, s, t \in \mathfrak{Z}$) und N der Normalteiler aller 3^r. Man beschreibe G/N.

Aufgabe 6: Es sei G eine Gruppe, $N \subset G$ ein Normalteiler, $U \subset G$ eine

Untergruppe, $N \cap U = \{e\}$, und die einzige Untergruppe H von G, die N und U umfaßt, sei G selbst. Man zeige: Dann gilt $G/N \simeq U$.

Aufgabe 7: Es sei G die Menge aller durch $f(x) = ax + b$, $a \in \mathfrak{R}$, $b \in \mathfrak{R}$, $a \neq 0$, definierten Abbildungen $f\colon \mathfrak{R} \to \mathfrak{R}$ von $\mathfrak{R}$ auf sich. Ferner seien $U_1 \subset G$ die Teilmenge aller $f \in G$ mit $a = 1$ und $U_2 \subset G$ die Teilmenge aller $f \in G$ mit $b = 0$. Zeige:
a) U_1 und U_2 sind Untergruppen der Gruppe G. Ferner ist U_1 Normalteiler von G, aber nicht U_2.
b) U_2 ist isomorph zur multiplikativen Gruppe $\mathfrak{R}_0$ (vgl. § 6.2).
c) Es gilt $G/U_1 \simeq U_2$.

§ 13 Einbettung von Halbgruppen in Gruppen

13.1 Wir gehen aus von der folgenden

Definition: *Eine Halbgruppe H heißt regulär, wenn für alle Elemente $a, x, y \in H$ die Kürzungsregeln*

$$ax = ay \Rightarrow x = y,$$
$$xa = ya \Rightarrow x = y$$

gelten.

Insbesondere ist also jede Gruppe eine reguläre Halbgruppe.
Es sei nun eine Halbgruppe H vorgelegt, und wir stellen die folgende Frage: Gibt es eine Gruppe G, die H umfaßt?
Wenn eine solche Gruppe G existiert, so gelten in ihr die Kürzungsregeln; die Halbgruppe $H \subset G$ muß dann also notwendig regulär sein. Aber man kann Beispiele konstruieren, die zeigen, daß diese notwendige Voraussetzung über H nicht auch schon hinreichend ist: Nicht jede reguläre Halbgruppe H läßt sich in eine Gruppe einbetten. Dagegen gilt der

Satz 1: *Jede kommutative reguläre Halbgruppe H läßt sich in eine eindeutig bestimmte kleinste Obergruppe Q, die Quotientengruppe von H, einbetten. Das heißt: Zu einer vorgegebenen kommutativen regulären Halbgruppe H gibt es eine Gruppe Q mit den folgenden Eigenschaften.*
(1) $Q \supset H$.
(2) Ist G eine Gruppe, die H umfaßt, $G \supset H$, so gilt $G \supset Q \supset H$.
(3) Ist Q' eine Gruppe, die an Stelle von Q die Bedingungen (1) und (2) erfüllt, so gilt $Q' = Q$.

Beweis: Angenommen, die Existenz einer Gruppe Q mit den Eigenschaften (1) und (2) sei bereits bewiesen. Dann gilt sicher die Eindeutigkeitsaussage (3). Denn die Eigenschaften (1), (2) von Q liefern für $G = Q'$ die Beziehung $Q' \supset Q \supset H$; analog folgt aus den Eigenschaften (1), (2) von Q' für $G = Q$ die Beziehung $Q \supset Q' \supset H$. Aus beidem zusammen bekommen wir $Q' = Q$. Zu zeigen bleibt also: Ist H eine kommutative reguläre Halbgruppe, so gibt es eine Gruppe Q mit den Eigenschaften (1) und (2).

Um Anhaltspunkte für unser weiteres Vorgehen zu bekommen, nehmen wir an, es gäbe eine Gruppe $G \supset H$. In G ist dann die Teilmenge

$$U_G = \{y: y \in G, yb = a, a, b \in H\}$$

der Lösungen aller Gleichungen $yb = a$ mit Elementen $a, b \in H$ enthalten. Da zu $b \in H$ ein eindeutig bestimmtes Inverses $b^{-1} \in G$ existiert, können wir auch schreiben:

$$U_G = \{y: y = ab^{-1}, a, b \in H\}.$$

Es ist leicht zu sehen, daß U_G eine Untergruppe von G ist: Wegen $H \neq \mathfrak{L}$ gibt es ein $a \in H$, und es folgt $aa^{-1} = e \in U_G$; also ist U_G nicht leer, und nach Satz 8.1 müssen wir noch zeigen: Sind $y_1 = ab^{-1}$ und $y_2 = cd^{-1}$ Elemente aus U_G $(a, b, c, d \in H)$, so ist auch $y_1y_2^{-1} \in U_G$. Für Elemente $g, h \in H$ gilt nun in G nach Voraussetzung $gh = hg$; multipliziert man hierin beide Seiten links und rechts mit $h^{-1} \in G$, so folgt

(4) $$h^{-1}g = gh^{-1} \qquad (g, h \in H).$$

Anwendung dieser Rechenregel ergibt aber $y_1y_2^{-1} = ab^{-1}dc^{-1} = (ad)(cb)^{-1} \in U_G$. Da jedes $h \in H$ wegen $h = h^2h^{-1}$ auch in U_G liegt, können wir also sagen: U_G ist eine Untergruppe von G mit $G \supset U_G \supset H$. Ist ferner U eine Untergruppe von G, die H umfaßt, so muß auch sie die Lösungen aller Gleichungen $yb = a$ mit $a, b \in H$ enthalten, und das heißt $U \supset U_G$. In G ist also U_G die kleinste Untergruppe, die H umfaßt.

Wären wir von einer anderen Gruppe $G^* \supset H$ ausgegangen, so wäre entsprechend

$$U_{G^*} = \{y^*: y^* \in G^*, y^*b = a, a, b, \in H\}$$

die kleinste Untergruppe von G^* geworden, die H umfaßt. Es ist klar, daß beide Gruppen sich nur durch die Schreibweise voneinander unterscheiden, $U_G \simeq U_{G^*}$, und deshalb nicht als voneinander verschieden angesehen zu werden brauchen. Dann können wir aber sagen: U_G ist die zu konstruierende Gruppe Q. Wüßten wir ihre Existenz, so wäre unser Satz bewiesen.

Um diesen Existenznachweis anschließend führen zu können, nehmen wir für den Augenblick weiterhin an, es gäbe wenigstens die eine Gruppe $G \supset H$, und betrachten das Rechnen in U_G. Wann sind $y_1 = ab^{-1} \in U_G$ und $y_2 = cd^{-1} \in U_G$ $(a, b, c, d \in H)$ einander gleich? Man bekommt

(5) $$ab^{-1} = cd^{-1} \Leftrightarrow ad = bc;$$

denn die linke Seite geht durch Rechtsmultiplikation mit bd in die rechte und diese durch Rechtsmultiplikation mit $b^{-1}d^{-1}$ in die linke über, letzteres auf Grund von (4). Schließlich wird die Verknüpfung in U_G durch

(6) $$(ab^{-1})(cd^{-1}) = (ac)(bd)^{-1}$$

beschrieben, wobei neben der Kommutativität von H wieder (4) benutzt wird. Nun sei M die Menge H^2 aller Paare (a, b) mit $a, b \in H$. Während wir noch nicht wissen, ob die Gruppe $Q = U_G$ existiert, wird die Existenz des cartesischen Produkts $M = H^2$ in der Mengenlehre axiomatisch verlangt (§ 1.3), und wir können nun versuchen, Q aus M zu konstruieren. Dabei lassen wir uns von der Vorstellung leiten, daß aus dem Paar (a, b) der Quotient ab^{-1} werden soll. Paare, die zu gleichen Quotienten führen, fassen wir deshalb zunächst zu Äquivalenzklassen zusammen und definieren nach dem Vorbild (5)

$$(5') \qquad (a, b) \sim (c, d) \quad \Leftrightarrow \quad ad = bc.$$

Daß dadurch auf M eine Äquivalenzrelation erklärt ist, prüft man unter Benutzung der Kommutativität und der Regularität von H leicht nach. Aus $(a, b) \sim (c, d)$ und $(c, d) \sim (e, f)$ folgt zum Beispiel $adf = bcf = bde$ oder $af = be$, also $(a, b) \sim (e, f)$.
Außerdem führen wir auf M nach dem Vorbild (6) die Multiplikation

$$(6') \qquad (a, b) \cdot (c, d) = (ac, bd)$$

ein. Da wir mit den Äquivalenzklassen von M rechnen wollen (jede von ihnen repräsentiert ja einen festen Quotienten von Elementen aus H), zeigen wir: Die Äquivalenzrelation auf M ist eine Kongruenzrelation. Aus $(a, b) \sim (c, d)$ und $(e, f) \sim (g, h)$, also $ad = bc$ und $eh = fg$, folgt in der Tat $aedh = bfcg$ oder $(ae, bf) \sim (cg, dh)$.
Es sei nun A die Menge der Kongruenzklassen von M und $[a, b]$ die Klasse von (a, b). Wir erwarten, daß A ein isomorphes Modell von Q ist. Zunächst wird nach Satz 12.3 durch $[a, b] \cdot [c, d] = [ac, bd]$ eine Multiplikation auf A erklärt. Sie ist assoziativ, weil die Multiplikation in H assoziativ ist. Während M keine Gruppe zu sein brauchte, ist A eine Gruppe: Wegen $H \neq \mathfrak{L}$ gibt es ein $h \in H$, und $[h, h] \in A$ ist Einselement von A; es wird ja $[h, h] \cdot [a, b] = [ha, hb] = [a, b]$, weil $(ha, hb) \sim (a, b)$ ist; ferner ist $[b, a]$ das Inverse von $[a, b]$, denn es gilt $[b, a] \cdot [a, b] = [ba, ab] = [ab, ab] = [h, h]$.
Jetzt betrachten wir die Teilmenge $T \subset A$ aller Klassen der Gestalt $[ah, h]$ mit $a \in H$ und dem festen $h \in H$; wir wollen zeigen: $H \simeq T$, wobei wir uns den Isomorphiebegriff auf Halbgruppen übertragen denken. Durch $\varphi(a) = [ah, h]$ wird eine Abbildung φ von H auf T erklärt. Diese Abbildung ist eineindeutig, da aus $\varphi(a) = \varphi(b)$ oder $[ah, h] = [bh, h]$ oder $(ah, h) \sim (bh, h)$ folgt: $ah^2 = bh^2$, also $a = b$. Schließlich ist φ auch relationstreu,

$$\varphi(ab) = [abh, h] = [ah, h] \cdot [bh, h] = \varphi(a)\varphi(b),$$

also ein Isomorphismus, und es ist richtig $H \simeq T$.

Die Teilstruktur $T \subset A$ der Gruppe A unterscheidet sich also nur durch die Schreibweise von H. Ersetzt man daher in A ebenso wie in der zugehörigen Verknüpfungstafel jedes $t \in T$ durch sein Urbild $\varphi^{-1}(t) \in H$, so wird lediglich die Bezeichnung der Elemente von A geändert. Die *Ersetzung* von T durch H bewirkt, daß aus A eine isomorphe Gruppe Q entsteht, die H umfaßt, und wir zeigen zuletzt, daß Q mit der zu konstruierenden Gruppe übereinstimmt.
In A war $[h, bh]$ das Inverse von $[bh, h]$, das in Q durch $b \in H$ ersetzt ist. In Q gilt also $[h, bh] = b^{-1}$. Ein beliebiges Element $[a, b] \in A$ hat die Gestalt

$[a, b] = [ah, h] \cdot [h, bh]$; als Element von Q wird daraus einfach ab^{-1}. Es ist also

$$Q = \{y: y = ab^{-1}, a, b \in H\}$$

die Gruppe, deren Existenz wir nachzuweisen hatten, und damit ist Satz 1 bewiesen.

13.2 Das im Beweis von Satz 1 durchgeführte Konstruktionsverfahren ist für ähnliche Situationen typisch und wird uns wieder begegnen; wir können uns dann kürzer fassen. Etwas suggestiver hätte man vielleicht die Kongruenzklassen $[a, b]$ wegen der multiplikativen Schreibweise und der Kommutativität von H mit $\frac{a}{b}$, bei additiver Schreibweise von H mit $(a - b)$ bezeichnen können.

Spezialisieren wir H zu $\mathfrak{N}$ bezüglich der *Addition*, so sind wegen Satz 2.1 die Voraussetzungen von Satz 1 erfüllt. Es wird dann Q die additive Gruppe von $\mathfrak{Z}$, deren Existenz und Widerspruchsfreiheit damit auf die Existenz der kommutativen regulären Halbgruppe $\mathfrak{N}$ (bezüglich der Addition) zurückgeführt sind. *Wir haben $\mathfrak{Z}$ aus $\mathfrak{N}$ konstruiert.*

Aufgabe 1: Jede endliche reguläre Halbgruppe ist eine Gruppe. Beweis?

§ 14 Spezielle Ergebnisse

14.1 Wir kehren noch einmal zu unseren Überlegungen aus § 12.1 zurück und betrachten einen Homomorphismus $f: G \to G^*$ einer Gruppe G auf die Gruppe G^*; der Kern des Homomorphismus sei K. Dabei knüpfen wir an eine Feststellung aus Satz 12.1 an: Ist U eine Untergruppe von G, so ist $f(U)$ eine Untergruppe von G^*.

Zunächst stellen wir umgekehrt fest: Ist U^* eine Untergruppe von G^*, so ist auch die Urbildmenge $U = f^{-1}(U^*)$ eine Untergruppe von G. Das ist leicht zu sehen. Sind e, e^* die Einselemente von G, G^*, so ist $e^* = f(e) \in U^*$, also $e \in U$. Aus $u, v \in U$ folgt $f(uv) = f(u)f(v) \in U^*$, also $uv \in U$. Und das Inverse u^{-1} von $u \in U$ geht vermöge f in das Inverse von $f(u) \in U^*$, also ein Element von U^*, über und liegt damit selbst in U.

Zusätzlich bemerken wir folgendes. Jede Untergruppe U^* von G^* enthält das Einselement e^*; die Menge der Urbilder von e^* ist definitionsgemäß K. Die Urbildgruppe $U = f^{-1}(U^*)$ von U^* ist daher eine Untergruppe von G, die K umfaßt: $K \subset U \subset G$.

Unter der Einwirkung von f werden nun aus G und K die Gruppen G^* und $\{e^*\}$, und in dem nachstehenden Satz wird ausgesagt: Die Gruppen zwischen G und K entsprechen eineindeutig den Gruppen zwischen G^* und $\{e^*\}$, also den Untergruppen von G^*.

Satz 1: *Es sei $f: G \to G^*$ ein Gruppenhomomorphismus von G auf G^* mit dem Kern K, ferner M die Menge aller Untergruppen U von G mit $K \subset U \subset G$*

und weiterhin M^* die Menge aller Untergruppen U^* von G^*. Dann definiert $\varphi(U) = f(U)$ eine bijektive Abbildung φ: $M \to M^*$, und es ist $\varphi^{-1}(U^*) = f^{-1}(U^*)$.

Beweis: Daß durch $\varphi(U) = f(U)$ eine Abbildung von M in M^* erklärt ist, hatten wir bereits gesehen; es war ja $f(U)$ ein Element von M^*. Wir zeigen als Nächstes, daß diese Abbildung φ: $M \to M^*$ surjektiv ist. Dazu sei U^* ein beliebiges Element aus M^*. Wie wir bereits wissen, ist $f^{-1}(U^*) \in M$; wir behaupten, daß $f^{-1}(U^*)$ unter der Einwirkung von φ in U^* übergeht; wenn das so ist, tritt jedes $U^* \in M^*$ als Bild auf, und φ ist surjektiv. Zu zeigen ist also

$$f(f^{-1}(U^*)) = U^*.$$

Sicher gilt $f(f^{-1}(U^*)) \subset U^*$ (vgl. Aufgabe 3.1, Aussage b)); da aber f: $G \to G^*$ surjektiv ist, gilt auch $f(f^{-1}(U^*)) \supset U^*$, und beides zusammen liefert die behauptete Gleichheit.
Weiter haben wir nachzuweisen, daß die Abbildung φ: $M \to M^*$ injektiv ist. Dazu zeigen wir: Für jedes $U \in M$ gilt

$$f^{-1}(f(U)) = U.$$

Angenommen, dies ist richtig; gilt dann $f(U_1) = f(U_2)$ für Elemente $U_1, U_2 \in M$, so folgt $f^{-1}(f(U_1)) = f^{-1}(f(U_2))$, also $U_1 = U_2$, und das heißt: φ ist injektiv. Die Enthaltenseinsbeziehung $f^{-1}(f(U)) \supset U$ ist wieder trivial (Aufgabe 3.1, Aussage a)); also bleibt $f^{-1}(f(U)) \subset U$ zu zeigen. Es sei $a \in f^{-1}(f(U))$. Das bedeutet: Es gibt ein $u \in U$ mit $f(u) = f(a)$. Da f ein Homomorphismus ist, folgt durch Multiplikation mit $f(u^{-1})$ die Beziehung $f(au^{-1}) = e^*$, also $au^{-1} \in K$ und erst recht $au^{-1} \in U$ oder $a \in U$. Jedes $a \in f^{-1}(f(U))$ liegt also auch in U, und es gilt insgesamt $f^{-1}(f(U)) = U$.
Damit ist gezeigt: Die Abbildung φ: $M \to M^*$ ist bijektiv. Die letzte Behauptung $\varphi^{-1}(U^*) = f^{-1}(U^*)$ besagt dasselbe wie $\varphi(f^{-1}(U^*)) = U^*$ oder $f(f^{-1}(U^*)) = U^*$, und das haben wir bereits gesehen. Damit ist Satz 1 bewiesen.
In Ergänzung zu Satz 1 gilt noch der

Satz 2: *Es sei f: $G \to G^*$ ein Gruppenhomomorphismus von G auf G^* mit dem Kern K, ferner M die Menge aller Normalteiler N von G mit $K \subset N \subset G$ und weiterhin M^* die Menge aller Normalteiler N^* von G^*. Dann definiert $\varphi(N) = f(N)$ eine bijektive Abbildung φ: $M \to M^*$, und es ist $\varphi^{-1}(N^*) = f^{-1}(N^*)$.*

Beweis: Über Satz 1 hinaus bleibt zu zeigen, daß mit $N \subset G$ auch $f(N)$ und mit $N^* \subset G^*$ auch $f^{-1}(N^*)$ Normalteiler ist. Es sei also zunächst N ein Normalteiler von G. Da sich jedes Element $g^* \in G^*$ in der Gestalt $f(g)$ mit einem $g \in G$ schreiben läßt, wird $g^*f(N)g^{*-1} = f(g)f(N)f(g^{-1}) = f(gNg^{-1}) = f(N)$; mit N ist also auch $f(N) \subset G^*$ Normalteiler. Ist umgekehrt N^* ein Normalteiler von G^* und $g \in G$, so wird $gf^{-1}(N^*)g^{-1}$ durch f auf N^* abgebildet; also ist $gf^{-1}(N^*)g^{-1} \subset f^{-1}(N^*)$ für jedes $g \in G$ und damit nach Satz 8.4 auch $f^{-1}(N^*) \subset G$ Normalteiler.

Aufgabe 1: Es seien K und N Normalteiler der Gruppe G mit $K \subset N \subset G$. Dann gilt

$$G/N \simeq (G/K)/(N/K).$$

(Sogenannter *zweiter Isomorphiesatz.*) Beweis?

14.2 Die folgenden Ergebnisse gehören zu den elementaren Hilfsmitteln bei vielen gruppentheoretischen Untersuchungen.

Satz 3: *Ist U eine Untergruppe der Gruppe G und $g \in G$, so ist gUg^{-1} eine zu U isomorphe Untergruppe von G.*

Beweis: Durch $f(u) = gug^{-1}$ wird eine surjektive Abbildung $f: U \to gUg^{-1}$ definiert. Diese Abbildung ist auch injektiv; aus $gu_1g^{-1} = gu_2g^{-1}$ folgt ja $u_1 = u_2$. Ferner gilt

$$f(u_1u_2) = gu_1u_2g^{-1} = (gu_1g^{-1})(gu_2g^{-1}) = f(u_1)f(u_2);$$

das Produkt von Elementen aus gUg^{-1} liegt also wieder in gUg^{-1}, und f wird insgesamt ein Isomorphismus von U auf gUg^{-1}. Damit ist von selbst auch gUg^{-1} eine Gruppe.

Genau dann, wenn U Normalteiler von G ist, gilt $gUg^{-1} = U$ für alle $g \in G$; andernfalls gewinnt man auf diese Weise aus U weitere Untergruppen von G.

Definition: *Zwei Untergruppen U, V einer Gruppe G heißen konjugiert, wenn ein $g \in G$ mit $V = gUg^{-1}$ existiert. Zwei Elemente a, b aus G heißen konjugiert, wenn ein $g \in G$ mit $b = gag^{-1}$ existiert.*

Man prüft sofort nach, daß in beiden Fällen Äquivalenzrelationen definiert werden. Die Menge aller Untergruppen von G zerfällt also in Klassen konjugierter, unter sich isomorpher Untergruppen; die Menge aller Elemente von G läßt sich aufteilen in Klassen konjugierter Elemente. Derartige Aufteilungen spielen bei gruppentheoretischen Untersuchungen eine große Rolle.
Konjugierte Gruppenelemente treten auch vielfach bei der Untersuchung von Abbildungen, etwa in der Matrizentheorie, auf. Ist F eine Transformationsgruppe der Menge M, ferner f ein Element von F und $f(m) = m^*$, so kann man sich für jedes $m \in M$ die Punkte m, m^* durch $\varphi \in F$ in $\varphi(m), \varphi(m^*)$ transformiert denken und nach einer Abbildung $g \in F$ fragen, die $\varphi(m)$ für jedes $m \in M$ in $\varphi(m^*)$ überführt. Dies leistet gerade das φ-Konjugierte $g = \varphi f \varphi^{-1}$ von f.

Aufgabe 2: Es sei U eine Untergruppe der Gruppe G und D der Durchschnitt aller Konjugierten von U. Zeige: D ist ein Normalteiler von G.

14.3 Eine Gruppe G sei vorgelegt; es sei g ein Element und U eine Untergruppe von G. Wir fragen: Wie viele Konjugierte hat g in G, wie viele konjugierte Untergruppen gibt es zu U? Die Antworten, die wir finden werden, sind einfach und werden oft verwandt.

Definition: *Es sei g ein Element der Gruppe G und M die Menge aller $m \in G$ mit $mgm^{-1} = g$ oder, gleichwertig, $mg = gm$. Dann heißt M der Normalisator von $g \in G$.*

In dem folgenden Satz ist es vor allem die am Schluß getroffene Teilbarkeitsaussage, die bei Anwendungen immer wieder eine Rolle spielt.

Satz 4: *Es sei G eine Gruppe und M der Normalisator von $g \in G$. Dann ist M eine Untergruppe von G, und die Anzahl der Konjugierten von g ist gleich dem Index von M in G. Ist speziell G endlich, so ist die Anzahl der Konjugierten von $g \in G$ ein Teiler von $|G|$.*

Beweis: Es ist $e \in M$; aus $m_1, m_2 \in M$ folgt $m_1m_2g = m_1gm_2 = gm_1m_2$, also $m_1m_2 \in M$, und aus $m \in M$, also $gm = mg$, folgt durch beiderseitige Multiplikation mit m^{-1} von links und von rechts $m^{-1}g = gm^{-1}$, also $m^{-1} \in M$. Demnach ist M eine Untergruppe von G. Liefern nun $x, y \in G$ dasselbe Konjugierte von g, ist also $xgx^{-1} = ygy^{-1}$, so folgt $y^{-1}xg = gy^{-1}x$, also $y^{-1}x \in M$ oder $x \in yM$; es liegen dann also x und y in derselben Linksnebenklasse von M. Umgekehrt: Zwei Elemente hm_1 und hm_2 derselben Linksnebenklasse hM liefern dasselbe Konjugierte hgh^{-1} von g; beispielsweise ist

$$(hm_1)g(hm_1)^{-1} = hm_1gm_1^{-1}h^{-1} = hgm_1m_1^{-1}h^{-1} = hgh^{-1}.$$

Damit ist gezeigt: Die Anzahl der Konjugierten von g ist gleich dem Index von M in G. Der Rest der Behauptung folgt aus Satz 8:3.

Definition: *Eine endliche Gruppe G heißt p-Gruppe, wenn $|G|$ eine Potenz der Primzahl p ist.*

Eine typische Anwendung von Satz 4 ist die Aussage der

Aufgabe 3: Es sei G eine p-Gruppe und Z ihr Zentrum. Dann ist $Z \neq \{e\}$. Beweis?

Wir nehmen nun die zweite oben gestellte Frage in Angriff. Wieder ist es vor allem die Teilbarkeitsaussage von Satz 5, die in den Anwendungen von Interesse ist.

Definition: *Es sei U eine Untergruppe der Gruppe G und M die Menge aller $m \in G$ mit $mUm^{-1} = U$ oder, gleichwertig, $mU = Um$. Dann heißt M der Normalisator von $U \subset G$.*

Satz 5: *Es sei G eine Gruppe und U eine Untergruppe von G. Dann ist der Normalisator M von U eine Untergruppe von G, und zwar ist M die umfassendste Untergruppe von G, in der U Normalteiler ist. Die Anzahl der Konjugierten von U ist gleich dem Index von M in G. Ist speziell G endlich, so ist die Anzahl der Konjugierten von $U \subset G$ ein Teiler von $|G|$.*

Beweis: Wie beim Beweis von Satz 4 zeigt man, daß M eine Untergruppe von G ist. Nach Definition von M gilt $U \subset M$, wobei U Normalteiler von M ist; ebenfalls nach Definition von M gilt $gU \neq Ug$ für jedes $g \in G$, $g \notin M$. Also ist M die umfassendste Untergruppe von G, in der U Normalteiler ist. Die restlichen Behauptungen des Satzes ergeben sich wieder wie beim Beweis von Satz 4.

Von besonderem Interesse sind diejenigen Gruppen, die außer $\{e\}$ und sich selbst keinen Normalteiler enthalten. Sie heißen *einfache Gruppen*. Satz 5 kann etwa angewandt werden bei der

Aufgabe 4: Es seien p und q nicht notwendig verschiedene Primzahlen und G eine Gruppe der Ordnung pq. Dann ist G nicht einfach. Beweis?

14.4 Sind a, b Elemente einer Gruppe G, so wird die Gleichung $abx = ba$ durch $x = b^{-1}a^{-1}ba$ und die Gleichung $yab = ba$ durch $y = bab^{-1}a^{-1}$ gelöst. Die Faktoren x, y bewirken, daß aus dem Produkt ab das Produkt ba wird. Elemente der Gestalt $ghg^{-1}h^{-1}$ aus G $(g, h \in G)$ nennt man deshalb *Kommutatoren*.

Definition: *Die von allen Kommutatoren erzeugte Untergruppe K der Gruppe G heißt die Kommutatorgruppe von G.*

Man beachte, daß die Kommutatorgruppe $K \subset G$ von den sämtlichen Kommutatoren nur erzeugt wird; die Kommutatoren für sich bilden im allgemeinen keine Gruppe, weil das Produkt zweier Kommutatoren nicht wieder ein Kommutator sein muß.
Die Bedeutung der Kommutatorgruppe beruht auf dem

Satz 6: *Die Kommutatorgruppe K einer Gruppe G ist der kleinste Normalteiler mit abelscher Faktorgruppe: Es ist G/K eine abelsche Gruppe, und wenn die Faktorgruppe G/N abelsch ist, so ist N ein Normalteiler von G, der K umfaßt. Es ist also K der Durchschnitt aller Normalteiler N von G mit abelscher Faktorgruppe G/N.*

Beweis: Wir zeigen zunächst, daß die Untergruppe $K \subset G$ sogar Normalteiler ist. Dazu beginnen wir mit zwei Bemerkungen. Ist einmal $c = aba^{-1}b^{-1}$ ein Kommutator, so ist es auch $c^{-1} = bab^{-1}a^{-1}$; Elemente aus K haben demnach die Gestalt $k = c_1 c_2 \ldots c_r$ mit gewissen Kommutatoren c_i. Ist ferner $c = aba^{-1}b^{-1}$ ein Kommutator und g ein Element aus G, so ist auch

$$gcg^{-1} = (gag^{-1})(gbg^{-1})(ga^{-1}g^{-1})(gb^{-1}g^{-1}) = (gag^{-1})(gbg^{-1})(gag^{-1})^{-1}(gbg^{-1})^{-1}$$

ein Kommutator. Für jedes $k = c_1 c_2 \ldots c_r \in K$ und jedes $g \in G$ wird also auch

$$gkg^{-1} = (gc_1g^{-1})(gc_2g^{-1}) \ldots (gc_rg^{-1})$$

wieder ein Element von K, und damit ist K nach Satz 8.4 ein Normalteiler von G.
Nun zeigen wir, daß die Faktorgruppe G/K abelsch ist. Man wähle zwei Elemente aK, bK aus G/K und betrachte den Kommutator $c = b^{-1}a^{-1}ba$; da er in K liegt, können wir statt K auch cK schreiben und bekommen damit

$$aK \cdot bK = abK = abcK = baK = bK \cdot aK;$$

die Faktorgruppe G/K ist also abelsch.
Zuletzt bleibt zu zeigen: Ist G/N abelsch und $c = aba^{-1}b^{-1}$ ein Kommutator aus G, so liegt c in N. Aus der Voraussetzung folgt aber gerade $a^{-1}b^{-1}N = b^{-1}a^{-1}N$ oder $aba^{-1}b^{-1}N = N$, also $c \in N$. Damit ist Satz 6 bewiesen.

Ergänzend zu Satz 6 gilt noch die Aussage der

Aufgabe 5: Es sei K die Kommutatorgruppe der Gruppe G und H eine Untergruppe von G mit $K \subset H \subset G$. Dann ist H ein Normalteiler von G mit abelscher Faktorgruppe G/H. Beweis?

§ 15 Automorphismen von Gruppen

Definition: *Ein Isomorphismus f einer Gruppe G auf sich heißt Automorphismus von G.*

Die identische Abbildung liefert immer einen Automorphismus. Die durch $f(a + bi) = a - bi$ vermittelte Abbildung der additiven Gruppe von $\mathfrak{C}$ auf sich ($a, b \in \mathfrak{R}$) ist bijektiv und relationstreu, liefert also einen Automorphismus der additiven Gruppe von $\mathfrak{C}$. Die Gruppe $\mathfrak{Z}_4 = \{e, a, a^2, a^3\}$ besitzt außer der Identität noch den durch $f(e) = e$, $f(a) = a^3$, $f(a^2) = a^2$, $f(a^3) = a$ definierten Automorphismus. Die durch $f(a) = 2a$ erklärte Abbildung $f\colon \mathfrak{Z} \to \mathfrak{Z}$ der additiven Gruppe von $\mathfrak{Z}$ in sich ist ein Isomorphismus, aber kein Automorphismus, da sie nicht surjektiv ist. Automorphismen decken gewisse Symmetrieeigenschaften von Gruppen auf.

Man betrachte eine Gruppe G, wähle ein festes $g \in G$ und definiere $\varphi_g\colon G \to G$ durch $\varphi_g(x) = gxg^{-1}$. Wie schon der Beweis von Satz 14.3 zeigte, ist die Abbildung φ_g bijektiv und relationstreu, vermittelt also einen Automorphismus von G. Derartige Automorphismen heißen *innere*, alle anderen *äußere* Automorphismen von G. Ein nicht identischer Automorphismus einer abelschen Gruppe ist also ein äußerer Automorphismus. Genau die Normalteiler gehen bei allen inneren Automorphismen einer Gruppe G in sich über (wenn auch nicht notwendig elementweise); daher rührt auch die ältere Bezeichnungsweise „invariante Untergruppe".

Die beiden folgenden Sätze sind ziemlich selbstverständlich.

Satz 1: *Die Menge A aller Automorphismen einer Gruppe G ist eine Gruppe.*

Beweis: Es seien f, g Elemente aus A. Dann ist auch die Abbildung $gf\colon G \to G$ bijektiv und, wie wir bereits aus § 12.1 wissen, relationstreu: Für $a, b \in G$ gilt

$$gf(ab) = g(f(ab)) = g(f(a)f(b)) = gf(a)gf(b).$$

Aus $f, g \in A$ folgt also $gf \in A$. Die Multiplikation in A ist assoziativ nach Satz 3.1. Die identische Abbildung liegt in A. Ist schließlich $f \in A$, so wird f^{-1} bijektiv, und es gilt ($a, b \in G$)

$$f^{-1}(ab) = f^{-1}(ff^{-1}(a)ff^{-1}(b)) = f^{-1}(f(f^{-1}(a)f^{-1}(b))) = f^{-1}(a)f^{-1}(b),$$

also auch $f^{-1} \in A$.

Satz 2: *Die Menge B aller inneren Automorphismen einer Gruppe G ist eine Untergruppe der Automorphismengruppe A von G.*

Beweis: Definitionsgemäß ist B die Menge aller durch $\varphi_g(x) = gxg^{-1}$ definierten Automorphismen $\varphi_g\colon G \to G$. Dabei ist $\varphi_e \in B$ die Identität. Es gilt $\varphi_g\varphi_h(x) = ghxh^{-1}g^{-1} = \varphi_{gh}(x)$ für alle $x \in G$, also $\varphi_g\varphi_h = \varphi_{gh} \in B$. Schließlich ist wegen $\varphi_g\varphi_{g^{-1}} = \varphi_e$ auch das Inverse $\varphi_g^{-1} = \varphi_{g^{-1}}$ von φ_g ein Element von B.

Aufgabe 1: Es sei G eine Gruppe, A deren Automorphismengruppe, B die Gruppe der inneren Automorphismen von G und Z das Zentrum von G. Man zeige:
a) B ist Normalteiler von A.
b) $G/Z \simeq B$.

§ 16* Operation einer Gruppe auf einer Menge

Es sei M eine Menge mit Elementen $\alpha, \beta, \gamma, \ldots$ und G eine multiplikativ geschriebene Gruppe mit Elementen $a, b, c, \ldots$.

Definition: *Wir sagen, die Gruppe G operiert auf der Menge M, wenn eine Komposition $\circ$ von M mit G definiert ist, die die folgenden zwei Bedingungen erfüllt.*
(1) Für alle $a, b \in G$ und alle $\alpha \in M$ gilt das Assoziativgesetz $a \circ (b \circ \alpha) = (ab) \circ \alpha$.
(2) Für alle $\alpha \in M$ gilt $e \circ \alpha = \alpha$.

Beispiel 1. Es sei $M = G$ und $a \circ \alpha = a\alpha$.

Beispiel 2. Es sei M die Menge aller Teilmengen $T \subset G$ und $a \circ T = aT =_{Df} \{at\colon t \in T\}$.

Beispiel 3. Es sei k eine natürliche Zahl, M die Menge aller Teilmengen $T \subset G$ mit $|T| = k$ und wieder $a \circ T = aT$. Wegen $|aT| = |T| = k$ ist auch in diesem Fall $a \circ T \in M$, und wie in Beispiel 2 operiert G auf M.

Beispiel 4. Es sei $M = G$ und $a \circ \alpha = a\alpha a^{-1}$. Dann operiert G auf $M = G$, denn (2) ist erfüllt und wegen $ab\alpha b^{-1}a^{-1} = (ab)\alpha(ab)^{-1}$ auch (1).

Beispiel 5. Es sei M die Menge aller Untergruppen U von G und $a \circ U = aUa^{-1}$. Nach Satz 14.3 ist auch $aUa^{-1} \in M$; durch $a \circ U = aUa^{-1}$ ist also eine Komposition von M mit G erklärt. Wie im vorigen Beispiel sind die Forderungen (1) und (2) erfüllt.

Beispiel 6. Es sei k eine natürliche Zahl, M die Menge aller Untergruppen U von G mit $|U| = k$ und wieder $a \circ U = aUa^{-1}$. Wieder nach Satz 14.3 gilt auch $|a \circ U| = |U| = k$, also $a \circ U \in M$. Auch hier liegt also eine Komposition von M mit G vor, und G operiert auf M.

Wenn die Gruppe G auf der Menge M operiert, so läßt sich auf M in folgender Weise eine Äquivalenzrelation einführen: Genau dann ist $\alpha \sim \beta$, wenn ein $a \in G$ mit $\beta = a \circ \alpha$ existiert. Denn nach (2) ist $\alpha \sim \alpha$; aus $\alpha \sim \beta$, also

$\beta = a \circ \alpha$ mit einem $a \in G$, folgt $a^{-1} \circ \beta = a^{-1} \circ (a \circ \alpha) = (a^{-1}a) \circ \alpha = e \circ \alpha = \alpha$ oder $\beta \sim \alpha$; und aus $\alpha \sim \beta$ und $\beta \sim \gamma$, also $\beta = a \circ \alpha$ und $\gamma = b \circ \beta$ mit $a, b \in G$, folgt $\gamma = b \circ (a \circ \alpha) = (ba) \circ \alpha$, also $\alpha \sim \gamma$.

Definition: *Die Äquivalenzklassen von M heißen Transitivitätsgebiete oder Bahnen. Die Klasse $K(\alpha)$ von $\alpha \in M$ heißt die Bahn von α und $|K(\alpha)|$ die Länge der Bahn von α.*

Wir betrachten nun ein festes $\alpha \in M$ und die Menge $S = \{x : x \in G, x \circ \alpha = \alpha\}$ aller derjenigen Elemente von G, die α festlassen. Man sieht sofort, daß S eine Untergruppe von G ist: Aus $a, b \in S$ folgt $(ab) \circ \alpha = a \circ (b \circ \alpha) = a \circ \alpha = \alpha$, also $ab \in S$; es gilt $e \in S$, und aus $a \in S$, also $a \circ \alpha = \alpha$, folgt auch $a^{-1} \circ \alpha = a^{-1} \circ (a \circ \alpha) = (a^{-1}a) \circ \alpha = e \circ \alpha = \alpha$ oder $a^{-1} \in S$. Die Gruppe S heißt die *Stabilitätsuntergruppe* von α. Etwa im obigen Beispiel 5 ist die Stabilitätsuntergruppe von $U \in M$ gerade der Normalisator von U in G. Dem Satz **14.5** entspricht jetzt der

Satz 1: *Die Gruppe G operiere auf der Menge M; es sei α ein Element aus M und $S \subset G$ seine Stabilitätsuntergruppe. Dann ist die Länge $|K(\alpha)|$ der Bahn von α gleich dem Index von S in G. Ist speziell G endlich, so ist $|K(\alpha)|$ ein Teiler von $|G|$.*

Beweis: Ist $\beta \in K(\alpha)$, so gibt es ein $a \in G$ mit $\beta = a \circ \alpha$, und für jedes $b \in aS$, also $b = as$ mit einem $s \in S$, gilt ebenfalls $b \circ \alpha = (as) \circ \alpha = a \circ (s \circ \alpha) = a \circ \alpha = \beta$. Es gibt also höchstens so viele Elemente in $K(\alpha)$ wie Nebenklassen von S in G. Unser Satz ist bewiesen, wenn wir noch zeigen, daß aus $a, b \in G$ und $a \circ \alpha = b \circ \alpha$ folgt: Die Elemente $a, b \in G$ liegen in derselben Nebenklasse von S in G. Aus $a \circ \alpha = b \circ \alpha$ ergibt sich in der Tat $a^{-1} \circ (a \circ \alpha) = a^{-1} \circ (b \circ \alpha)$, also $\alpha = (a^{-1}b) \circ \alpha$ oder $a^{-1}b \in S$ und damit $b \in aS$.

§ 17* Die SYLOWschen Sätze

Im folgenden wird eine endliche Gruppe der Ordnung n betrachtet; für den Primteiler p von n gelte $p^r | n$, aber $p^{r+1} \nmid n$. Die drei SYLOWschen Sätze machen Aussagen über Existenz und Eigenschaften von Untergruppen der Ordnungen p^s, $s \leqq r$, und deren Anzahl. Unsere Beweise stützen sich auf die Überlegungen in § 16 und benutzen einen einfachen zahlentheoretischen

Hilfssatz: *Ist unter den angegebenen Voraussetzungen $n = p^r m$, so hat der Binomialkoeffizient $\binom{n}{p^s}$ die Gestalt $p^{r-s}ml$ mit $p \nmid m$ und einer natürlichen Zahl l, die bei Division durch p den Rest Eins läßt: $l = \lambda p + 1$, $\lambda \in \mathfrak{Z}$.*

Beweis: Man schreibe

$$\binom{n}{p^s} = \frac{n(n-1)(n-2)\ldots(n-(p^s-1))}{p^s(p^s-1)(p^s-2)\ldots(p^s-(p^s-1))} = p^{r-s}m\binom{n-1}{p^s-1} = p^{r-s}ml;$$

dann bleibt zu zeigen, daß die natürliche Zahl l die Gestalt $\lambda p + 1$ hat. In

$$l = \prod_{\nu=1}^{p^s-1} \frac{p^r m - \nu}{p^s - \nu}$$

setzen wir $\nu = p^{\varrho} t_\nu$ mit $0 \leqq \varrho = \varrho(\nu) < s$ und $(p, t_\nu) = 1$ und kürzen im ν-ten Faktor durch $p^{\varrho(\nu)}$:

$$l = \prod_{\nu=1}^{p^s-1} \frac{p^{r-\varrho} m - t_\nu}{p^{s-\varrho} - t_\nu}.$$

Dabei sind $s - \varrho$ und erst recht $r - \varrho$ nie Null; Ausmultiplikation ergibt also für l eine Zahl der Gestalt

$$l = \frac{Ap + a}{Bp + a} \qquad \left(a = (-1)^{p^s-1} \prod_{\nu=1}^{p^s-1} t_\nu\right)$$

mit $A, B \in \mathfrak{Z}$ und $p \nmid a$, da p kein t_ν teilt. Es folgt $Ap + a = Bpl + al$ oder $a(l - 1) = p(A - lB)$, und p teilt die linke Seite, also $l - 1$.

Satz 1: *Es sei G eine Gruppe der Ordnung n und $n = p^r m$, wobei die Primzahl p in m nicht aufgehe. Dann besitzt G für jedes $s \in \mathfrak{Z}$, $0 \leqq s \leqq r$, wenigstens eine Untergruppe der Ordnung p^s.*

Beweis (Wielandt): Bei vorgelegtem s sei M die Menge aller Teilmengen $T \subset G$ mit $|T| = p^s$, und G operiere auf M vermöge $g \circ T = gT$ (§ 16, Beispiel 3). Wir werden eine gewisse Stabilitätsuntergruppe U von G finden, die genau p^s Elemente hat.

Zunächst gilt bekanntlich $|M| = \binom{n}{p^s}$. Somit kann nicht jede Bahn von M eine durch p^{r-s+1} teilbare Länge haben, weil die Summe aller Bahnlängen gleich $|M|$, aber $|M| = \binom{n}{p^s}$ auf Grund des Hilfssatzes nicht durch p^{r-s+1} teilbar ist. Es gibt also eine Bahn $K \subset M$, deren Länge $|K|$ den Primteiler p höchstens in der Vielfachheit $r - s$ enthält; nach Satz 16.1 ist $|K|$ ein Teiler von n; aus beidem zusammen folgt $|K| \leqq p^{r-s}m$.

Wir betrachten nun ein Element T dieser Bahn K; die Stabilitätsuntergruppe von T sei $U \subset G$. Nach Satz 16.1 gilt dann $\operatorname{ind} U = |K| \leqq p^{r-s}m$; da $|U| \cdot \operatorname{ind} U = n = p^r m$ ist, liefert das $|U| \geqq p^s$.

Andrerseits liegt nach Definition von U jedes Produkt ut $(u \in U, t \in T)$ in T, so daß für jedes $t \in T$ jedenfalls $Ut \subset T$, also auch $|Ut| = |U| \leqq |T| = p^s$ gilt.

Beide Abschätzungen für $|U|$ zusammen ergeben $|U| = p^s$, und damit ist Satz 1 bewiesen.

Ist also G eine Gruppe der Ordnung $n = p^r m$, so gibt es speziell mindestens eine Untergruppe der Ordnung p und auch mindestens eine der Ordnung p^r.

Definition: *Die Untergruppen der Ordnung p^r der Gruppe G der Ordnung $n = p^r m$, $(p, m) = 1$, heißen die zur Primzahl p gehörenden Sylowgruppen von G.*

Im Gegensatz zu der Aussage von Satz 1 hat übrigens nicht jede Gruppe G der Ordnung n zu jedem Teiler d von n eine Untergruppe der Ordnung d. Mit Hilfe der Ergebnisse der Aufgaben 9.1 und 12.4 findet man zum Beispiel, daß die alternierende Gruppe $\mathfrak{A}_4$ der Ordnung 12 keine Untergruppe der Ordnung 6 besitzt.

Satz 2: *Es sei G eine Gruppe der Ordnung $n = p^r m$; dabei sei die Primzahl p kein Teiler von m; es sei ferner U eine Untergruppe der Ordnung p^s von G, und V sei eine zu p gehörende Sylowgruppe von G. Dann ist U Untergruppe einer zu V konjugierten Sylowgruppe. Alle zu p gehörenden Sylowgruppen sind konjugiert.*

Beweis: Die zweite Behauptung ist der Spezialfall $s = r$ der ersten; in diesem Fall sind ja sowohl U als auch V zu p gehörende Sylowgruppen. Es sei nun M die Menge aller Linksnebenklassen von V, und U operiere auf M durch $u \circ T = uT \in M$ $(u \in U,\ T \in M)$. Wieder zerfällt M in Bahnen, und da p in $|M| = m$ nicht aufgeht, gibt es ein $aV \in M$ $(a \in G)$ mit einer durch p nicht teilbaren Bahnlänge. Diese Bahnlänge ist aber nach Satz 16.1 mit U an Stelle von G auch ein Teiler von $|U| = p^s$ und wird deshalb Eins. Das bedeutet: Für jedes $u \in U$ ist $uaV = aV$, also $ua \in aV$ oder $u \in aVa^{-1}$, und das ist die erste Behauptung $U \subset aVa^{-1}$.

Satz 3: *Es sei G eine Gruppe der Ordnung $n = p^r m$; dabei sei die Primzahl p kein Teiler von m, und zu vorgegebenem $s \leqq r$ sei k die Anzahl aller Untergruppen der Ordnung p^s. Dann hat k die Gestalt $\varkappa p + 1$ $(\varkappa = 0, 1, 2, \ldots)$; für $s = r$ gilt zusätzlich $k|m$.*

Beweis: Ist die erste Behauptung bewiesen, so folgt $(k, p) = 1$ und daraus die zweite; denn nach Satz 2 ist für $s = r$ die Zahl k gleich der Anzahl der Konjugierten einer zu p gehörenden Sylowgruppe, nach Satz 14.5 also ein Teiler von $p^r m$ und wegen $(k, p) = 1$ ein Teiler von m.
Es sei nun $s \leqq r$ vorgegeben; zu zeigen bleibt, daß die Anzahl k aller Untergruppen der Ordnung p^s von G die Gestalt $\varkappa p + 1$ $(\varkappa = 0, 1, 2, \ldots)$ hat. Wir zählen zunächst die Anzahl aller Rechtsnebenklassen mit p^s Elementen in G ab; es sind $kp^{r-s}m$; denn sind U_1 und U_2 Untergruppen von G und $U_1 a = U_2 b$, so folgt $a \in U_2 b$, also $U_2 a = U_2 b = U_1 a$ oder $U_1 = U_2$.
Wie im Beweis von Satz 1 sei nun wieder M die Menge aller Teilmengen $T \subset G$ mit $|T| = p^s$, und G operiere auf M durch $g \circ T = gT$. Wir zeigen jetzt, daß T genau dann eine durch p^{r-s+1} nicht teilbare Bahnlänge hat, wenn T eine der eben abgezählten $kp^{r-s}m$ Rechtsnebenklassen aus G ist. Dazu sei zunächst $K \subset M$ eine Bahn von M mit einer durch p^{r-s+1} nicht teilbaren Länge und T ein Element von K. Im Beweis von Satz 1 sahen wir, daß die Stabilitätsuntergruppe U von T gerade p^s Elemente hat wie T selbst. Für jedes $t \in T$ galt ferner $Ut \subset T$, und aus der Gleichheit der Elementezahlen folgt $T = Ut$. Jedes T mit einer durch p^{r-s+1} nicht teilbaren Bahnlänge ist also Rechtsnebenklasse

einer Untergruppe U der Ordnung p^s von G. Ist umgekehrt $T = Ua$ $(a \in G)$ eine Rechtsnebenklasse von U und $|U| = p^s$, so liegt T in M und hat U als Stabilitätsuntergruppe, weil $gUa = Ua$ genau für alle $g \in U$ richtig ist. Die Bahnlänge $|K(T)| = \text{ind}\, U = p^{r-s}m$ von $T = Ua$ ist also durch p^{r-s+1} nicht teilbar.

Es gibt also genau die oben abgezählten $kp^{r-s}m$ Teilmengen T von G mit $|T| = p^s$ und durch p^{r-s+1} nicht teilbarer Bahnlänge. Mit den Bezeichnungen des Hilfssatzes gibt es insgesamt $\binom{n}{p^s} = lp^{r-s}m$ Teilmengen $T \subset G$ mit $|T| = p^s$, wobei $l = \lambda p + 1$, $\lambda \in \mathfrak{Z}$, war. Es bleiben $p^{r-s}m(l - k)$ Teilmengen T mit p^s Elementen und durch p^{r-s+1} teilbaren Bahnlängen. Deswegen muß p^{r-s+1} ein Teiler von $p^{r-s}m(l - k)$, also p ein Teiler von $l - k$, also $k = \varkappa p + 1$, $\varkappa \in \mathfrak{Z}$, sein. Damit ist auch der dritte Sylowsche Satz bewiesen.

Aufgabe 1: Man löse noch einmal Aufgabe 14.4.

§ 18* Beispiele von Gruppen

18.1 Es sei $n \geqq 3$ eine natürliche Zahl; die Ecken eines regelmäßigen n-Ecks seien etwa im Uhrzeigersinn mit $1, 2, \ldots, n$ durchnumeriert; der Mittelpunkt des n-Ecks sei M. Die Elemente

$$a = \begin{pmatrix} 1 & 2 & 3 & 4 & \ldots & n-1 & n \\ 1 & n & n-1 & n-2 & \ldots & 3 & 2 \end{pmatrix} \quad \text{und} \quad b = \begin{pmatrix} 1 & 2 & 3 & \ldots & n-1 & n \\ 2 & 3 & 4 & \ldots & n & 1 \end{pmatrix}$$

aus $\mathfrak{S}_n$ haben dann eine einfache geometrische Bedeutung: Es ist a eine Spiegelung an der durch 1 und M bestimmten Symmetrieachse und b eine Drehung um M im Uhrzeigersinn um $\frac{2\pi}{n}$. Wir betrachten die von a und b erzeugte Untergruppe $\mathfrak{D}_n$ von $\mathfrak{S}_n$. Sie heißt die *Diedergruppe* vom Index n.

Die Anschauung oder einfaches Nachrechnen zeigen sofort: a hat die Ordnung 2 und b die Ordnung n. Auf die gleiche Weise bestätigt man $bab = a$; es gilt ja $bab(1) = ba(2) = b(n) = 1 = a(1)$, ferner $bab(t) = ba(t + 1) = b(n + 1 - t) = n + 2 - t = a(t)$ für $2 \leqq t \leqq n - 1$ und $bab(n) = ba(1) = b(1) = 2 = a(n)$. Schreibt man $ba = ab^{-1} = ab^{n-1}$ an Stelle von $bab = a$, so sieht man, daß jedes Produkt aus Faktoren a, b, also jedes Element von $\mathfrak{D}_n$, sich in der Gestalt $a^\lambda b^\mu$, $0 \leqq \lambda \leqq 1$, $0 \leqq \mu \leqq n - 1$, schreiben läßt und daß die Angaben $a^2 = b^n = e$ und $ba = ab^{-1}$ das Rechnen in der Diedergruppe vollständig bestimmen.

Wir zeigen nun noch, daß keine zwei der $2n$ Elemente $a^\lambda b^\mu$, $0 \leqq \lambda \leqq 1$, $0 \leqq \mu \leqq n - 1$, aus $\mathfrak{D}_n$ einander gleich sind. Aus $a^{\lambda_1}b^{\mu_1} = a^{\lambda_2}b^{\mu_2}$ ergibt sich $a^{\lambda_1-\lambda_2} = b^{\mu_2-\mu_1}$, und die Behauptung folgt, wenn gezeigt ist, daß $a^\varrho = b^\sigma$, $0 \leqq \varrho \leqq 1$, $0 \leqq \sigma \leqq n - 1$, nur für $\varrho = \sigma = 0$ möglich ist. Der Fall $\varrho = 1$ kann aber nicht eintreten, da a das Element 1 festläßt, was nur $b^0 = e \neq a$ leistet. Also ist $\varrho = 0$ und folglich auch $\sigma = 0$.

Die Diedergruppe $\mathfrak{D}_n$ hat daher genau $2n$ Elemente. Wegen $ba = ab^{-1} \neq ab$ ist sie nicht kommutativ. Wir fassen unsere Ergebnisse zusammen.

Satz 1: *Die Diedergruppe $\mathfrak{D}_n$ $(n \geqq 3)$ wird von zwei Elementen a, b nach den Rechenregeln $a^2 = e$, $b^n = e$, $ba = ab^{-1}$ erzeugt; sie hat $2n$ Elemente und ist nicht kommutativ.*

Damit kennen wir für jede gerade Zahl $2n \geqq 6$ eine nichtkommutative Gruppe $\mathfrak{D}_n$ der Ordnung $2n$. Nach Aufgabe 12.4 ist $\mathfrak{S}_3 = \mathfrak{D}_3$.

Aufgabe 1: Die Diedergruppe $\mathfrak{D}_n$ enthält mindestens n Elemente der Ordnung 2. Beweis?

Aufgabe 2: Zeige, daß $\mathfrak{A}_4$ und $\mathfrak{D}_6$ verschiedene nichtkommutative Gruppen der Ordnung 12 sind.

18.2 Es sei p eine Primzahl und $p \geqq 3$. Wir wollen zeigen, daß $\mathfrak{Z}_{2p}$ und $\mathfrak{D}_p$ die beiden einzigen Gruppen der Ordnung $2p$ sind.
Hat die Gruppe G die Ordnung $2p$, so besitzt sie einen Normalteiler $V = \{e, b, b^2, \ldots, b^{p-1}\}$ der Ordnung p (vgl. die Lösung von Aufgabe 17.1). Nach Satz 17.1 gibt es auch eine Untergruppe $U = \{e, a\}$ von G der Ordnung 2, und es ist $a \notin V$, da V wegen $2 \nmid p$ keine Untergruppe U der Ordnung 2 hat. Es folgt $G/V = \{V, aV\}$; demnach besteht G aus den Elementen $a^\lambda b^\mu$, $0 \leqq \lambda \leqq 1$, $0 \leqq \mu \leqq p-1$, und es gelten die Rechenregeln $a^2 = e$ und $b^p = e$. Wir zeigen, daß für ba nur die Werte ab oder ab^{-1} in Frage kommen. Im ersten Fall ist G abelsch und sogar zyklisch; denn G wird dann von dem Element ab der Ordnung $2p$ erzeugt. Im zweiten Fall liegt die Diedergruppe $\mathfrak{D}_p$ vor.
Das Element ba kann nicht in V liegen, weil dann $a \in V$ folgen würde. Also ist $ba \in aV$ oder $a^{-1}ba = aba = b^\lambda$, $0 \leqq \lambda \leqq p-1$, und wir behaupten, daß λ nur 1 oder $p-1$ sein kann. Aus $aba = b^\lambda$ und $a^2 = e$ folgt aber

$$b = aabaa = ab^\lambda a = (aba)^\lambda = b^{\lambda^2},$$

also $b^{\lambda^2-1} = e$, und Satz 9.2 liefert $p|(\lambda+1)(\lambda-1)$ und damit entweder $\lambda = 1$ oder $\lambda = p-1$.
Wir haben also den

Satz 2: *Die beiden einzigen Gruppen der Ordnung $2p$ (p Primzahl, $p \geqq 3$) sind $\mathfrak{Z}_{2p}$ und $\mathfrak{D}_p$.*

18.3 Wieder sei p eine Primzahl und diesmal G eine Gruppe der Ordnung p^2, $p \geqq 2$. Dann muß G abelsch sein: Andernfalls hätte nach Aufgabe 14.3 die Gruppe G ein Zentrum $Z = \{e, b, b^2, \ldots, b^{p-1}\}$ der Ordnung p; auch die Faktorgruppe G/Z hätte dann die Ordnung p, wäre also zyklisch und würde von einer Nebenklasse aZ erzeugt:

$$G/Z = \{Z, aZ, a^2Z, \ldots, a^{p-1}Z\}.$$

Jedes Element von $G = Z \cup aZ \cup a^2Z \cup \ldots \cup a^{p-1}Z$ hätte also die Gestalt

$a^\lambda b^\mu$, $0 \leqq \lambda \leqq p-1$, $0 \leqq \mu \leqq p-1$, und wegen $b \in Z$ wäre die Multiplikation

$$(a^\lambda b^\mu)(a^\varrho b^\sigma) = a^\lambda a^\varrho b^\mu b^\sigma = a^\varrho a^\lambda b^\sigma b^\mu = (a^\varrho b^\sigma)(a^\lambda b^\mu)$$

in G doch kommutativ entgegen der Annahme.
Nach § 11 gibt es aber nur zwei abelsche Gruppen der Ordnung p^2, und wir haben den

Satz 3: *Die beiden einzigen Gruppen der Ordnung p^2 (p Primzahl) sind $\mathfrak{Z}_{p^2}$ und $\mathfrak{Z}_p \times \mathfrak{Z}_p$.*

18.4 Wir konstruieren eine Gruppe der Ordnung 8. Dazu gehen wir von einer Menge

$$G = \{1, -1, i, -i, j, -j, k, -k\}$$

von 8 Elementen aus; es handelt sich dabei um acht Symbole, deren Bezeichnungen sich gleich als zweckmäßig herausstellen werden. Wir definieren zunächst durch

$$1 \cdot 1 = 1,\ 1i = i1 = i,\ 1j = j1 = j,\ 1k = k1 = k,$$
$$i^2 = j^2 = k^2 = -1,$$
$$ij = k,\ ji = -k,\ jk = i,\ kj = -i,\ ki = j,\ ik = -j$$

sowie $(-a)b = a(-b) = -(ab)$ und $(-a)(-b) = ab$ eine Verknüpfung auf G; dabei sei $-(-g) = g \in G$. Es gilt $1g = g1 = g$ für jedes $g \in G$, und wegen $(-1)(-1) = i(-i) = j(-j) = k(-k) = 1$ besitzt jedes $g \in G$ ein Inverses $g^{-1} \in G$ mit $gg^{-1} = g^{-1}g = 1$.
Um zu zeigen, daß G eine Gruppe ist, müssen wir noch nachweisen, daß diese Multiplikation assoziativ ist. Es wäre sehr mühsam, die einzelnen Fälle direkt zu prüfen. Statt dessen machen wir die Zuordnungen

$$\pm 1 \to \pm \begin{pmatrix} 1 & 0 \\ 0 & 1 \end{pmatrix},\ \pm i \to \pm \begin{pmatrix} i & 0 \\ 0 & -i \end{pmatrix},\ \pm j \to \pm \begin{pmatrix} 0 & 1 \\ -1 & 0 \end{pmatrix},\ \pm k \to \pm \begin{pmatrix} 0 & i \\ i & 0 \end{pmatrix},$$

wobei in den Matrizen die komplexen Zahlen $0, \pm 1$ und $\pm i$ stehen; mit wenigen kurzen Rechnungen ist zu sehen, daß die Multiplikation dieser acht Matrizen relationstreu zu der Multiplikation in G erfolgt. Zum Beispiel gilt richtig

$$ij \to \begin{pmatrix} i & 0 \\ 0 & -i \end{pmatrix} \begin{pmatrix} 0 & 1 \\ -1 & 0 \end{pmatrix} = \begin{pmatrix} 0 & i \\ i & 0 \end{pmatrix} \to k.$$

Die Multiplikation von Matrizen ist aber assoziativ und damit auch die Verknüpfung von G. Es ist also G eine nichtkommutative Gruppe der Ordnung 8. Sie heißt die *Quaternionengruppe* und ist von $\mathfrak{D}_4$ verschieden, da sie außer -1 kein Element der Ordnung 2 besitzt (Aufgabe 1).
Beim Nachweis des Assoziativgesetzes zeigte sich die Bedeutung von Satz 3.1, auf dem die Assoziativität der Multiplikation von Matrizen als einer Multiplikation von gewissen Abbildungen ja zuletzt beruht: In der Algebra läßt sich ein Assoziativgesetz oft mit Hilfe von Satz 3.1 beweisen.

Aufgabe 3: Die sämtlichen Gruppen der Ordnung 8 sind $\mathfrak{Z}_8, \mathfrak{Z}_2 \times \mathfrak{Z}_4, \mathfrak{Z}_2 \times \mathfrak{Z}_2 \times \mathfrak{Z}_2, \mathfrak{D}_4$ und die Quaternionengruppe. Beweis?

18.5 Alle Gruppen mit Ordnungen kleiner als 12 sind uns nun bekannt. Außer $\mathfrak{Z}_{12}, \mathfrak{Z}_2 \times \mathfrak{Z}_2 \times \mathfrak{Z}_3, \mathfrak{D}_6$ und $\mathfrak{A}_4$ gibt es noch eine nichtkommutative Gruppe der Ordnung 12. Sind $p < q$ Primzahlen, und ist dabei p kein Teiler von $q - 1$, so gibt es überhaupt nur eine Gruppe der Ordnung pq, die zyklische; andernfalls existiert noch eine nichtkommutative Gruppe der Ordnung pq. Diese Aussagen lassen sich ähnlich beweisen wie Satz 2. Es gibt also beispielsweise nur eine Gruppe der Ordnung 15. Es gibt relativ viele Gruppen der Ordnungen 2^m, zum Beispiel vierzehn der Ordnung 16. Mit diesen Bemerkungen schließen wir unsere gruppentheoretischen Betrachtungen ab.

Literatur: Alexandroff [2], Kurosch [14].

3 Ringe

Wir wenden uns nun algebraischen Strukturen mit zwei Verknüpfungen zu. Als Modelle stehen uns dabei etwa die Strukturen $\mathfrak{Z}$ und $\mathfrak{Q}$ mit den Verknüpfungen Addition und Multiplikation vor Augen. Es handelt sich bei beiden um Ringe mit zusätzlichen speziellen Eigenschaften. Aus der umfangreichen Theorie der Ringe greifen wir nur einige Ergebnisse heraus, die ständig gebraucht werden. Wir beginnen mit einer allgemeinen Vorbetrachtung.

§ 19 Algebraische Strukturen

Bevor wir uns speziellen Strukturen mit zwei Verknüpfungen zuwenden, stellen wir einige allgemeine Definitionen und Sätze auf, die nach den entsprechenden Erörterungen in Kapitel 2 hinreichend plausibel geworden sind.

Definition: *Es seien S_1 und S_2 algebraische Strukturen mit jeweils n Verknüpfungen; wir bezeichnen mit*

$$\circ_1, \circ_2, \ldots, \circ_n \text{ die Verknüpfungssymbole von } S_1$$

und mit

$$\otimes_1, \otimes_2, \ldots, \otimes_n \text{ die Verknüpfungssymbole von } S_2.$$

Eine Abbildung $f\colon S_1 \to S_2$ heißt relationstreu oder Homomorphismus von S_1 in S_2, wenn (eventuell nach einer Umnumerierung) für jedes i, $1 \leqq i \leqq n$, und alle $x, y \in S_1$ gilt:

$$f(x \circ_i y) = f(x) \otimes_i f(y);$$

sie heißt Homomorphismus von S_1 auf S_2, wenn sie zusätzlich surjektiv ist, und in diesem Fall nennen wir S_2 ein homomorphes Bild von S_1 und schreiben $S_1 \stackrel{\sim}{\rightarrow} S_2$.
Ein Isomorphismus von S_1 in S_2 ist eine injektive relationstreue Abbildung $f\colon S_1 \to S_2$; sie heißt Isomorphismus von S_1 auf S_2, wenn sie sogar bijektiv und relationstreu ist; in diesem Fall heißen S_1 und S_2 isomorph, und wir schreiben $S_1 \simeq S_2$.
Ein Automorphismus von S_1 ist ein Isomorphismus $f\colon S_1 \to S_1$ von S_1 auf sich. Unter einem Endomorphismus von S_1 schließlich versteht man einen Homomorphismus von S_1 in sich.

Isomorphe Strukturen definieren wieder eine Äquivalenzklasse und werden nicht als wesentlich voneinander verschieden angesehen. Aus $S_1 \stackrel{\sim}{\rightarrow} S_2$ und $S_2 \stackrel{\sim}{\rightarrow} S_3$ folgt $S_1 \stackrel{\sim}{\rightarrow} S_3$.

Definition: *Es sei S eine algebraische Struktur mit den Verknüpfungen* $\circ_1, \circ_2, \ldots, \circ_n$ *und „≡" eine Äquivalenzrelation auf S. Diese Äquivalenzrelation heißt Kongruenzrelation, wenn für jedes i,* $1 \leqq i \leqq n$, *gilt:*

$$a \equiv a',\ b \equiv b' \;\Rightarrow\; a \circ_i b \equiv a' \circ_i b'.$$

Das kann man auch so interpretieren: In einer Kongruenzbeziehung aus S dürfen die in ihr auftretenden Elemente von S durch kongruente ersetzt werden (vgl. etwa die spätere Aufgabe 20.2).
Wie Satz 15.1 beweist man den

Satz 1: *Die Menge A aller Automorphismen einer algebraischen Struktur S mit n Verknüpfungen ist eine Gruppe, die sogenannte Automorphismengruppe von S.*

Es sei nun weiterhin S_1 eine algebraische Struktur mit den Elementen $a, a', b, b', s, \ldots$ und den n Verknüpfungen $\circ_1, \circ_2, \ldots, \circ_n$; gesucht seien alle homomorphen Bilder von S_1. Angenommen, auf S_1 ist eine Kongruenzrelation „≡" erklärt. Dann zerfällt S_1 in Kongruenzklassen. Die Menge dieser Klassen sei $S_2 = \{K(a), K(b), \ldots\}$. Wir erklären auf S_2 die Verknüpfungen $\otimes_1, \otimes_2, \ldots, \otimes_n$ durch $K(a) \otimes_i K(b) = K(a \circ_i b)$; das sind wirklich Verknüpfungen auf S_2, weil sich nach der Definition der Kongruenzrelation die rechten Seiten nicht ändern, wenn die Repräsentanten a, b von $K(a), K(b)$ durch andere Repräsentanten a', b' ersetzt werden. Für $s \in S_1$ setzen wir nun $f(s) = K(s) \in S_2$ und definieren dadurch eine surjektive Abbildung $f\colon S_1 \to S_2$. Diese Abbildung ist relationstreu:

$$f(a \circ_i b) = K(a \circ_i b) = K(a) \otimes_i K(b) = f(a) \otimes_i f(b).$$

Also gilt $S_1 \precsim S_2$.

Umgekehrt sei jetzt ein homomorphes Bild S_3 von S_1 vorgelegt, $S_1 \precsim S_3$; der vermittelnde Homomorphismus sei f. Dann ist durch $a \sim a' \Leftrightarrow f(a) = f(a')$ eine Äquivalenzrelation auf S_1 erklärt; S_1 zerfällt in Äquivalenzklassen derart, daß genau die Elemente einer Klasse dasselbe Bild besitzen. Diese Äquivalenzrelation ist sogar eine Kongruenzrelation: Aus $a \sim a'$ und $b \sim b'$ folgt

$$f(a \circ_i b) = f(a) \otimes_i f(b) = f(a') \otimes_i f(b') = f(a' \circ_i b'),$$

also $a \circ_i b \sim a' \circ_i b'$. Wir betrachten die Menge $S_2 = \{K(a), K(b), \ldots\}$ aller dieser Kongruenzklassen und behaupten $S_2 \simeq S_3$; dabei seien die Verknüpfungen auf S_2 wie oben eingeführt. Zunächst definiert $\varphi(K(a)) = f(a)$ eine Abbildung $\varphi\colon S_2 \to S_3$, weil $f(a)$ von der Wahl des Repräsentanten von $K(a)$ nicht abhängt, und diese Abbildung ist ersichtlich bijektiv. Sie ist auch relationstreu, und das bedeutet insgesamt $S_2 \simeq S_3$. Abgesehen von Isomorphien ist also das homomorphe Bild S_3 von S_1 eines der bereits oben gefundenen homomorphen Bilder S_2.
Wir fassen zusammen.

Satz 2: *Es sei* S_1 *eine algebraische Struktur mit Elementen* $a, b, \ldots$ *und den n Verknüpfungen* $\circ_i$, $1 \leqq i \leqq n$. *Ferner sei auf* S_1 *eine Kongruenzrelation* *erklärt. Dann werden auf der Menge* $S_2 = \{K(a), K(b), \ldots\}$ *der Kongruenzklassen von* S_1 *durch* $K(a) \otimes_i K(b) = K(a \circ_i b)$ *ebenfalls n Verknüpfungen* $\otimes_i$, $1 \leqq i \leqq n$, *definiert, und es gilt* $S_1 \precsim S_2$. *Jedes homomorphe Bild von* S_1 *ist einer derart gewonnenen Struktur* S_2 *isomorph.*

Das Aufsuchen aller homomorphen Bilder einer algebraischen Struktur S mit n Verknüpfungen ist also gleichbedeutend mit der Aufgabe, alle Kongruenzrelationen von S ausfindig zu machen.
Wie Satz 12.3 ergibt sich schließlich noch der

Satz 3: *Es sei* S *eine algebraische Struktur mit Elementen* $a, b, \ldots$ *und den* n *Verknüpfungen* $\circ_i$, $1 \leqq i \leqq n$. *Ferner sei* $S = K(a) \cup K(b) \cup \ldots$ *eine Zerlegung von* S *in paarweise verschiedene Äquivalenzklassen. Genau dann definiert* $K(a) \otimes_i K(b) = K(a \circ_i b)$ *für jedes* i, $1 \leqq i \leqq n$, *eine Verknüpfung auf der Menge* $\{K(a), K(b), \ldots\}$ *der Äquivalenzklassen, wenn die durch die Partition von* S *erklärte Äquivalenzrelation eine Kongruenzrelation ist.*

§ 20 Das Rechnen in Ringen

20.1 Wir beginnen mit der folgenden

Definition: *Eine algebraische Struktur* R *mit einer additiv und einer multiplikativ geschriebenen Verknüpfung heißt ein Ring, wenn folgendes gilt:*
(1) R *ist bezüglich der Addition eine abelsche Gruppe.*
(2) R *ist bezüglich der Multiplikation eine Halbgruppe.*
(3) Für alle Elemente $a, b, c \in R$ *gelten die Distributivgesetze*

$$\begin{aligned} a(b+c) &= (ab)+(ac) =_{Df} ab+ac, \\ (b+c)a &= (ba)+(ca) =_{Df} ba+ca. \end{aligned}$$

(Das Zeichen für die Multiplikation soll also wie üblich stärker binden als das für die Addition.)
Ein Ring R *heißt kommutativ, wenn für alle* $a, b \in R$ *gilt:* $ab = ba$.

Die Forderung (1) bestimmt die Eigenschaften der Addition, die Forderung (2) beschreibt die Multiplikation; in (3) schließlich wird ein Zusammenhang zwischen den Verknüpfungen hergestellt.
Jeder Ring R besitzt als additiv geschriebene abelsche Gruppe genau ein Nullelement 0, das für jedes $a \in R$ die Beziehung $a + 0 = 0 + a = a$ erfüllt. Enthält ein Ring $R \neq \{0\}$ ein Element $1 \in R$ mit $1a = a1 = a$ für jedes $a \in R$, so nennen wir dieses Element *Einselement* von R. Es gibt Ringe ohne Einselement (vgl. Beispiel 2). Zwei Einselemente $1, 1'$ kann ein Ring R wegen $1 = 1 \cdot 1' = 1'$ nicht besitzen.
Wie bei Gruppen erklärt man die Begriffe Unterring und echter Unterring.

Beispiel 1. Die Strukturen $\mathfrak{Z}, \mathfrak{Q}, \mathfrak{R}, \mathfrak{C}$ sind kommutative Ringe mit Einselement.

Beispiel 2. Die Menge $n\mathfrak{Z} = \{\ldots, -2n, -n, 0, n, 2n, \ldots\}$ aller durch ein festes $n \in \mathfrak{N}, n \neq 1$, teilbaren ganzen Zahlen ist ein kommutativer echter Unterring von $\mathfrak{Z}$ ohne Einselement.

Beispiel 3. Die Menge aller reellen zweireihigen quadratischen Matrizen ist ein nichtkommutativer Ring mit Einselement bezüglich der Matrizenaddition und -multiplikation.

Beispiel 4. Die Menge $R = \{x: x = a + b\sqrt{2}, a, b \in \mathfrak{Z}\} \subset \mathfrak{R}$ ist ein kommutativer Unterring von $\mathfrak{R}$ mit Einselement. Aus $x, y \in R$, etwa $x = a + b\sqrt{2}$ und $y = c + d\sqrt{2}$, folgt ja sowohl $x + y = (a + c) + (b + d)\sqrt{2} \in R$ als auch $xy = (ac + 2bd) + (ad + bc)\sqrt{2} \in R$; außerdem gilt $0 \in R$ und $-x \in R$. Alle weiteren Forderungen sind schon in $\mathfrak{R}$ und damit erst recht in $R \subset \mathfrak{R}$ erfüllt.

Sind a, b Elemente eines Ringes R, so schreiben wir statt $-(ab)$ wieder nur $-ab$. Wir beweisen nun die bekannten Vorzeichenregeln.

Satz 1: *In Ringen gelten die Rechenregeln* $a \cdot 0 = 0 \cdot a = 0, a(-b) = (-a)b = -ab, (-a)(-b) = ab, a(b - c) = ab - ac$ *und* $(b - c)a = ba - ca$.

Beweis: Nach (3) ist $a^2 = a(a + 0) = a^2 + a \cdot 0$, also $a \cdot 0 = 0$, weil die Gleichung $a^2 + x = a^2$ nach Aussage c) von Satz 6.1 genau eine Lösung x hat; aus $a^2 = (a + 0)a$ folgt entsprechend $0 \cdot a = 0$. Ferner gilt sowohl $ab + (-ab) = 0$, als auch $ab + a(-b) = a(b + (-b)) = a \cdot 0 = 0$, und wie eben folgt $a(-b) = -ab$; aus $ab + (-a)b = 0$ bekommt man nach demselben Muster $(-a)b = -ab$. Damit wird $(-a)(-b) = a(-(-b)) = ab$. Schließlich ist $a(b - c) = a(b + (-c)) = ab + a(-c) = ab - ac$, und analog ergibt sich die letzte Behauptung.

Folgerung: Besitzt ein Ring R ein Einselement 1, so ist $1 \neq 0$.

Man kann leicht endliche Ringe konstruieren. Die wichtigsten sind die im folgenden betrachteten Restklassenringe modulo n.

Beispiel 5. Es sei n eine feste natürliche Zahl, $\mathfrak{Z}$ der *Ring* der ganzen Zahlen und

$$\mathfrak{Z}_n = \{K(0), K(1), \ldots, K(n-1)\}$$

die Menge der Restklassen modulo n. Wir zeigen, daß die zugrundeliegende Äquivalenzrelation

$$a \equiv a' \quad \Leftrightarrow \quad n \mid (a - a')$$

eine Kongruenzrelation auf dem *Ring* $\mathfrak{Z}$ ist: Es gelte $a \equiv a', b \equiv b'$. Diese Äquivalenzrelationen bedeuten die Existenz ganzer Zahlen λ, μ mit $a' = a + \lambda n$, $b' = b + \mu n$; für gewisse ganze Zahlen $\varrho = \lambda + \mu$, $\sigma = \mu a + \lambda b + \lambda\mu n$ wird also $a' + b' = a + b + \varrho n$ sowie $a'b' = ab + \sigma n$, und das heißt $a + b \equiv a' + b'$ sowie $ab \equiv a'b'$. Nach Satz 19.3 werden also durch

$$K(a) + K(b) = K(a + b), \quad K(a)K(b) = K(ab)$$

eine Addition und eine Multiplikation auf der Menge $\mathfrak{Z}_n$ der Kongruenzklassen erklärt. In Erinnerung an § 9.1 können wir sagen, daß der additiven Restklassengruppe modulo n in natürlicher Weise noch eine Multiplikation aufgeprägt wurde. Wir zeigen jetzt, daß damit $\mathfrak{Z}_n = \{K(0), K(1), \ldots, K(n-1)\}$ ein kommutativer Ring wird. Die Forderung (1) ist nach § 9.1 erfüllt. Das Assoziativgesetz der Multiplikation

$$\begin{aligned}(K(a)K(b))K(c) &= K(ab)K(c) = K((ab)c) \\ &= K(a(bc)) = K(a)K(bc) = K(a)(K(b)K(c))\end{aligned}$$

folgt aus dem entsprechenden Assoziativgesetz von $\mathfrak{Z}$; also gilt (2). Eine analoge Rechnung liefert die Kommutativität der Multiplikation von $\mathfrak{Z}_n$, so daß wir für (3) nur noch eines der beiden Distributivgesetze nachzuprüfen brauchen:

$$\begin{aligned}K(a)(K(b) + K(c)) &= K(a)K(b + c) = K(a(b + c)) = K(ab + ac) \\ &= K(ab) + K(ac) = K(a)K(b) + K(a)K(c).\end{aligned}$$

Damit wissen wir: $\mathfrak{Z}_n$ ist für $n > 1$ ein kommutativer Ring mit dem Einselement $K(1)$. Er heißt der *Restklassenring modulo n*. Solange keine Verwechslungen mit der zyklischen Gruppe der Ordnung n zu befürchten sind, behalten wir für ihn die Bezeichnung $\mathfrak{Z}_n$ bei. Man addiert und multipliziert in $\mathfrak{Z}_n$ wie in $\mathfrak{Z}$, setzt aber Vielfache von n gleich Null. Für $n = 1$ besteht $\mathfrak{Z}_n$ aus der Null $K(0)$ allein (*Nullring*).
Für die Kongruenzrelation $a \equiv a' \Leftrightarrow n \mid (a - a')$ pflegt man eine der beiden Schreibweisen

$$a \equiv a' \bmod n \quad \text{oder} \quad a \equiv a' \ (n)$$

zu wählen.

Anwendung: Wir zeigen auf zwei nur durch die Schreibweise unterschiedene Arten, daß $2^{32} + 1$ durch 641 teilbar ist. Beide Male gehen wir von der Identität $2^4 + 5^4 = 5 \cdot 2^7 + 1 = 641$ aus.
a) Es ist $5 \cdot 2^7 \equiv -1$ (641). Denkt man sich diese Kongruenz viermal hingeschrieben und die linken und rechten Seiten multipliziert, so bekommt man $(5 \cdot 2^7)^4 \equiv (-1)^4 \bmod 641$ oder $5^4 \cdot 2^{28} \equiv 1$ (641). Hierin darf man wegen $5^4 \equiv -2^4$ (641) den Faktor 5^4 durch -2^4 ersetzen. Das liefert $-2^{32} \equiv 1$ (641) oder $641 \mid (2^{32} + 1)$.
b) Im Restklassenring $\mathfrak{Z}_{641}$ gilt $K(5 \cdot 2^7) = K(-1)$. Potenziert man beide Seiten mit 4, so bekommt man $K(5^4 \cdot 2^{28}) = K(1)$. Für die linke Seite kann man auch $K(5^4) \cdot K(2^{28})$ oder $K(-2^4) \cdot K(2^{28}) = K(-2^{32})$ schreiben. Das ergibt $K(-2^{32}) = K(1)$ oder $641 \mid (2^{32} + 1)$.

Oft wird man den Restklassenring $\mathfrak{Z}_n$ einfach in der Gestalt $\{0, 1, \ldots, n-1\}$ schreiben und dabei beachten, daß die hingeschriebenen Elemente keine ganzen Zahlen sind.

Aufgabe 1: Man gebe die Verknüpfungstafeln des Restklassenringes $\mathfrak{Z}_6$ an.

Aufgabe 2: Man löse die Kongruenz $5x \equiv 7$ (13).

Aufgabe 3. Durch Rechnen im Restklassenring $\mathfrak{Z}_8$ zeige man: Keine natürliche Zahl n der Form $8k + 7$ ist Summe von drei Quadratzahlen.

20.2 Im Restklassenring $\mathfrak{Z}_6 = \{0, 1, 2, 3, 4, 5\}$ gilt $2 \cdot 3 = 0$, in $\mathfrak{Z}_{16}$ etwa $2 \cdot 8 = 0$; ist n keine Primzahl, so gibt es in $\mathfrak{Z}_n$ Elemente $a \neq 0$, $b \neq 0$, deren Produkt ab Null ist.

Definition: *Ein Element $a \neq 0$ eines Ringes R heißt linker Nullteiler, wenn ein $b \neq 0$ in R existiert, so daß $ab = 0$ ist. Ein Element $b \neq 0$, $b \in R$, heißt rechter Nullteiler, wenn ein $a \neq 0$, $a \in R$, existiert, so daß $ab = 0$ ist. Ein Ring R heißt nullteilerfrei, wenn er keine Nullteiler enthält.*

Ein Ring R ist also genau dann nullteilerfrei, wenn für alle $a, b \in R$ aus $ab = 0$ folgt: $a = 0$ oder $b = 0$. Nullteilerfreie Ringe sind zum Beispiel $\mathfrak{Z}, \mathfrak{Q}, \mathfrak{R}, \mathfrak{C}$. Dasselbe gilt für die Restklassenringe $\mathfrak{Z}_p = \{K(0), K(1), \ldots, K(p-1)\}$ mit Primzahlindex p. Aus $K(a)K(b) = K(ab) = K(0)$ folgt ja $p|ab$ in $\mathfrak{Z}$, also etwa $p|a$ oder $K(a) = K(0)$.

Gilt in einem Ring $ab = ac$, so folgt auch für $a \neq 0$ nicht notwendig $b = c$; in $\mathfrak{Z}_{12}$ gilt etwa $2 \cdot 3 = 2 \cdot 9$, aber es ist $3 \neq 9$. Ist aber R nullteilerfrei, $a \in R$ und $a \neq 0$, so folgt aus $ab = ac$ zunächst $a(b - c) = 0$, also tatsächlich $b - c = 0$ oder $b = c$; entsprechend wird $ba = ca \Rightarrow b = c$. Wir formulieren dieses Ergebnis.

Satz 2: *Ist R ein nullteilerfreier Ring mit Elementen $a, b, c, \ldots$, so gelten für $a \neq 0$ die Kürzungsregeln*

$$ab = ac \Rightarrow b = c, \quad ba = ca \Rightarrow b = c.$$

Wir betrachten nun einen *nullteilerfreien Ring $R \neq \{0\}$ mit Einselement* und sehen uns die Elemente $1, 1 + 1, 1 + 1 + 1, \ldots$ an. Es können zwei Fälle eintreten. Entweder keines von ihnen ist Null, und das ist gleichbedeutend damit, daß sie paarweise voneinander verschieden ausfallen; wir sagen dann, R habe die *Charakteristik* Null und schreiben $\chi(R) = 0$. Oder es gibt ein $n \in \mathfrak{N}$ mit $1 + 1 + \ldots + 1 = 0$ (n Summanden 1); dann gibt es auch ein kleinstes n dieser Art. Dieses minimale n ist zunächst ungleich Eins und muß außerdem eine Primzahl p sein, weil aus $n = kl$ mit natürlichen Zahlen $k < n$, $l < n$ und $\sum_1^n 1 = \sum_1^k 1 \cdot \sum_1^l 1 = 0$ wegen der Nullteilerfreiheit von R folgt: $\sum_1^k 1 = 0$ oder $\sum_1^l 1 = 0$. Wir sagen in diesem Fall, R habe die *Charakteristik* p und schreiben $\chi(R) = p$.

Ist R ein Ring mit $\chi(R) = p$, ist also $1 \in R$ und R nullteilerfrei, so verschwindet eine Summe $r + r + \ldots + r$ von m Summanden $r \in R$, falls p in m aufgeht. Um das einzusehen, schreibe man

$$r + r + \ldots + r = 1 \cdot r + 1 \cdot r + \ldots + 1 \cdot r = (1 + 1 + \ldots + 1) \cdot r.$$

Es ist $\chi(\mathfrak{Z}) = \chi(\mathfrak{Q}) = \chi(\mathfrak{R}) = \chi(\mathfrak{C}) = 0$; für Primzahlen p gilt $\chi(\mathfrak{Z}_p) = p$.

Definition: *Ein vom Nullring verschiedener kommutativer nullteilerfreier Ring heißt Integritätsbereich.*

Beispiele für Integritätsbereiche waren etwa $\mathfrak{Z}, \mathfrak{Q}, \mathfrak{R}, \mathfrak{C}, \mathfrak{Z}_p$ (p Primzahl). Auch die Ringe in den obigen Beispielen 2 und 4 sind als Unterringe von $\mathfrak{Z}$ und $\mathfrak{R}$ Integritätsbereiche.

Wir betrachten nun einen beliebigen Ring R mit Einselement. In ihm wird die Frage nach multiplikativen Inversen von Ringelementen sinnvoll. Wir treffen die folgenden Verabredungen.

Definition: *Es sei R ein Ring mit Einselement. Dann heißt $b \in R$ Rechtsinverses von $a \in R$, wenn $ab = 1$ gilt. Das Element $b \in R$ heißt Linksinverses von $a \in R$, wenn $ba = 1$ ist. Das Element $b \in R$ heißt Inverses von $a \in R$, wenn $ab = ba = 1$ ist. Ein $a \in R$ heißt Einheit, wenn a in R ein Inverses besitzt.*

Ist schließlich R ein beliebiger Ring und $m \in \mathfrak{Z}$, so sind noch die nachstehenden Vereinbarungen praktisch: Es sei für $a \in R$

$$ma = \begin{cases} a + a + \ldots + a \ (m \text{ Summanden}) & \text{für } m > 0 \\ 0 & \text{für } m = 0 \\ -a - a - \ldots - a \ ((-m) \text{ Summanden}) & \text{für } m < 0. \end{cases}$$

Das ist eine äußere Komposition von R mit $\mathfrak{Z}$; Verwechslungen mit der Ringmultiplikation sind nicht zu befürchten. Es gelten Rechenregeln wie $(m_1 + m_2)a = m_1a + m_2a$, $m_1(m_2a) = (m_1m_2)a$ und $m(ab) = (ma)b = a(mb)$ ($m_i, m \in \mathfrak{Z}$, $a, b \in R$). Besitzt R ein Einselement, so kann man ma auch als ein Produkt des Ringelementes

$$m = \begin{cases} 1 + 1 + \ldots + 1 \ (m \text{ Summanden}) & \text{für } m > 0 \\ 0 & \text{für } m = 0 \\ -1 - 1 - \ldots - 1 \ ((-m) \text{ Summanden}) & \text{für } m < 0 \end{cases}$$

mit $a \in R$ ansehen; m kann dann auch Nullteiler sein, wie etwa die Gleichung $3 + 3 = (1 + 1)3 = 2 \cdot 3 = 0$ in $\mathfrak{Z}_6$ zeigt.

Aufgabe 4: Der Ring R enthalte wenigstens einen von Null verschiedenen Nichtnullteiler. Dann ist das Ringaxiom $a + b = b + a$ eine Folge der übrigen. Beweis?

Aufgabe 5: Man beweise die folgenden Aussagen.
a) In Ringen gilt $a(b_1 + b_2 + \ldots + b_n) = ab_1 + ab_2 + \ldots + ab_n$ und $(b_1 + b_2 + \ldots + b_n)a = b_1a + b_2a + \ldots + b_na$.
b) In einem nullteilerfreien Ring ist ein Produkt $a_1a_2 \ldots a_n$ nur Null, wenn einer der Faktoren Null ist.
c) In einem Ring R mit Einselement besitzt ein linker (rechter) Nullteiler kein Links-(Rechts-)Inverses.
d) Ist $1 \in R$ und besitzt $a \in R$ ein Linksinverses b und ein Rechtsinverses c, so ist $b = c$, und a besitzt kein von b verschiedenes Rechts- oder Linksinverses.
e) Ist $1 \in R$ und besitzt $a \in R$ ein Inverses, so ist es eindeutig bestimmt (Bezeichnung: a^{-1}).
f) Ist $1 \in R$ und besitzt jedes $a \in R$, $a \neq 0$, ein Inverses $a^{-1} \in R$, so ist R nullteilerfrei.
g) Es sei R ein Ring mit Einselement und $E \subset R$ die Menge aller Einheiten von R. Dann ist E eine Gruppe bezüglich der Multiplikation.

Aufgabe 6: Es sei R ein Ring mit Einselement und $a \in R$. Zeige:
a) Ist b ein Rechtsinverses von a, so ist es auch jedes der Elemente $b + (ba-1)a^k$ $(k = 0, 1, 2, \ldots)$.
b) Besitzt a genau ein Rechtsinverses b, so ist b das Inverse von a.
c) Das Element a besitzt entweder kein Rechtsinverses, genau ein Rechtsinverses oder unendlich viele Rechtsinverse (vgl. auch Aufgabe 25.1).

Aufgabe 7: Es sei R ein kommutativer Ring. Man beweise den *binomischen Lehrsatz*

$$(a + b)^n = \sum_{\nu=0}^{n} \binom{n}{\nu} a^\nu b^{n-\nu} \quad (a, b \in R, n \in \mathfrak{N}).$$

Aufgabe 8: Es sei I ein Integritätsbereich mit Einselement und Primzahlcharakteristik p. Dann gelten die folgenden Rechenregeln:
a) $(a + b)^p = a^p + b^p, (a - b)^p = a^p - b^p \quad (a, b \in I)$.
b) $(a + b)^{p^k} = a^{p^k} + b^{p^k}, (a - b)^{p^k} = a^{p^k} - b^{p^k} \ (a, b \in I; k = 0, 1, 2, \ldots)$.
c) $(a_1 + a_2 + \ldots + a_n)^p = a_1^p + a_2^p + \ldots + a_n^p \ (a_\nu \in I)$.
Beweis?

20.3 Wir treffen nun eine vielfach nützliche

Verabredung: Ist R ein Ring, so bezeichne R_0 die Menge der von Null verschiedenen Ringelemente.
Im folgenden beschäftigen wir uns mit gewissen Ringen, die besonders oft auftreten.

Definition: *Ein Ring R heißt Schiefkörper, wenn R_0 eine Gruppe bezüglich der Multiplikation ist. Ein kommutativer Schiefkörper heißt Körper. R_0 heißt dann die multiplikative Gruppe des Schiefkörpers (Körpers).*

Vielfach werden Schiefkörper auch einfach Körper genannt; ist die Multiplikation kommutativ, spricht man dann von einem kommutativen Körper.
In den uns bekannten Beispielen $\mathfrak{Q}, \mathfrak{R}, \mathfrak{C}$ liegen immer schon Körper vor. Es sind ja $\mathfrak{Q}, \mathfrak{R}, \mathfrak{C}$ kommutative Ringe, und nach § 6.2 sind $\mathfrak{Q}_0, \mathfrak{R}_0, \mathfrak{C}_0$ Gruppen bezüglich der Multiplikation.
Es sei S ein Schiefkörper. Dann enthält die multiplikative Gruppe S_0 ein Einselement $1 \neq 0$, und diese Eins ist Einselement von S. Außerdem besitzt jedes $a \in S$, $a \neq 0$, ein Inverses $a^{-1} \in S$. Deswegen sind Gleichungen der Art $ax = b$ oder $ya = b$ $(a, b \in S, a \neq 0)$ in S eindeutig lösbar. Ein Schiefkörper kann auch keine Nullteiler enthalten, denn aus $ab = 0$ und $a \neq 0$ folgt $a^{-1}(ab) = b = 0$.
Der Nachweis dafür, daß ein Ring schon ein Schiefkörper ist, wird in den meisten Fällen nicht über die obige Definition sondern mit Hilfe des folgenden Satzes geführt.

Satz 3: *Ein Ring $R \neq \{0\}$ ist genau dann ein Schiefkörper, wenn er ein Einselement und zu jedem $a \in R$, $a \neq 0$, ein Inverses a^{-1} enthält.*

Beweis: Nach dem bereits Erörterten bleibt zu zeigen, daß ein Ring $R \neq \{0\}$ ein Schiefkörper ist, wenn er ein Einselement und zu jedem $a \in R$,

$a \neq 0$, ein Inverses enthält. In diesem Fall gilt aber $1 \in R_0$; aus $a \in R_0$ folgt $a^{-1} \in R_0$; die Multiplikation in R_0 ist assoziativ; schließlich liegt auch das Produkt ab von Elementen $a, b \in R_0$ wieder in R_0, weil $ab = 0$ den Widerspruch $a^{-1}(ab) = b = 0$ zur Folge hätte. Es ist also R_0 eine Gruppe bezüglich der Multiplikation, was zu zeigen war.
Auch der folgende Satz ist sehr einfach.

Satz 4: *Jeder endliche nullteilerfreie Ring $R \neq \{0\}$ ist ein Schiefkörper. Speziell ist jeder endliche Integritätsbereich ein Körper.*

Beweis: Nach Satz 2 ist R_0 bezüglich der Ringmultiplikation eine reguläre Halbgruppe. Sie ist ferner endlich, nach Aufgabe 13.1 also eine Gruppe.

Die Restklassenringe $\mathfrak{Z}_p$ (p Primzahl) sind demnach endliche Körper. Die übrigen Restklassenringe $\mathfrak{Z}_n$ enthalten Nullteiler, sind also keine Körper. Später (§ 60) wird sich noch zeigen, daß jeder endliche Schiefkörper bereits ein Körper ist. Die endlichen Körper wiederum werden wir alle angeben können (§ 59).
Sind a und $b \neq 0$ Körperelemente, so gilt $ab^{-1} = b^{-1}a$. An Stelle von ab^{-1} schreibt man dann auch vielfach $\frac{a}{b}$ oder $a:b$. Wir zeigen nun, daß in Körpern die bekannten Bruchrechenregeln gelten.

Satz 5: *In Körpern gelten die Bruchrechenregeln* $\frac{a}{b} = \frac{ac}{bc}$ $(b \neq 0,\ c \neq 0)$, $\frac{a}{b} \cdot \frac{c}{d} = \frac{ac}{bd}$ $(b \neq 0,\ d \neq 0)$, $\frac{a}{b} : \frac{c}{d} = \frac{ad}{bc}$ $(bcd \neq 0)$, $\frac{a}{b} \pm \frac{c}{d} = \frac{ad \pm bc}{bd}$ $(b \neq 0,\ d \neq 0)$.

Beweis: Die erste Regel besagt dasselbe wie $ab^{-1} = ac(bc)^{-1}$; für $a = 0$ ist das sicher richtig; für $a \neq 0$ ist es eine richtige Beziehung in der multiplikativen Gruppe des Körpers. Die zweite Regel besagt $ab^{-1}cd^{-1} = ac(bd)^{-1}$; wegen der Kommutativität der Multiplikation ist das ebenfalls richtig. Ebenso gilt richtig $ab^{-1}(cd^{-1})^{-1} = ad(bc)^{-1}$. Die letzte Regel $ab^{-1} \pm cd^{-1} = (ad \pm bc)(bd)^{-1}$ schließlich bestätigt man, indem man rechter Hand nach dem Distributivgesetz ausmultipliziert.
In einem Körper addiert, subtrahiert, multipliziert und dividiert man also wie gewohnt. Diese vier Rechenoperationen bezeichnet man auch als *die rationalen Operationen.*
Sind K und L Körper mit $K \subset L$ und sind die Verknüpfungen von K und L in K dieselben, so heißt K ein Unterkörper von L und L ein Oberkörper von K.
Viele mathematische Theorien lassen sich in Körpern entwickeln. Dies gilt beispielsweise für die Auflösung linearer Gleichungssysteme. Ebenso sind die Determinantensätze in Körpern gültig; als Beispiel sei die CRAMERsche Regel erwähnt. Da Körper nullteilerfreie Ringe mit Einselement sind, besitzen sie eine Charakteristik. Speziell gelten für Körper auch die Rechenregeln der Aufgaben 7 und 8.

Wir sehen uns noch einen Körper an, der an das obige Beispiel 4 erinnert.
Beispiel 6. Wie in Beispiel 4 sieht man, daß

$$K = \{x: x = a + b\sqrt{2},\ a, b \in \mathfrak{Q}\} \subset \mathfrak{R}$$

ein kommutativer Unterring von $\mathfrak{R}$ ist. Wir zeigen nach Satz 3, daß K ein Körper ist. Zunächst gilt $1 \in K$. Ein Element $a + b\sqrt{2}$ aus K schließlich, für das a und b nicht beide Null sind, besitzt das Inverse

$$(a + b\sqrt{2})^{-1} = \frac{a - b\sqrt{2}}{(a + b\sqrt{2})(a - b\sqrt{2})} = \frac{a}{a^2 - 2b^2} - \frac{b}{a^2 - 2b^2}\sqrt{2} \in K;$$

es ist ja der Nenner $a^2 - 2b^2 \neq 0$. Analog kann man weitere Zwischenkörper K mit $\mathfrak{Q} \subset K \subset \mathfrak{R}$ angeben.

20.4 Für das Rechnen in Körpern geben wir noch eine einfache zahlentheoretische Anwendung.

Satz 6: *Die natürliche Zahl $p \neq 1$ ist dann und nur dann Primzahl, wenn*

$$(p - 1)! \equiv -1 \mod p$$

ist (sogenannte WILSON*sche Kongruenz).*

Beweis: Ist p nicht Primzahl, also $p = kl$ mit natürlichen Zahlen $k < p$ und $l < p$, so teilt $k \neq 1$ den Ausdruck $(p - 1)!$, also nicht $(p - 1)! + 1$; erst recht kann p dann kein Teiler von $(p - 1)! + 1$ sein. Es bleibt also das Bestehen der Kongruenz für Primzahlen p zu zeigen. Für $p = 2$ ist sie erfüllt; es sei also $p \geqq 3$.
Es sei zunächst L ein beliebiger Körper. Wir bestimmen alle $\xi \in L$ mit $\xi^2 = 1$. Wir haben nach allen ξ mit $\xi^2 - 1 = (\xi - 1)(\xi + 1) = 0$ zu suchen. Da L nullteilerfrei ist, folgt $\xi = 1$ oder $\xi = -1$. Für den Fall $L = \mathfrak{Z}_p$, $p \geqq 3$, bedeutet das: Genau die beiden voneinander verschiedenen Elemente $K(1)$ und $K(p - 1)$ aus $\mathfrak{Z}_p = \{K(0), K(1), K(2), \ldots, K(p - 1)\}$ sind ihre eigenen Inversen; jedes andere von $K(0)$ verschiedene Element aus $\mathfrak{Z}_p$ fällt nicht mit seinem Inversen zusammen.
Nun bilden wir in $\mathfrak{Z}_p$ das Produkt

$$s = K(1)\,K(2)\,K(3) \ldots K(p - 1)$$

und fassen rechter Hand jeden Faktor mit seinem Inversen zusammen; das Ergebnis ist $s = K(1)\,K(p - 1)$. Das heißt aber $K((p - 1)!) = K(p - 1) = K(-1)$ oder $(p - 1)! \equiv -1 \mod p$.

Aufgabe 9: Man zeige das Folgende.
a) $K_1 = \{x: x = a + b\sqrt{3},\ a, b \in \mathfrak{Q}\}$ und $K_2 = \{x: x = a + b\sqrt{5},\ a, b \in \mathfrak{Q}\}$ sind nichtisomorphe Unterkörper von $\mathfrak{R}$.
b) $M = \{x: x = a + b\sqrt[3]{2},\ a, b \in \mathfrak{Q}\} \subset \mathfrak{R}$ ist kein Unterkörper von $\mathfrak{R}$.

Aufgabe 10: Man beweise die folgenden Aussagen.
a) Jeder Schiefkörper der Charakteristik Null enthält einen Unterkörper iso-

morph $\mathfrak{Q}$, und $\mathfrak{Q}$ enthält keinen echten Unterkörper. (Deshalb heißt $\mathfrak{Q}$ auch der kleinste oder der *Primkörper der Charakteristik Null.*)
b) Jeder Schiefkörper der Primzahlcharakteristik p enthält einen Unterkörper isomorph $\mathfrak{Z}_p$, und $\mathfrak{Z}_p$ enthält keinen echten Unterkörper. (Deshalb heißt $\mathfrak{Z}_p$ auch der kleinste oder der *Primkörper der Charakteristik* p.)

Aufgabe 11: Es gibt genau einen Körper K mit $|K| = 4$. In ihm sind die Gleichungen $x^2 = x \pm 1$ lösbar. Beweis?

Aufgabe 12: Der Unterkörper $K = \{x : x = a + b\sqrt{2},\ a, b \in \mathfrak{Q}\}$ von $\mathfrak{R}$ besitzt seinerseits nur die Unterkörper $\mathfrak{Q}$ und K. Beweis?

Aufgabe 13: Man löse das Kongruenzsystem

$$\begin{aligned} x + y + z &\equiv 2\ (7)\\ 2x - 3y + z &\equiv -1\ (7)\\ -x + 2y + 3z &\equiv 2\ (7). \end{aligned}$$

Man löse dasselbe System modulo 8. Ist es auch modulo 17 lösbar?

Aufgabe 14: Es sei S ein Schiefkörper und $Z \subset S$ die Menge aller derjenigen Elemente $z \in S$, die mit jedem $s \in S$ vertauschbar sind: $sz = zs$ für jedes $s \in S$. Dieses sogenannte *Zentrum* Z des Schiefkörpers S ist ein Körper. Beweis?

§ 21 Homomorphe Bilder von Ringen

21.1 Es sei R_1 ein Ring mit Elementen $a, b, c, \ldots$ und R_2 eine algebraische Struktur mit zwei Verknüpfungen, die ebenfalls additiv bzw. multiplikativ geschrieben seien. In § 19 ist nun definiert, wann R_2 ein homomorphes Bild von R_1 genannt wird. Wir formulieren es noch einmal: Die algebraische Struktur R_2 heißt homomorphes Bild des Ringes R_1, wenn eine surjektive relationstreue Abbildung $f: R_1 \to R_2$ existiert. Die Relationstreue von f besteht dabei aus den beiden Forderungen

$$\begin{aligned} f(a + b) &= f(a) + f(b),\\ f(ab) &= f(a)f(b). \end{aligned}$$

Wir schreiben in diesem Fall $R_1 \simeq R_2$ und nennen f einen Ringhomomorphismus von R_1 auf R_2.
In Analogie zu Satz 12.1 bekommen wir zunächst den

Satz 1: *Das homomorphe Bild $R_2 = f(R_1)$ eines Ringes R_1 ist ein Ring. Dabei geht das Nullelement von R_1 in das Nullelement von R_2 über. Besitzt R_1 ein Einselement 1 und ist $f(R_1)$ nicht der Nullring, so ist $f(1)$ Einselement von R_2. Ist R_1 kommutativ, so ist es auch R_2.*

Beweis: Bezüglich der Addition ist R_2 nach Satz 12.1 eine abelsche Gruppe, und $f(0)$ ist das Nullelement von R_2. Für die ersten beiden Behaup-

tungen bleibt also zu zeigen, daß sich das Assoziativgesetz der Multiplikation und die Distributivgesetze von R_1 auf R_2 übertragen. Das sieht man, da sich jedes Element von R_2 in der Gestalt $f(r)$ mit einem $r \in R_1$ schreiben läßt, wie im Beispiel 5 von § 20; hier schreibt man nur f statt K. Aus $1 \in R_1$ folgt $f(1)f(r) = f(1r) = f(r)$ und $f(r)f(1) = f(r1) = f(r)$, und das ist die dritte Behauptung. Aus der Kommutativität von R_1 folgt schließlich noch $f(a)f(b) = f(ab) = f(ba) = f(b)f(a)$, also die Kommutativität von R_2.
Als Beispiel betrachte man die Ringe $\mathfrak{Z}$ und $\mathfrak{Z}_n$ (§ 20, Beispiel 5). Die durch $f(m) = K(m)$ erklärte Abbildung $f: \mathfrak{Z} \to \mathfrak{Z}_n$ definiert einen Ringhomomorphismus. Dieses Beispiel zeigt auch, daß das homomorphe Bild eines nullteilerfreien Ringes Nullteiler besitzen kann; man wähle etwa $n = 6$.

21.2 Nützlich ist für das Folgende die

Definition: *Ist R ein Ring, $r \in R$ und $T \subset R$, so sei*

$$r + T = \{x: x = r + t,\ t \in T\},$$
$$rT = \{x: x = rt,\ t \in T\};$$

entsprechend seien $T + r$ und Tr erklärt.

Der nun eingeführte Begriff des Ideals ist in der Algebra von außerordentlicher Bedeutung.

Definition: *Eine Teilmenge $\mathfrak{a}$ des Ringes R heißt ein Ideal, wenn gilt:*
(1) Es ist $\mathfrak{a}$ eine Gruppe bezüglich der Addition.
(2) Für jedes $r \in R$ ist $r\mathfrak{a} \subset \mathfrak{a}$ und $\mathfrak{a}r \subset \mathfrak{a}$.

Da in der Forderung (2) speziell $r \in \mathfrak{a}$ gewählt werden kann, ist ein Ideal $\mathfrak{a}$ gewiß ein Unterring von R; darüber hinaus liegen die Produkte ar und ra sogar schon dann immer in $\mathfrak{a}$, wenn nur einer der Faktoren a aus $\mathfrak{a}$ stammt. Wir bezeichnen Ideale meist mit kleinen deutschen Buchstaben.

Beispiel 1. Jeder Ring R besitzt die Ideale $\{0\}$ und R.

Beispiel 2. Die sämtlichen Ideale des Ringes $\mathfrak{Z}$ sind unter den sämtlichen additiven Untergruppen $\{0\}$ und $n\mathfrak{Z}$ ($n = 1, 2, 3, \ldots$) von $\mathfrak{Z}$ zu finden (vgl. § 12.2). Alle diese Untergruppen sind aber, wie unmittelbar zu sehen ist, bereits Ideale von $\mathfrak{Z}$. Alle Ideale von $\mathfrak{Z}$ sind also $\{0\}$ und $n\mathfrak{Z}$ ($n = 1, 2, 3, \ldots$).

Beispiel 3. Ein Schiefkörper S besitzt nur die Ideale $\{0\}$ und S. Ist nämlich $\mathfrak{a} \subset S$ ein von $\{0\}$ verschiedenes Ideal, so gibt es ein $a \in \mathfrak{a}$, $a \neq 0$, und in S existiert das Inverse a^{-1} von a. Nach (2) wird also $a^{-1}a = 1 \in \mathfrak{a}$ und nun auch $s = s1 \in \mathfrak{a}$ für jedes $s \in S$.

Unser Ziel ist die Bestimmung aller homomorphen Bilder eines vorgelegten Ringes R. Der folgende Satz schafft die Möglichkeit einer Anwendung von Satz 19.2 (vgl. auch Satz 12.4).

Satz 2: *Es sei R ein Ring und „$\equiv$" eine Äquivalenzrelation auf R. Diese Äquivalenzrelation ist genau dann eine Kongruenzrelation, wenn die Äquivalenzklassen die Nebenklassen $r + \mathfrak{a}$ eines Ideals $\mathfrak{a} \subset R$ sind. Dabei ist $\mathfrak{a}$ die Menge aller $a \in R$ mit $a \equiv 0$.*

Beweis:
a) Ist „$\equiv$" eine Kongruenzrelation auf R, so wird durch sie nach Satz 12.4 eine Partition auf R definiert, die aus den Nebenklassen $r + \mathfrak{a}$ eines Normalteilers, also einer Untergruppe $\mathfrak{a}$ der additiven Gruppe von R besteht. Dabei besteht $\mathfrak{a}$ aus allen $a \in R$ mit $a \equiv 0$. Wir haben zu zeigen: Aus $a \in \mathfrak{a}$ und $r \in R$ folgt $ra \in \mathfrak{a}$ und $ar \in \mathfrak{a}$. Dazu multipliziere man die Kongruenzen $a \equiv 0$ und $r \equiv r$. Es wird dann $ra \equiv 0$ und $ar \equiv 0$, also $ra \in \mathfrak{a}$ und $ar \in \mathfrak{a}$.
b) Die Nebenklassen $r + \mathfrak{a}$ einer additiven Untergruppe $\mathfrak{a}$ von R definieren eine Partition, also eine Äquivalenzrelation „$\equiv$" auf R; erst recht gilt dies, falls $\mathfrak{a}$ sogar ein Ideal ist. Nach Satz 8.2 lautet die Äquivalenzrelation:

$$a \equiv a' \quad \Leftrightarrow \quad a' - a \in \mathfrak{a}.$$

Es sei nun $a \equiv a'$ und $b \equiv b'$. Zu zeigen ist $a + b \equiv a' + b'$ und $ab \equiv a'b'$. Mit Elementen $\alpha_i \in \mathfrak{a}$ lauten die Voraussetzungen $a' = a + \alpha_1$ und $b' = b + \alpha_2$. Addition liefert $a' + b' = a + b + \alpha_3$, also $a + b \equiv a' + b'$. Multiplikation ergibt $a'b' = ab + a\alpha_2 + \alpha_1 b + \alpha_1\alpha_2 = ab + \alpha_4$, also $ab \equiv a'b'$; dabei wurden (2) und (1) benutzt.

Eine Kongruenzrelation „$\equiv$" auf einem Ring R ist also durch die Angabe des Ideals $\mathfrak{a} \subset R$ aller Ringelemente r mit $r \equiv 0$ eindeutig bestimmt. Man schreibt deshalb $a \equiv a' \bmod \mathfrak{a}$, und das bedeutet $a' - a \in \mathfrak{a}$. Nur im Falle $R = \mathfrak{Z}$ haben sich an Stelle von $a \equiv a' \bmod n\mathfrak{Z}$ die bereits in § 20.1 eingeführten kürzeren Schreibweisen eingebürgert.
Es sei R ein Ring und $\mathfrak{a}$ ein Ideal aus R. Wir denken an die additive Struktur von R und bezeichnen die Menge $\{\mathfrak{a}, r + \mathfrak{a}, s + \mathfrak{a}, \ldots\}$ der voneinander verschiedenen unter den Nebenklassen von $\mathfrak{a}$ wie in § 12 mit $R/\mathfrak{a}$. Nach Satz 2 entspricht $R/\mathfrak{a}$ einer Aufteilung von R in Kongruenzklassen, und nach Satz 19.2 werden durch

$$(r + \mathfrak{a}) + (s + \mathfrak{a}) = (r + s) + \mathfrak{a},$$
$$(r + \mathfrak{a}) \cdot (s + \mathfrak{a}) = rs + \mathfrak{a}$$

eine Addition und eine Multiplikation auf $R/\mathfrak{a}$ erklärt; die Addition ist bereits aus § 12 bekannt. Da $R/\mathfrak{a}$ aus den verschiedenen Kongruenzklassen modulo $\mathfrak{a}$ besteht, ist die algebraische Struktur $R/\mathfrak{a}$ auf Grund von Satz 19.2 sogar ein homomorphes Bild des Ringes R; der zugehörige Homomorphismus ist definiert durch $f(r) = r + \mathfrak{a}$. Nach Satz 1 ist also $R/\mathfrak{a}$ ein Ring. Dies rechtfertigt die

Definition: *Ist $\mathfrak{a}$ ein Ideal des Ringes R, so heißt $R/\mathfrak{a}$ der Restklassenring von R nach $\mathfrak{a}$.*

Man rechnet in $R/\mathfrak{a}$ wie in R und behandelt dabei Elemente aus $\mathfrak{a}$ wie Null. Auch bei der folgenden Definition denken wir in erster Linie an die additive Struktur von R.

Definition: *Unter dem Kern $\mathfrak{k}$ eines Ringhomomorphismus f von R auf R^* versteht man die Menge aller $r \in R$ mit $f(r) = 0$.*

In Analogie zu Satz 12.2 steht nun der folgende *Homomorphiesatz für Ringe*; er besagt in der Hauptsache, daß mit den Restklassenringen $R/\mathfrak{a}$ alle homomorphen Bilder von R gefunden sind.

Satz 3: *Es sei R ein Ring. Dann gelten die folgenden Aussagen.*
a) *Ist $\mathfrak{a}$ ein Ideal von R, so ist der Restklassenring $R/\mathfrak{a}$ ein homomorphes Bild von R. Der vermittelnde Homomorphismus f lautet $f(r) = r + \mathfrak{a}$.*
b) *Ist f ein Ringhomomorphismus von R auf R^* mit dem Kern $\mathfrak{k}$, so ist $\mathfrak{k}$ ein Ideal von R.*
c) *Ist f ein Ringhomomorphismus von R auf R^* mit dem Kern $\mathfrak{k}$, so gilt $R^* \simeq R/\mathfrak{k}$. Der Isomorphismus φ: $R/\mathfrak{k} \to R^*$ lautet $\varphi(r + \mathfrak{k}) = f(r)$.*
d) *Ein Ringhomomorphismus f von R auf R^* ist genau dann ein Isomorphismus, wenn der Kern von f nur aus der Null allein besteht.*

Beweis:
a) Das wurde bereits gezeigt.
b) Nach Satz 12.2 ist $\mathfrak{k}$ eine additive Untergruppe von R. Aus $k \in \mathfrak{k}$ und $r \in R$ folgt ferner $f(rk) = f(r)f(k) = 0$, also $rk \in \mathfrak{k}$, und $f(kr) = f(k)f(r) = 0$, also $kr \in \mathfrak{k}$.
c) Nach Satz 2 und Satz 19.2 ist R^* einem Restklassenring von R isomorph. Wir bezeichnen ihn mit $R/\mathfrak{a}$. Der vermittelnde Isomorphismus φ: $R/\mathfrak{a} \to R^*$ war $\varphi(r + \mathfrak{a}) = f(r)$. Dabei besteht $\mathfrak{a}$ aus allen denjenigen Elementen $k \in R$, für die $f(k) = f(0)$ die Null von R^* ist: $\mathfrak{a} = \mathfrak{k}$.
d) Die Abbildung f ist genau dann bijektiv, wenn ihr Kern $\{0\}$ ist.

Beispiel 1. Ein beliebiger Ring R hat $R/\{0\}$ als isomorphes und den Nullring R/R als homomorphes Bild.

Beispiel 2. Der Ring $\mathfrak{Z}$ hat $\mathfrak{Z}/\{0\}$ als isomorphes Bild. Die sämtlichen weiteren homomorphen Bilder $\mathfrak{Z}/n\mathfrak{Z}$ sind die Restklassenringe $\mathfrak{Z}_n$.

Beispiel 3. Die einzigen homomorphen Bilder eines Schiefkörpers S sind $S/\{0\}$, also S selbst, und der Nullring S/S.

21.3 Wir beschließen unsere Überlegungen mit dem Analogon zu Satz 14.2 für Ringhomomorphismen; an Stelle der Normalteiler stehen jetzt die Ideale.

Satz 4: *Es sei f: $R \to R^*$ ein Ringhomomorphismus von R auf R^* mit dem Kern $\mathfrak{k}$, ferner M die Menge aller Ideale $\mathfrak{a}$ von R mit $\mathfrak{k} \subset \mathfrak{a} \subset R$ und weiterhin M^* die Menge aller Ideale $\mathfrak{a}^*$ von R^*. Dann definiert $\varphi(\mathfrak{a}) = f(\mathfrak{a})$ eine bijektive Abbildung φ: $M \to M^*$, und es ist $\varphi^{-1}(\mathfrak{a}^*) = f^{-1}(\mathfrak{a}^*)$.*

Beweis: Betrachtet man zunächst f als einen Homomorphismus der additiven Gruppen von R und R^*, so bleibt über Satz 14.1 hinaus nur zu zeigen, daß mit $\mathfrak{a} \subset R$ auch $f(\mathfrak{a})$ und mit $\mathfrak{a}^* \subset R^*$ auch $f^{-1}(\mathfrak{a}^*)$ ein Ideal ist. Es sei also zunächst $\mathfrak{a}$ ein Ideal von R. Da sich jedes $r^* \in R^*$ in der Gestalt $f(r)$ mit einem $r \in R$ schreiben läßt, wird $r^*f(\mathfrak{a}) = f(r)f(\mathfrak{a}) = f(r\mathfrak{a}) \subset f(\mathfrak{a})$ und $f(\mathfrak{a})r^* = f(\mathfrak{a})f(r) = f(\mathfrak{a}r) \subset f(\mathfrak{a})$; also ist die additive Untergruppe $f(\mathfrak{a})$ von R^* sogar ein Ideal. Ist umgekehrt $\mathfrak{a}^*$ ein Ideal von R^* und $r \in R$, so werden $rf^{-1}(\mathfrak{a}^*)$ und $f^{-1}(\mathfrak{a}^*)r$ durch f in $\mathfrak{a}^*$ abgebildet; also gilt $rf^{-1}(\mathfrak{a}^*) \subset f^{-1}(\mathfrak{a}^*)$ und $f^{-1}(\mathfrak{a}^*)r \subset f^{-1}(\mathfrak{a}^*)$, und auch die additive Untergruppe $f^{-1}(\mathfrak{a}^*)$ von R ist sogar ein Ideal.

Aufgabe 1: Man bestimme alle homomorphen Bilder des Restklassenringes $\mathfrak{Z}_n$.

Aufgabe 2: Es seien $\mathfrak{k}$ und $\mathfrak{a}$ Ideale des Ringes R mit $\mathfrak{k} \subset \mathfrak{a} \subset R$. Dann gilt

$$R/\mathfrak{a} \simeq (R/\mathfrak{k})/(\mathfrak{a}/\mathfrak{k}).$$

Beweis?

§ 22 Einbettung von Integritätsbereichen in Körper

22.1 Die folgenden Überlegungen stehen in deutlicher Analogie zu denen in § 13. Es sei ein Ring R gegeben. Wir fragen: Wann gibt es einen Schiefkörper $S \supset R$? Damit das möglich ist, muß sicher R nullteilerfrei sein, weil S keine Nullteiler enthält. Wieder kennt man Beispiele nichtkommutativer nullteilerfreier Ringe, die eine Einbettung in Schiefkörper nicht gestatten; aber es gilt der wichtige

Satz 1: *Jeder Integritätsbereich I läßt sich in einen eindeutig bestimmten kleinsten Oberkörper Q, den Quotientenkörper von I, einbetten. Das heißt: Zu einem vorgegebenen Integritätsbereich I gibt es einen Körper Q mit folgenden Eigenschaften.*
(1) $Q \supset I$.
(2) Ist K ein Körper, der I umfaßt, $K \supset I$, so gilt $K \supset Q \supset I$.
(3) Ist Q' ein Körper, der an Stelle von Q die Bedingungen (1) und (2) erfüllt, so gilt $Q' = Q$.

Beweis: Angenommen, die Existenz eines Körpers Q mit den Eigenschaften (1) und (2) sei bereits bewiesen. Dann gilt gewiß die Eindeutigkeitsaussage (3). Denn für $K = Q'$ bekommt man $Q' \supset Q$, und analog wird umgekehrt $Q \supset Q'$, insgesamt also $Q' = Q$. Zu zeigen bleibt also die Existenz eines Körpers Q mit den Eigenschaften (1) und (2).
Wieder nehmen wir für den Augenblick an, es gäbe einen Körper $K \supset I$; dann enthält er speziell die Teilmenge

$$U_K = \{y : y = \frac{a}{b}, a, b \in I, b \neq 0\} \supset I.$$

Mit den Bruchrechenregeln von Satz 20.5 prüft man nach, daß U_K ein Unterkörper von K ist. Ist ferner U ein Unterkörper von K, der I umfaßt, so liegen in U auch die Lösungen der Gleichungen $yb = a, a, b \in I, b \neq 0$, und das heißt $U \supset U_K$. In K ist also U_K der kleinste Unterkörper, der I umfaßt. Wären wir von einem anderen Körper $K^* \supset I$ ausgegangen und hätten entsprechend U_{K^*} gebildet, so brauchten wir wegen $U_K \simeq U_{K^*}$ diese beiden Körper nicht als verschieden anzusehen. Also ist U_K der zu konstruierende Körper Q. Unsere Konstruktion muß sich an den in U_K gültigen Rechenregeln

$$(4) \qquad \frac{a}{b} = \frac{c}{d} \Leftrightarrow ad = bc,$$

(5)
$$\frac{a}{b} + \frac{c}{d} = \frac{ad + bc}{bd},$$

(6)
$$\frac{a}{b} \cdot \frac{c}{d} = \frac{ac}{bd}$$

orientieren ($bd \neq 0$).
Nun bilden wir das cartesische Produkt $M = I \times I_0 \neq \mathfrak{L}$ aller Paare (a, b) mit $a, b \in I$, $b \neq 0$, stellen uns unter (a, b) den Bruch $\frac{a}{b}$ vor und definieren

(4')
$$(a, b) \sim (c, d) \Leftrightarrow ad = bc.$$

Das ist eine Äquivalenzrelation auf M; der Nachweis erfolgt wie in Aufgabe 5.2 und benutzt die Kommutativität und in Gestalt von Satz 20.2 die Nullteilerfreiheit von I. Die Addition und die Multiplikation auf M werden durch

(5')
$$(a, b) + (c, d) = (ad + bc, bd),$$

(6')
$$(a, b) \cdot (c, d) = (ac, bd)$$

erklärt; wegen $b \neq 0$, $d \neq 0$ und der Nullteilerfreiheit von I ist, wie es sein muß, $bd \neq 0$. Die Äquivalenzrelation auf M wird nun eine Kongruenzrelation: Aus $(a, b) \sim (a', b')$ und $(c, d) \sim (c', d')$, also $ab' = ba'$ und $cd' = dc'$, folgt, wie man leicht bestätigt, $(ad + bc)b'd' = bd(a'd' + b'c')$ und $acb'd' = bda'c'$, also $(a, b) + (c, d) \sim (a', b') + (c', d')$ und $(a, b) \cdot (c, d) \sim (a', b') \cdot (c', d')$.

Es sei A die Menge der Kongruenzklassen von M und $[a, b]$ die Klasse von (a, b). Nach Satz 19.3 werden durch $[a, b] + [c, d] = [ad + bc, bd]$ und $[a, b] \cdot [c, d] = [ac, bd]$ eine Addition und eine Multiplikation auf A erklärt. Wir wollen zeigen, daß A ein Körper ist. Zur Vereinfachung der dazu nötigen Rechnungen bemerken wir, daß für $c \neq 0$ gilt: $[a, b] = [ac, bc]$; es ist ja $(a, b) \sim (ac, bc)$. Man darf also in den Klassensymbolen erweitern oder kürzen. Ferner gibt es wenigstens ein $h \in I$, $h \neq 0$; dieses Element h sei im folgenden fest gewählt. Bei der Addition dreier Klassen kann man wegen der Möglichkeit des Erweiterns annehmen, die zweiten Komponenten seien alle dieselben, und bekommt so das Assoziativgesetz

$$([a, d] + [b, d]) + [c, d] = [a + b, d] + [c, d] = [(a + b) + c, d]$$
$$= [a + (b + c), d] = [a, d] + [b + c, d] = [a, d] + ([b, d] + [c, d]).$$

Die Addition ist auch kommutativ, $[0, h]$ ist Nullelement und $[-a, b]$ additives Inverses von $[a, b]$. Die Multiplikation ist ersichtlich assoziativ und kommutativ. Es gilt das Distributivgesetz

$$[a, d]([b, d] + [c, d]) = [a, d] \cdot [b + c, d] = [ab + ac, d^2]$$
$$= [ab, d^2] + [ac, d^2] = [a, d] \cdot [b, d] + [a, d] \cdot [c, d].$$

Einselement ist $[h, h] \in A$. Es gilt $[a, b] = [0, h]$ genau dann, wenn $a = 0$ ist; eine von Null verschiedene Klasse $[a, b]$ wird also durch $a \neq 0$ gekennzeichnet, und sie besitzt dann das Inverse $[b, a] \in A$.

In dem Körper A betrachten wir die Teilmenge T aller Klassen der Gestalt $[ah, h]$, $a \in I$. Die Summe $[ah, h] + [bh, h] = [(a + b)h, h]$ und das Produkt $[ah, h] \cdot [bh, h] = [abh, h]$ zweier Klassen aus T liegen wieder in T. Die durch $\varphi(a) = [ah, h]$ definierte Abbildung $\varphi: I \to T$ erweist sich als bijektiv, und die Gleichungen $\varphi(a + b) = [(a + b)h, h] = [ah, h] + [bh, h] = \varphi(a) + \varphi(b)$ und $\varphi(ab) = [abh, h] = [ah, h] \cdot [bh, h] = \varphi(a)\varphi(b)$ zeigen ihre Relationstreue. Also gilt $T \simeq I$.
Wir ersetzen die Teilstruktur T von A durch I und bekommen auf diese Weise einen zu A isomorphen Körper $Q \supset I$. Der Körper A besteht aus allen Klassen $[a, b] = [ah, h] \cdot [h, bh] = [ah, h] \cdot [bh, h]^{-1}$, also Q aus allen Elementen y der Form $ab^{-1} = \frac{a}{b}$, $b \neq 0$. Es ist also Q der zu konstruierende Körper, und Satz 1 ist bewiesen.

22.2 In § 13 wurde aus der additiven Struktur $\mathfrak{N}$ die additive Gruppe von $\mathfrak{Z}$ konstruiert. Auf der Teilmenge $\mathfrak{N} \subset \mathfrak{Z}$ ist nun nach Satz 2.1 auch eine Multiplikation erklärt. Nach den Regeln von Satz 20.1 besteht höchstens eine Möglichkeit, diese Multiplikation derart auf ganz $\mathfrak{Z}$ auszudehnen, daß $\mathfrak{Z}$ ein Ring wird. Umgekehrt: Definiert man die Multiplikation gemäß Satz 20.1 auf ganz $\mathfrak{Z}$, so kann man das Erfülltsein des Assoziativ-, Kommutativ- und Distributivgesetzes dieser zweiten Verknüpfung von $\mathfrak{Z}$ mit Hilfe von Satz 2.1 durch wenige Fallunterscheidungen nachprüfen. Damit ist der kommutative Ring $\mathfrak{Z}$ aus $\mathfrak{N}$ konstruiert. Er enthält keine Nullteiler; denn gäbe es von Null verschiedene a, b mit $ab = 0$ in $\mathfrak{Z}$, so auch in $\mathfrak{N}$, was nicht der Fall ist. Nach Satz 1 besitzt $\mathfrak{Z}$ also einen Quotientenkörper; wir nennen ihn $\mathfrak{Q}$ und haben damit auch den Körper $\mathfrak{Q}$ der rationalen Zahlen aus $\mathfrak{N}$ gewonnen.

Aufgabe 1: Es sei R ein kommutativer Ring und $S \subset R$ die Menge der von Null verschiedenen Nichtnullteiler von R. Ist $S \neq \mathfrak{L}$, so läßt sich R in den Quotientenring R_S aller $\frac{r}{s}$, $r \in R$, $s \in S$, einbetten; es gilt $1 \in R_S$. Beweis?

Aufgabe 2: Es seien I_1 und I_2 isomorphe Integritätsbereiche mit den Quotientenkörpern $Q_1 \supset I_1$ und $Q_2 \supset I_2$. Man zeige, daß sich der Isomorphismus $f: I_1 \to I_2$ von I_1 auf I_2 zu einem Isomorphismus $\varphi: Q_1 \to Q_2$ von Q_1 auf Q_2 fortsetzen läßt. (Das heißt: Es gibt einen Isomorphismus φ von Q_1 auf Q_2 mit $\varphi(a) = f(a)$ für jedes $a \in I_1$.)

§ 23 Der komplexe Zahlkörper $\mathfrak{C}$

23.1 In $\mathfrak{N}$ ist nach § 2 eine Addition erklärt; aber die Gleichung $a + x = b$ mit $a, b \in \mathfrak{N}$ braucht keine Lösung $x \in \mathfrak{N}$ zu haben. In § 13 haben wir die fehlenden Lösungen hinzukonstruiert und dadurch die additive Gruppe von $\mathfrak{Z}$ gewonnen. Die ebenfalls nach § 2 auf $\mathfrak{N} \subset \mathfrak{Z}$ zusätzlich erklärte Multiplikation ließ sich, wie wir gerade sahen, auf ganz $\mathfrak{Z}$ fortsetzen derart, daß $\mathfrak{Z}$ ein Ring wird. Aber die Gleichung $ax = b$, $a \neq 0$, mit $a, b \in \mathfrak{Z}$ war im allgemeinen

in ℨ nicht lösbar. In § 22 haben wir wiederum diese Lösungen hinzukonstruiert und ℚ erhalten.
Ist nun ein Körper K vorgelegt, so kann man fragen, ob in ihm die Gleichung $x^2 + 1 = 0$ lösbar ist, ob es also ein Element $i \in K$ mit $i^2 + 1 = 0$ gibt. Ist es vorhanden, so erfüllen wegen der Nullteilerfreiheit von K genau die Elemente $\pm i$ die Gleichung $x^2 + 1 = x^2 - i^2 = (x + i)(x - i) = 0$. Ist es nicht vorhanden, so konstruieren wir wiederum einen eindeutig bestimmten minimalen Oberkörper $E \supset K$, in dem die Gleichung $x^2 + 1 = 0$ lösbar wird.

Satz 1: *Jeder Körper K läßt sich in einen eindeutig bestimmten kleinsten Oberkörper $E \supset K$ einbetten, in dem die Gleichung $x^2 + 1 = 0$ lösbar ist. Das heißt: Zu einem vorgegebenen Körper K gibt es einen Körper E mit folgenden Eigenschaften:*
(1) $E \supset K$.
(2) Die Gleichung $x^2 + 1 = 0$ besitzt in E eine Lösung.
(3) Ist $L \supset K$ ein Körper, in dem die Gleichung $x^2 + 1 = 0$ lösbar ist, so gilt $L \supset E \supset K$.
(4) Ist E' ein Körper, der an Stelle von E die Bedingungen (1), (2), (3) erfüllt, so gilt $E' = E$.

Beweis: Die Eindeutigkeitsaussage (4) ergibt sich wie in den Beweisen der Sätze 13.1 und 22.1. Zu zeigen bleibt also die Existenz eines Körpers E mit den Eigenschaften (1), (2), (3). Ist die Gleichung $x^2 + 1 = 0$ schon in K lösbar, so ist $E = K$; wir nehmen daher an, daß -1 in K kein Quadrat ist.
Angenommen, es gibt einen Körper $L \supset K$ mit einer Lösung $i \in L$ der Gleichung $x^2 + 1 = 0$; dann enthält L die Teilmenge

$$U_L = \{z : z = a + bi,\, a, b \in K\} \supset K,$$

und man prüft leicht nach, daß U_L ein Unterkörper von L ist. Speziell liegen wegen

(5) $$(a + bi) + (c + di) = (a + c) + (b + d)i,$$

(6) $$(a + bi) \cdot (c + di) = (ac - bd) + (ad + bc)i$$

Summe und Produkt zweier Elemente aus U_L wieder in U_L, und das Inverse von $a + bi \neq 0$ wird, wie die Probe bestätigt, das Element

$$\frac{a}{a^2 + b^2} - \frac{b}{a^2 + b^2}\, i \in U_L;$$

dabei ist der Nenner $a^2 + b^2$ nicht Null, weil andernfalls $a^2 = -b^2$ und $b \neq 0$, also doch $-1 = \left(\frac{a}{b}\right)^2 \in K$ in K Quadrat wäre im Widerspruch zur Annahme.

Ferner gilt

(7) $$a + bi = c + di \quad \Leftrightarrow \quad a = c \text{ und } b = d;$$

wäre nämlich $a + bi = c + di$ und $b \neq d$, so würde $i = \frac{a - c}{d - b} \in K$ folgen, was

gerade nicht der Fall war. Ist U ein Unterkörper von L, der K und i umfaßt, so gilt gewiß $U \supset U_L$. In L ist also U_L der kleinste Körper mit $U_L \supset K$, in dem die Gleichung $x^2 + 1 = 0$ lösbar ist.
Hätten wir einen anderen Körper $L^* \supset K$ mit einer Lösung $i^* \in L^*$ der Gleichung $x^2 + 1 = 0$ zugrundegelegt, so würde

$$U_L \simeq U_{L^*} = \{z^*: z^* = a + bi^*, a, b \in K\}$$

gelten vermöge $f(a + bi) = a + bi^*$. Also ist U_L der zu konstruierende Körper E. Wieder ist auf Grund der Beziehungen (5), (6), (7) klar, wie wir in unserer folgenden Konstruktion vorzugehen haben.
Wir bilden das cartesische Produkt $M = K \times K$ aller (a, b) mit $a, b \in K$; intuitiv bedeute (a, b) die Zahl $a + bi$. Unsere Vorüberlegung (7) hinsichtlich der Gleichheit zweier solcher Zahlen zeigt, daß wir eine Äquivalenzrelation auf M nicht einzuführen haben. Wir definieren

$$(5') \qquad (a, b) + (c, d) = (a + c, b + d),$$

$$(6') \qquad (a, b) \cdot (c, d) = (ac - bd, ad + bc)$$

und bestätigen in kurzen Rechnungen die Ringaxiome. Die Multiplikation ist kommutativ, $(1, 0)$ ist Einselement, und jedes $(a, b) \neq (0, 0)$ hat in M ein Inverses. Also ist M ein Körper. Jedes $(a, b) \in M$ läßt sich in der Gestalt $(a, b) = (a, 0) + (0, b)$ oder

$$(8) \qquad (a, b) = (a, 0) + (b, 0) \cdot (0, 1)$$

schreiben; dabei ist $(0, 1)^2 = (-1, 0)$.
Nun kommen die Änderungen der Schreibweise. Die Teilstruktur

$$T = \{(a, 0): a \in K\} \subset M$$

ist isomorph K; man bilde dazu einfach $(a, 0)$ auf a ab. In M ersetzen wir T durch K und schreiben i für $(0, 1)$; dann entsteht ein Erweiterungskörper $E \supset K$, dessen Elemente nach (8) die Gestalt $a + bi$ mit $a, b \in K$ und $i^2 = -1$ haben. Damit ist der gesuchte Körper E konstruiert und Satz 1 bewiesen.

23.2 Aus $K = \mathfrak{R}$ entsteht auf diese Weise der komplexe Zahlkörper $E = \mathfrak{C}$. Damit haben wir, von der Struktur $\mathfrak{N}$ ausgehend, abgesehen von $\mathfrak{R}$ alle Rechenbereiche $\mathfrak{Z}, \mathfrak{Q}, \mathfrak{R}, \mathfrak{C}$ konstruiert und ihre Widerspruchsfreiheit auf die von $\mathfrak{N}$ zurückgeführt. Die Konstruktion von $\mathfrak{R}$ holen wir in § 32 nach.

23.3 Ist K ein Körper, in dem ein $i \in K$ existiert, das die Gleichung $x^2 + 1 = 0$ löst, so sind, wie wir bereits wissen, i und $-i$ die beiden einzigen Lösungen von $x^2 + 1 = 0$. Sie fallen genau dann zusammen, $i = -i$, wenn $(1 + 1)i = 0$, also $\chi(K) = 2$ ist, und in diesem Fall ist einfach $i = 1$.
Von zahlentheoretischem Interesse ist die Frage, in welchen Primkörpern $\mathfrak{Z}_p$ die Gleichung $x^2 + 1 = 0$ lösbar ist. Durch Probieren stellt man beispielsweise fest, daß $x^2 + 1 = 0$ in $\mathfrak{Z}_2$ lösbar, in $\mathfrak{Z}_3$ dagegen unlösbar ist. Die Antwort gibt der

Satz 2: *Es sei p eine Primzahl. Genau dann ist die Gleichung $x^2 + 1 = 0$ in $\mathfrak{Z}_p$ lösbar, wenn $p = 2$ oder $p \equiv 1\ (4)$ ist. Oder: Genau dann ist die Kongruenz $x^2 \equiv -1(p)$ in ganzen Zahlen x lösbar, wenn $p = 2$ oder p eine Primzahl der Gestalt $4n + 1$ ist.*

Beweis: Der Fall $p = 2$ ist bereits erledigt. Wir haben weiter zu zeigen, daß die Gleichung $x^2 + 1 = 0$ für eine Primzahl p der Form $4n + 1$ in $\mathfrak{Z}_p$ lösbar, für eine Primzahl p der Form $4n + 3$ dagegen in $\mathfrak{Z}_p$ unlösbar ist.
a) Es sei $p = 4n + 1$. Wir sind fertig, wenn wir eine natürliche Zahl m mit $m^2 \equiv -1(p)$ angeben können. Nach Satz 20.6 gilt nun $(p - 1)! \triangleq -1 \bmod p$. Hierin wird modulo p

$$\begin{aligned}(p-1)! &= 1 \cdot 2 \cdots (2n)(2n+1)(2n+2) \cdots (4n)\\ &\equiv 1 \cdot 2 \cdots (2n)(2n+1-p)(2n+2-p) \cdots (4n-p)\\ &= 1 \cdot 2 \cdots (2n)(-2n)(-(2n-1)) \cdots (-1)\\ &= (2n)!(2n)!.\end{aligned}$$

Wir können also $m = (2n)!$ wählen.
b) Es sei $p = 4n + 3$. Wir nehmen an, es gäbe ein $a \in \mathfrak{Z}_p$ mit $a^2 = -1$, und potenzieren mit der ungeraden Zahl $\frac{p-1}{2}$. Das liefert $a^{p-1} = -1$. Sicher ist a nicht Null, liegt demnach in der multiplikativen Gruppe von $\mathfrak{Z}_p$, die aus $p - 1$ Elementen besteht. Anwendung von Satz 9.4 ergibt also $a^{p-1} = 1$. Aus beidem zusammen folgt $1 = -1$, was wegen $\chi(\mathfrak{Z}_p) \geqq 3$ nicht möglich ist.

Aufgabe 1: Es sei M die Menge aller Matrizen der Gestalt

$$\begin{pmatrix} a & b \\ -b & a \end{pmatrix} \qquad (a, b \in \mathfrak{R});$$

auf M seien die Matrizenaddition und die Matrizenmultiplikation eingeführt. Man zeige $M \simeq \mathfrak{C}$.

Aufgabe 2: Es sei K ein Körper, in dem kein Element α mit $\alpha^2 = 2$ existiert. Man konstruiere einen minimalen Oberkörper $E \supset K$, der ein solches Element enthält.

§ 24 Endomorphismenringe abelscher Gruppen

Es sei $G = \{a, b, c, \ldots\}$ eine additiv geschriebene abelsche Gruppe und $R = \{\alpha, \beta, \gamma, \ldots\}$ die Menge aller Endomorphismen von G, also die Menge aller relationstreuen Abbildungen von G in sich (vgl. § 19). Da die identische Abbildung ε in R liegt, ist R nicht leer. Mit $\alpha, \beta \in R$ ist wegen $\alpha\beta(a + b) = \alpha(\beta(a) + \beta(b)) = \alpha\beta(a) + \alpha\beta(b)$ auch $\alpha\beta \in R$, und diese Multiplikation ist assoziativ nach Satz 3.1; sie besitzt das Einselement ε.
Wir führen nun auf R noch eine Addition ein. Dies geschieht, wie es für Funktio-

nen üblich ist, durch die Festsetzung $(\alpha + \beta)(a) = \alpha(a) + \beta(a)$. Wir müssen nur nachprüfen, daß mit $\alpha, \beta \in R$ auch $\alpha + \beta$ ein Endomorphismus ist:

$$\begin{aligned}(\alpha + \beta)(a + b) &= \alpha(a + b) + \beta(a + b) = \alpha(a) + \alpha(b) + \beta(a) + \beta(b) \\ &= \alpha(a) + \beta(a) + \alpha(b) + \beta(b) = (\alpha + \beta)(a) + (\alpha + \beta)(b).\end{aligned}$$

Hierbei haben wir die Kommutativität von G benutzt. Aus der Assoziativität und der Kommutativität der Addition in G folgen dieselben Eigenschaften für die Addition in R. Nullelement in R ist der Endomorphismus o, der jedes $g \in G$ auf die Null abbildet: Die für jedes $\alpha \in R$ und jedes $a \in G$ gültige Beziehung $(\alpha + o)(a) = \alpha(a) + 0 = \alpha(a)$ bedeutet ja $\alpha + o = \alpha$ für jedes $\alpha \in R$. Ist schließlich $\alpha \in R$, so definieren wir $-\alpha \in R$ durch $(-\alpha)(a) = -\alpha(a)$; dabei ist $-\alpha$ wegen $(-\alpha)(a + b) = -(\alpha(a) + \alpha(b)) = -\alpha(b) - \alpha(a) = -\alpha(a) - \alpha(b) = (-\alpha)(a) + (-\alpha)(b)$ wieder ein Endomorphismus und $\alpha + (-\alpha) = o$.
Um zu zeigen, daß R ein Ring ist, weisen wir noch die Distributivgesetze nach. Es ist $\alpha(\beta + \gamma)(a) = \alpha(\beta(a) + \gamma(a)) = \alpha\beta(a) + \alpha\gamma(a) = (\alpha\beta + \alpha\gamma)(a)$ für jedes $a \in G$, also $\alpha(\beta + \gamma) = \alpha\beta + \alpha\gamma$, und entsprechend erhält man $(\beta + \gamma)\alpha = \beta\alpha + \gamma\alpha$. Damit haben wir den

Satz 1: *Die Menge R aller Endomorphismen einer (additiv geschriebenen) abelschen Gruppe G ist (bezüglich der oben eingeführten Verknüpfungen) ein Ring, der sogenannte Endomorphismenring von G.*

Allgemeiner nennt man jeden Ring von Endomorphismen einen *Endomorphismenring*. Die Endomorphismenringe haben für die Theorie der Ringe eine ähnliche Bedeutung wie die Transformationsgruppen für die Gruppentheorie. Es ist nicht schwer, in Analogie zu Satz 7.2 zu zeigen, daß jeder Ring einem Endomorphismenring isomorph ist. Man benutzt dabei das Ergebnis der

Aufgabe 1: Jeder Ring R läßt sich in einen Ring E mit Einselement einbetten. Beweis?

§ 25 Polynomringe

25.1 Unter einem Polynom versteht man in der Algebra formal zwar dasselbe, inhaltlich aber etwas anderes als in der Analysis. Das ändert indes nichts daran, daß die später von uns gewonnenen Sätze doch wieder eine bekannte Gestalt annehmen. Wir beginnen mit der

Definition: *Es seien R und $R^* \supset R$ kommutative Ringe mit demselben Einselement $1 \in R$. Es sei $\alpha \in R^*$. Dann heißt ein Ausdruck der Gestalt*

$$f(\alpha) = \sum_{\nu=0}^{n} a_\nu \alpha^\nu = a_n\alpha^n + a_{n-1}\alpha^{n-1} + \ldots + a_0 \in R^* \quad (a_\nu \in R,\ \alpha^0 =_{Df} 1)$$

ein Polynom in α mit Koeffizienten aus R. Die Menge aller Polynome in α mit Koeffizienten aus R wird mit $R[\alpha]$ bezeichnet.

Hierzu machen wir zwei Bemerkungen. Erstens ist es in Anlehnung an die Gepflogenheiten in der Analysis auch in der Algebra üblich, etwa $f(\alpha)$ für ein

Polynom in α zu schreiben, ohne daß man damit f als ein Symbol für eine Abbildung ansieht. Zweitens ist die zu Beginn der Definition ausgesprochene Voraussetzung, etwas umständlicher formuliert, die folgende: Es seien R und $R^* \supset R$ kommutative Ringe mit Einselementen $e \in R^*$ und $1 \in R$, *und es gelte* $e = 1$. Diese letzte Forderung ist, wie man durch Beispiele zeigen kann, nicht von selbst erfüllt (vgl. hierzu die Lösung von Aufgabe 24.1). Sollten aber R^* und R sogar Integritätsbereiche sein, so ist $e = 1$ beweisbar: Es ist ja $1(e - 1) = 1e - 1 \cdot 1 = 1 - 1 = 0$, wegen der Nullteilerfreiheit von R^* also $e = 1$. Speziell bedeutet das: Ist L ein Oberkörper von K, so ist das Einselement von K auch die Eins von L. Da nun $1 \in R$ auch Eins von R^* sein soll, kann man, und das ist der Sinn dieser Forderung, in einem Polynom $f(\alpha)$ Koeffizienten 1 wie gewohnt weglassen.

Es ist klar, daß unter den genannten Voraussetzungen $R[\alpha]$ ein kommutativer Unterring von R^* mit dem Einselement 1 ist. Es gilt ja

$$(1) \qquad \sum_0^n a_\nu \alpha^\nu + \sum_0^m b_\mu \alpha^\mu = \sum_0^M s_\lambda \alpha^\lambda \text{ mit } s_\lambda = a_\lambda + b_\lambda \text{ und } M = \operatorname{Max}(n, m),$$

$$(2) \qquad \sum_0^n a_\nu \alpha^\nu \cdot \sum_0^m b_\mu \alpha^\mu = \sum_0^{n+m} p_\lambda \alpha^\lambda \text{ mit } p_\lambda = a_0 b_\lambda + a_1 b_{\lambda-1} + \ldots + a_\lambda b_0;$$

dabei haben wir $a_\nu = b_\mu = 0$ gesetzt für $\nu > n$ und $\mu > m$. Das additive Inverse $-f(\alpha)$ eines Polynoms $f(\alpha) \in R[\alpha]$ bekommt man, indem man alle Koeffizienten von $f(\alpha)$ mit einem Minuszeichen versieht, und auch die Null ist ein Polynom.

Beispiel 1. Man wähle $R = \mathfrak{Z}$, $R^* = \mathfrak{R}$ und $\alpha = \sqrt{2}$. Der Ring $\mathfrak{Z}[\sqrt{2}]$ ist dann, da die geraden Potenzen von $\sqrt{2}$ Elemente aus $\mathfrak{Z}$ und die ungeraden Potenzen Elemente der Gestalt $m\sqrt{2}$, $m \in \mathfrak{Z}$, liefern, der Ring aus § 20.1, Beispiel 4. Zwei Polynome in $\alpha = \sqrt{2}$ mit Koeffizienten aus $\mathfrak{Z}$ können also dieselben sein, auch wenn sie nicht koeffizientenweise übereinstimmen.

Beispiel 2. Wählen wir $R = \mathfrak{Q}$, $R^* = \mathfrak{R}$ und $\alpha = \sqrt{2}$, so bekommen wir den Ring $\mathfrak{Q}[\sqrt{2}]$, der, wie wir in § 20.3, Beispiel 6, sahen, sogar ein Körper ist.

Beispiel 3. Es ist $\mathfrak{R}[i] = \mathfrak{C}$.

Beispiel 4. Der Ring $\mathfrak{Q}[\sqrt[3]{2}]$ besteht genau aus allen reellen Zahlen der Gestalt $a + b\sqrt[3]{2} + c(\sqrt[3]{2})^2$ mit $a, b, c \in \mathfrak{Q}$.

25.2 Wir gehen wieder von einem kommutativen Ring R mit $1 \in R$ aus und stellen die Frage: Gibt es einen kommutativen Oberring R^* mit demselben Einselement, der ein Element $x \in R^*$ enthält, das die Bedingung

$$(3) \qquad f(x) = a_n x^n + a_{n-1} x^{n-1} + \ldots + a_0 = 0 \iff a_\nu = 0 \qquad (a_\nu \in R;\ \nu = 0, 1, 2, \ldots, n)$$

erfüllt? Das Rechnen in dem Polynomring $R[x]$ wäre dann durch das Rechnen in R und die Forderungen (3), (4), (5) vollständig beschrieben.

Definition: *Es sei R ein kommutativer Ring,* $1 \in R$, *und R^* ein Oberring von R. Ein Element $x \in R^*$ heißt Unbestimmte über R, wenn es die drei Bedingungen* (3), (4), (5) *erfüllt:*

(4) $1 \cdot x = x \cdot 1 = x$,
(5) $rx = xr$ *für jedes* $r \in R$.
Wir zeigen nun, daß es zu jedem R eine solche Unbestimmte x über R, also auch den Polynomring $R[x]$, gibt.

Satz 1: *Es sei R ein kommutativer Ring und $1 \in R$. Dann existiert ein kommutativer Oberring $R[x] \supset R$ aller Polynome $f(x)$ in einer Unbestimmten x über R mit Koeffizienten aus R. Er besitzt ebenfalls das Einselement* 1.

Beweis: Die letzte Behauptung ist, falls die übrigen bewiesen sind, trivial. Wir führen nun wieder eines unserer Konstruktionsverfahren durch. Mengentheoretisch gesichert ist die Existenz der Menge R^∞ aller unendlichen Folgen $(r_0, r_1, r_2, \ldots)$ von Elementen r_i aus R (§ 1.3). Wir könnten uns unter der Folge $(r_0, r_1, r_2, \ldots, r_n, r_{n+1}, \ldots)$ das Polynom $r_n x^n + r_{n-1}x^{n-1} + \ldots + r_0$ vorstellen, wenn alle r_ν mit $\nu > n$ Null wären. Also betrachten wir die Teilmenge $M \subset R^\infty$ aller derjenigen Folgen $(a_0, a_1, a_2, \ldots)$, in denen nur endlich viele a_ν ungleich Null sind. Aus dieser Menge M konstruieren wir $R[x]$.
Wir führen auf M nach dem Vorbild von (1) und (2) eine Addition und eine Multiplikation durch

$$(1') \quad (a_0, a_1, a_2, \ldots) + (b_0, b_1, b_2, \ldots) = (a_0 + b_0, a_1 + b_1, a_2 + b_2, \ldots),$$

$$(2') \quad \begin{aligned} &(a_0, a_1, a_2, \ldots) \cdot (b_0, b_1, b_2, \ldots) = (p_0, p_1, p_2, \ldots) \\ &\text{mit } p_\lambda = a_0 b_\lambda + a_1 b_{\lambda-1} + \ldots + a_\lambda b_0 \end{aligned}$$

ein; dabei hat man nachzuprüfen, daß die Ausdrücke rechter Hand wieder Elemente von M sind. Wir überlegen uns jetzt, daß wir eine Äquivalenzrelation auf M nicht einzuführen brauchen: Zwei Polynome $f(x)$ und $g(x)$ sind genau dann gleich, wenn ihr Differenzpolynom $f(x) - g(x)$ Null ist; nach (3) bedeutet das, daß $f(x)$ und $g(x)$ koeffizientenweise übereinstimmen müssen. Also müßte M bis auf die Schreibweise schon unser Ring $R[x]$ sein.
Ersichtlich ist M bezüglich der Addition eine abelsche Gruppe, weil R es ist. Ferner ist die Multiplikation kommutativ mit dem Einselement $(1, 0, 0, \ldots) \in M$. Rechnet man in

$$((a_0, a_1, a_2, \ldots) \cdot (b_0, b_1, b_2, \ldots)) \cdot (c_0, c_1, c_2, \ldots) = (r_0, r_1, r_2, \ldots)$$

die Komponente r_λ aus, so bekommt man

$$r_\lambda = \sum (a_i b_j) c_k \qquad (i + j + k = \lambda);$$

für den Fall, daß der zweite und der dritte Faktor linker Hand durch Klammern zusammengefaßt waren, bekommt man

$$r'_\lambda = \sum a_i (b_j c_k) \qquad (i + j + k = \lambda)$$

für die entsprechende Komponente des Ergebnisses. Es ist aber $r_\lambda = r'_\lambda$ wegen der Assoziativität der Multiplikation in R, die sich damit auf M überträgt. Eine letzte leichte Rechnung bestätigt noch das Distributivgesetz. Also ist M ein kommutativer Ring mit Einselement.
Nun kommen wieder die Änderungen der Schreibweise. Zunächst liefert die

Multiplikation eines Elements aus M mit $(0, 1, 0, 0, \ldots) \in M$ ein einfaches Resultat:

$$(a_0, a_1, a_2, \ldots) \cdot (0, 1, 0, 0, \ldots) = (0, a_0, a_1, a_2, \ldots).$$

Außerdem stellt man sofort fest, daß die Teilstruktur $T = \{(r, 0, 0, \ldots) : r \in R\}$ von M isomorph R ist. Schreibt man nun für ein Element $(a_0, a_1, a_2, \ldots) \in M$ mit $a_\nu = 0$ für $\nu > n$ die Summe

$$(a_0, a_1, a_2, \ldots) = (a_0, 0, 0, \ldots) + (0, a_1, 0, \ldots) + \ldots + (0, 0, \ldots, 0, a_n, 0, \ldots)$$

und setzt $(0, 1, 0, 0, \ldots) = x$, so wird

$$(a_0, a_1, a_2, \ldots) = (a_0, 0, 0, \ldots) + (a_1, 0, 0, \ldots) \cdot x + \ldots + (a_n, 0, 0, \ldots) \cdot x^n.$$

Nach der Ersetzung von T durch R bekommen also die Elemente $(a_0, a_1, a_2, \ldots)$ von M die Gestalt $a_n x^n + a_{n-1} x^{n-1} + \ldots + a_0$. Die Forderungen (3), (4), (5) sind offensichtlich erfüllt. Damit ist $R[x]$ konstruiert und Satz 1 bewiesen. Ziemlich selbstverständlich ist nun der

Satz 2: *Es seien R und $R^* \supset R$ kommutative Ringe mit demselben Einselement $1 \in R$; ferner sei x eine Unbestimmte über R und α ein Element von R^*. Dann wird durch $\varphi(f(x)) = f(\alpha)$ ein Homomorphismus φ von $R[x]$ auf $R[\alpha]$ definiert; dieser Homomorphismus ist ein Isomorphismus genau dann, wenn auch α eine Unbestimmte über R ist.*

Beweis: Die Abbildung φ ist surjektiv und sicher relationstreu, da man in (1) und (2) statt α auch x schreiben kann. Sie vermittelt einen Isomorphismus genau dann, wenn ihr Kern nur aus der Null allein besteht; das bedeutet aber: es gilt (3) mit α an Stelle von x, oder α ist Unbestimmte über R.
Die am häufigsten benutzte Konsequenz von Satz 2 ist der

Satz 3 (*Ersetzungssatz*): *Es seien R und $R^* \supset R$ kommutative Ringe mit demselben Einselement $1 \in R$; ferner sei x eine Unbestimmte über R und α ein Element von R^*. Dann geht eine auf den Verknüpfungen von $R[x]$ beruhende Identität in $R[x]$ in eine Identität in R^* über, wenn in ihr x durch α ersetzt wird.*

Beweis: Man wende den Homomorphismus φ von Satz 2 auf die betrachtete Identität aus $R[x]$ an.
Dieser Satz, der von vornherein klar ist, ist von großer Bedeutung; wir werden ihn oft benutzen.

25.3 Wir unterbrechen unsere Ausführungen durch einige Verabredungen und unmittelbar einsichtige Aussagen.
Sind R und $R^* \supset R$ kommutative Ringe mit demselben Einselement $1 \in R$, und ist α ein Element aus R^*, so ist $R[\alpha]$ der kleinste Ring, der R und α umfaßt; das gilt natürlich auch für den Spezialfall, daß α eine Unbestimmte über R ist. Man sagt auch, $R[\alpha]$ entsteht aus R durch *Ringadjunktion* von α. Sind x und y Unbestimmte über R, so gilt $R[x] \simeq R[y]$ nach Satz 2. Ist x eine Unbestimmte über R^*, so ist $R[x]$ ein Unterring von $R^*[x]$.
Hat $f(x) \in R[x]$ die Gestalt $f(x) = a_n x^n + a_{n-1} x^{n-1} + \ldots + a_0$ mit $a_n \neq 0$, so heißt a_n der höchste Koeffizient und a_0 das absolute Glied von $f(x)$. Ein

Polynom $f(x)$ heißt normiert, wenn sein höchster Koeffizient Eins ist. Buchstaben wie $x, y, \ldots$ werden vorwiegend für Ringerweiterungen durch Unbestimmte verwandt. Statt $f(x), g(x) \in R[x]$ schreibt man oft auch nur $f, g \in R[x]$. Spricht man von Polynomen über R, so meint man Polynome aus $R[x]$.
Für das Rechnen im Polynomring $R[x]$ weisen wir noch einmal auf die Unterschiede zur Analysis hin. Polynome sind keine Funktionen. Ein Polynom $f(x) \in R[x]$ in einer Unbestimmten x ist nach (3) nur Null, wenn es das Nullpolynom $0 \in R$ ist. Zwei Polynome $f(x), g(x) \in R[x]$ stimmen ebenfalls nach (3) genau dann überein, wenn sie koeffizientenweise übereinstimmen. Hierauf beruht die Methode des Koeffizientenvergleichs.
Schließlich gibt es auch Polynomringe ohne Einselement. Man betrachte etwa in $\mathfrak{Z}[x]$ den Unterring $2\mathfrak{Z}[x]$ aller Polynome mit geraden ganzen Zahlen als Koeffizienten (vgl. auch in diesem Zusammenhang die Aufgabe 24.1).

25.4 Wir kommen zu einer weiteren

Definition: *Es sei $R[x]$ der Polynomring einer Unbestimmten x über R. Das Polynom $f(x) \in R[x]$ habe die Gestalt $f(x) = a_n x^n + a_{n-1} x^{n-1} + \ldots + a_0$ mit $a_n \neq 0$. Dann heißt n der Grad von $f(x)$.*

Die von Null verschiedenen Elemente aus R sind also Polynome vom Grad Null; für das Nullpolynom ist kein Grad definiert. Polynome vom Grad Eins bezeichnet man auch als lineare Polynome.
Sind $f(x)$, $g(x)$ und $f(x) + g(x)$ von Null verschiedene Polynome aus $R[x]$, so gilt

$$\text{(6)} \qquad \text{Grad}\,(f(x) + g(x)) \leqq \text{Max}(\text{Grad}\,f(x), \text{Grad}\,g(x)).$$

Ist $f(x)g(x)$ nicht Null, so bekommt man

$$\text{(7)} \qquad \text{Grad}\,(f(x)g(x)) \leqq \text{Grad}\,f(x) + \text{Grad}\,g(x),$$

und in dieser letzten Beziehung steht jedenfalls dann das Gleichheitszeichen, wenn R sogar ein Integritätsbereich ist.
Im Anschluß hieran stellen wir noch fest: Ist I ein Integritätsbereich mit Einselement, so ist auch $I[x]$ ein Integritätsbereich mit Einselement.

25.5 Wieder gehen wir von einem kommutativen Ring R mit Einselement aus; x sei eine Unbestimmte über R. Dann ist auch $R[x]$ ein kommutativer Ring mit Einselement; y sei eine Unbestimmte über $R[x]$. Man sieht, daß y erst recht Unbestimmte über R ist. Aber auch x bleibt Unbestimmte über $R[y]$, wie eine indirekte Überlegung sogleich zeigt. Sowohl $R[x][y]$ als auch $R[y][x]$ bestehen aus denselben Elementen, nämlich Summen von Ausdrücken der Gestalt $rx^m y^n$ ($r \in R, m \geqq 0, n \geqq 0$). Also gilt $R[x][y] = R[y][x]$, und man schreibt kurz $R[x, y]$.
Sind α, β beliebige Elemente eines kommutativen Oberringes $R^* \supset R$ mit demselben Einselement $1 \in R$, so gilt entsprechend $R[\alpha][\beta] = R[\beta][\alpha]$, und man schreibt wieder einfach $R[\alpha, \beta]$. Entsprechend bekommt man durch Adjunktion der Elemente $\alpha_1, \alpha_2, \ldots, \alpha_n \in R^*$ die Ringerweiterung $R[\alpha_1, \alpha_2, \ldots, \alpha_n]$ von R. Sollten die α_i sämtlich Unbestimmte über $R[\alpha_1, \alpha_2, \ldots, \alpha_{i-1}]$ sein, so spricht

man von *unabhängigen Unbestimmten* und schreibt etwas suggestiver etwa x_i statt α_i. Die Elemente von $R[\alpha_1, \alpha_2, \ldots, \alpha_n]$ sind Summen von Elementen der Gestalt $r\alpha_1^{\varrho_1}\alpha_2^{\varrho_2} \ldots \alpha_n^{\varrho_n}$ $(r \in R, \varrho_i \geqq 0)$.
Natürlich gelten die Verallgemeinerungen der Sätze 2 und 3; wir formulieren nur die letztere.

Satz 4: *Es seien R und $R^* \supset R$ kommutative Ringe mit demselben Einselement $1 \in R$; ferner seien $x_1, x_2, \ldots, x_n$ unabhängige Unbestimmte über R und $\alpha_1, \alpha_2, \ldots, \alpha_n$ Elemente von R^*. Dann geht eine auf den Verknüpfungen von $R[x_1, x_2, \ldots, x_n]$ beruhende Identität in $R[x_1, x_2, \ldots, x_n]$ in eine Identität in R^* über, wenn in ihr die x_i durch die α_i ersetzt werden.*

Da man in den Multiplikationsformeln (2) und (5) Elemente aus R kommutativ mit x multipliziert, wird der Ersetzungssatz natürlich falsch, wenn man auf die Kommutativität von R^* verzichtet.
Schließlich greifen wir noch einmal unsere letzte Feststellung im obigen Abschnitt 4 auf. Ihre wiederholte Anwendung führt zu dem

Satz 5: *Sind $x_1, x_2, \ldots, x_n$ unabhängige Unbestimmte über dem Integritätsbereich I mit Einselement, so ist auch $I[x_1, x_2, \ldots, x_n]$ ein Integritätsbereich mit Einselement.*

25.6 Ein wichtiges Hilfsmittel in der Theorie der Polynomringe ist der bereits aus der Schule bekannte Divisionsalgorithmus. Dabei gehen wir von einem Polynomring $K[x]$ über einem Körper K aus, wählen $f(x), g(x) \in K[x], g(x) \neq 0$, und behaupten: Es gibt ein $q(x) \in K[x]$ und ein $r(x) \in K[x]$, so daß

$$f(x) = q(x)g(x) + r(x)$$

wird, wobei entweder $r(x) = 0$ oder Grad $r(x) <$ Grad $g(x)$ ist.
Der Beweis wird durch das übliche Verfahren geliefert, das Polynom $f(x)$ mit Rest durch das Polynom $g(x) \neq 0$ zu dividieren; es ist unverändert durchführbar, weil die Quotienten der Koeffizienten beliebiger Polynome aus $K[x]$ mit dem höchsten Koeffizienten von $g(x)$ wieder in K liegen. Das kann man auch in einen Induktionsbeweis nach dem Grad von $f(x)$ umschreiben: Für $f(x) = 0$ ist die Behauptung mit $q(x) = r(x) = 0$ richtig. Für Grad $f(x) = 0$ wähle man $q(x) = 0$ und $r(x) = f(x)$, falls Grad $g(x) > 0$ ist; bei Grad $g(x) = 0$ leisten $q(x) = \frac{f(x)}{g(x)} \in K$ und $r(x) = 0$ das Verlangte. Sowohl für $f(x) = 0$ als auch für Grad $f(x) = 0$ ist die Behauptung also richtig. Sie sei ferner für beliebige Polynome $f(x)$ von einem Grad kleiner als n und alle $g(x) = b_m x^m + b_{m-1}x^{m-1} + \ldots + b_0$, $b_m \neq 0$, bereits bewiesen. Ist dann $f(x) = a_n x^n + a_{n-1}x^{n-1} + \ldots + a_0$, $a_n \neq 0$, so können zwei Fälle eintreten. Bei $n < m$ wähle man einfach $q(x) = 0$ und $r(x) = f(x)$. Ist $n \geqq m$, so wird $f(x) = \frac{a_n}{b_m}x^{n-m}g(x) + h(x)$ mit einem $h(x) \in K[x]$, das entweder Null ist (und in diesem Fall ist man fertig) oder einen Grad $\leqq n - 1$ hat, also nach Voraussetzung in der Gestalt $h(x) = q^*(x)g(x) + r(x)$ mit $r(x) = 0$ oder Grad $r(x) <$ Grad $g(x)$ geschrieben

werden kann; das liefert dann aber $f(x) = q(x)g(x) + r(x)$ mit $q(x) = \frac{a_n}{b_m}x^{n-m} + q^*(x) \in K[x]$, womit der Induktionsbeweis abgeschlossen ist. Es gilt also der

Satz 6: *Es sei K ein Körper, $f(x), g(x) \in K[x]$ und $g(x) \neq 0$. Dann existieren $q(x), r(x) \in K[x]$ mit $f(x) = q(x)g(x) + r(x)$, wobei entweder $r(x) = 0$ oder Grad $r(x) <$ Grad $g(x)$ ist.*

Zusatz: Ist $g(x)$ normiert, der höchste Koeffizient also Eins, so kann in der Voraussetzung von Satz 6 der Körper K durch einen kommutativen Ring R mit Einselement ersetzt werden, weil in diesem Fall von selbst $\frac{a_n}{b_m} = a_n \in R$ ist.

Aufgabe 1: Am Beispiel des Endomorphismenringes R der additiven Gruppe von $\mathfrak{Q}[x]$ zeige man: Es gibt Ringe R mit Elementen $r \in R$, die unendlich viele Rechtsinverse, aber kein Linksinverses besitzen. (Vgl. Aufgabe 20.6, Aussage c).)

Aufgabe 2: Es sei R ein kommutativer Ring mit Einselement. Man konstruiere den Ring $R\langle x\rangle$ aller *formalen Potenzreihen* $\sum_{\nu=0}^{\infty} a_\nu x^\nu$, $a_\nu \in R$.

§ 26 Nullstellen von Polynomen

26.1 Wir betrachten wieder den Polynomring $R[x]$ über einem kommutativen Ring R mit $1 \in R$ und einen kommutativen Oberring $R^* \supset R$ mit demselben Einselement; α sei ein Element aus R^* und $f(x) \in R[x]$. Dann heißt α *Nullstelle* von $f(x)$ in R^*, wenn dort $f(\alpha) = 0$ gilt.

Beispiel 1. Das Polynom $x^2 - 4 \in \mathfrak{Z}[x]$ hat die Nullstellen $\pm 2 \in \mathfrak{Z}$; das Polynom $x^2 - 2 \in \mathfrak{Z}[x]$ hat die Nullstellen $\pm\sqrt{2} \in \mathfrak{R} \supset \mathfrak{Z}$ und $x^2 + 1 \in \mathfrak{Z}[x]$ die Nullstellen $\pm i \in \mathfrak{C} \supset \mathfrak{Z}$.

Beispiel 2. Nach Satz 23.2 hat das Polynom $x^2 + 1 \in \mathfrak{Z}_3[x]$ keine Nullstelle im Koeffizientenkörper $\mathfrak{Z}_3$. Aber nach Satz 23.1 existiert ein kleinster Oberkörper $E \supset \mathfrak{Z}_3$, in dem $x^2 + 1$ eine Nullstelle besitzt. Die Konstruktion im Beweis von Satz 23.1 zeigt noch, daß $|E| = 9$ ist.

Über die Nullstellen von Polynomen gelten einige ebenso einfache wie wichtige Sätze. Eine Konsequenz des Zusatzes zu Satz 25.6 ist zunächst der

Satz 1: *Es sei R ein kommutativer Ring mit Einselement, $f(x) \in R[x]$ und $\alpha \in R$ eine Nullstelle von $f(x)$. Dann gilt $f(x) = q(x) \cdot (x - \alpha)$ mit einem $q(x) \in R[x]$.*

Beweis: Es ist jedenfalls $f(x) = q(x)(x - \alpha) + r(x)$ mit einem $r(x) \in R[x]$, das entweder verschwindet oder den Grad Null hat. Das heißt $f(x) = q(x)(x - \alpha) + r$ mit einem festen $r \in R$. Ersetzen wir x durch α, so folgt $r = 0$.

Hieraus wiederum ergibt sich der

Satz 2: *Es sei I ein Integritätsbereich mit Einselement und $f(x) \in I[x]$ ein Polynom vom Grad n. Dann hat $f(x)$ in I höchstens n Nullstellen.*
Bemerkung: Das Polynom $f(x)$ hat also in keinem Integritätsbereich $I^* \supset I$ mit dem gemeinsamen Einselement $1 \in I$ mehr als n Nullstellen, da ja auch $f(x) \in I^*[x]$ gilt.

Beweis von Satz 2: Hat $f(x)$ die Nullstelle $\alpha_1 \in I$, so gilt nach Satz 1 zunächst $f(x) = (x - \alpha_1)q_1(x)$ mit einem $q_1(x) \in I[x]$. Hat $q_1(x)$ die Nullstelle $\alpha_2 \in I$, wobei die Möglichkeit $\alpha_2 = \alpha_1$ nicht ausgeschlossen ist, so wird weiter $f(x) = (x - \alpha_1)(x - \alpha_2)q_2(x)$ mit einem $q_2(x) \in I[x]$. Dieses Zerlegungsverfahren werde fortgesetzt; es bricht etwa nach m Schritten ab:

$$f(x) = (x - \alpha_1)(x - \alpha_2) \ldots (x - \alpha_m)q_m(x).$$

Dabei sind die α_i nicht notwendig verschiedene Nullstellen von $f(x)$ in I, und $q_m(x)$ hat keine Nullstelle in I. Mehr als diese m Nullstellen α_i hat $f(x)$ in I nicht; denn setzt man eine beliebige Nullstelle $\alpha \in I$ von $f(x)$ in die hingeschriebene Zerlegung ein, so muß wegen der Nullteilerfreiheit von I wenigstens einer der Faktoren $\alpha - \alpha_i$ verschwinden. Aus $m \leqq n$ folgt also die Behauptung.

Satz 2 bleibt demnach richtig, wenn mehrfach auftretende Nullstellen ihrer Vielfachheit entsprechend gezählt werden. Wir sagen in Zukunft, $f(x) \in I[x]$ habe die (genau) *k-fache Nullstelle* $\alpha \in I$, wenn $f(x) = (x - \alpha)^k q(x)$ mit einem $q(x) \in I[x]$, $q(\alpha) \neq 0$, gilt. Die Zahl $k \geqq 0$ ist definiert, weil $I[x]$ ein Integritätsbereich ist. Für das Nullpolynom wird der Begriff der Vielfachheit einer Nullstelle nicht erklärt. Satz 2 wird falsch, wenn die Nullteilerfreiheit des Koeffizientenringes nicht vorausgesetzt wird. Hierzu sehe man das

Beispiel 3. Das Polynom $f(x) = x^3 - x \in \mathfrak{Z}_6[x]$ hat alle sechs Elemente von $\mathfrak{Z}_6$ als Nullstellen.

Von vielfältigem praktischen Nutzen ist schließlich der

Satz 3: *Eine Nullstelle $\alpha \in \mathfrak{Q}$ des normierten Polynoms*

$$f(x) = x^n + a_{n-1}x^{n-1} + \ldots + a_0 \in \mathfrak{Z}[x]$$

ist eine ganze Zahl und Teiler von a_0.

Beweis: Ohne Beschränkung der Allgemeinheit sei $n \geqq 1$, $a_0 \neq 0$ und $\alpha = \frac{r}{s}$, $s \in \mathfrak{N}$, $r \in \mathfrak{Z}$, $(r, s) = 1$. Multiplikation von $f\left(\frac{r}{s}\right) = 0$ mit s^n liefert $r^n + a_{n-1}r^{n-1}s + \ldots + a_0 s^n = 0$ oder $r^n = ks$ mit einem $k \in \mathfrak{Z}$. Die natürliche Zahl s teilt r^n, hat aber keinen Primteiler mit r gemeinsam, muß also Eins sein. Daher ist α die ganze Zahl r, und aus $r(r^{n-1} + a_{n-1}r^{n-2} + \ldots + a_1) = -a_0$ ist zu sehen, daß a_0 durch r teilbar ist.

Als rationalzahlige Nullstellen des ganzzahligen normierten Polynoms $x^5 + x + 2$ kommen also nur ± 1 und ± 2 in Frage; demnach ist -1 die ein-

zige Nullstelle von $x^5 + x + 2$ in $\mathfrak{Q}$. Das Polynom $x^3 - x + 2$ hat überhaupt keine Nullstelle in $\mathfrak{Q}$.
Man sieht leicht, daß man Satz 3 auch zur Bestimmung der rationalzahligen Nullstellen nicht normierter ganzzahliger Polynome verwenden kann (Aufgabe 1). Daraus ergibt sich schließlich auch seine Anwendbarkeit bei der Suche nach allen rationalzahligen Nullstellen eines Polynoms $f(x) \in \mathfrak{Q}[x]$, das man ja nach Multiplikation mit dem Hauptnenner der Koeffizienten durch ein ganzzahliges Polynom ersetzen kann.

26.2 Im folgenden erklären wir in kommutativen Ringen mit Einselement eine formale Differentialrechnung.

Definition: *Es sei R ein kommutativer Ring mit Elementen $a, b, \ldots$ und $1 \in R$. Eine Abbildung D: $R \to R$ heißt eine Derivation oder Ableitung von R, wenn sie die beiden folgenden Bedingungen erfüllt:*
(1) $D(a + b) = D(a) + D(b)$,
(2) $D(ab) = aD(b) + bD(a)$.

Satz 4: *Es sei R ein kommutativer Ring mit Einselement und D eine Derivation von R. Dann ist $D(0) = D(1) = 0$, $D(-a) = -D(a)$, und für jedes $a \in R$ und jedes $n \in \mathfrak{N}$ gilt $D(a^n) = na^{n-1}D(a)$.*

Beweis: Aus $D(0) = D(0 + 0) = D(0) + D(0)$ folgt $D(0) = 0$. Ferner wird $D(1) = D(1 \cdot 1) = 1 \cdot D(1) + 1 \cdot D(1) = D(1) + D(1)$, also $D(1) = 0$. Es ist $0 = D(0) = D(a + (-a)) = D(a) + D(-a)$ und damit $D(-a) = -D(a)$. Die letzte Behauptung ergibt sich durch vollständige Induktion nach n.
Für Polynomringe betrachten wir nun eine spezielle, bereits aus der Analysis bekannte Ableitung.

Satz 5: *Es sei R ein kommutativer Ring mit Einselement und $R[x]$ der Polynomring in einer Unbestimmten x über R. Dann wird durch*

$$D(f(x)) = D\Big(\sum_{\nu=0}^{n} a_\nu x^\nu\Big) = \sum_{\nu=1}^{n} \nu a_\nu x^{\nu-1} =_{Df} f'(x)$$

eine Ableitung D: $R[x] \to R[x]$ definiert.

Beweis: Sofort zu sehen ist $D(f + g) = D(f) + D(g)$. Ferner gilt

$$D(a_\lambda x^\lambda \cdot b_\nu x^\nu) = D(a_\lambda b_\nu x^{\lambda+\nu}) = (\lambda + \nu)a_\lambda b_\nu x^{\lambda+\nu-1} = a_\lambda x^\lambda D(b_\nu x^\nu) + b_\nu x^\nu D(a_\lambda x^\lambda).$$

Zusammen mit (1) folgt hieraus noch

$$\begin{aligned} D(fg) &= D\Big(\sum_0^m a_\lambda x^\lambda \cdot \sum_0^n b_\nu x^\nu\Big) = D\Big(\sum_{\lambda,\nu} a_\lambda x^\lambda \cdot b_\nu x^\nu\Big) = \sum_{\lambda,\nu} D(a_\lambda x^\lambda \cdot b_\nu x^\nu) \\ &= \sum_{\lambda,\nu} a_\lambda x^\lambda D(b_\nu x^\nu) + \sum_{\lambda,\nu} b_\nu x^\nu D(a_\lambda x^\lambda) = \sum_\lambda a_\lambda x^\lambda D\Big(\sum_\nu b_\nu x^\nu\Big) + \sum_\nu b_\nu x^\nu D\Big(\sum_\lambda a_\lambda x^\lambda\Big) \end{aligned}$$

oder $D(fg) = fD(g) + gD(f)$, also (2).
Der folgende Satz wird oft gebraucht.

Satz 6: *Es sei I ein Integritätsbereich mit Einselement und n eine natürliche Zahl. Dann gelten die folgenden Aussagen.*

a) *Hat* $f(x) \in I[x]$ *die genau n-fache Nullstelle* $\alpha \in I$, *so hat entweder* $f'(x)$ *die mindestens* $(n-1)$-*fache Nullstelle* $\alpha \in I$, *oder* $f'(x)$ *ist das Nullpolynom. Ist zusätzlich die Charakteristik* $\chi(I) = 0$, *so hat* $f'(x)$ *die genau* $(n-1)$-*fache Nullstelle* α.
b) *Ist* $f(x) \in I[x]$, $f(x) \neq 0$, $\alpha \in I$ *und* $f(\alpha) = f'(\alpha) = 0$, *so ist* α *mindestens zweifache Nullstelle von* $f(x)$.

Beweis:
a) Unsere Voraussetzung ist $f(x) = (x-\alpha)^n q(x)$, $q(x) \in I[x]$, $q(\alpha) \neq 0$. Für eine beliebige Derivation D: $I[x] \to I[x]$ liefern (2) und die letzte Aussage von Satz 4

$$\begin{aligned} D(f(x)) &= (x-\alpha)^n D(q(x)) + q(x) D((x-\alpha)^n) \\ &= (x-\alpha)^n D(q(x)) + n(x-\alpha)^{n-1} q(x) D(x-\alpha); \end{aligned}$$

nach Satz 5 wird also speziell

$$f'(x) = (x-\alpha)^{n-1}[(x-\alpha)q'(x) + nq(x)].$$

Hieraus folgen die aufgestellten Behauptungen. Für $\chi(I) = 0$ ist ja $nq(\alpha) \neq 0$, und die eckige Klammer kann dann an der Stelle α nicht verschwinden.
b) Aus $f(x) = (x-\alpha)q(x)$, $q(x) \in I[x]$, folgt $f'(x) = (x-\alpha)q'(x) + q(x)$. Das liefert mit $f'(\alpha) = 0$ auch $q(\alpha) = 0$ und somit $q(x) = (x-\alpha)g(x)$, $g(x) \in I[x]$. Also wird $f(x) = (x-\alpha)^2 g(x)$.

Folgerung: Die Nullstelle $\alpha \in I$ von $f(x) \in I[x]$ ist genau dann einfach, wenn $f'(\alpha) \neq 0$ ist.

Aufgabe 1: Man bestimme alle rationalzahligen Nullstellen von
a) $x^5 - 2x^4 + 3x^3 - 6x^2 + 2x - 4$,
b) $3x^3 - 2x^2 + 6x - 4$,
c) $\frac{16}{3}x^5 - x^3 + x^2 + 2x - 7$.

Aufgabe 2: Es sei p eine Primzahl. Zeige: In $\mathfrak{Z}_p[x]$ gilt

$$x^p - x = \prod_{a \in \mathfrak{Z}_p} (x-a).$$

Wie folgt daraus die Wilsonsche Kongruenz (Satz 20.6)?

Aufgabe 3: Auf dem Integritätsbereich I sei eine Ableitung D definiert. Man zeige, daß sich D auf genau eine Weise auf den Quotientenkörper Q von I fortsetzen läßt: Es gibt genau eine Ableitung D^* von Q mit $D^*(a) = D(a)$ für jedes $a \in I$.

Aufgabe 4: Es sei p eine Primzahl. Man zeige: Die Kongruenz

$$a_n x^n + a_{n-1}x^{n-1} + \ldots + a_0 \equiv 0 \bmod p \qquad (a_i \in \mathfrak{Z},\ p \nmid a_n)$$

hat höchstens n modulo p inkongruente Lösungen $x \in \mathfrak{Z}$.

Aufgabe 5: Ist $\alpha = a + bi \in \mathfrak{C}$ $(a, b \in \mathfrak{R})$ Nullstelle des Polynoms $f(x) \in \mathfrak{R}[x]$ mit reellen Koeffizienten, so auch die konjugiert-komplexe Zahl $\bar{\alpha} = a - bi$. Beweis?

§ 27 Körpererweiterungen

27.1 Wir beginnen mit der

Definition: *Es sei K ein Körper. Eine Körpererweiterung oder ein Erweiterungskörper E von K ist ein Oberkörper* $E \supset K$ *von K.*

Es sei nun E eine Körpererweiterung von K. Dann gibt es in E und in K je ein Einselement, und diese Einselemente sind identisch, weil E ein Integritätsbereich ist (§ 25.1). Also ist auch $K[x]$ ein Unterring von $E[x]$ (§ 25.3).

Definition: *Es sei E eine Körpererweiterung von K und* α *ein Element von E. Wenn es ein vom Nullpolynom verschiedenes* $f(x) \in K[x]$ *mit* $f(\alpha) = 0$ *gibt, so heißt* α *algebraisch über K, andernfalls transzendent über K.*

Hiernach ist also eine Größe α genau dann algebraisch über dem Körper K, wenn zweierlei gilt: Es gibt einen Erweiterungskörper E von K, der α enthält, und es existiert ein $f(x) \in K[x]$, $f(x) \neq 0$, mit α als Nullstelle. Speziell ist jedes $\alpha \in K$ algebraisch über K. Die Zahlen $\sqrt{2}$ und i sind algebraisch über $\mathfrak{Q}$. Nach § 25.2 können wir ferner sagen: Ist α transzendent (*Transzendente*) über K, so ist α eine Unbestimmte über K. Hiervon gilt auch die Umkehrung, weil eine Unbestimmte x über K Element des Quotientenkörpers E von $K[x]$ und E eine Körpererweiterung von K ist. Eine Transzendente über einem Körper K ist also dasselbe wie eine Unbestimmte über K.

27.2 Wir verabreden nun eine ständig auftretende Schreibweise.

Definition: *Es seien I und* $I^* \supset I$ *Integritätsbereiche mit demselben Einselement und* $\alpha_1, \alpha_2, \ldots, \alpha_n$ *Elemente aus* I^*. *Dann bezeichnen wir den Quotientenkörper von* $I[\alpha_1, \alpha_2, \ldots, \alpha_n]$ *mit* $I(\alpha_1, \alpha_2, \ldots, \alpha_n)$.

Wir bemerken dazu, daß $I[\alpha_1, \alpha_2, \ldots, \alpha_n] \subset I^*$ ein Integritätsbereich ist; der Körper $I(\alpha_1, \alpha_2, \ldots, \alpha_n)$ existiert also. Er besteht aus allen Brüchen $\frac{f}{g}$ mit $f, g \in I[\alpha_1, \alpha_2, \ldots, \alpha_n]$, $g \neq 0$. Speziell können die α_i unabhängige Unbestimmte über I sein.
Den Übergang von I zu $I[\alpha_1, \alpha_2, \ldots, \alpha_n]$ bezeichnet man als *Ringadjunktion*, den von I zu $I(\alpha_1, \alpha_2, \ldots, \alpha_n)$ als *Körperadjunktion* von $\alpha_1, \alpha_2, \ldots, \alpha_n$. Ersichtlich ist $I(\alpha_1, \alpha_2, \ldots, \alpha_n)$ der kleinste Körper, der I und die Elemente $\alpha_1, \alpha_2, \ldots, \alpha_n$ enthält; deshalb sagt man auch, er werde über I von den Elementen $\alpha_1, \alpha_2, \ldots, \alpha_n$ *erzeugt*. Aus den folgenden Beispielen sieht man unter anderem, daß Ringadjunktion und Körperadjunktion zu demselben Ergebnis führen können.

Beispiel 1. Es sei x eine Unbestimmte über dem Körper K. Dann gilt $K[x] \subset K(x)$, aber $K[x] \neq K(x)$; denn $x \in K[x]$ besitzt in $K[x]$ kein Inverses.

Beispiel 2. Es ist $\mathfrak{Q}[\sqrt{2}] = \mathfrak{Q}(\sqrt{2})$ (vgl. § 25.1 und § 20.3, Beispiel 6). Analog gilt $\mathfrak{Q}[\sqrt{3}] = \mathfrak{Q}(\sqrt{3})$, $\mathfrak{Q}[i] = \mathfrak{Q}(i)$, $\mathfrak{R}[i] = \mathfrak{R}(i) = \mathfrak{C}$.

Beispiel 3. Wir zeigen $\mathfrak{Q}(\sqrt{2}, \sqrt{3}) = \mathfrak{Q}(\sqrt{2} + \sqrt{3})$. Zunächst ist $\mathfrak{Q}(\sqrt{2} + \sqrt{3})$ der kleinste Körper, der $\mathfrak{Q}$ und $\sqrt{2} + \sqrt{3}$ enthält; da auch der Körper $\mathfrak{Q}(\sqrt{2}, \sqrt{3})$

das Element $\sqrt{2} + \sqrt{3}$ und ganz $\mathfrak{Q}$ enthält, folgt $\mathfrak{Q}(\sqrt{2}, \sqrt{3}) \supset \mathfrak{Q}(\sqrt{2} + \sqrt{3})$. Umgekehrt ist $\mathfrak{Q}(\sqrt{2}, \sqrt{3})$ der kleinste Körper, der $\mathfrak{Q}$ und die Elemente $\sqrt{2}, \sqrt{3}$ enthält. Wenn wir nachweisen können, daß $\sqrt{2}$ und $\sqrt{3}$ Elemente von $\mathfrak{Q}(\sqrt{2} + \sqrt{3})$ sind, so folgt entsprechend $\mathfrak{Q}(\sqrt{2}, \sqrt{3}) \subset \mathfrak{Q}(\sqrt{2} + \sqrt{3})$ und damit insgesamt die behauptete Gleichheit. Es gilt aber $(\sqrt{2} + \sqrt{3})^2 = 5 + 2\sqrt{6} \in \mathfrak{Q}(\sqrt{2} + \sqrt{3})$, also auch $\sqrt{6} \in \mathfrak{Q}(\sqrt{2}+\sqrt{3})$ und folglich $\sqrt{6}(\sqrt{2}+\sqrt{3}) = 3\sqrt{2}+2\sqrt{3} \in \mathfrak{Q}(\sqrt{2}+\sqrt{3})$; Subtraktion von $2(\sqrt{2} + \sqrt{3}) \in \mathfrak{Q}(\sqrt{2} + \sqrt{3})$ zeigt $\sqrt{2} \in \mathfrak{Q}(\sqrt{2} + \sqrt{3})$, und damit wird zuletzt auch $(\sqrt{2} + \sqrt{3}) - \sqrt{2} = \sqrt{3} \in \mathfrak{Q}(\sqrt{2} + \sqrt{3})$.

Später wird sich zeigen: Ist α algebraisch über K, so gilt $K[\alpha] = K(\alpha)$ (§ 53). In Beispiel 2 sind einige einfache Spezialfälle dieser Aussage notiert. In Beispiel 3 hat sich gezeigt, daß éine von zwei Elementen erzeugte Erweiterung auch von einem einzigen Element erzeugt werden konnte. Auch hierauf kommen wir noch zurück (§ 61).
Im Anschluß an die oben gegebene Definition machen wir schließlich noch eine Bemerkung: Ist Q der Quotientenkörper von I, so gilt $I(\alpha_1, \alpha_2, \ldots, \alpha_n) = Q(\alpha_1, \alpha_2, \ldots, \alpha_n)$. Die Elemente rechter Hand sind ja Quotienten von Polynomen in den α_i mit Koeffizienten aus Q; erweitert man mit dem Hauptnenner aller dieser Koeffizienten, so ergeben sich Elemente aus $I(\alpha_1, \alpha_2, \ldots, \alpha_n)$. Also ist $Q(\alpha_1, \alpha_2, \ldots, \alpha_n) \subset I(\alpha_1, \alpha_2, \ldots, \alpha_n)$, und die umgekehrte Enthaltenseinsbeziehung folgt aus $Q \supset I$.

27.3 Im folgenden betrachten wir ein Element α, das algebraisch über einem Körper K ist.

Satz 1: *Es sei α algebraisch über K. Dann existiert ein Polynom $f(x) \in K[x]$ mit folgenden Eigenschaften.*
(1) $f(x)$ ist normiert.
(2) Es ist $f(\alpha) = 0$.
(3) Ist $g(x) \in K[x]$ und Grad $g(x) <$ Grad $f(x)$, *so gilt $g(\alpha) \neq 0$.*
(4) Hat $f^*(x) \in K[x]$ die Eigenschaften (1), (2), (3), *so gilt $f^*(x) = f(x)$.*

Beweis: Die Menge der vom Nullpolynom verschiedenen Polynome aus $K[x]$ mit α als Nullstelle ist nach Definition von α nicht leer. Unter ihnen gibt es ein Polynom $h(x) = a_n x^n + a_{n-1}x^{n-1} + \ldots + a_0$, $a_n \neq 0$, kleinsten Grades $n > 0$, so daß für jedes $g(x) \in K[x]$ mit Grad $g(x) <$ Grad $h(x)$ gilt: $g(\alpha) \neq 0$. Das Polynom $f(x) = \frac{1}{a_n} h(x) \in K[x]$ hat dann, weil $h(\alpha) = 0$ war, die Eigenschaften (1), (2), (3). Schließlich hat das Polynom $d(x) = f(x) - f^*(x)$ auch die Nullstelle α; einen kleineren Grad als $f(x)$ kann es nach (3) nicht haben; andrerseits hat $d(x)$ keinen Grad größer oder gleich n, weil $f(x)$ und $f^*(x)$ normierte Polynome vom Grad n sind; also ist $d(x)$ das Nullpolynom (das nach unserer Definition aus § 25.4 keinen Grad hat), und es folgt $f^*(x) = f(x)$.
Die Eindeutigkeitsaussage (4) berechtigt zu der folgenden

Definition: *Es sei α algebraisch über dem Körper K. Dann heißt das Polynom $f(x)$ aus Satz* 1 *das Minimalpolynom oder das definierende Polynom von α über K.*

Weiter setzen wir das Folgende fest.

Definition: *Es sei I ein Integritätsbereich mit Einselement, $f(x) \in I[x]$ und* Grad $f(x) \geqq 1$. *Dann heißt $f(x)$ irreduzibel über I oder irreduzibel in $I[x]$, wenn aus $f(x) = g(x)h(x)$ mit $g(x), h(x) \in I[x]$ folgt: Entweder $g(x)$ oder $h(x)$ ist ein Element von I.*

Ein über I irreduzibles $f(x) \in I[x]$ läßt sich also höchstens durch Ausklammern eines Elementes aus I in Faktoren aus $I[x]$ zerlegen; andernfalls nennen wir $f(x)$ in $I[x]$ oder über I *reduzibel*. Von besonderem praktischen Interesse ist nun der

Satz 2: *Es sei α algebraisch über K. Dann gelten die folgenden Aussagen.*
a) *Das Minimalpolynom $f(x)$ von α über K ist irreduzibel in $K[x]$.*
b) *Hat das Polynom $P(x) \in K[x]$ die Eigenschaften (1), (2) und ist es in $K[x]$ irreduzibel, so ist es das Minimalpolynom $f(x)$ von α über K.*

Beweis:
a) Das Element α liegt in einem Erweiterungskörper E von K. Angenommen, es gäbe Polynome $g(x), h(x) \in K[x]$ mindestens vom Grad Eins mit $f(x) = g(x)h(x)$. Dann wird Satz 25.3 anwendbar; er liefert $g(\alpha)h(\alpha) = f(\alpha) = 0$. Das Produkt $g(\alpha)h(\alpha)$ ist in E nur Null, wenn einer der Faktoren verschwindet; da die Grade von $g(x)$ und $h(x)$ kleiner sind als Grad $f(x)$, liefert das einen Widerspruch zu (3).
b) Wir dividieren $P(x)$ mit Rest durch $f(x)$. Nach Satz 25.6 gibt es Polynome $q(x), r(x) \in K[x]$ mit

$$P(x) = q(x)f(x) + r(x),$$

wobei entweder Grad $r(x) <$ Grad $f(x)$ oder $r(x) = 0$ ist. Ersetzt man x durch α, so bekommt man $r(\alpha) = 0$; nach (3) muß also $r(x)$ das Nullpolynom sein. Da $f(x)$ mindestens den Grad Eins hat und $P(x)$ über K irreduzibel ist, muß weiter $q(x)$ ein Element von K sein. Schließlich sind $P(x)$ und $f(x)$ normiert; also ist sogar $q(x) = 1$ und damit $P(x) = f(x)$.
Dieser Satz gibt Veranlassung zu der

Definition: *Es sei α algebraisch über dem Körper K. Dann bezeichnen wir das Minimalpolynom $f(x) \in K[x]$ von α über K mit $f(x) = \mathrm{Irr}\,(\alpha, K)$. Wir sagen, α sei algebraisch vom Grad n über K, wenn* Grad $\mathrm{Irr}\,(\alpha, K) = n$ *ist.*

Ist beispielsweise $\alpha \in K$, so wird $\mathrm{Irr}\,(\alpha, K) = x - \alpha$; dann ist also α algebraisch vom Grad Eins über K. Zur Bestimmung von Minimalpolynomen stützt man sich in der Regel auf Satz 2. Wir betrachten einige einfache Beispiele.

Beispiel 4. Es sei $\alpha = \sqrt{2}$ und $K = \mathfrak{R}$. Dann gilt $\mathrm{Irr}\,(\sqrt{2}, \mathfrak{R}) = x - \sqrt{2} \in \mathfrak{R}[x]$.

Beispiel 5. Es sei $\alpha = \sqrt{2}$ und $K = \mathfrak{Q}$. Das Polynom $P(x) = x^2 - 2 \in \mathfrak{Q}[x]$ hat dann die Eigenschaften (1), (2). Es ist ferner in $\mathfrak{Q}(x)$ irreduzibel. Um das zu zeigen, nehmen wir für den Augenblick das Gegenteil an. Dann gäbe es Polynome $g(x), h(x) \in \mathfrak{Q}[x]$ mit $P(x) = g(x)h(x)$ und Grad $g(x) = 1$, und wir dürfen ohne Beschränkung der Allgemeinheit zusätzlich annehmen, $g(x)$ sei bereits normiert: $g(x) = x - a$, $a \in \mathfrak{Q}$. Das ganzzahlige normierte Polynom $P(x) = x^2 - 2$ hätte demnach die Nullstelle $a \in \mathfrak{Q}$. Aus Satz 26.3 folgt sogar

$a \in \mathfrak{Z}$ und $a|2$; aber die Zahlen ± 1 und ± 2 sind keine Nullstellen von $x^2 - 2$. Die Annahme, $P(x)$ sei in $\mathfrak{Q}[x]$ reduzibel, war also falsch, und Satz 2 liefert nun $\operatorname{Irr}(\sqrt{2}, \mathfrak{Q}) = x^2 - 2$.

Beispiel 6. Nach dem Muster von Beispiel 5 sieht man ohne Rechnung $\operatorname{Irr}(\sqrt{3}, \mathfrak{Q}) = x^2 - 3$ und $\operatorname{Irr}(\sqrt[3]{2}, \mathfrak{Q}) = x^3 - 2$. Analog wird $\operatorname{Irr}(i, \mathfrak{Q}) = \operatorname{Irr}(i, \mathfrak{R}) = x^2 + 1$, weil $x^2 + 1$ keine reelle Nullstelle hat.

Beispiel 7. Es sei $\alpha = \frac{1}{\sqrt{2}}(1 + i)$ und $K = \mathfrak{Q}$. Wegen $\alpha^4 = -1$ hat das Polynom $P(x) = x^4 + 1 \in \mathfrak{Q}[x]$ die Eigenschaften (1), (2); wir behaupten $\operatorname{Irr}(\alpha, \mathfrak{Q}) = x^4 + 1$ und müssen dazu noch zeigen, daß $x^4 + 1$ irreduzibel über $\mathfrak{Q}$ ist. Wie in Beispiel 5 sieht man, daß $x^4 + 1$ keinen Faktor $g(x) \in \mathfrak{Q}[x]$ vom Grad Eins haben kann. Wir müssen also noch nachweisen, daß auch eine Zerlegung

$$x^4 + 1 = (x^2 + ax + b)(x^2 + cx + d) \qquad (a, b, c, d \in \mathfrak{Q})$$

in quadratische Faktoren aus $\mathfrak{Q}[x]$ unmöglich ist. Ausmultiplikation der Klammern rechter Hand und Koeffizientenvergleich ergibt zunächst $c = -a$ und, da $b \neq 0$ ist, $d = \frac{1}{b}$. Das führt weiter auf $a^2 = b + \frac{1}{b}$ und $\frac{a}{b} - ab = 0$ oder die möglichen Zerlegungen

$$\begin{aligned} x^4 + 1 &= (x^2 + i)(x^2 - i) \\ &= (x^2 + \sqrt{2}x + 1)(x^2 - \sqrt{2}x + 1) \\ &= (x^2 + i\sqrt{2}x - 1)(x^2 - i\sqrt{2}x - 1); \end{aligned}$$

doch die Faktoren liegen nicht in $\mathfrak{Q}[x]$. Also ist $x^4 + 1$ irreduzibel über $\mathfrak{Q}$ und $\operatorname{Irr}(\alpha, \mathfrak{Q}) = x^4 + 1$. Aber beispielsweise wird $x^4 + 1$ reduzibel über $\mathfrak{Q}(\sqrt{2})$ oder $\mathfrak{R}$ und $\operatorname{Irr}(\alpha, \mathfrak{Q}(\sqrt{2})) = \operatorname{Irr}(\alpha, \mathfrak{R}) = x^2 - \sqrt{2}x + 1$; die Zahl α ist also algebraisch vom Grad 4 über $\mathfrak{Q}$ und algebraisch vom Grad 2 über $\mathfrak{Q}(\sqrt{2})$ oder $\mathfrak{R}$.

27.4 Es fällt nicht leicht, ein $r \in \mathfrak{R}$ anzugeben, das transzendent über $\mathfrak{Q}$ ist. Gibt es derartige reelle Zahlen überhaupt? Diese Frage kann im Anschluß an den folgenden Satz beantwortet werden.

Satz 3: *Es sei R ein kommutativer Ring mit Einselement. Ist R abzählbar, so ist es auch der Polynomring* $R[x]$.

Beweis: Es sei R abzählbar und M_k die Menge aller Polynome $f(x) \in R[x]$ vom Grad k ($k \geq 0$). Wir zeigen die Abzählbarkeit von $M = \bigcup_{k=0}^{\infty} M_k$; das ist $R[x]$ ohne das Nullpolynom. Nach Satz 4.2 genügt es zu zeigen, daß jedes M_k abzählbar ist. Bezeichnen wir wieder mit R_0 die Menge R ohne die Null, so läßt sich aber M_k eineindeutig auf $R_0 \times R \times R \times \ldots \times R$ ($k + 1$ Faktoren) abbilden, und dieses cartesische Produkt ist nach Satz 4.1 abzählbar, weil jeder der Faktoren es ist.

Als Beispiel betrachte man etwa den Fall $R = \mathfrak{Q}$: Die Menge aller Polynome mit rationalen Koeffizienten ist abzählbar.

Wir kommen nun auf die oben gestellte Frage zurück. Spricht man von transzendenten Zahlen schlechthin, so meint man in der Regel die reellen Zahlen r, die transzendent über $\mathfrak{Q}$ sind. Die Menge aller dieser Zahlen sei B, und es sei A die Menge aller über $\mathfrak{Q}$ algebraischen $r \in \mathfrak{R}$. Dann ist $A \cap B = \mathfrak{L}$ und $A \cup B = \mathfrak{R}$. Nun ist die Menge $\mathfrak{Q}[x]$ aller rationalzahligen Polynome abzählbar; jedes einzelne von ihnen hat nach der Bemerkung zu Satz 26.2 höchstens endlich viele, eventuell gar keine Nullstellen in $\mathfrak{R}$; die Menge A aller dieser Nullstellen ist demnach ebenfalls abzählbar. Da $\mathfrak{R} = A \cup B$ nicht abzählbar ist (§ 4), kann also B weder endlich noch abzählbar sein. Damit ist die Existenz überabzählbar vieler transzendenter Zahlen r nachgewiesen, ohne daß wir in der Lage sind, eine einzige von ihnen explizit anzugeben. Die Transzendenz etwa von e und π wird in der Zahlentheorie gezeigt.
Zuletzt notieren wir noch eine Konsequenz von Satz 3.

Satz 4: *Der Körper K sei höchstens abzählbar. Dann ist auch jede endlich erzeugte Erweiterung $K(\xi_1, \xi_2, \ldots, \xi_n)$ höchstens abzählbar.*

Beweis: Es genügt, $K(\xi_1, \xi_2, \ldots, \xi_n)$ abzuzählen unter der Annahme, K sei abzählbar und die Erzeugenden $\xi_1, \xi_2, \ldots, \xi_n$ seien unabhängige Unbestimmte über K. Mehrfache Anwendung von Satz 3 zeigt zunächst die Abzählbarkeit von $K[\xi_1, \xi_2, \ldots, \xi_n]$. Dann lassen sich aber nach dem Vorbild des Abzählbarkeitsbeweises für $\mathfrak{Q}$ auch die Elemente des Quotientenkörpers $K(\xi_1, \xi_2, \ldots, \xi_n)$ nach dem Paarschema abzählen (§ 4).

Aufgabe 1: Es sei K ein Körper. Man zeige: Mit α ist auch α^2 algebraisch über K und umgekehrt.

Aufgabe 2: Zeige, daß $\sqrt{2} + \sqrt{3} + \sqrt{5}$ algebraisch über $\mathfrak{Q}$ ist.

Aufgabe 3: Es sei d eine ganze Zahl. Man zeige:
a) Es ist $\mathfrak{Q}[\sqrt{d}] = \mathfrak{Q}(\sqrt{d})$.
b) Ist $\sqrt{d} \notin \mathfrak{Q}$, so wird durch $\varphi(a + b\sqrt{d}) = a - b\sqrt{d}$ ein Automorphismus φ von $\mathfrak{Q}(\sqrt{d})$ definiert $(a, b \in \mathfrak{Q})$.

Aufgabe 4: Es sei d eine ganze Zahl. Man zeige: Die Menge G aller von Null verschiedenen Zahlen der Gestalt $x^2 + dy^2$ $(x, y \in \mathfrak{Q})$ ist eine multiplikative Untergruppe von $\mathfrak{Q}_0$.

Aufgabe 5: Man zeige:
a) Es ist $\mathfrak{Q}(\sqrt{2}, \sqrt{3}) = \mathfrak{Q}[\sqrt{2}, \sqrt{3}]$.
b) Der Körper $\mathfrak{Q}(\sqrt{2}, \sqrt{3})$ besteht aus allen reellen Zahlen der Gestalt

$$a + b\sqrt{2} + c\sqrt{3} + d\sqrt{6} \qquad (a, b, c, d \in \mathfrak{Q}).$$

Aufgabe 6: Man gebe fünf Zwischenkörper K mit $\mathfrak{Q} \subset K \subset \mathfrak{Q}(\sqrt{2} + \sqrt{3})$ an.

Aufgabe 7: Man bestimme
a) $\operatorname{Irr}(3 + \sqrt{3}, \mathfrak{Q})$,
b) $\operatorname{Irr}(3 - \sqrt{3}, \mathfrak{Q})$,
c) $\operatorname{Irr}(\sqrt{2} + \sqrt{3}, \mathfrak{Q})$,

d) Irr $(\sqrt[4]{2} + 1, \mathfrak{Q})$,
e) Irr $(\sqrt[4]{2} + 1, \mathfrak{Q}(\sqrt{2}))$.

Aufgabe 8: Man löse noch einmal den Teil b) von Aufgabe 20.9.

Aufgabe 9: Für welche $a \in \mathfrak{Z}$ ist $x^4 + ax^2 + 1$ reduzibel über $\mathfrak{Q}$?

§ 28* Halbgruppenringe

28.1 Für das Folgende erinnern wir uns wieder an die Einführung des Ringes $R[x]$ aller Polynome in einer Unbestimmten x über dem kommutativen Ring R mit dem Einselement 1. In anderer Formulierung lautet Satz 25.1: Es seien ein kommutativer Ring R mit dem Einselement 1 und eine multiplikativ geschriebene Halbgruppe der Gestalt $H = \{e, x, x^2, x^3, \ldots\}$ mit dem Einselement e vorgelegt. Dann gibt es einen eindeutig bestimmten kleinsten Oberring $R[H]$ von R, der auch H als Teilstruktur und wiederum 1 als Einselement enthält und in dem die Rechenregeln

(1) $$r_1h_1 + r_2h_2 + \ldots + r_mh_m = 0 \;\Leftrightarrow\; r_1 = r_2 = \ldots = r_m = 0$$
$$(r_\nu \in R,\ h_\nu \in H,\ h_i \neq h_j \text{ für } i \neq j),$$

(2) $$rh = hr \text{ für alle } r \in R,\ h \in H$$

erfüllt sind.

Es ist nämlich $R[H] = R[x]$. Das Element e von H findet sich in $R[x]$ in der Gestalt 1, und die Bedingungen (1), (2) stehen an Stelle der Bedingungen (3), (5) aus § 25. Die Bedingung (4) aus § 25 steckt bereits in der Forderung, daß R und $R[H]$ dasselbe Einselement haben sollen. Die Bezeichnung $R[H]$ soll andeuten: Man hat ganz H zu R adjungiert.

Es seien nun wieder R ein kommutativer Ring mit dem Einselement 1 und diesmal H eine beliebige multiplikativ geschriebene Halbgruppe mit dem Einselement e. Unsere Frage lautet: Gibt es auch unter diesen schwächeren Voraussetzungen über H einen kleinsten Oberring von R, der H als Teilstruktur und 1 als Einselement enthält und in dem gemäß (1) und (2) gerechnet wird? Wenn wir sie mit ja beantworten und zeigen können, daß dieser Oberring eindeutig bestimmt ist, so dürfen wir ihn etwa mit $R[H]$ bezeichnen; er heißt der von R und H erzeugte *Halbgruppenring*.

Wie früher bei ähnlichen Fragestellungen (vgl. etwa § 13) wollen wir zunächst annehmen, daß es wenigstens einen Oberring S von R mit dem Einselement 1 gibt, der H als Teilstruktur enthält und in dem die Bedingungen (1), (2) erfüllt sind. Wir betrachten dann die Teilmenge $T \subset S$ aller endlichen Summen der Gestalt $r_1h_1 + r_2h_2 + \ldots + r_mh_m$ $(r_\nu \in R,\ h_\nu \in H,\ h_i \neq h_j$ für $i \neq j)$ und zeigen, daß T ein Unterring von S ist. Wählen wir zwei Elemente aus T, so können wir annehmen, daß sie aus denselben h_i zusammengesetzt sind; durch Hinzufügen endlich vieler Summanden der Gestalt $0h_i$ läßt sich das immer erreichen. Aus

(3) $$(r_1h_1 + r_2h_2 + \ldots + r_mh_m) + (r_1'h_1 + r_2'h_2 + \ldots + r_m'h_m)$$
$$= (r_1 + r_1')h_1 + (r_2 + r_2')h_2 + \ldots + (r_m + r_m')h_m$$

ist nun zu sehen, daß T bezüglich der Addition eine abelsche Gruppe ist; sie hat das Nullelement $0e$, und das additive Inverse von $r_1h_1+r_2h_2+\ldots+r_mh_m \in T$ ist $(-r_1)h_1 + (-r_2)h_2 + \ldots + (-r_m)h_m$. Auch das Produkt zweier Elemente von T wird auf Grund von (2) wieder ein Element von T. Wir bekommen

$$\text{(4a)} \quad (r_1h_1 + r_2h_2 + \ldots + r_mh_m)(r'_1h_1 + r'_2h_2 + \ldots + r'_mh_m) = \sum_{h \in M} r(h)h;$$

hierin ist M die Menge aller Produkte h_ih_j und

$$\text{(4b)} \qquad r(h) = \sum r_i r'_j,$$

wobei über alle Indexpaare (i, j) summiert wird, für die $h_ih_j = h$ ist. Das Assoziativgesetz der Multiplikation und die Distributivgesetze gelten in S, also erst recht in T.

Der Ring T besteht aus allen endlichen Summen der Gestalt

$$\text{(5)} \qquad r_1h_1 + r_2h_2 + \ldots + r_mh_m \qquad (r_\nu \in R,\ h_\nu \in H,\ h_i \neq h_j \text{ für } i \neq j).$$

Wählt man $m = 1$ und $r_1 = 1$, so sieht man $T \supset H$. Für $m = 1$ und $h_1 = e$ bekommt man eine Teilmenge R^* von T, von der man sofort sieht, daß sie ein isomorphes Bild des Ringes R ist; wir dürfen deshalb nach einer Ersetzung von R^* durch R auch sagen: $T \supset R$. Ist andrerseits $U \subset S$ ein Unterring von S, der H und R umfaßt, so muß er alle Elemente der Gestalt rh $(r \in R,\ h \in H)$ und damit auch alle Summen (5) enthalten: $T \subset U$. In S ist also T der kleinste Unterring, der R und H enthält; die Eins aus R ist Einselement auch von T. Wären wir statt von S von einem anderen Oberring S^* von R ausgegangen, in dem die Bedingungen (1), (2) erfüllt sind und der 1 als Einselement und H als Teilstruktur enthält, so würde für den analog T erklärten Unterring T^* von S gelten: $T^* = T$. Dabei benutzt man (1) in der Form

$$\text{(6)} \quad r_1h_1+r_2h_2+\ldots+r_mh_m = r'_1h_1+r'_2h_2+\ldots+r'_mh_m \Leftrightarrow r_\nu = r'_\nu \ (\nu=1,2,\ldots,m).$$

Wüßten wir also die Existenz von T (oder auch nur die von S), so wäre alles bewiesen, und wir könnten sagen: Dies ist der eindeutig bestimmte kleinste Oberring $R[H]$ von R mit 1 als Einselement und H als Teilstruktur, in dem die Rechenregeln (1) und (2) gelten. Wegen der Gestalt (5) der Elemente von $R[H]$ nennt man $R[H]$ auch den *Halbgruppenring über H* mit *Koeffizienten aus R*.

Satz 1: *Es sei R ein kommutativer Ring mit dem Einselement* 1 *und H eine multiplikativ geschriebene Halbgruppe mit dem Einselement e. Dann existiert der Halbgruppenring $R[H]$. Er umfaßt R und H, enthält* 1 *als Einselement und besteht aus allen Elementen der Gestalt* (5). *Man rechnet in ihm nach den Regeln* (6), (3), (4).

Spezialfall: Ist H kommutativ, so ist $R[H]$ ein kommutativer Ring. Ist x eine Unbestimmte über R und $H = \{e, x, x^2, x^3, \ldots\}$, so gilt $R[H] = R[x]$.

Beweis von Satz 1: Wir konstruieren $R[H] = T$. Wir bemerken, daß sich das Konstruktionsverfahren aus dem Beweis von Satz 25.1 nicht übertragen läßt, da H nicht notwendig abzählbar zu sein braucht. Statt dessen gehen wir von einer gewissen Menge von Abbildungen $f\colon H \to R$ aus und haben dabei die Vorstellung, daß etwa dem Element $r_1h_1 + r_2h_2 + r_3h_3$ aus T

die Abbildung $f: H \to R$ mit $f(h_1) = r_1$, $f(h_2) = r_2$, $f(h_3) = r_3$ und $f(h) = 0$ für alle anderen $h \in H$ entsprechen möge. Es sei also A die Menge aller derjenigen Abbildungen $f: H \to R$, für die nur an endlich vielen Stellen $h \in H$ das Bild $f(h) \neq 0$ ist. Auf A erklären wir eine Addition und eine Multiplikation nach den Vorbildern (3) und (4). Es sei für $f, g \in A$

(3′) $$(f + g)(h) = f(h) + g(h) \text{ für alle } h \in H;$$

auf diese Weise ist die Summe $f + g \in A$ erklärt, und A wird eine abelsche Gruppe bezüglich dieser Addition. Das Produkt von $f, g \in A$ im Sinn von § 3 ist gar nicht definiert; wir bezeichnen unser Produkt deshalb mit $f \circ g$ und erklären es durch

(4′) $$(f \circ g)(h) = \sum f(h_i)g(h_j) \text{ für alle } h \in H,$$

wobei über alle diejenigen Indexpaare (i, j) summiert wird, für die $h_i h_j = h$ ist. Da $f(h_i)$ und $g(h_j)$ nur jeweils endlich oft ungleich Null sind, steht rechter Hand in (4′) eine endliche Summe, also ein Element aus R; aus dem gleichen Grunde fällt außerdem diese Summe nur für endlich viele h von Null verschieden aus. Das Produkt $f \circ g$ der Elemente f, g von A liegt also wieder in A. Die so erklärte Multiplikation ist assoziativ, weil die Multiplikation in R es ist. Analog prüft man die Distributivgesetze nach. Also ist A ein Ring. Er enthält ein Einselement, nämlich die durch

$$\varepsilon(e) = 1,\ \varepsilon(h) = 0 \text{ für alle } h \in H,\ h \neq e$$

definierte Abbildung $\varepsilon \in A$.

Setzt man die Existenz des oben betrachteten Ringes T für den Augenblick voraus, so gilt gewiß $A \simeq T$. So haben wir die Konstruktion von A ja eingerichtet. Das bedeutet, daß wir nur noch die Schreibweise der Elemente von A ändern müssen, um $T = R[H]$ zu erhalten. Unser Beweis ist abgeschlossen.

28.2 Es sei wieder R ein kommutativer Ring mit Einselement. Beispiele für Halbgruppenringe sind dann etwa die Polynomringe $R[x]$, $R[x, y]$; zu $R[x, y]$ gehört die Halbgruppe H aller $x^m y^n$, $m \geqq 0$, $n \geqq 0$. Ein Halbgruppenring ist auch der Ring $R[x_1, x_2, x_3, \ldots]$ in abzählbar vielen unabhängigen Unbestimmten x_i über R.

§ 29* Der Quaternionenschiefkörper

29.1 Es sei G die Quaternionengruppe (vgl. § 18). Den in § 23 konstruierten komplexen Zahlkörper $\mathfrak{C} = \mathfrak{R}[i]$ könnte man auch wie folgt beschreiben: Er ist der eindeutig bestimmte kleinste Oberkörper von $\mathfrak{R}$, der auch das Element $i \in G$ enthält; dabei tritt als Verknüpfungsergebnis von i^2 die reelle Zahl -1 an die Stelle des Elementes $-1 \in G$.

Geht man von dieser etwas willkürlichen Deutung des Körpers $\mathfrak{C}$ aus, so kann man auch die Frage aufwerfen, ob man nicht in ähnlicher Weise die Elemente i, j, k aus G zu $\mathfrak{R}$ adjungieren kann. Zwar würde wegen $ij \neq ji$ die Multiplikation in der betreffenden Oberstruktur von $\mathfrak{R}$ nicht mehr kommutativ ausfallen; aber vielleicht ließe sich auf diese Weise der Körper $\mathfrak{R}$ der reellen Zahlen in einen Schiefkörper einbetten. Es ist etwas überraschend, daß dies in der Tat möglich ist. Die früher getroffene Wahl für die Bezeichnungen der Elemente von G erweist sich im folgenden noch einmal als besonders suggestiv. Wir nehmen zunächst wieder an, es gäbe einen Schiefkörper S, der $\mathfrak{R}$ als Teilstruktur und außerdem die Elemente $i, j, k \in G$ enthält. Etwa die Multiplikationsvorschriften $i^2 = -1$ und $ik = -j$ bedeuten in S: Es ist i^2 das additive Inverse von $1 \in S$ und ik das additive Inverse von $j \in S$. Die Einselemente von S und $\mathfrak{R}$ stimmen nach § 25.1 von selbst überein. In Analogie zu § 28, (2), möge für die Multiplikation in S außerdem noch

(1) $$rs = sr \text{ für alle } r \in \mathfrak{R},\ s \in S$$

gelten. In S betrachten wir nun die Teilmenge T aller Elemente der Gestalt

(2) $$a + bi + cj + dk \qquad (a, b, c, d \in \mathfrak{R};\ i, j, k \in G).$$

Die Formel

(3) $$\begin{aligned}(a_1 + a_2i + a_3j + a_4k) &+ (b_1 + b_2i + b_3j + b_4k)\\ = (a_1 + b_1) + (a_2 + b_2)i &+ (a_3 + b_3)j + (a_4 + b_4)k\end{aligned}$$

für die Summe zweier Elemente aus T zeigt, daß T eine abelsche Gruppe bezüglich der Addition ist. Die Multiplikation zweier Elemente von T führt wegen (1) auf

(4) $$\begin{aligned}(a + bi + cj + dk)(s + ti + uj + vk) = {} & (as - bt - cu - dv)\\ & + (at + bs + cv - du)i\\ & + (au + cs + dt - bv)j\\ & + (av + ds + bu - ct)k.\end{aligned}$$

Also ist T ein Unterring von S mit dem Einselement 1. Das Assoziativgesetz der Multiplikation und die Distributivgesetze gelten in S und damit erst recht in T; sie lassen sich aber auch leicht direkt nachprüfen. Tut man das, so benutzt man beim assoziativen Gesetz die Assoziativität der Multiplikation in der Quaternionengruppe G.

Der durch die Gestalt (2) seiner Elemente eindeutig bestimmte Ring T umfaßt $\mathfrak{R}$ und die Elemente i, j, k aus G, und er ist der kleinste Ring dieser Art, in dem die Multiplikationsvorschrift (1) gilt. Wir zeigen, daß T sogar ein Schiefkörper ist. Dazu sei $\alpha = a + bi + cj + dk$ ein Element aus T, dessen Koeffizienten a, b, c, d nicht sämtlich verschwinden, und $\bar{\alpha} = a - bi - cj - dk$. Mit (4) folgt

$$\alpha\bar{\alpha} = \bar{\alpha}\alpha = a^2 + b^2 + c^2 + d^2 \neq 0;$$

also ist

$$\alpha^{-1} = \frac{1}{a^2 + b^2 + c^2 + d^2}\,\bar{\alpha} \in T$$

das Inverse des von Null verschiedenen Elements α von T. Der Nachweis, daß T ein Schiefkörper ist, ist erbracht. Außerdem folgt, daß α nur Null sein kann, wenn alle Koeffizienten verschwinden; gleichwertig damit ist

$$(5) \qquad a_1 + a_2 i + a_3 j + a_4 k = b_1 + b_2 i + b_3 j + b_4 k \Leftrightarrow a_\nu = b_\nu \quad (\nu = 1, 2, 3, 4;\ a_\nu, b_\nu \in \mathfrak{R}).$$

Wieder bleibt die Frage nach der Existenz der Struktur T, und wieder können wir auf eine uns inzwischen geläufige Weise eine bejahende Antwort geben. Wir bilden die Menge $M = \mathfrak{R}^4$ aller Quadrupel (a, b, c, d) mit Komponenten aus $\mathfrak{R}$, stellen uns unter ihnen die Elemente (2) vor und definieren eine Addition und eine Multiplikation auf M nach den Vorbildern (3) und (4). Eine Äquivalenzrelation brauchen wir wegen (5) auf M nicht einzuführen. Es folgt der Nachweis, daß M ein Schiefkörper ist; abgesehen von der Bezeichnung der Elemente handelt es sich um den zu konstruierenden Schiefkörper T. Wir führen die einzelnen Schritte, die nach dem in § 23 gegebenen Muster ablaufen, nicht mehr durch.

29.2 Diesen Schiefkörper, der aus allen Elementen der Gestalt (2) besteht und in dem nach den Regeln (3), (4) und (5) gerechnet wird, bezeichnen wir in Zukunft mit $\mathfrak{H}$; seine Elemente nennt man *Quaternionen*. Der Name Quaternionen stammt von dem englischen Mathematiker W. R. Hamilton (1805 — 1865); er hat sich ausführlich mit ihnen beschäftigt, nachdem schon Euler (1707—1783) mit ihnen gerechnet hatte. Der Quaternionenschiefkörper hat in verschiedenen Disziplinen der Mathematik eine gewisse Bedeutung erlangt; Anwendungen des Rechnens mit Quaternionen finden sich auch in der Mechanik (vgl. Blaschke [4]). Wir kommen im Rahmen der Algebra in § 55 noch einmal auf den Schiefkörper $\mathfrak{H}$ zurück, der dann eine interessante axiomatische Beschreibung erfährt.

Ist $\alpha = a + bi + cj + dk$ ein Element von $\mathfrak{H}$, so nennt man

$$\bar{\alpha} = a - bi - cj - dk \in \mathfrak{H}$$

die zu α *konjugierte Quaternion* und die reelle Zahl

$$N(\alpha) = \alpha\bar{\alpha} = a^2 + b^2 + c^2 + d^2$$

die *Norm* von α. Für sie gilt

$$(6) \qquad N(\alpha)N(\beta) = N(\alpha\beta) \qquad (\alpha, \beta \in \mathfrak{H}).$$

Zum Beweis rechnen wir die linke Seite von (6) aus. Zunächst wird $N(\alpha)N(\beta) = (\alpha\bar{\alpha})(\beta\bar{\beta}) = \alpha(\beta\bar{\beta})\bar{\alpha} = (\alpha\beta)(\bar{\beta}\bar{\alpha})$; dabei wurde neben der Assoziativität der Multiplikation die Vertauschbarkeit der reellen Zahl $\beta\bar{\beta}$ mit $\bar{\alpha} \in \mathfrak{H}$ benutzt. Nun gilt weiter

$$(7) \qquad \overline{\alpha\beta} = \bar{\beta}\bar{\alpha} \qquad (\alpha, \beta \in \mathfrak{H}),$$

wie man nach (4) feststellt. Also bekommen wir $N(\alpha)N(\beta) = \alpha\beta(\bar{\beta}\bar{\alpha}) = \alpha\beta\overline{\alpha\beta} = N(\alpha\beta)$, wie es in (6) behauptet war.

Der Schiefkörper $\mathfrak{H}$ kann auch durch Adjunktion von $j \in G$ zu $\mathfrak{C}$ gewonnen werden. Dies sieht man, wenn man die Quaternion $\alpha = a + bi + cj + dk$ in der Gestalt $\alpha = a + bi + (c + di)j = \alpha_1 + \alpha_2 j$ schreibt ($\alpha_i \in \mathfrak{C}$, $j \notin \mathfrak{C}$). Es gilt $\mathfrak{R} \subset \mathfrak{C} \subset \mathfrak{H}$.

29.3 Ist K ein Körper, so gibt es nach Satz 26.2 höchstens zwei Elemente ξ in K mit der Eigenschaft $\xi^2 + 1 = 0$. Aber schon für den Quaternionenschiefkörper $\mathfrak{H}$, in dem $\pm i$, $\pm j$, $\pm k$ für ξ gewählt werden können, ist das nicht mehr richtig. Eben auf Grund von Satz 26.2 (vgl. auch § 23) ist es von vornherein unmöglich, ein $j \notin \mathfrak{C}$ mit der Eigenschaft $j^2 = -1$ zu $\mathfrak{C}$ zu adjungieren mit dem Ziel, einen Oberkörper von $\mathfrak{C}$ zu erhalten. Man kann zwar $\mathfrak{H}$ als die Menge aller $\alpha_1 + \alpha_2 j$ ($\alpha_1, \alpha_2 \in \mathfrak{C}$) auffassen, hat aber auf die Kommutativität der Multiplikation in $\mathfrak{H}$ verzichtet.
Als Beispiel für das Rechnen in $\mathfrak{H}$ zeigen wir noch die Existenz sogar unendlich vieler $\alpha \in \mathfrak{H}$ mit $\alpha^2 + 1 = 0$. Wird nämlich die Gleichung $a\xi^2+b\xi+c = 0$ ($a, b, c \in \mathfrak{R}$) durch $\alpha \in \mathfrak{H}$ gelöst: $a\alpha^2 + b\alpha + c = 0$, so auch durch jede Quaternion $\beta\alpha\beta^{-1}$ ($\beta \in \mathfrak{H}$, $\beta \neq 0$); denn es gilt

$$\beta(a\alpha^2+b\alpha+c)\beta^{-1} = a\beta\alpha^2\beta^{-1}+b\beta\alpha\beta^{-1}+c = a(\beta\alpha\beta^{-1})^2+b(\beta\alpha\beta^{-1})+c = 0.$$

Demnach ist etwa

$$(r + j)^{-1}i(r + j) = \frac{1}{r^2+1}(r - j)i(r + j) = \frac{r^2-1}{r^2+1}i + \frac{2r}{r^2+1}k$$

für jedes $r \in \mathfrak{R}$ eine Lösung der Gleichung $\xi^2 + 1 = 0$.

29.4 Wir betrachten für den Augenblick den Ring $\mathfrak{Z}[\sqrt{-d}]$, wobei d eine ganze Zahl und $\sqrt{-d} \notin \mathfrak{Z}$ sein soll. Ist $\alpha = a + b\sqrt{-d}$ ($a, b \in \mathfrak{Z}$) ein Element von $\mathfrak{Z}[\sqrt{-d}]$, so setzen wir $\bar{\alpha} = a - b\sqrt{-d}$ und bezeichnen die reelle Zahl $N(\alpha) = \alpha\bar{\alpha} = a^2 + db^2$ als die *Norm* von α. Auch für diese Norm gilt

$$(6')\qquad N(\alpha)N(\beta) = N(\alpha\beta) \qquad (\alpha, \beta \in \mathfrak{Z}[\sqrt{-d}]).$$

Um das nachzurechnen, beachten wir die Gültigkeit von

$$(7')\qquad \overline{\alpha\beta} = \bar{\alpha}\bar{\beta} \qquad (\alpha, \beta \in \mathfrak{Z}[\sqrt{-d}]).$$

Diese Beziehung rechnet man leicht direkt nach; sie gilt deswegen, weil wie in Aufgabe 27.3 durch $\varphi(\alpha) = \bar{\alpha}$ ein Automorphismus von $\mathfrak{Z}[\sqrt{-d}]$ definiert wird. Mit Hilfe von (7') wird dann $N(\alpha)N(\beta) = \alpha\bar{\alpha}\beta\bar{\beta} = \alpha\beta\bar{\alpha}\bar{\beta} = \alpha\beta\overline{\alpha\beta} = N(\alpha\beta)$, wie es in (6') behauptet war.
Schreibt man die Gleichung (6') mit $\alpha = a + b\sqrt{-d}$ und $\beta = s + t\sqrt{-d}$ aus ($a, b, s, t \in \mathfrak{Z}$), so lautet sie

$$(8)\qquad (a^2 + db^2)(s^2 + dt^2) = (as - btd)^2 + d(at + bs)^2.$$

Das ist eine Identität, deren Gültigkeit man nachträglich für jeden kommutativen Ring bestätigt. Sie wird in der Zahlentheorie gebraucht (vgl. auch Aufgabe 27.4). Speziell beruht der Fall $d = 1$ auf dem Rechnen in $\mathfrak{Z}[i]$ oder $\mathfrak{C}$. Das Produkt von Zahlen der Form $x^2 + dy^2$ hat also wieder diese Gestalt. Eine ähnliche Aussage liefert (6). Ausgeschrieben bekommt man nach (4) die Vierquadrateformel

$$\begin{aligned}(a^2 + b^2 + c^2 + d^2)(s^2 + t^2 + u^2 + v^2) = {} & (as - bt - cu - dv)^2 \\ & + (at + bs + cv - du)^2 \\ & + (au + cs + dt - bv)^2 \\ & + (av + ds + bu - ct)^2,\end{aligned}$$

die sich wieder in jedem kommutativen Ring als richtig erweist. Wenn man zeigen kann, und dies geschieht in der Zahlentheorie, daß sich jede Primzahl als Summe von vier Quadraten aus $\mathfrak{Z}$ schreiben läßt, so liefert die aufgeschriebene Formel den berühmten Satz von LAGRANGE (1736—1813), daß sich jedes Produkt von Primzahlen, also jede natürliche Zahl, als Summe von vier Quadraten aus $\mathfrak{Z}$ darstellen läßt.

§ 30* Duale Zahlen

Eine sogenannte *duale Zahl* hat die Gestalt $a + b\varepsilon$; dabei sind a, b reelle Zahlen, und es gilt $\varepsilon^2 = 0$:

(1) $a_1 + a_2\varepsilon = b_1 + b_2\varepsilon \Leftrightarrow a_\nu = b_\nu \qquad (\nu = 1, 2; a_\nu, b_\nu \in \mathfrak{R})$,

(2) $(a_1 + a_2\varepsilon) + (b_1 + b_2\varepsilon) = (a_1 + b_1) + (a_2 + b_2)\varepsilon$,

(3) $(a_1 + a_2\varepsilon) \cdot (b_1 + b_2\varepsilon) = a_1b_1 + (a_1b_2 + a_2b_1)\varepsilon$.

Diese Forderungen definieren den kommutativen Ring D der dualen Zahlen. Wir verzichten auf seine Konstruktion aus der Menge $M = \mathfrak{R}^2$ nach dem Vorbild von § 23.

Man sieht: Genau die Elemente der Gestalt $r\varepsilon$ ($r \in \mathfrak{R}$, $r \neq 0$) sind Nullteiler in D. Das Rechnen mit dualen Zahlen gestattet hübsche Anwendungen in der Geometrie, die auf den deutschen Mathematiker E. STUDY (1862—1930) zurückgehen (vgl. BLASCHKE [4]).

§ 31 Angeordnete Ringe

31.1 In den Ringen $\mathfrak{Z}, \mathfrak{Q}, \mathfrak{R}$ kann man sagen, ein gewisses Element sei positiv oder größer als ein anderes. Dieser Sachverhalt dient als Vorbild für die folgende

Definition: *Ein Ring $R \neq \{0\}$ mit Elementen $a, b, \ldots$ heißt angeordnet, wenn in R eine Relation $a > 0$ (lies: a größer Null, oder: a positiv) mit folgenden Eigenschaften erklärt ist:*

(1) Für jedes $a \in R$ gilt genau eine der Relationen $a > 0$, $a = 0$, $-a > 0$.

(2) Für $a > 0$, $b > 0$ gilt $a + b > 0$ und $ab > 0$.

Die Menge P aller positiven Elemente aus R heißt der *Positivbereich* von R. Eine Anordnung von R definiert also eine Partition $R = P \cup \{0\} \cup N$ von R; dabei ist N die Menge aller $r \in R$ mit $-r > 0$. Ist ein Ring R auf zwei Arten angeordnet, so stimmen diese Anordnungen genau dann überein, wenn die zugehörigen Positivbereiche dieselben sind. Gleichheiten von Anordnungen werden so gezeigt.

Im Anschluß an die gegebene Definition treffen wir noch die folgenden weiteren Verabredungen. Es soll $a > b$ (a größer b) dasselbe heißen wie $a - b > 0$, und $a < b$ (a kleiner b) bedeute dasselbe wie $b > a$. An Stelle von $-r > 0$ können wir also auch $r < 0$ schreiben. Schließlich soll $a \geqq b$ bedeuten: Es ist entweder $a > b$ oder $a = b$. Entsprechend wird $a \leqq b$ erklärt. Für jedes Element r eines angeordneten Ringes R gilt also beispielsweise $r \geqq r$.

Sind a, b Elemente eines angeordneten Ringes R, so gilt nach (1) mindestens eine der Relationen $a \leqq b$ oder $b \leqq a$, und das gleichzeitige Bestehen von $a \leqq b$ und $b \leqq a$ ist gleichwertig mit $a = b$; aus $a \leqq b$ und $b \leqq c$, also $b - a \geqq 0$ und $c - b \geqq 0$, schließlich folgt vermöge (2) $(b - a) + (c - b) = c - a \geqq 0$ oder $a \leqq c$. Ein *angeordneter Ring* R ist also bezüglich der Relation $\leqq$ eine *geordnete Menge* (vgl. § 1.2).

Beispiele für angeordnete Ringe wurden schon genannt. Jeder Unterring eines angeordneten Ringes, etwa $\mathfrak{Q}[\sqrt{2}] \subset \mathfrak{R}$, ist angeordnet. Im allgemeinen sind für ein und denselben Ring R Anordnungen, wenn überhaupt, auf verschiedene Arten möglich. Man betrachte etwa $R = \mathfrak{Q}[x]$. Eine Anordnung von $\mathfrak{Q}[x]$ erhält man beispielsweise, wenn man jedes von Null verschiedene $f(x) \in \mathfrak{Q}[x]$ genau dann als positiv bezeichnet, wenn sein höchster Koeffizient ein positives Element von $\mathfrak{Q}$ ist. Eine ganz andere Anordnung von $\mathfrak{Q}[x]$ ergibt sich, wenn man ein $f(x) \neq 0$ genau dann positiv nennt, wenn $f(\pi)$ in $\mathfrak{R}$ positiv ist; beim Nachprüfen der Forderung (1) benutzt man, daß mit $f(x) \neq 0$ auch $f(\pi) \neq 0$ gilt, also die Transzendenz von π über $\mathfrak{Q}$.

Man kann aber auch leicht Ringe angeben, die sich nicht anordnen lassen. Man betrachte zunächst einen angeordneten Ring R und ein $r \in R$, $r \neq 0$; nach (1) gilt dann entweder $r > 0$ oder $-r > 0$, und beide Male liefert (2) $r^2 > 0$. Von Null verschiedene Quadrate sind also in angeordneten Ringen positiv. Ist speziell R ein angeordneter Ring mit Einselement, so folgt $1 = 1^2 > 0$ und $-1 < 0$. Eine Folge davon ist, daß beispielsweise $\mathfrak{C}$ nicht angeordnet werden kann; denn dazu müßte einerseits $1 > 0$ und andrerseits auch $-1 = i^2 > 0$ sein im Widerspruch zu (1).

Wir wenden uns nun dem Rechnen in angeordneten Ringen zu.

Satz 1: *Es sei R ein angeordneter Ring mit Elementen $a, b, c, d, \ldots$ Dann gelten die folgenden Regeln.*

a) *Aus $a > b$ und $c > d$ folgt $a + c > b + d$.*

b) *Aus $a > b$ und $c > 0$ folgt $ac > bc$ und $ca > cb$.*

c) *Ist R sogar ein Körper und $a > b > 0$, so folgt $b^{-1} > a^{-1} > 0$.*

Beweis:

a) Es ist $a - b > 0$, $c - d > 0$, nach (2) also $(a - b) + (c - d) = (a + c) - (b + d) > 0$ oder $a + c > b + d$.

b) Es ist $a - b > 0, c > 0$, nach (2) also $(a - b)c = ac - bc > 0$ oder $ac > bc$; analog wird $ca > cb$.

c) Man beachte, daß aus $c > 0$ auch $(c^{-1})^2 c = c^{-1} > 0$ folgt, und multipliziere $a > b > 0$ gemäß b) mit $a^{-1}b^{-1} > 0$.

Ist R ein angeordneter Ring, so definieren wir noch wie üblich den *Betrag* $|a|$ von $a \in R$; wir setzen $|a| = a$ für $a \geqq 0$ und $|a| = -a$ für $a < 0$. Es gelten dann die *Betragsrechenregeln* (Aufgabe 2)

(3) $|ab| = |a| \cdot |b|$,

(4) $|a + b| \leqq |a| + |b|$ (*Dreiecksungleichung*),

(5) $||a| - |b|| \leqq |a \pm b| \leqq |a| + |b|$.

Ziemlich evident ist ferner die Gültigkeit von

Satz 2: *Eine Anordnung eines Integritätsbereiches I läßt sich auf genau eine Weise zu einer Anordnung seines Quotientenkörpers Q fortsetzen.*

Beweis: Würde Q eine Anordnung gestatten, die auf der Teilstruktur $I \subset Q$ mit einer vorgegebenen Anordnung übereinstimmt, so müßte genau dann $\frac{a}{b} > 0$ sein ($a, b \in I$, $b \neq 0$), wenn $b^2 \cdot \frac{a}{b} = ab > 0$ in I ist; wenn es also eine Fortsetzung der Anordnung von I auf Q gibt, so nur diese. Ist aber

$$\frac{a}{b} > 0 \quad \Leftrightarrow \quad ab > 0$$

überhaupt eine Definition? Ja; denn aus $\frac{a}{b} = \frac{c}{d}$ oder $ad = bc$ folgt $abc^2 = a^2cd$; ist also ab positiv, so auch cd. Die gegebene Vorschrift definiert auch wirklich eine Anordnung auf Q: Die Forderung (1) ist erfüllt; aus $\frac{a}{c} > 0$ und $\frac{b}{c} > 0$ folgt $ac + bc = (a + b)c > 0$, also $\frac{a + b}{c} = \frac{a}{c} + \frac{b}{c} > 0$, und analog zeigt man $\frac{a}{c} \cdot \frac{b}{c} > 0$, insgesamt also (2). Und schließlich liegt eine Fortsetzung der Anordnung von I vor; ist nämlich $a \in I$ und a in I positiv, so ist es wegen $a = \frac{a^2}{a}$ positiv auch in Q.

Will man den Ring $\mathfrak{Z}$ anordnen, so muß $1 > 0$ und nach (2) auch $1 + 1 = 2 > 0$, $1 + 1 + 1 = 3 > 0$ usw. gelten; $\mathfrak{Z}$ und wegen Satz 2 dann auch $\mathfrak{Q}$ gestatten also nur die eine bereits bekannte Anordnung. Ist R ein angeordneter Ring, so enthält er ein Element $a > 0$, und nach (2) ist niemals $na = 0$ ($n \in \mathfrak{N}$); die Ringelemente a, $a + a$, $a + a + a, \ldots$ sind daher paarweise voneinander verschieden. Ein angeordneter Ring R ist also unendlich. Ist speziell $1 \in R$, so ist $1 > 0$, und R enthält, wie man in Analogie zu Aufgabe 20.10a) zeigt, einen zu $\mathfrak{Z}$ isomorphen Unterring T aller $m1$, $m \in \mathfrak{Z}$. Es hat also einen Sinn zu sagen, $\mathfrak{Z}$ sei *der kleinste angeordnete Ring mit* einem *Einselement*. Jeder angeordnete Körper umfaßt also $\mathfrak{Z}$ und damit auch $\mathfrak{Q}$, und $\mathfrak{Q}$ läßt sich axiomatisch bis auf Isomorphien eindeutig beschreiben als *der kleinste angeordnete Körper*.

31.2 Sind $0 < a < b$ Elemente eines angeordneten Ringes, so ist es nicht gesagt, daß ein $n \in \mathfrak{N}$ derart existiert, daß $na > b$ wird. Ein einfaches Beispiel dieser Art ist etwa $\mathfrak{Q}[x]$ mit der bereits erwähnten Anordnung, daß ein $f(x) \neq 0$ genau dann positiv sein soll, wenn der höchste Koeffizient es ist; es gilt dann $0 < 1 < x$ und $n \cdot 1 < x$ für jedes $n \in \mathfrak{N}$. Solche Möglichkeiten werden in der folgenden Definition ausgeschlossen.

Definition: *Ein angeordneter Ring R mit Elementen $a, b, \ldots$ heißt archimedisch angeordnet, wenn aus $0 < a < b$ folgt: Es gibt ein $n \in \mathfrak{N}$ mit $na > b$.*

Archimedisch angeordnete Ringe sind etwa $\mathfrak{Z}$, $\mathfrak{Q}$, $\mathfrak{Q}[\sqrt{2}]$, $\mathfrak{R}$.
Es gibt viele angeordnete Körper. Beispielsweise läßt sich der Polynomring $\mathfrak{R}[x]$ wie eben beschrieben anordnen, und diese Anordnung kann nach Satz 2 zu einer Anordnung des Oberkörpers $\mathfrak{R}(x)$ von $\mathfrak{R}$ fortgesetzt werden. Aber für archimedisch angeordnete Körper gilt bereits der Satz: Ein archimedisch angeordneter Körper K ist einem Unterkörper von $\mathfrak{R}$ isomorph. Wir wollen den Beweis, obwohl er nicht schwierig ist, hier nicht ausführen.

Aufgabe 1: Läßt sich $\mathfrak{Z}_7(x)$ anordnen?

Aufgabe 2: Man beweise die Betragsrechenregeln (3), (4), (5).

Aufgabe 3: Der Körper $\mathfrak{R}$ läßt sich nur auf eine Weise anordnen. Beweis?

Aufgabe 4: Man bestimme alle Automorphismen von $\mathfrak{Q}$ und $\mathfrak{R}$.

Aufgabe 5: Ein angeordneter Ring R ist nullteilerfrei. Beweis?

Aufgabe 6: Ein archimedisch angeordneter Ring R ist ein Integritätsbereich. Beweis?

§ 32* Der Körper $\mathfrak{R}$ der reellen Zahlen

32.1 Im Rahmen unserer bisher durchgeführten Überlegungen haben wir zwar das Rechnen in den Strukturen $\mathfrak{Z}$, $\mathfrak{Q}$, $\mathfrak{R}$, $\mathfrak{C}$ als bekannt vorausgesetzt; aber unter der Annahme der Gültigkeit lediglich von Satz 2.1 ergaben sich als Folge allgemeiner Sätze auch Existenznachweise für die Strukturen $\mathfrak{Z}$ und $\mathfrak{Q}$ (§ 13, § 22), und in § 23 wurde der Körper $\mathfrak{C}$ aus $\mathfrak{R}$ gewonnen. Als Lücke blieb noch der Nachweis der Existenz des Körpers $\mathfrak{R}$ der reellen Zahlen. Die Schließung dieser Lücke erfordert einen gewissen Aufwand und unterscheidet sich wesentlich von den früher geübten Konstruktionsverfahren.
Schon anschaulich vollzieht sich der Übergang von $\mathfrak{Q}$ zu $\mathfrak{R}$ anders als etwa der von $\mathfrak{Z}$ zu $\mathfrak{Q}$. Damals wurden die Lösungen der Gleichungen $ax = b$ ($a, b \in \mathfrak{Z}$; $a \neq 0$) zu $\mathfrak{Z}$ adjungiert. Diesmal kann man sich die Elemente von $\mathfrak{Q}$ auf der Zahlengeraden markiert denken und will erreichen, daß umgekehrt auch jedem Punkt dieser Geraden ein Element r des Erweiterungskörpers $\mathfrak{R} \supset \mathfrak{Q}$ entspricht. Es gibt mehrere Möglichkeiten, diese Vorstellung mathematisch zu realisieren. Methodisch am ergiebigsten ist ein Verfahren, das durch den Konvergenzbegriff aus der Analysis nahegelegt wird und über die bloße Konstruktion des reellen Zahlkörpers $\mathfrak{R}$ hinaus eine allgemeine Bedeutung besitzt.

Es geht unter anderem auf G. CANTOR (1845—1918) zurück und besteht, kurz gesagt, in folgendem. Eine Folge rationaler Zahlen a_i, für die das Cauchysche Konvergenzkriterium erfüllt ist, hat immer einen Limes $a \in \mathfrak{R}$; aber a braucht nicht in $\mathfrak{Q}$ zu liegen. Umgekehrt gibt es zu jedem $a \in \mathfrak{R}$ eine (Cauchy-)Folge rationaler a_i mit a als Limes. Wir konstruieren nun $\mathfrak{R}$ als die Menge aller solcher Cauchy-Folgen aus rationalen a_i; zwei derartige Folgen werden äquivalent sein, wenn sie denselben Limes $a \in \mathfrak{R}$ haben. Dem wenden wir uns jetzt im einzelnen zu. Eine andere, für Beweiszwecke mitunter nützliche Konstruktion des Körpers $\mathfrak{R}$ durch sogenannte DEDEKINDsche Schnitte findet man etwa bei GRAUERT-LIEB [5].

32.2 Wir beginnen mit der

Definition: *Eine Folge* $(a_1, a_2, a_3, \ldots)$ *aus* $\mathfrak{Q}^\infty$ *heißt Cauchy-Folge, wenn zu jedem positiven* $\varepsilon \in \mathfrak{Q}$ *ein* $N(\varepsilon) \in \mathfrak{N}$ *derart existiert, daß* $|a_m - a_n| < \varepsilon$ *wird für* $m, n > N(\varepsilon)$. *Eine Folge* $(a_1, a_2, a_3, \ldots) \in \mathfrak{Q}^\infty$ *heißt Nullfolge, wenn zu jedem positiven* $\varepsilon \in \mathfrak{Q}$ *ein* $N_0(\varepsilon) \in \mathfrak{N}$ *derart existiert, daß* $|a_n| < \varepsilon$ *wird für* $n > N_0(\varepsilon)$.

Eine Nullfolge $(a_1, a_2, a_3, \ldots)$ ist also eine spezielle Cauchy-Folge; denn zu vorgegebenem $\varepsilon > 0$ aus $\mathfrak{Q}$ gelten für hinreichend große Indizes m, n die Ungleichungen $|a_m| < \frac{\varepsilon}{2}$ und $|a_n| < \frac{\varepsilon}{2}$, und aus ihnen folgt

$$|a_m - a_n| \leqq |a_m| + |a_n| < \varepsilon.$$

Eine Cauchy-Folge $(a_1, a_2, a_3, \ldots)$ ist beschränkt; das heißt, es gibt ein $q \in \mathfrak{Q}$ derart, daß $|a_n| \leqq q$ gilt für jeden Index n. Für $m, n > N(1)$ gilt ja $|a_m - a_n| < 1$, also für $m > N = N(1)$ die Abschätzung $|a_m| = |(a_m - a_{N+1}) + a_{N+1}| \leqq 1 + |a_{N+1}|$; man kann also $q = \operatorname{Max}(|a_1|, |a_2|, \ldots, |a_N|, 1 + |a_{N+1}|)$ setzen.

Es sei nun M die Menge aller Cauchy-Folgen aus $\mathfrak{Q}^\infty$; aus M konstruieren wir $\mathfrak{R}$. Elemente $(a_1, a_2, a_3, \ldots)$ und $(b_1, b_2, b_3, \ldots)$ aus M seien äquivalent, wenn $(a_1 - b_1, a_2 - b_2, a_3 - b_3, \ldots)$ eine Nullfolge ist. Man überzeugt sich, daß auf diese Weise wirklich eine Äquivalenzrelation auf M definiert wird. Ferner seien eine Addition und eine Multiplikation auf M durch

$$(a_1, a_2, a_3, \ldots) + (b_1, b_2, b_3, \ldots) = (a_1 + b_1, a_2 + b_2, a_3 + b_3, \ldots)$$

und

$$(a_1, a_2, a_3, \ldots) \cdot (b_1, b_2, b_3, \ldots) = (a_1b_1, a_2b_2, a_3b_3, \ldots)$$

eingeführt; die rechten Seiten liegen wieder in M, was für die Summe aus

$$|(a_m + b_m) - (a_n + b_n)| = |(a_m - a_n) + (b_m - b_n)| \leqq |a_m - a_n| + |b_m - b_n|$$

und für das Produkt aus

$$\begin{aligned} |a_mb_m - a_nb_n| &= |a_mb_m - a_nb_m + a_nb_m - a_nb_n| \\ &= |b_m(a_m - a_n) + a_n(b_m - b_n)| \leqq |b_m| \cdot |a_m - a_n| + |a_n| \cdot |b_m - b_n| \end{aligned}$$

und der Beschränktheit der $|b_m|$ und $|a_n|$ folgt.
Ist unsere Äquivalenzrelation eine Kongruenzrelation? Da wir mit den Klassen

rechnen wollen, müssen wir das nachprüfen. Für die Addition sieht man es sofort mit Hilfe der Dreiecksungleichung. Und sind

$(a_1, a_2, a_3, \ldots) \sim (a'_1, a'_2, a'_3, \ldots)$ und $(b_1, b_2, b_3, \ldots) \sim (b'_1, b'_2, b'_3, \ldots)$,

so wird auch $(a_1b_1, a_2b_2, a_3b_3, \ldots) \sim (a'_1b'_1, a'_2b'_2, a'_3b'_3, \ldots)$ wegen

$|a_nb_n - a'_nb'_n| = |a_nb_n - a'_nb_n + a'_nb_n - a'_nb'_n| \leqq |b_n| \cdot |a_n - a'_n| + |a'_n| \cdot |b_n - b'_n|$,

was für hinreichend großes n kleiner als ein vorgegebenes $\varepsilon > 0$ aus $\mathfrak{Q}$ ausfällt. Es liegt also tatsächlich eine Kongruenzrelation vor.

Man sieht sofort, daß M ein kommutativer Ring ist. Das Nullelement in M ist $(0, 0, 0, \ldots)$; die dazu gehörende Klasse ist die Menge $\mathfrak{n} \subset M$ aller Nullfolgen, und nach Satz 21.2 ist $\mathfrak{n}$ ein Ideal von M. Die Menge A der Kongruenzklassen von M, von der wir ja erwarten, daß sie bis auf Isomorphien der Körper $\mathfrak{R}$ wird, ist nach § 21 dasselbe wie $M/\mathfrak{n}$; als homomorphes Bild des kommutativen Ringes M ist also auch A ein kommutativer Ring.

Wir wollen zeigen, daß A sogar ein Körper ist. Die Null in A ist die Klasse $\mathfrak{n}$; als Repräsentant kann $(0, 0, 0, \ldots)$ gewählt werden. Entsprechend ist $(1, 1, 1, \ldots) + \mathfrak{n}$ das Einselement. Ein von $\mathfrak{n}$ verschiedenes Element aus A enthält nur solche Folgen $(a'_1, a'_2, a'_3, \ldots)$, für die ein $q \in \mathfrak{Q}$, $1 > q > 0$, existiert mit $|a'_n| > q$ für alle $n > N^*(q) \in \mathfrak{N}$; dabei hängen q und $N^*(q)$ von der vorgelegten Folge ab. Nur endlich viele a'_i einer solchen willkürlich dieser Klasse entnommenen Folge $(a'_1, a'_2, a'_3, \ldots)$ sind also ihrem Betrage nach kleiner oder gleich q; ersetzen wir diese a'_i durch Einsen, so erhalten wir den Repräsentanten $(a_1, a_2, a_3, \ldots)$ derselben Klasse, und für ihn gilt $a_n \neq 0$ und $|a_n| > q$ für alle n. Der Nachweis, daß A ein Körper ist, ist erbracht, wenn wir gezeigt haben, daß $(a_1, a_2, a_3, \ldots) + \mathfrak{n}$ mit dem eben fixierten Repräsentanten $(a_1, a_2, a_3, \ldots)$ ein Inverses besitzt. Wir geben es an: $\left(\frac{1}{a_1}, \frac{1}{a_2}, \frac{1}{a_3}, \ldots\right) + \mathfrak{n}$; wir müssen nur noch nachweisen, daß $\left(\frac{1}{a_1}, \frac{1}{a_2}, \frac{1}{a_3}, \ldots\right)$ eine Cauchy-Folge ist. Das folgt aber daraus, daß $(a_1, a_2, a_3, \ldots)$ eine Cauchy-Folge ist und die Ungleichung

$$\left|\frac{1}{a_m} - \frac{1}{a_n}\right| = \frac{|a_m - a_n|}{|a_m a_n|} < \frac{1}{q^2}\,|a_m - a_n|$$

besteht.

32.3 Ist der so konstruierte Körper A nun auch das geworden, was wir haben wollten? Um das nachzuprüfen, orientieren wir uns an der Vorstellung, der Körper $\mathfrak{R} \supset \mathfrak{Q}$ sei die Menge aller Dezimalbrüche. Zunächst ist sicher die Teilstruktur $T = \{x\colon x \in A,\ x = (a, a, a, \ldots) + \mathfrak{n}\}$ aller durch konstante Folgen repräsentierbaren Klassen aus A isomorph $\mathfrak{Q}$. Von Isomorphien abgesehen ist also A ein Oberkörper von $\mathfrak{Q}$. Ferner definiert jeder Dezimalbruch, zum Beispiel der für π, eine Cauchy-Folge, hier

$$(3,\ 3{,}1,\ 3{,}14,\ 3{,}141,\ 3{,}1415,\ \ldots),$$

und wird so Repräsentant einer Klasse aus A. Schließlich sieht man auch umgekehrt, daß man für jede Klasse aus A genau einen Repräsentanten dieser Art wählen kann. Wir dürfen A als die Menge aller Dezimalbrüche ansehen. Im folgenden stellen wir nun einige einfache Eigenschaften des in Abschnitt 32.2 konstruierten Körpers A fest, die, wie sich zum Schluß herausstellen wird, ihn axiomatisch eindeutig beschreiben.

32.4 Wir wollen A anordnen und wählen ein Element $(a_1, a_2, a_3, \ldots) + \mathfrak{n}$ von A, das nicht Null ist. Wir wissen bereits, daß dann ein $q \in \mathfrak{Q}$, $q > 0$, existiert, so daß $|a_n| > q$ wird für alle $n > N^*(q)$. Da nun $(a_1, a_2, a_3, \ldots)$ eine Cauchy-Folge ist, gilt ferner $|a_m - a_n| < 2q$ für alle $m, n > N(2q)$. Aus beidem zusammen folgt: Für $n > N = \operatorname{Max}(N^*(q), N(2q))$ haben alle a_n das gleiche Vorzeichen. Genau dann, wenn alle diese a_n positiv sind, sei $(a_1, a_2, a_3, \ldots) + \mathfrak{n} \in A$ positiv. Diese Vorschrift ist eine Definition, da ein anderer Repräsentant derselben Klasse sich lediglich um eine Nullfolge von $(a_1, a_2, a_3, \ldots)$ unterscheidet. Die Anordnungsaxiome aus § 31 sind ersichtlich erfüllt. Und schließlich wird die Anordnung von $\mathfrak{Q}$ fortgesetzt; denn $(a, a, a, \ldots) + \mathfrak{n} \in T \subset A$ wird genau dann positiv, wenn $a \in \mathfrak{Q}$ in $\mathfrak{Q}$ positiv ist.

32.5 Ist A archimedisch angeordnet? Es seien $(a_1, a_2, a_3, \ldots) + \mathfrak{n}$ und $(b_1, b_2, b_3, \ldots) + \mathfrak{n}$ positive Elemente aus A. Dann gibt es positive rationale Zahlen q_1, q_2, r_1, r_2 derart, daß für alle hinreichend großen n gilt:

$$q_1 < a_n < q_2, r_1 < b_n < r_2.$$

Die Abschätzungen nach oben folgen daraus, daß $(a_1, a_2, a_3, \ldots)$ und $(b_1, b_2, b_3, \ldots)$ Cauchy-Folgen sind. Da $\mathfrak{Q}$ archimedisch angeordnet ist, gibt es ein $k \in \mathfrak{N}$ mit $kq_1 > r_2$. Dann ist aber erst recht $(ka_1, ka_2, ka_3, \ldots) + \mathfrak{n}$ größer als $(b_1, b_2, b_3, \ldots) + \mathfrak{n}$. Es ist also A ein archimedisch angeordneter Körper.

32.6 Wir wenden uns noch einmal der Definition zu Beginn von Abschnitt 32.2 zu und verallgemeinern sie, indem wir $\mathfrak{Q}$ durch einen angeordneten Körper K ersetzen.

Definition: *Es sei K ein angeordneter Körper. Eine Folge $(a_1, a_2, a_3, \ldots)$ aus K^∞ heißt Cauchy-Folge, wenn zu jedem positiven $\varepsilon \in K$ ein $N(\varepsilon) \in \mathfrak{N}$ derart existiert, daß $|a_m - a_n| < \varepsilon$ wird für $m, n > N(\varepsilon)$. Eine Folge $(a_1, a_2, a_3, \ldots) \in K^\infty$ heißt Nullfolge, wenn zu jedem positiven $\varepsilon \in K$ ein $N_0(\varepsilon) \in \mathfrak{N}$ derart existiert, daß $|a_n| < \varepsilon$ wird für $n > N_0(\varepsilon)$. Allgemeiner heißt die Folge $(a_1, a_2, a_3, \ldots) \in K^\infty$ in K konvergent mit dem Limes a, wenn es ein $a \in K$ gibt derart, daß zu jedem positiven $\varepsilon \in K$ ein $S(\varepsilon) \in \mathfrak{N}$ existiert mit $|a_n - a| < \varepsilon$ für $n > S(\varepsilon)$; man schreibt dann $\lim\limits_{\nu\to\infty} a_\nu = a$. Ein angeordneter Körper K heißt vollständig, wenn jede Cauchy-Folge $(a_1, a_2, a_3, \ldots) \in K^\infty$ in K konvergent ist.*

Nullfolgen sind also konvergent mit dem Limes Null.
Wir wissen, daß $\mathfrak{Q}$ nicht vollständig ist. Die in Abschnitt 32.3 aufgeschriebene Cauchy-Folge aus $\mathfrak{Q}^\infty$ beispielsweise ist nicht konvergent in $\mathfrak{Q}$, da sie keine rationale Zahl als Limes hat. Andererseits ist die betrachtete Cauchy-Folge nach dem Cauchyschen Konvergenzkriterium aus der Analysis jedenfalls in $\mathfrak{R}$ konvergent wie jede Cauchy-Folge aus $\mathfrak{R}^\infty$. Dort wird also behauptet: $\mathfrak{R}$ ist

ein vollständiger archimedisch angeordneter Körper. Unter dieser ständig benutzten Voraussetzung betreibt man dann reelle Analysis.
Wir wollen nun zeigen, daß der archimedisch angeordnete Körper A vollständig ist. Das ist nicht schwer, aber etwas umständlich aufzuschreiben.

Es sei eine Cauchy-Folge $(f_1 + \mathfrak{n}, f_2 + \mathfrak{n}, f_3 + \mathfrak{n}, \ldots) \in A^\infty$ von Elementen

$$\begin{aligned} f_1 + \mathfrak{n} &= (a_{11}, a_{12}, a_{13}, \ldots) + \mathfrak{n} \\ f_2 + \mathfrak{n} &= (a_{21}, a_{22}, a_{23}, \ldots) + \mathfrak{n} \\ f_3 + \mathfrak{n} &= (a_{31}, a_{32}, a_{33}, \ldots) + \mathfrak{n} \\ &\ldots\ldots\ldots\ldots\ldots\ldots \end{aligned} \tag{1}$$

aus A vorgelegt. Auf Grund unserer Definition und der in Abschnitt 32.4 vorgenommenen Anordnung von A hat das die folgende Bedeutung. Zu vorgegebenem $\varepsilon > 0$ aus $\mathfrak{Q}$ gibt es ein $N(\varepsilon) \in \mathfrak{N}$ mit nachstehender Eigenschaft. Sind r, s natürliche Zahlen größer als $N(\varepsilon)$, so existiert ein $\Lambda = \Lambda(r, s) \in \mathfrak{N}$ derart, daß für alle $\lambda > \Lambda$ gilt:

$$|a_{r\lambda} - a_{s\lambda}| < \varepsilon \qquad (r, s > N(\varepsilon); \lambda > \Lambda(r, s)). \tag{2}$$

Wir denken uns ferner die Repräsentanten in (1) noch in bestimmter Weise ausgesucht; wir wollen, daß die Komponenten der f_λ mit wachsendem λ immer weniger streuen: Lassen wir von einer Cauchy-Folge $(a_1, a_2, a_3, \ldots)$ die ersten k Komponenten weg, so wird auch $(a_{k+1}, a_{k+2}, a_{k+3}, \ldots)$ eine Cauchy-Folge, die dieselbe Klasse repräsentiert. Auf diese Weise können wir erreichen, daß in (1) für alle r, s gilt:

$$|a_{rs} - a_{rr}| < \frac{1}{r} \qquad (r, s \in \mathfrak{N}). \tag{3}$$

Eine beliebige Komponente der r-ten Folge f_r unterscheidet sich von der r-ten Komponente a_{rr} dieser Folge um weniger als $\frac{1}{r}$.
Unter diesen Voraussetzungen wollen wir zeigen: Die Folge

$$(f_1 + \mathfrak{n}, f_2 + \mathfrak{n}, f_3 + \mathfrak{n}, \ldots) \in A^\infty$$

ist in A konvergent mit dem Limes $f + \mathfrak{n} \in A$, wobei f die Diagonalfolge $(a_{11}, a_{22}, a_{33}, \ldots)$ des Schemas

$$\begin{matrix} a_{11} & a_{12} & a_{13} & a_{14} & \ldots \\ a_{21} & a_{22} & a_{23} & a_{24} & \ldots \\ a_{31} & a_{32} & a_{33} & a_{34} & \ldots \\ a_{41} & a_{42} & a_{43} & a_{44} & \ldots \\ \ldots & \ldots & \ldots & \ldots & \ldots \end{matrix}$$

bedeutet. Der Nachweis dafür ist gewiß dann erbracht, wenn wir das Folgende zeigen können. Zu vorgegebenem $\varepsilon > 0$ aus $\mathfrak{Q}$ existiert ein $S(\varepsilon) \in \mathfrak{N}$ derart, daß für alle $r, s > S(\varepsilon)$ gilt:

$$|a_{rs} - a_{ss}| < \varepsilon \qquad (r, s > S(\varepsilon)). \tag{4}$$

Das heißt speziell: Wird die Folge $(a_{r1}, a_{r2}, a_{r3}, \ldots)$ in dem angeschriebenen Schema nur hinreichend weit unten gewählt, so unterscheidet sich a_{rs} für $s \geqq r$ von der entsprechenden Komponente a_{ss} der Folge $(a_{11}, a_{22}, a_{33}, \ldots)$ dem Betrage nach um weniger als ε. Aus den Beziehungen (3) und (4) und der Ungleichung

$$|a_{rr} - a_{ss}| \leqq |a_{rr} - a_{rs}| + |a_{rs} - a_{ss}|$$

ergibt sich schließlich von selbst noch, daß f eine Cauchy-Folge, also $f + \mathfrak{n} \in A$ ist.

Der ausstehende Nachweis von (4) stützt sich auf (2) und (3). Für $r, s > N\left(\frac{\varepsilon}{2}\right)$ und hinreichend große $\lambda > \Lambda(r, s)$ gilt zunächst einmal

$$(5) \qquad |a_{r\lambda} - a_{s\lambda}| < \frac{\varepsilon}{2}$$

auf Grund von (2). Die $a_{r\lambda}$ aus der r-ten Folge f_r unterscheiden sich aber nach (3) von a_{rr} um höchstens $\frac{1}{r}$, somit untereinander um höchstens $\frac{2}{r}$, und entsprechend unterscheiden sich die $a_{s\lambda}$ der s-ten Folge um höchstens $\frac{2}{s}$. An Stelle von (5) bekommen wir deswegen auch

$$(6) \qquad |a_{r\lambda} - a_{s\lambda}| < \frac{\varepsilon}{2} + \frac{2}{r} + \frac{2}{s} \qquad \left(r, s > N\left(\frac{\varepsilon}{2}\right)\right),$$

diesmal für alle $\lambda \in \mathfrak{N}$. Hieraus ergibt sich (4) mit $\lambda = s$ und einem beliebigen $S(\varepsilon) \geqq \operatorname{Max}\left(N\left(\frac{\varepsilon}{2}\right), \frac{8}{\varepsilon}\right)$.

32.7 Es ist also A ein vollständiger archimedisch angeordneter Körper. Axiomatisch ist nun noch ein Punkt interessant: Zwei archimedisch angeordnete vollständige Körper K und L sind isomorph. Wenn wir das noch beweisen, so haben wir durch diese Angaben den Körper A sogar eindeutig beschrieben. Wir zeigen statt dessen: Ist K ein archimedisch angeordneter vollständiger Körper, so gilt $K \simeq A$.

Zunächst ist K angeordnet; nach § 31.1 dürfen wir also $\mathfrak{Q} \subset K$ voraussetzen. Weil K sogar archimedisch angeordnet ist, gibt es überdies zu jedem $a \in K$ ein $n \in \mathfrak{N}$ mit $n \cdot 1 = n > a$, und es folgt die Existenz ganzer Zahlen m, n mit $m < a < n$. Nun kann man eine Cauchy-Folge $(a_1, a_2, a_3, \ldots) \in \mathfrak{Q}^\infty$ konstruieren, die a als Limes hat; man wählt etwa $a_1 = m$ und halbiert das Intervall $[m, n]$ durch $\frac{m+n}{2}$; gilt dann noch $m \leqq a \leqq \frac{m+n}{2}$, so wählt man auch $a_2 = m$, andernfalls $a_2 = \frac{m+n}{2}$, und setzt das Verfahren der Intervallhalbierung fort.

Durch $f(a) = (a_1, a_2, a_3, \ldots) + \mathfrak{n} \in A$ wird nun eine Abbildung $f\colon K \to A$ definiert. Denn erstens ist $(a_1, a_2, a_3, \ldots)$ offenbar eine Cauchy-Folge, und zweitens bildet eine andere gegen a konvergierende Folge $(a_1', a_2', a_3', \ldots) \in \mathfrak{Q}^\infty$ auf Grund der Abschätzung

$$|a_n - a_n'| \leqq |a_n - a| + |a - a_n'|$$

nur einen anderen Repräsentanten derselben Klasse $(a_1, a_2, a_3, \ldots) + \mathfrak{n}$. Diese Abbildung $f\colon K \to A$ ist surjektiv, weil K vollständig ist. Sie ist auch injektiv; hätten nämlich die voneinander verschiedenen Elemente $a, b \in K$ dasselbe Bild $(a_1, a_2, a_3, \ldots) + \mathfrak{n} \in A$, so hätte die Cauchy-Folge $(a_1, a_2, a_3, \ldots)$ die beiden verschiedenen Limites a und b, was wegen

$$|a - a_n| + |a_n - b| \geqq |a - b|$$

nicht möglich ist.
Die Abbildung $f\colon K \to A$ ist also bijektiv. Sie ist auch relationstreu. Hierfür seien $(a_1, a_2, a_3, \ldots)$ und $(b_1, b_2, b_3, \ldots)$ Repräsentanten von Klassen aus A; nach Voraussetzung existieren in K die Limites $\lim\limits_{n\to\infty} a_n = a$ und $\lim\limits_{n\to\infty} b_n = b$. Zu zeigen sind dann die Regeln

$$\lim_{n\to\infty} (a_n + b_n) = \lim_{n\to\infty} a_n + \lim_{n\to\infty} b_n \tag{7}$$

und

$$\lim_{n\to\infty} a_n b_n = \lim_{n\to\infty} a_n \cdot \lim_{n\to\infty} b_n. \tag{8}$$

Ihr Nachweis verläuft nach dem aus der Analysis bekannten Muster und stützt sich auf die Ungleichungen

$$|(a_n + b_n) - (a + b)| \leqq |a_n - a| + |b_n - b| \tag{7'}$$

und

$$|a_n b_n - ab| \leqq |b_n| \cdot |a_n - a| + |a| \cdot |b_n - b|. \tag{8'}$$

Insgesamt gilt also $K \simeq A$.

32.8 Zuletzt ersetzen wir die in Abschnitt 32.3 betrachtete Teilstruktur $T = \{x\colon x \in A, x = (a, a, a, \ldots) + \mathfrak{n}\} \simeq \mathfrak{Q}$ von A durch $\mathfrak{Q}$; den dadurch aus A entstandenen Körper nennen wir den Körper $\mathfrak{R} \supset \mathfrak{Q}$ der reellen Zahlen. Wir fassen unsere Ergebnisse zusammen.

Satz 1: *Es gibt, von Isomorphien abgesehen, genau einen archimedisch angeordneten vollständigen Körper, den Körper $\mathfrak{R}$ der reellen Zahlen.*

Ergänzend wiederholen wir: Der Ring $\mathfrak{Z}$ der ganzen Zahlen ist eindeutig bestimmt als der kleinste angeordnete Ring mit Einselement; der Körper $\mathfrak{Q}$ ist eindeutig bestimmt als der kleinste angeordnete Körper (§ 31). Andere axiomatische Beschreibungen von $\mathfrak{Z}$ und $\mathfrak{Q}$ hatten wir in § 13.2 und § 22.2 kennengelernt.

§ 33* Bewertete Körper

33.1 In einem angeordneten Körper K mit Elementen $a, b, \ldots$ gelten nach § 31.1 die Betragsrechenregeln $|ab| = |a| \cdot |b|$ und $|a + b| \leqq |a| + |b|$. Ihre Bedeutung für die Analysis kann gar nicht hoch genug eingeschätzt werden.

Wir haben sie zum Beispiel bereits bei der Konstruktion des Körpers $\mathfrak{R}$ in typischer Weise gebraucht. Am Anfang der Analysis, etwa in $\mathfrak{R}$, steht der Limesbegriff, und die Theorie besteht aus den Sätzen, die sich über ihn ergeben. Es seien beispielsweise a_n, b_n reelle Zahlen mit $\lim\limits_{n\to\infty} a_n = a$ und $\lim\limits_{n\to\infty} b_n = b$; dann gilt $\lim\limits_{n\to\infty} a_n b_n = ab$. Der Beweis beruht auf der Abschätzung (8′) aus § 32,

$$|a_n b_n - ab| = |b_n(a_n - a) + a(b_n - b)| \leqq |b_n| \cdot |a_n - a| + |a| \cdot |b_n - b|,$$

die sich ihrerseits auf die beiden Betragsrechenregeln stützt. Will man zeigen, daß das Produkt stetiger Funktionen wieder stetig, das Produkt differenzierbarer Funktionen wieder differenzierbar ist, so benutzt man das gleiche Beweisschema.

Nun wissen wir aus § 31.1, daß der Körper $\mathfrak{C}$ sich nicht anordnen läßt. Trotzdem kann man in ihm mit großem Erfolg Analysis betreiben, und die zitierten Limes-Sätze gelten auch hier. Dazu definiert man den Betrag $|z|$ einer komplexen Zahl $z \in \mathfrak{C}$ als die nichtnegative reelle Wurzel aus $z\bar{z} \geqq 0$ und hat damit einen reellen „Wert" von z; für komplexe Zahlen $z_1, z_2, \ldots$ soll dann $\lim\limits_{n\to\infty} z_n = z$ bedeuten, daß der „Wert" von $z_n - z$ mit wachsendem n immer kleiner wird: Zu vorgegebenem reellen $\varepsilon > 0$ existiert ein $S(\varepsilon) \in \mathfrak{N}$ derart, daß $|z_n - z| < \varepsilon$ ist für $n > S(\varepsilon)$. Entscheidend ist nun, daß auf diese Weise die Betragsrechenregeln $|ab| = |a| \cdot |b|$ und $|a + b| \leqq |a| + |b|$ auch für komplexe Zahlen a, b ihre Gültigkeit behalten (vgl. Anhang). Als Folge davon kann man die erwähnten Sätze auch für komplexe Folgen oder Funktionen aussprechen und die alten Beweise, die auf diesen Regeln beruhen, übernehmen.

Dieses Beispiel zeigt, daß es sich lohnt, den Begriff der Anordnung eines Körpers K in folgender Weise zu verallgemeinern.

Definition: *Ein Körper K mit Elementen $a, b, \ldots$ heißt bewertet, wenn eine Abbildung $\varphi\colon K \to W$ von K in einen angeordneten Körper W (meist $W = \mathfrak{R}$) mit folgenden Eigenschaften vorhanden ist:*

(1) $\varphi(0) = 0$; $\varphi(a) > 0$ *für alle* $a \in K$, $a \neq 0$.
(2) $\varphi(ab) = \varphi(a) \cdot \varphi(b)$ *für alle* $a, b \in K$.
(3) $\varphi(a + b) \leqq \varphi(a) + \varphi(b)$ *für alle* $a, b \in K$.

Es ist klar: Jeder angeordnete Körper K besitzt die durch $W = K$ und $\varphi(a) = |a|$ definierte *Betragsbewertung*. Der Körper $\mathfrak{C}$ läßt sich durch $\varphi(z) = +\sqrt{z\bar{z}} \in \mathfrak{R}$ bewerten. Eine *triviale Bewertung* schließlich hat jeder Körper K: Man setze $\varphi(0) = 0$ und $\varphi(a) = 1$ für jedes $a \in K$, $a \neq 0$. Zwei Bewertungen $\varphi_1: K \to W$ und $\varphi_2: K \to W$ wird man genau dann als äquivalent ansehen, wenn für alle $a, b \in K$ gilt:

$$\varphi_1(a) < \varphi_1(b) \quad \Leftrightarrow \quad \varphi_2(a) < \varphi_2(b).$$

Folgerungen aus (1) und (2) sind $\varphi(1) = 1$, $\varphi(-1) = 1$ und $\varphi(-a) = \varphi(a)$. Damit läßt sich wie in § 31, (5), die Dreiecksungleichung (3) in der Gestalt

$$|\varphi(a) - \varphi(b)| \leqq \varphi(a \pm b) \leqq \varphi(a) + \varphi(b)$$

verallgemeinern. Schließlich bekommt man aus (3) auch noch

$$\varphi(a_1 + a_2 + \ldots + a_n) \leqq \varphi(a_1) + \varphi(a_2) + \ldots + \varphi(a_n).$$

33.2 Eine Folge $(a_1, a_2, a_3, \ldots)$ von Elementen a_ν eines durch φ bewerteten Körpers K heißt *Cauchy-Folge* oder *Fundamentalfolge*, wenn zu jedem positiven $\varepsilon \in W$ ein $N(\varepsilon) \in \mathfrak{N}$ derart existiert, daß $\varphi(a_m - a_n) < \varepsilon$ wird für $m, n > N(\varepsilon)$. Entsprechend überträgt man den Konvergenzbegriff. Ein Rückblick auf die Konstruktion, die in § 32 von $\mathfrak{Q}$ zu $\mathfrak{R}$ geführt hat, zeigt, daß auch sie sich ohne wesentlichen zusätzlichen Aufwand verallgemeinern läßt. Am Ende steht das Ergebnis: Jeder bewertete Körper K besitzt einen minimalen bewerteten Oberkörper E derart, daß die Bewertung von E eine Fortsetzung der Bewertung von K und jede Cauchy-Folge aus E^∞ in E konvergent ist; der Körper E ist bis auf Isomorphien eindeutig bestimmt und heißt die *vollständige Hülle* von K bezüglich der Bewertung φ. In § 32 handelte es sich um den Spezialfall $K = \mathfrak{Q}$, $E = \mathfrak{R}$, $\varphi(a) = |a|$.
Wir wollen auf Einzelheiten nicht weiter eingehen, weisen aber noch auf folgendes hin. Sind a, b Elemente eines bewerteten Körpers K, so darf man sich unter $\varphi(a - b)$ ihre „Entfernung" $d(a, b)$ vorstellen. Wir präzisieren das.

Definition: *Eine Menge M von Elementen $a, b, c, \ldots$ heißt ein metrischer Raum, wenn eine Abbildung $d: M \times M \to A$ des cartesischen Produktes $M \times M$ in einen angeordneten Körper A (meist $A = \mathfrak{R}$) mit folgenden Eigenschaften erklärt ist:*
(1) $d(a, b) = 0$ *für* $a = b$; $d(a, b) > 0$ *für* $a \neq b$.
(2) $d(a, b) = d(b, a)$.
(3) $d(a, c) \leqq d(a, b) + d(b, c)$.

Diese Forderungen an die Entfernung oder *Metrik* $d(x, y)$ haben plausible anschauliche Bedeutungen; insbesondere bezieht die *Dreiecksungleichung* (3) ihren Namen hierher. Ist nun K durch φ bewertet, so definiert ersichtlich $d(a, b) = \varphi(a - b)$ eine Metrik auf K.

33.3 Welche Bewertungen gestattet beispielsweise $\mathfrak{Q}$? Wir kennen bislang die triviale und die Betragsbewertung. Weitere Bewertungen von $\mathfrak{Q}$ erhält man wie folgt.

Es sei $p \in \mathfrak{N}$ eine feste Primzahl und das positive $q \in \mathfrak{Q}$ in der Gestalt $\frac{m}{n}p^k$ mit zu p und untereinander teilerfremden natürlichen Zahlen m, n geschrieben; wir setzen dann $\varphi_p(0) = 0$ und

$$\varphi_p(q) = \varphi_p(-q) = p^{-k}.$$

Dies definiert eine Bewertung $\varphi_p : \mathfrak{Q} \to \mathfrak{Q}$ von $\mathfrak{Q}$. Die Forderungen (1), (2) aus 33.1 sind trivialerweise erfüllt, und sind m, n, r, s teilerfremd zu p, so folgt für $k \leqq l$

$$\varphi_p\left(\frac{m}{n}p^k + \frac{r}{s}p^l\right) = \varphi_p\left(\frac{ms + nrp^{l-k}}{ns}p^k\right) = p^{-\varkappa}, \qquad \varkappa \geqq k,$$

oder $\varphi_p(a + b) \leqq \operatorname{Max}(\varphi_p(a), \varphi_p(b)) \leqq \varphi_p(a) + \varphi_p(b)$, also (3).
Dies nennt man eine *p-adische Bewertung* von $\mathfrak{Q}$. Etwas nachlässig gesagt, ist ein $q \in \mathfrak{Q}$ klein, wenn es durch eine hohe Potenz von p teilbar ist. Jede Wahl von p liefert eine andere derartige Bewertung, und entgegen dem ersten Augenschein spielen diese Bewertungen eine große Rolle (vgl. etwa Hasse [6]). Weitere Bewertungen von $\mathfrak{Q}$ gibt es, wie man zeigen kann, nicht.

§ 34 Symmetrische Polynome

34.1 Wir wenden uns noch einmal Polynomringen $R[x_1, x_2, \ldots, x_n]$ in n Unbestimmten über einem kommutativen Ring R mit Einselement zu. Ein Polynom $f(x_1, x_2, \ldots, x_n) \in R[x_1, x_2, \ldots, x_n]$ heißt *symmetrisch*, wenn es bei jeder Permutation der x_i unverändert bleibt, wenn also für jedes $\pi \in \mathfrak{S}_n$ gilt:

$$f(x_{\pi(1)}, x_{\pi(2)}, \ldots, x_{\pi(n)}) = f(x_1, x_2, \ldots, x_n).$$

Beispiele solcher Polynome sind etwa $x_1 + x_2 + \ldots + x_n$, $x_1^2 + x_2^2 + \ldots + x_n^2$ oder Ringelemente $r \in R$.
Weitere symmetrische Polynome, die besonders häufig auftreten, erhält man wie folgt. Man wähle eine weitere Unbestimmte x über $R[x_1, x_2, \ldots, x_n]$ und betrachte das Polynom $g(x) = (x - x_1)(x - x_2)\ldots(x - x_n) \in R[x_1, x_2, \ldots, x_n][x]$. Wir multiplizieren aus und setzen

$$g(x) = x^n - \sigma_1 x^{n-1} + \sigma_2 x^{n-2} - + \ldots + (-1)^n \sigma_n.$$

Jede Permutation der x_i läßt $g(x)$ und damit auch die $\sigma_i \in R[x_1, x_2, \ldots, x_n]$ fest; sie heißen die *elementarsymmetrischen Polynome* der $x_1, x_2, \ldots, x_n$ und haben die Gestalt

$$\sigma_1 = \sum_i x_i, \ \sigma_2 = \sum_{i<j} x_i x_j, \ \ldots, \ \sigma_n = x_1 x_2 \ldots x_n.$$

Gegenstand unserer Erörterungen ist der folgende *Hauptsatz über symmetrische Polynome.*

Satz 1: *Jedes symmetrische Polynom* $f(x_1, x_2, \ldots, x_n) \in R[x_1, x_2, \ldots, x_n]$ *läßt sich als Polynom in den elementarsymmetrischen Polynomen* σ_i *schreiben:*

$$f(x_1, x_2, \ldots, x_n) \in R[\sigma_1, \sigma_2, \ldots, \sigma_n].$$

Beweis: Das Polynom $f(x_1, x_2, \ldots, x_n)$ ist eine Summe von Ausdrücken der Gestalt $r x_1^{\lambda_1} x_2^{\lambda_2} \ldots x_n^{\lambda_n}$, $r \in R$, $r \neq 0$, $\lambda_i \geqq 0$; wir schreiben diese Summe so auf, daß $ax_1^{\alpha_1}x_2^{\alpha_2}\ldots x_n^{\alpha_n}$ vor $bx_1^{\beta_1}x_2^{\beta_2}\ldots x_n^{\beta_n}$ steht, wenn die erste nicht verschwindende unter den Differenzen $\alpha_1-\beta_1, \alpha_2-\beta_2, \ldots, \alpha_n-\beta_n$ positiv ist. Wir nehmen an, $f(x_1, x_2, \ldots, x_n)$ habe den Grad m; das soll heißen, daß für wenigstens einen der Summanden $\lambda_1+\lambda_2+\ldots+\lambda_n = m$ wird und die Exponentensumme sonst immer $\leqq m$ ausfällt. Der triviale Fall $f(x_1,x_2,\ldots,x_n) = 0$ ist dabei ausgeschlossen.

Der erste Summand von $f(x_1, x_2, \ldots, x_n)$ heiße $ax_1^{\alpha_1}x_2^{\alpha_2}\ldots x_n^{\alpha_n}$. Weil nun $f(x_1, x_2, \ldots, x_n)$ symmetrisch ist, gilt $\alpha_1 \geqq \alpha_2 \geqq \ldots \geqq \alpha_n$. Denselben ersten Summanden hat das Polynom

$$a\sigma_1^{\alpha_1-\alpha_2}\sigma_2^{\alpha_2-\alpha_3}\ldots\sigma_n^{\alpha_n} \in R[x_1, x_2, \ldots, x_n]$$

vom Grad

$$(\alpha_1-\alpha_2)+2(\alpha_2-\alpha_3)+\ldots+(n-1)(\alpha_{n-1}-\alpha_n)+n\alpha_n = \alpha_1+\alpha_2+\ldots+\alpha_n \leqq m.$$

Wir subtrahieren es von $f(x_1, x_2, \ldots, x_n)$ und betrachten die Differenz

$$d(x_1, x_2, \ldots, x_n) = f(x_1, x_2, \ldots, x_n) - a\sigma_1^{\alpha_1-\alpha_2}\sigma_2^{\alpha_2-\alpha_3}\ldots\sigma_n^{\alpha_n}.$$

Es ist entweder $d(x_1, x_2, \ldots, x_n) = 0$, und in diesem Fall sind wir fertig, oder das symmetrische Polynom $d(x_1, x_2, \ldots, x_n)$ hat einen Grad $\leqq m$ und einen ersten Summanden $bx_1^{\beta_1}x_2^{\beta_2}\ldots x_n^{\beta_n}$, der bei der verabredeten Reihenfolge nur einer der möglichen Nachfolger von $ax_1^{\alpha_1}x_2^{\alpha_2}\ldots x_n^{\alpha_n}$ sein kann. Solche Nachfolger gibt es unter Polynomen vom Grad $\leqq m$ nur endlich viele. Setzt man daher das Subtraktionsverfahren fort, so bricht es nach endlich vielen Schritten mit einer Differenz Null ab, und Satz 1 ist bewiesen.

Dieser Beweis ist konstruktiv; er ermöglicht es, zu vorgelegtem symmetrischen $f(x_1, x_2, \ldots, x_n)$ die gewünschte Darstellung als Polynom in den elementarsymmetrischen Polynomen $\sigma_i(x_1, x_2, \ldots, x_n)$ auch wirklich aufzufinden, selbst wenn die Rechnung im einzelnen mühsam sein mag.

34.2 Eine der häufigsten Anwendungen von Satz 1 beruht darauf, daß auch das Polynom

$$D(x_1, x_2, \ldots, x_n) = \prod_{i<k}(x_i - x_k)^2 \in R[x_1, x_2, \ldots, x_n]$$

symmetrisch ist, also eine Polynomdarstellung durch die $\sigma_i(x_1, x_2, \ldots, x_n)$ gestattet.

Es sei K ein Körper und $f(x) = x^n + a_1x^{n-1} + a_2x^{n-2} + \ldots + a_n \in K[x]$; es gebe einen Erweiterungskörper E von K, in dem $f(x)$ die n nicht notwendig paarweise voneinander verschiedenen Nullstellen $\xi_1, \xi_2, \ldots, \xi_n$ besitzt. Später wird sich zeigen, daß ein derartiger Körper E immer existiert (§ 58). Nach dem Beweis von Satz 26.2 gilt dann in $E[x]$

$$f(x) = (x-\xi_1)(x-\xi_2)\ldots(x-\xi_n).$$

Unter der *Diskriminante* $D(f)$ von $f(x)$ versteht man die Zahl

$$D(f) = \prod_{i<k}(\xi_i-\xi_k)^2.$$

Man betrachte nun die Polynomdarstellung von $D(x_1, x_2, \ldots, x_n)$ durch die $\sigma_i(x_1, x_2, \ldots, x_n)$ und ersetze in ihr die x_i durch die ξ_i. Wegen

$$\sigma_j(\xi_1, \xi_2, \ldots, \xi_n) = (-1)^j a_j$$

folgt, daß $D(f)$ ein Polynom in den a_j, also $D(f) \in K$ ist. Wir beachten dabei, daß wir die Koeffizienten von $f(x)$ so bezeichnet haben, daß sie bis aufs Vorzeichen dem Polynom $g(x)$ aus dem vorigen Abschnitt entsprechen.
Die Darstellung der Diskriminante $D(f)$ durch die Koeffizienten a_j von $f(x)$ erfordert einige Rechnung, die unter anderem nach dem Muster des Beweises von Satz 1 durchgeführt werden kann. Wir geben zwei Resultate an:

$$(1) \qquad D(x^2 + px + q) = p^2 - 4q;$$

$$(2) \qquad D(x^3 + a_1x^2 + a_2x + a_3) = a_1^2a_2^2 - 4a_2^3 - 4a_1^3a_3 - 27a_3^2 + 18a_1a_2a_3.$$

34.3 Die Bedeutung der Diskriminante $D(f) \in K$ des Polynoms $f(x) \in K[x]$ beruht auf den Informationen, die sie über die Nullstellen $\xi_i \in E$ von $f(x)$ vermittelt. Sie ist genau dann Null, wenn $f(x)$ in E wenigstens eine mehrfache Nullstelle hat. Wir sehen uns noch zwei Beispiele an.
Das quadratische Polynom $x^2 + px + q \in \mathfrak{R}[x]$ hat entweder zwei konjugiert-komplexe oder nur reelle Nullstellen ξ_1, ξ_2; der letzte Fall tritt genau dann ein, wenn $(\xi_1 - \xi_2)^2 = D(x^2 + px + q) = p^2 - 4q \geqq 0$ ist, was auch die übliche Auflösung der quadratischen Gleichung ergibt.
Das kubische Polynom $f(x) = x^3 + a_1x^2 + a_2x + a_3 \in \mathfrak{R}[x]$ besitzt entweder eine reelle und zwei konjugiert-komplexe oder drei reelle Nullstellen, ihrer Vielfachheit entsprechend gezählt; ein Polynom ungeraden Grades mit reellen Koeffizienten hat ja, wie wir aus der Analysis wissen, mindestens eine reelle Nullstelle. Sind alle drei Nullstellen reell, so ist sicher $D(f) \geqq 0$. Umgekehrt: Sind die Nullstellen ξ_1, ξ_2 nicht reell und $\xi_3 \in \mathfrak{R}$, so sind $(\xi_1 - \xi_3)^2$ und $(\xi_2 - \xi_3)^2$ von Null verschiedene konjugiert-komplexe Zahlen, also $(\xi_1 - \xi_3)^2(\xi_2 - \xi_3)^2 > 0$, und mit $(\xi_1 - \xi_2)^2 < 0$ folgt $D(f) = (\xi_1-\xi_2)^2(\xi_1-\xi_3)^2(\xi_2-\xi_3)^2 < 0$. So ergibt sich der mitunter gebrauchte

Satz 2: *Das kubische Polynom $x^3 + a_1x^2 + a_2x + a_3 \in \mathfrak{R}[x]$ hat genau dann drei reelle Nullstellen, wenn die Diskriminante*

$$a_1^2a_2^2 - 4a_2^3 - 4a_1^3a_3 - 27a_3^2 + 18a_1a_2a_3 \geqq 0$$

ist.

Aufgabe 1: Es sei K ein Körper und

$$f(x) = x^n + a_1x^{n-1} + a_2x^{n-2} + \ldots + a_n \in K[x].$$

In dem Erweiterungskörper E von K habe $f(x)$ die Nullstellen $\xi_1, \xi_2, \ldots, \xi_n$. Man beweise die Formel

$$(3) \qquad D(f) = (-1)^{\frac{n(n-1)}{2}} f'(\xi_1)f'(\xi_2) \ldots f'(\xi_n).$$

Literatur: v. d. Waerden [16].

4 Ideale

Es mag zunächst überraschen, daß ein ganzes Kapitel sich noch mit Idealtheorie beschäftigen soll. Der Homomorphiesatz für Ringe aus § 21 ist auch nicht der Anlaß dafür, obwohl er zum ersten Mal die Bedeutung des Idealbegriffs unterstreicht. Es wird sich vielmehr bald herausstellen, daß der Versuch, nach dem Vorbild der elementaren Zahlentheorie in beliebigen, hier kommutativen Ringen Sätze über Teiler, Primelemente usw. zu gewinnen, zu idealtheoretischen Betrachtungen führt. Solchen Untersuchungen ist dieses Kapitel gewidmet. Die Überschrift weist auf die Methoden hin; sie hätte auch heißen können: Teilbarkeitstheorie.

§ 35 Rechenregeln

Wir betreiben in diesem Kapitel Idealtheorie in durchweg kommutativen Ringen. Ein Ideal $\mathfrak{a}$ des kommutativen Ringes R ist nach § 21 eine additive Untergruppe von R mit der Eigenschaft, daß aus $a \in \mathfrak{a}$ und $r \in R$ folgt: $ra \in \mathfrak{a}$.

35.1 Es sei R ein kommutativer Ring und $M \subset R$ eine beliebige Teilmenge von R. Dann gibt es Ideale, die M enthalten, zum Beispiel R selbst. Die Menge A aller Ideale $\mathfrak{a}$ aus R mit $\mathfrak{a} \supset M$ ist also nicht leer. Sind $\mathfrak{a}$, $\mathfrak{b}$ Ideale aus A, so ist auch $\mathfrak{a} \cap \mathfrak{b} \in A$; ebenso ist der Durchschnitt

$$\mathfrak{d} = \bigcap_{\mathfrak{a} \in A} \mathfrak{a}$$

aller $\mathfrak{a} \in A$ ein Ideal aus A. Für jedes Ideal $\mathfrak{a}$ aus R mit $\mathfrak{a} \supset M$ gilt $\mathfrak{a} \supset \mathfrak{d} \supset M$; es ist also $\mathfrak{d}$ das kleinste Ideal, das M enthält. Da es immer existiert, ist die folgende Definition sinnvoll.

Definition: *Es sei M eine Teilmenge des kommutativen Ringes R; dann bezeichne (M) das kleinste Ideal $\mathfrak{d}$ aus R, das M enthält. Wir nennen (M) das von M oder den Elementen von M erzeugte Ideal.*

Aus welchen Elementen besteht (M)? Sicher enthält (M) alle Summen der Gestalt $r_1m_1 + r_2m_2 + \ldots + r_\varrho m_\varrho$, $r_i \in R$, $m_i \in M$; dasselbe gilt für Summen der Form $k_1m'_1 + k_2m'_2 + \ldots + k_\sigma m'_\sigma$, $k_i \in \mathfrak{Z}$, $m'_i \in M$. Also enthält (M) auch alle Ausdrücke

$$(1) \qquad (r_1m_1 + r_2m_2 + \ldots + r_\varrho m_\varrho) + (k_1m'_1 + k_2m'_2 + \ldots + k_\sigma m'_\sigma).$$

Ihre Gesamtheit ist aber, wie man sofort sieht, ein Ideal aus R, das M enthält, und damit (M).

Wir bemerken, daß die endlichen Summen der Gestalt $\sum r_i m_i$ für sich zwar auch ein Ideal von R bilden; aber dieses Ideal braucht M nicht zu enthalten.
Das Bild vereinfacht sich etwas, wenn es in R ein Einselement gibt. Dann sind ja die k_i Ringelemente, und die zweite Summe aus (1) geht in der ersten auf. Ist also $1 \in R$, so wird (M) die Menge aller endlichen Summen

$$r_1 m_1 + r_2 m_2 + \ldots + r_\varrho m_\varrho \qquad (r_\nu \in R,\ m_\nu \in M). \tag{2}$$

Da wir fast ausschließlich kommutative Ringe mit Einselement betrachten werden, ist dies der wichtigste Fall.

Definition: *Das Ideal $\mathfrak{a}$ des kommutativen Ringes R heißt endlich erzeugt, wenn es eine endliche Menge $M = \{m_1, m_2, \ldots, m_s\} \subset R$ mit $\mathfrak{a} = (M)$ gibt. In diesem Fall schreiben wir $\mathfrak{a} = (m_1, m_2, \ldots, m_s)$ und nennen $M = \{m_1, m_2, \ldots, m_s\}$ eine Basis von $\mathfrak{a}$.*

Ist also speziell R ein kommutativer Ring mit Einselement, so besteht $(m_1, m_2, \ldots, m_s)$ aus allen Summen der Gestalt $r_1 m_1 + r_2 m_2 + \ldots + r_s m_s$, $r_i \in R$. Für das Ideal R kann man dann $R = (1)$ schreiben.
Die Basen endlich erzeugter Ideale sind keineswegs eindeutig bestimmt. In $\mathfrak{Z}$ gilt beispielsweise $(4, 6) = (2)$.
Die Gleichheit von Idealen zeigt man oft genauso wie die von Mengen. Hierauf beruhen gewisse identische Umformungen, die für den Fall eines Ideals (a, b) aus einem kommutativen Ring R erläutert seien. Es gelten die Regeln

$$(a, b) = (a, -b), \tag{3}$$
$$(a, b) = (a, a + b), \tag{4}$$

letztere wegen
$r_1 a + r_2 b + k_1 a + k_2 b = (r_1 - r_2) a + r_2 (a + b) + (k_1 - k_2) a + k_2 (a + b)$
$(r_i \in R,\ k_i \in \mathfrak{Z})$. Für $c \in (a, b)$ erhält man weiter

$$(a, b) = (a, b, c) \tag{5}$$

und speziell

$$(a, b) = (a, b, ra) \qquad (r \in R); \tag{6}$$

diese letzte Beziehung gestattet, von rechts nach links gelesen, oft wesentliche Vereinfachungen.
Beispiel 1. In $\mathfrak{Z}$ gilt $(6, -9, 21) = (6 - 9, 6, -9, 21) = (-3) = (3)$. Es ist, als hätte man den g.g.T. berechnet.
Beispiel 2. In $\mathfrak{Z}$ gilt $(-14, 35, 28) = (-14, 35, -28) = (7, -14, 35, -28) = (7)$.
Beispiel 3. In $\mathfrak{Z}[\sqrt{-5}]$ wird $(2, 1 + \sqrt{-5}) = (2, -1 - \sqrt{-5}) = (2, 1 - \sqrt{-5})$.
Beispiel 4. In $\mathfrak{Z}[x, y]$ ist $(x - y, x + y) = (x - y, x + y, 2x) = (2x, x + y)$, aber $x \notin (x - y, x + y)$ und $y \notin (x - y, x + y)$. In $\mathfrak{Q}[x, y]$ dagegen gilt $(x - y, x + y) = (2x, x + y) = (x, x + y) = (x, y)$.

35.2 Ein Ideal $\mathfrak{a}$ eines kommutativen Ringes R heißt *Hauptideal*, wenn ein $a \in R$ mit $\mathfrak{a} = (a)$ existiert. So ist $(6, -9, 21) = (3)$ ein Hauptideal in $\mathfrak{Z}$; aber $(x - y, x + y)$ ist es weder in $\mathfrak{Z}[x, y]$ noch in $\mathfrak{Q}[x, y]$.

Definition: *Ein Integritätsbereich I mit Einselement heißt Hauptidealring, wenn jedes Ideal aus I ein Hauptideal ist.*

Solche Ringe gibt es. Jeder Körper K gehört zu ihnen, da (0) und $K = (1)$ seine einzigen Ideale sind (§ 21, Beispiel 3). Ferner gilt der

Satz 1: *$\mathfrak{Z}$ ist Hauptidealring.*

Beweis: Das folgt aus Satz 9.6, wonach jede additive Untergruppe $\mathfrak{a}$ von $\mathfrak{Z}$ zyklisch ist. Um aber ein Muster für später zu haben, führen wir die Überlegung noch einmal durch. Ist $\mathfrak{a}$ ein von (0) verschiedenes Ideal aus $\mathfrak{Z}$, so gibt es ein kleinstes positives $a \in \mathfrak{a}$. Wir behaupten $\mathfrak{a} = (a)$. Zu zeigen ist: Zu jedem $b \in \mathfrak{a}$ existiert ein $q \in \mathfrak{Z}$ mit $b = qa$. Division von b durch a liefert $b = qa + r$, $0 \leqq r < a$. Wegen $r = b - qa \in \mathfrak{a}$ und $0 \leqq r < a$ muß $r = 0$ sein auf Grund der Wahl von a. Damit ist $b = qa$, und es folgt Satz 1.

Ist $\mathfrak{a}$ ein Ideal des Ringes R, so wird durch $a \equiv b \Leftrightarrow a - b \in \mathfrak{a}$ eine Kongruenzrelation auf R erklärt, und man schreibt $a \equiv b \bmod \mathfrak{a}$; umgekehrt gibt es zu jeder Kongruenzrelation auf R ein Ideal $\mathfrak{a} \subset R$ derart, daß $a \equiv b$ bedeutet: $a - b \in \mathfrak{a}$ (§ 21). Da nun in $\mathfrak{Z}$ jedes Ideal ein Hauptideal $\mathfrak{a} = (n)$ ist, kann man dort auch $a \equiv b \bmod (n)$ oder kürzer $a \equiv b \bmod n$ bzw. $a \equiv b\,(n)$ schreiben, wie wir es bereits in § 20 verabredet haben.

35.3 Wieder sei R ein kommutativer Ring; es sei I eine Indexmenge, und die $\mathfrak{a}_i$ $(i \in I)$ seien Ideale aus R. Dann gibt es ein kleinstes Ideal, das alle $\mathfrak{a}_i$ enthält, nämlich

$$\mathfrak{a} = (\bigcup_{i \in I} \mathfrak{a}_i).$$

Diese Feststellung erlaubt die

Definition: *Es seien $\mathfrak{a}_i$ $(i \in I)$ Ideale des kommutativen Ringes R. Unter dem Summenideal $\sum_{i \in I} \mathfrak{a}_i$ versteht man das kleinste Ideal $\mathfrak{a}$ aus R, das alle $\mathfrak{a}_i$ enthält.*

Aus welchen Elementen besteht $\mathfrak{a}$? Gilt $a_i \in \mathfrak{a}_i$, und ist T eine endliche Teilmenge von I, so ist sicher $s = \sum_{i \in T} a_i$ ein Element von $\mathfrak{a}$; für die Gesamtheit S aller solcher endlichen Summen s folgt $S \subset \mathfrak{a}$. Ferner ist S ein Ideal, weil die $\mathfrak{a}_i$ Ideale sind. Aus $S \supset \bigcup_{i \in I} \mathfrak{a}_i$ folgt also auch $S \supset (\bigcup_{i \in I} \mathfrak{a}_i) = \mathfrak{a}$. Zusammengenommen haben wir $\mathfrak{a} = S$ und damit den

Satz 2: *Es seien $\mathfrak{a}_i$ $(i \in I)$ Ideale des kommutativen Ringes R. Dann besteht $\sum_{i \in I} \mathfrak{a}_i$ aus allen endlichen Summen der Gestalt $\sum a_i$, $a_i \in \mathfrak{a}_i$ $(i \in T \subset I$, T endlich).*

Beispielsweise $\mathfrak{a} + \mathfrak{b}$ ist die Menge aller $a + b$, $a \in \mathfrak{a}$, $b \in \mathfrak{b}$.
Aus der Definition folgen die Rechenregeln $(\mathfrak{a} + \mathfrak{b}) + \mathfrak{c} = \mathfrak{a} + (\mathfrak{b} + \mathfrak{c})$ und $\mathfrak{a} + \mathfrak{b} = \mathfrak{b} + \mathfrak{a}$.
Beispiel 5. In $\mathfrak{Z}$ gilt $(6) + (9) = (6, 9) = (3)$; es ist $(2) + (3) = (2, 3) = (1)$ und $(4) + (4) = (4)$.
Beispiel 6. In $\mathfrak{Z}[\sqrt{2}]$ hat man $(2+\sqrt{2})+(6+\sqrt{2}) = (2+\sqrt{2}, 6+\sqrt{2}) = (2+\sqrt{2},$

$6+\sqrt{2}$, $(2-\sqrt{2})(2+\sqrt{2}))$, letzteres, weil das Produkt des Ringelements $2-\sqrt{2}$ mit $2+\sqrt{2}\in(2+\sqrt{2}, 6+\sqrt{2})$ wieder im Ideal $(2+\sqrt{2}, 6+\sqrt{2})$ liegt. Also ergibt sich

$$(2+\sqrt{2}) + (6+\sqrt{2}) = (2+\sqrt{2}, 6+\sqrt{2}, \sqrt{2}) = (\sqrt{2});$$

denn $2+\sqrt{2}$ und $6+\sqrt{2}$ sind in $\mathfrak{Z}[\sqrt{2}]$ Vielfache von $\sqrt{2}$.

35.4 Ein wichtiger Begriff ist der des Produktideals.

Definition: *Es seien $\mathfrak{a}, \mathfrak{b}$ Ideale des kommutativen Ringes R. Unter dem Produktideal $\mathfrak{a}\mathfrak{b}$ versteht man das von allen ab, $a \in \mathfrak{a}$, $b \in \mathfrak{b}$, erzeugte Ideal.*

Es handelt sich also nicht um das Komplexprodukt von $\mathfrak{a}$ und $\mathfrak{b}$; aber Verwechslungen sind nicht zu befürchten.

Wieder ist klar: Das Ideal $\mathfrak{a}\mathfrak{b}$ umfaßt die Menge S aller endlichen Summen der Gestalt $\sum a_i b_i$, $a_i \in \mathfrak{a}$, $b_i \in \mathfrak{b}$; aber S ist selbst schon ein Ideal und enthält alle ab $(a \in \mathfrak{a}, b \in \mathfrak{b})$, also auch $\mathfrak{a}\mathfrak{b}$. Es folgt $\mathfrak{a}\mathfrak{b} = S$. Wir haben also den

Satz 3: *Es seien $\mathfrak{a}, \mathfrak{b}$ Ideale des kommutativen Ringes R. Dann besteht das Produktideal $\mathfrak{a}\mathfrak{b}$ aus allen endlichen Summen der Gestalt $\sum a_i b_i$, $a_i \in \mathfrak{a}$, $b_i \in \mathfrak{b}$.*

Analog erklärt man Idealprodukte $\mathfrak{a}\mathfrak{b}\mathfrak{c}$ usw. und bekommt Rechenregeln wie $(\mathfrak{a}\mathfrak{b})\mathfrak{c} = \mathfrak{a}(\mathfrak{b}\mathfrak{c})$ und $\mathfrak{a}\mathfrak{b} = \mathfrak{b}\mathfrak{a}$. Beim Rechnen von Beispielen benutzt man oft den folgenden

Satz 4: *Es seien A, B Teilmengen des kommutativen Ringes R; es sei AB ihr Komplexprodukt und $\mathfrak{a} = (A)$, $\mathfrak{b} = (B)$. Dann ist $\mathfrak{a} + \mathfrak{b} = (A \cup B)$ und $\mathfrak{a}\mathfrak{b} = (AB)$.*

Beweis: Das kleinste Ideal, das A und B enthält, enthält auch $\mathfrak{a}$ und $\mathfrak{b}$, also $\mathfrak{a} + \mathfrak{b}$, und umgekehrt ist $\mathfrak{a} + \mathfrak{b} \supset (A \cup B)$; es gilt also $\mathfrak{a} + \mathfrak{b} = (A \cup B)$. Ferner ist auf Grund der Definition des Produktideals $\mathfrak{a}\mathfrak{b} \supset (AB)$, und wir zeigen noch $\mathfrak{a}\mathfrak{b} \subset (AB)$: Jedes Produkt $\alpha\beta$, $\alpha \in \mathfrak{a}$, $\beta \in \mathfrak{b}$, hat nach (1) die Gestalt

$$\Bigl(\sum_1^{\varrho} r_i a_i + \sum_1^{\sigma} k_i a_i'\Bigr)\Bigl(\sum_1^{\mu} r_i' b_i + \sum_1^{\nu} k_i' b_i'\Bigr)$$

mit Elementen $r_i, r_i' \in R$, $a_i, a_i' \in A$, $b_i, b_i' \in B$, $k_i, k_i' \in \mathfrak{Z}$; multipliziert man aus, so sieht man $\alpha\beta \in (AB)$; also liegt auch jede endliche Summe $\sum \alpha_j \beta_j$ $(\alpha_j \in \mathfrak{a}, \beta_j \in \mathfrak{b})$ in (AB), und nach Satz 3 heißt das $\mathfrak{a}\mathfrak{b} \subset (AB)$.

Beispiel 7. In $\mathfrak{Z}$ ist $(2)(-3) = (-6) = (6)$.

Beispiel 8. In $\mathfrak{Z}[\sqrt{3}]$ sei $\mathfrak{a} = (1+\sqrt{3}, 1-\sqrt{3})$ und $\mathfrak{b} = (2+\sqrt{3}, \sqrt{3})$. Wir wollen $\mathfrak{a} + \mathfrak{b}$ und $\mathfrak{a}\mathfrak{b}$ berechnen. Zuvor sehen wir, daß $\mathfrak{a} = (1+\sqrt{3}, -2)$ $= (1+\sqrt{3}, (1-\sqrt{3})(1+\sqrt{3})) = (1+\sqrt{3})$ und $\mathfrak{b} = (2, \sqrt{3}) = (2, \sqrt{3}, \sqrt{3}\sqrt{3})$ $= (1, 2, \sqrt{3}, 3) = (1)$ Hauptideale sind. Es folgt $\mathfrak{a} + \mathfrak{b} = (1)$ und $\mathfrak{a}\mathfrak{b} = (1+\sqrt{3})$.

Beispiel 9. In $\mathfrak{Z}[\sqrt{-5}]$ sei $\mathfrak{a} = (2, 1+\sqrt{-5})$. Für $\mathfrak{a}\mathfrak{a} = \mathfrak{a}^2$ bekommt man $(4, 2+2\sqrt{-5}, -4+2\sqrt{-5}) = (4, 2+2\sqrt{-5}, 2\sqrt{-5}) = (4, 2, 2\sqrt{-5}) = (2)$.

Aufgabe 1: Für Ideale $\mathfrak{a}, \mathfrak{b}_i, \mathfrak{c}$ eines kommutativen Ringes R zeige man

a) $\mathfrak{a} \sum \mathfrak{b}_i = \sum \mathfrak{a}\mathfrak{b}_i \qquad (i \in I)$,

b) $\mathfrak{a} = \mathfrak{b}\mathfrak{c} \Rightarrow \mathfrak{a} \subset \mathfrak{b}$.

Aufgabe 2: Man berechne Summe und Produkt der Ideale
$$\mathfrak{a} = (3 + \sqrt{2}, 3 - \sqrt{2}) \text{ und } \mathfrak{b} = (2 + \sqrt{2}, 2 - \sqrt{2}) \text{ in } \mathfrak{Z}[\sqrt{2}].$$

Aufgabe 3: Es sei R ein kommutativer Ring und $\mathfrak{a}$ ein Ideal aus R. Man nennt die Menge

$$\text{rad } \mathfrak{a} = \{r: r \in R, \text{ es gibt ein } n \in \mathfrak{N} \text{ mit } r^n \in \mathfrak{a}\}$$

das *Radikal* von $\mathfrak{a}$. Man zeige: Auch rad $\mathfrak{a}$ ist ein Ideal aus R (das $\mathfrak{a}$ umfaßt).

Aufgabe 4: Beschreibe $\mathfrak{Z}[x]/(5, x)$ durch einen bereits bekannten Ring.

§ 36 Teilbarkeit

36.1 Wir untersuchen den Teilbarkeitsbegriff; dabei legen wir einen *Integritätsbereich R mit Einselement* zugrunde. Nach § 20.2 heißt ein Element $a \in R$ Einheit, wenn es in R ein Inverses besitzt; hier bedeutet das die Existenz eines $b \in R$ mit $ab = 1$. Aus Aufgabe 20.5 wissen wir: Die Menge $E \subset R$ aller Einheiten ist eine multiplikative Gruppe. Wir sehen uns zunächst solche Einheitengruppen an.

Beispiel 1. Ist R ein Körper K, so ist E die Menge K_0 der von Null verschiedenen Körperelemente.
Beispiel 2. Für $R = \mathfrak{Z}$ ist $E = \{1, -1\}$.
Beispiel 3. Es sei $R = \mathfrak{Z}[i]$. Ist $a + bi$ $(a, b \in \mathfrak{Z})$ eine Einheit aus $\mathfrak{Z}[i]$, so gibt es eine Zahl $c + di$ $(c, d \in \mathfrak{Z})$ in $\mathfrak{Z}[i]$ mit $(a + bi)(c + di) = 1$. Dann gilt auch $(a - bi)(c - di) = 1$ (vgl. Aufgabe 27.3 und § 29.4). Multiplikation beider Gleichungen liefert $(a^2 + b^2)(c^2 + d^2) = 1$ und, da links natürliche Zahlen stehen, $a^2 + b^2 = 1$. Sind umgekehrt a, b ganze Zahlen mit $a^2 + b^2 = 1$, also $(a + bi)(a - bi) = 1$, so ist $a + bi$ Einheit in $\mathfrak{Z}[i]$. Wir sehen also: Notwendig und hinreichend dafür, daß $a + bi$ eine Einheit des Gaußschen Zahlringes $\mathfrak{Z}[i]$ ist, ist $a^2 + b^2 = 1$. Es folgt $E = \{1, -1, i, -i\}$.
Die Bestimmung aller Einheiten von R kann aber auch auf erhebliche Schwierigkeiten stoßen. Man betrachte etwa das
Beispiel 4. Es sei $R = \mathfrak{Z}[\sqrt{2}]$. Ist $a + b\sqrt{2}$ $(a, b \in \mathfrak{Z})$ eine Einheit aus $\mathfrak{Z}[\sqrt{2}]$, so folgt wie in Beispiel 3 die Existenz ganzer Zahlen c, d mit

$$(a^2 - 2b^2)(c^2 - 2d^2) = 1.$$

Links stehen ganze Zahlen; also ist entweder $a^2 - 2b^2 = 1$ oder $a^2 - 2b^2 = -1$. Sind umgekehrt a, b ganze Zahlen mit $a^2 - 2b^2 = \pm 1$, also

$$(a + b\sqrt{2})(a - b\sqrt{2}) = \pm 1,$$

so ist $a + b\sqrt{2}$ eine Einheit in $\mathfrak{Z}[\sqrt{2}]$. Notwendig und hinreichend dafür, daß $a + b\sqrt{2}$ eine Einheit von $\mathfrak{Z}[\sqrt{2}]$ ist, ist demnach $a^2 - 2b^2 = \pm 1$. Man hat also alle ganzzahligen Lösungen der beiden diophantischen Gleichungen $x^2 - 2y^2 = 1$ und $x^2 - 2y^2 = -1$ aufzusuchen und steht vor einer Aufgabe der Zahlentheorie. Das Ergebnis ist folgendes: Die Einheitengruppe E von

$\mathfrak{Z}[\sqrt{2}]$ besteht aus den unendlich vielen Zahlen $\pm(\sqrt{2} \pm 1)^n$ $(n = 0, 1, 2, \ldots)$. Daß dies alles Einheiten sind, ist wegen $(\sqrt{2} + 1)(\sqrt{2} - 1) = 1$ unmittelbar zu sehen.

Definition: *Es sei R ein Integritätsbereich mit Einselement. Die Elemente $a, b \in R$ heißen assoziiert, $a \sim b$, wenn eine Einheit $\varepsilon \in R$ mit $b = \varepsilon a$ existiert (andernfalls: $a \nsim b$).*

Man sieht leicht, daß auf diese Weise eine Äquivalenzrelation auf R definiert wird. Der Integritätsbereich R mit der Einheitengruppe E zerfällt in Klassen $aE, bE, cE, \ldots$ assoziierter Elemente. Die Klasse E selbst besteht aus allen $r \in R$ mit $r \sim 1$.

36.2 Es sei weiterhin R ein Integritätsbereich mit Einselement. Wir nennen $b \in R$ einen *Teiler* von $a \in R$ oder a ein *Vielfaches* von b, wenn es ein $c \in R$ gibt mit $a = bc$, und schreiben $b|a$, andernfalls $b \nmid a$.
Speziell ist also jedes $b \in R$ Teiler der Null; aber $0|a$ gilt nur für $a = 0$. Genau dann ist $b \in R$ eine Einheit, wenn gilt: $b|1$.
Mit dem folgenden Satz beginnen die Zusammenhänge zwischen Teilbarkeits- und Idealtheorie.

Satz 1: *Es sei R ein Integritätsbereich mit Einselement, und a, b seien Elemente aus R. Dann gilt:*

(1) $$(a) \subset (b) \Leftrightarrow b|a.$$

(2) $$(a) = (b) \Leftrightarrow a \sim b.$$

Beweis:
(1): Es ist $b|a \Leftrightarrow a = bc \Leftrightarrow a \in (b) \Leftrightarrow (a) \subset (b)$.
(2): Der Fall $a = 0$ ist trivial. Es sei also $a \neq 0$. Wenn $a \sim b$ gilt, so ist $a|b$ und $b|a$, nach (1) also $(a) = (b)$. Umgekehrt folgen aus $(a) = (b)$ nach (1) die Beziehungen $b|a$ und $a|b$. Es existieren dann also $c, d \in R$ mit $a = bc$ und $b = ad$; es folgt $a = adc$ oder, da man in dem Integritätsbereich R durch $a \neq 0$ kürzen darf, $cd = 1$. Speziell ist c eine Einheit, also $a \sim b$.

Statt $b|a$ steht also $(a) \subset (b)$; der Teiler entspricht dem größeren Ideal. Wir sagen auch: (b) ist ein Teiler von (a). Allgemein heißt das Ideal $\mathfrak{b}$ ein Teiler des Ideals $\mathfrak{a}$, wenn $\mathfrak{a} \subset \mathfrak{b}$ gilt (vgl. auch Aufgabe 35.1, b)).
Schließlich heiße $b \in R$ ein *echter Teiler* von $a \in R$, wenn $b|a$ gilt, aber nicht $b \sim a$. Idealtheoretisch bedeutet das: $(a) \subset (b)$, aber $(b) \neq (a)$. Allgemein sagt man, $\mathfrak{b}$ sei ein echter Teiler von $\mathfrak{a}$, wenn $\mathfrak{a} \subset \mathfrak{b}$ gilt und $\mathfrak{a} \neq \mathfrak{b}$.
Eine oft benutzte Konsequenz von Satz 1 sei noch einmal gesondert notiert:

(3) $$a \sim b \Leftrightarrow a|b \text{ und } b|a.$$

36.3 Wir teilen den Integritätsbereich R mit Einselement in drei disjunkte Teilmengen $\{0\}, E, A$ auf: $R = \{0\} \cup E \cup A$. Wegen $1 \in E$ ist die Einheitengruppe E nicht leer; A besteht aus allen denjenigen von Null verschiedenen Ringelementen, die keine Einheiten sind. Genau dann ist A leer, wenn R ein Körper ist. Ein Ringelement $r \in R$ nennen wir nun *unzerlegbar*, wenn erstens $r \in A$ gilt und zweitens aus $r = bc$ $(b, c \in R)$ folgt: entweder b oder c ist Einheit.

Es soll also nur triviale Zerlegungen von r geben. Ein $r \in R$ heißt *zerlegbar*, wenn r in A liegt und Nichteinheiten b, c aus R mit $r = bc$ existieren.

Beispiel 5. Die unzerlegbaren Elemente in $\mathfrak{Z}$ sind genau die Zahlen $\pm p$, wobei p die Primzahlen $2, 3, 5, \ldots$ aus $\mathfrak{N}$ durchläuft.

Beispiel 6. Die Zahl 5 ist also unzerlegbar in $\mathfrak{Z}$. Wir wollen zeigen: Sie ist auch unzerlegbar in $\mathfrak{Z}[\sqrt{2}]$, aber zerlegbar in $\mathfrak{Z}[i]$. Das letztere folgt sofort aus $5 = (2+i)(2-i)$; nach Beispiel 3 ist ja weder 5 noch einer der Faktoren $2 \pm i$ eine Einheit in $\mathfrak{Z}[i]$. Wir betrachten nun $\mathfrak{Z}[\sqrt{2}]$. Sicher ist auch hier 5 keine Einheit wegen $\frac{1}{5} \notin \mathfrak{Z}[\sqrt{2}]$. Es seien a, b, c, d ganze Zahlen mit

$$(a + b\sqrt{2})(c + d\sqrt{2}) = 5,$$

also auch (vgl. die Beispiele 3 und 4) noch $(a - b\sqrt{2})(c - d\sqrt{2}) = 5$. Ausmultipliziert ergibt das $(a^2 - 2b^2)(c^2 - 2d^2) = 25$; die ganze Zahl $a^2 - 2b^2$ hat also einen der Werte ± 1, ± 5, ± 25. Wäre

$$a^2 - 2b^2 = (a + b\sqrt{2})(a - b\sqrt{2}) = \pm 1,$$

so wäre $a + b\sqrt{2}$ Einheit; entsprechend wäre $c + d\sqrt{2}$ Einheit im Falle $a^2 - 2b^2 = \pm 25$. Wenn es also eine nichttriviale Zerlegung

$$5 = (a + b\sqrt{2})(c + d\sqrt{2})$$

in $\mathfrak{Z}[\sqrt{2}]$ geben sollte, so muß für die ganzen Zahlen a, b gelten: $a^2 - 2b^2 = \pm 5$. Wir zeigen, daß das nicht möglich ist. Es müßte ja erst recht $a^2 - 2b^2 = 0$ im Restklassenring $\mathfrak{Z}_5$ gelten; Ausrechnen aller fünf Fälle zeigt, daß 0, 1 und -1 die sämtlichen Quadrate in $\mathfrak{Z}_5$ sind; also hat $a^2 - 2b^2 = 0$ in $\mathfrak{Z}_5$ nur die Lösung $a = b = 0$. Das heißt: Wenn $a^2 - 2b^2 = \pm 5$ in ganzen Zahlen a, b gelten sollte, so würde 5 ein Teiler von a und von b sein; das liefert aber $25 | (a^2 - 2b^2)$ in $\mathfrak{Z}$ im Widerspruch zu $a^2 - 2b^2 = \pm 5$.

Beispiel 7. Es sei $R = \mathfrak{Z}[\sqrt{-5}]$. Wir wollen zeigen: Die Elemente 2, 3, $1 + \sqrt{-5}$ und $1 - \sqrt{-5}$ sind unzerlegbar, und keine zwei von ihnen sind assoziiert. Zunächst sind es wegen

$$\frac{1}{2} \notin \mathfrak{Z}[\sqrt{-5}], \quad \frac{1}{3} \notin \mathfrak{Z}[\sqrt{-5}], \quad \frac{1}{1+\sqrt{-5}} = \frac{1}{6} - \frac{1}{6}\sqrt{-5} \notin \mathfrak{Z}[\sqrt{-5}]$$

und $\frac{1}{1-\sqrt{-5}} = \frac{1}{6} + \frac{1}{6}\sqrt{-5} \notin \mathfrak{Z}[\sqrt{-5}]$ keine Einheiten. Die Annahme

$$(a + b\sqrt{-5})(c + d\sqrt{-5}) = 2$$

mit $a, b, c, d \in \mathfrak{Z}$ führt in bekannter Weise auf $(a^2 + 5b^2)(c^2 + 5d^2) = 4$; da keine der Klammern gleich 2 sein kann, folgt etwa

$$a^2 + 5b^2 = (a + b\sqrt{-5})(a - b\sqrt{-5}) = 1;$$

also ist $a + b\sqrt{-5}$ Einheit und 2 unzerlegbar. Genauso zeigt man die Unzerlegbarkeit von 3. Weiter sei $1 + \sqrt{-5} = (a + b\sqrt{-5})(c + d\sqrt{-5})$ und folglich auch $1 - \sqrt{-5} = (a - b\sqrt{-5})(c - d\sqrt{-5})$; man bekommt

$$6 = (a^2 + 5b^2)(c^2 + 5d^2).$$

Wieder muß etwa $a^2 + 5b^2 = 1$ sein, und $1 + \sqrt{-5}$ und zugleich auch $1 - \sqrt{-5}$ erweisen sich als unzerlegbar. Schließlich sind keine zwei der Elemente $2, 3, 1 + \sqrt{-5}, 1 - \sqrt{-5}$ assoziiert; denn keiner ihrer Quotienten liegt in $\mathfrak{Z}[\sqrt{-5}]$.

Wir geben nun eine idealtheoretische Charakterisierung für die Unzerlegbarkeit eines Elementes $r \in R$, $r \neq 0$.

Satz 2: *Es sei R ein Integritätsbereich mit Einselement und $r \in R$, $r \neq 0$. Genau dann ist r unzerlegbar, wenn (r) maximales Ideal unter den von R verschiedenen Hauptidealen ist, das heißt, wenn $(r) \neq R$ ist und aus $(r) \subset (a) \subset R$ folgt: $(a) = (r)$ oder $(a) = R$.*

Beweis: Ist r unzerlegbar, so ist $r \not\sim 1$, also $(r) \neq (1) = R$. Gilt weiter $(r) \subset (a) \subset R$, so gibt es ein $b \in R$ mit $r = ab$; ist a Einheit, so wird $(a) = (1) = R$; ist b Einheit, so wird $(a) = (r)$. Es sei nun umgekehrt $(r) \neq R$ und (r) maximal unter den von R verschiedenen Hauptidealen. Aus $r = ab$ folgt dann $(r) \subset (a)$ und damit entweder $(a) = R = (1)$ oder $(a) = (r)$. Im ersten Fall ist $a \sim 1$, also a Einheit. Im zweiten Fall ist $a \sim r$ oder $r = \varepsilon a$ mit einer Einheit ε, und wegen $r \neq 0$ und $r = a\varepsilon = ab$ folgt diesmal $b = \varepsilon \sim 1$. Aber r selbst ist nicht Einheit wegen $(r) \neq (1)$. Also ist r unzerlegbar.

36.4 Wieder sei R ein Integritätsbereich mit Einselement. Wir nennen $d \in R$ einen *gemeinsamen Teiler* von $a, b \in R$, wenn gilt: $d|a$ und $d|b$. Gleichwertig damit ist: $(a) \subset (d)$ und $(b) \subset (d)$, und das ist dasselbe wie $(a, b) \subset (d)$. Entsprechend definiert man einen gemeinsamen Teiler d der Elemente $a_1, a_2, \ldots, a_n$ von R; wenigstens ein solches d existiert immer, da $d = 1$ gewählt werden kann.

Definition: *Es sei R ein Integritätsbereich mit Einselement, und $a_1, a_2, \ldots, a_n$ seien Elemente aus R. Einen gemeinsamen Teiler $d \in R$ von $a_1, a_2, \ldots, a_n$ nennen wir einen größten gemeinsamen Teiler (g.g.T.) von $a_1, a_2, \ldots, a_n$ genau dann, wenn für jeden gemeinsamen Teiler $\delta \in R$ von $a_1, a_2, \ldots, a_n$ gilt: $\delta | d$.*

Idealtheoretisch bedeutet das: Für jeden gemeinsamen Teiler δ von

$$a_1, a_2, \ldots, a_n$$

und jeden g.g.T. d gilt

$$(a_1, a_2, \ldots, a_n) \subset (d) \subset (\delta).$$

Ein g.g.T. der Elemente $0, r \in R$ ist hiernach r. Aber es ist nicht gesagt, daß zu je zwei Elementen $a, b \in R$ ein derartiger g.g.T. existiert.
Sind d_1 und d_2 größte gemeinsame Teiler von $a_1, a_2, \ldots, a_n \in R$, so gilt $d_2|d_1$ und $d_1|d_2$; also sind d_1 und d_2 assoziiert. Ist umgekehrt d_1 ein g.g.T. von $a_1, a_2, \ldots, a_n$ und $d_2 \sim d_1$, so ist auch d_2 ein g.g.T. von $a_1, a_2, \ldots, a_n$. Wenn

also die Ringelemente $a_1, a_2, \ldots, a_n$ überhaupt einen größten gemeinsamen Teiler d in R besitzen, so findet man sämtliche größten gemeinsamen Teiler der a_i durch Aufsuchen aller Assoziierten von d, was auf die Bestimmung der Einheitengruppe $E \subset R$ hinausläuft.

Beispiel 8. Wir wissen, und es wird in Satz 3 noch einmal mitbewiesen: Zu je zwei Elementen $a, b \in \mathfrak{Z}$ gibt es einen g.g.T.

Beispiel 9. Es sei $R = \mathfrak{Z}[\sqrt{-5}]$. Wir zeigen: Es gibt in $\mathfrak{Z}[\sqrt{-5}]$ keinen g.g.T. der Elemente $a = 6$ und $b = 2(1 + \sqrt{-5})$. Angenommen, $d \in \mathfrak{Z}[\sqrt{-5}]$ wäre ein g.g.T. von a und b. Dann wäre d ein Vielfaches des gemeinsamen Teilers 2 von a und b und außerdem ein Teiler von $a = 6$, also $d = 2c$ mit einem $c|3$. Nach Beispiel 7 ist 3 unzerlegbar, also $c \sim 3$ oder $c \sim 1$. Wegen $6 \nmid 2(1 + \sqrt{-5})$ ist $c \sim 3$ nicht möglich, und es folgt $c \sim 1$ oder $d \sim 2$. Nun ist wegen

$$(1 + \sqrt{-5})(1 - \sqrt{-5}) = 6$$

auch $1 + \sqrt{-5}$ ein gemeinsamer Teiler von a und b, demnach d ein Vielfaches von $1 + \sqrt{-5}$ und Teiler von $b = 2(1 + \sqrt{-5})$, und man zeigt wie eben $d \sim 1 + \sqrt{-5}$. Beides zusammen hieße $2 \sim 1 + \sqrt{-5}$, und das ist nicht wahr.

Ist d ein g.g.T. von $a, b \in R$, so heißt das idealtheoretisch: Für jedes $\delta \in R$ mit $(a, b) \subset (\delta)$ gilt $(a, b) \subset (d) \subset (\delta)$. Existiert also zu vorgelegten $a, b \in R$ ein solches d, so ist d ein g.g.T. von a und b. Man betrachte den Spezialfall, daß R ein Hauptidealring ist. Dann gibt es ein $d \in R$ mit $(a, b) = (d)$, und dieses d erfüllt unsere Bedingung. Wir haben also den

Satz 3: *Es sei R ein Hauptidealring. Dann besitzen je zwei Elemente $a, b \in R$ einen g.g.T., und die beiden folgenden Aussagen sind gleichwertig:*
(1) d ist g.g.T. von a und b.
(2) $(a, b) = (d)$.

Wir hätten unsere Überlegung genauso auch für mehr als zwei Elemente $a, b \in R$ durchführen und Satz 3 dann etwas allgemeiner hinschreiben können.

Nach Satz 35.1 ist $\mathfrak{Z}$ Hauptidealring; zu zwei oder mehreren Elementen aus $\mathfrak{Z}$ gibt es also einen g.g.T., und (vgl. § 35, Beispiel 1) etwa die Idealgleichung $(6, -9, 21) = (3)$ liefert nun tatsächlich einen g.g.T. 3 von 6, —9, 21. Satz 3 ist auch der Grund für die in der Zahlentheorie übliche Bezeichnung $d = (a, b)$ des g.g.T. d von $a, b \in \mathfrak{Z}$, die wir mit der Verabredung $d \geqq 0$ bereits benutzt haben.

Eine wichtige Folgerung aus Satz 3 ist der

Satz 4: *In einem Hauptidealring R ist jeder g.g.T. d von $a, b \in R$ als Linearkombination $d = \lambda a + \mu b$ mit Elementen $\lambda, \mu \in R$ darstellbar.*

Beispielsweise haben 35 und 26 in $\mathfrak{Z}$ den g.g.T. Eins; es gibt also ganze Zahlen λ, μ mit $35\lambda + 26\mu = 1$; man kann etwa $\lambda = 3$ und $\mu = -4$ wählen. Für spezielle Hauptidealringe, zu denen auch $\mathfrak{Z}$ gehört, kennt man ein allgemeines Verfahren, solche Koeffizienten λ, μ (sie sind nicht eindeutig bestimmt) auszurechnen; es handelt sich um den in § 37 besprochenen Euklidischen Algorith-

mus, der auch die Ermittlung eines g.g.T. von Elementen a, b des Ringes erlaubt.
Nicht von vornherein selbstverständlich ist schließlich der

Satz 5: *Es sei H ein Hauptidealring und $R \supset H$ ein Integritätsbereich mit demselben Einselement; ferner sei $d \in H$ ein g.g.T. der Elemente $a, b \in H$ in H. Dann ist d auch ein g.g.T. von a, b in R.*

Beweis: Es gibt Elemente $\lambda, \mu \in H \subset R$ mit $d = \lambda a \dotplus \mu b$. Jeder gemeinsame Teiler $\delta \in R$ von a und b läßt sich rechts ausklammern, geht also in d auf.

Zum Schluß treffen wir noch eine Verabredung: Elemente $a_1, a_2, \ldots, a_n$ eines Integritätsbereiches R mit Einselement heißen *teilerfremd*, wenn aus $d | a_i$ $(i = 1, 2, \ldots, n)$ folgt: $d \sim 1$. Gleichbedeutend damit ist: Der g.g.T. von $a_1, a_2, \ldots, a_n$ existiert und ist Eins.

Aufgabe 1: Man bestimme die Einheitengruppen E_1 von $\mathfrak{Q}[x]$ und E_2 von $\mathfrak{Z}[\sqrt{-5}]$.

Aufgabe 2: Die Einheitengruppen E_1 von $\mathfrak{Z}[\sqrt{3}]$ und E_2 von $\mathfrak{Z}[\sqrt{5}]$ sind unendlich. Beweis?

Aufgabe 3: Auf $\mathfrak{Z}[\sqrt{5}]$ sei durch $N(a + b\sqrt{5}) = a^2 - 5b^2$ $(a, b \in \mathfrak{Z})$ eine Norm definiert (vgl. § 29.4). Man zeige:
a) Für $r, s \in \mathfrak{Z}[\sqrt{5}]$ gilt $N(rs) = N(r)N(s)$.
b) Genau dann ist $r \in \mathfrak{Z}[\sqrt{5}]$ Einheit in $\mathfrak{Z}[\sqrt{5}]$, wenn $N(r) = \pm 1$ ist.
c) Hinreichend dafür, daß $r \in \mathfrak{Z}[\sqrt{5}]$ unzerlegbar ist, ist die Unzerlegbarkeit von $N(r)$ in $\mathfrak{Z}$.
d) Die Elemente $1 - \sqrt{5}$ und $3 + \sqrt{5}$ sind Assoziierte, aber keine Einheiten.
e) Die Elemente $2, 3 + \sqrt{5}$ und $3 - \sqrt{5}$ sind unzerlegbar, und keine zwei von ihnen sind assoziiert.

§ 37 GAUSSsche Ringe, Hauptidealringe, Euklidische Ringe

37.1 Die Teilbarkeitstheorie in $\mathfrak{Z}$, die in der elementaren Zahlentheorie betrieben wird, wird besonders einfach, weil dort der Satz von der sogenannten kanonischen Zerlegung in Primelemente gilt. In unserer Sprechweise besagt er folgendes: Erstens ist jedes von Null und Einheiten ± 1 verschiedene $m \in \mathfrak{Z}$ als Produkt endlich vieler unzerlegbarer Elemente $p_i \in \mathfrak{Z}$ darstellbar:

$$m = p_1 p_2 \ldots p_k \; (k \geqq 1).$$

Liegt zweitens eine weitere solche Darstellung $m = q_1 q_2 \ldots q_l$ vor, so ist $l = k$ und bei geeigneter Numerierung $q_i \sim p_i$. Man kann sagen, die Darstellung $m = p_1 p_2 \ldots p_k$ sei im wesentlichen eindeutig; ein Produkt $1 = \varepsilon_1 \varepsilon_2 \ldots \varepsilon_k$ von Einheiten ε_i kann man ja rechts immer heranmultiplizieren. Beispiel: $50 = 2 \cdot 5 \cdot 5 = (-2)(-5)5 = (-2) \cdot 5 \cdot (-5) = 2(-5)(-5)$.

Dies nehmen wir zum Anlaß für die folgende

Definition: *Ein Integritätsbereich R mit Einselement heißt ein Gaußscher Ring oder ZPE-Ring, wenn für jede Nichteinheit $r \in R$, $r \neq 0$, gilt:*
(1) Das Element r ist Produkt unzerlegbarer Elemente $p_i \in R$: $r = p_1 p_2 \dots p_k$ $(k \geqq 1)$.
(2) Ist $r = q_1 q_2 \dots q_l$ eine weitere Zerlegung gemäß (1), so gilt $l = k$ und bei geeigneter Numerierung $p_1 \sim q_1, p_2 \sim q_2, \dots, p_k \sim q_k$.

Daß $\mathfrak{Z}$ ein Gaußscher Ring ist, wird in Satz 2 noch einmal mitbewiesen. Weitere Gaußsche Ringe sind uns im Moment noch nicht bekannt, wenn man von dem trivialen Fall absieht, daß R ein Körper ist. Wir werden aber bald sehen, daß zum Beispiel $\mathfrak{Z}[\sqrt{2}]$, $\mathfrak{Z}[\sqrt{3}]$ und $\mathfrak{Z}[i]$ Gaußsche Ringe sind (§ 38). Dagegen sind $\mathfrak{Z}[\sqrt{-5}]$ und $\mathfrak{Z}[\sqrt{5}]$ keine Gaußschen Ringe: Im ersten Fall betrachte man das Beispiel 7 aus § 36 und die Zerlegungen

$$6 = 2 \cdot 3 \text{ und } 6 = (1 + \sqrt{-5})(1 - \sqrt{-5})$$

der Zahl 6 in nichtassoziierte unzerlegbare Elemente. Im zweiten Fall sehe man $4 = 2 \cdot 2 = (3 + \sqrt{5})(3 - \sqrt{5})$ und Aufgabe 36.3.
Ist R ein Gaußscher Ring, so nennen wir seine unzerlegbaren Elemente *Primelemente.* Gaußsche Ringe haben in der Literatur verschiedene Bezeichnungen; von den Anfangsbuchstaben der Worte Zerlegung, Prim-Element rührt der Name *ZPE-Ring* her. Daß in Gaußschen Ringen die Teilbarkeitstheorie so einfach wird, liegt hauptsächlich an dem bereits in der elementaren Zahlentheorie immer wieder benutzten

Satz 1: *Es seien $a \neq 0$, b, c Elemente des Gaußschen Ringes R; die Elemente a, b seien teilerfremd, und es gelte $a|bc$. Dann folgt $a|c$.*

Beweis: Das ist sicher richtig, falls a Einheit ist. Ist $a = p_1 p_2 \dots p_k$ ein Produkt von Primelementen p_i und etwa $aa' = bc$, so denke man sich für beide Seiten die Primfaktorzerlegungen aufgeschrieben. Da sie, abgesehen von Einheiten als Faktoren, eindeutig sind, stehen die p_i zumindest in Gestalt von Assoziierten auch rechts. Nach Voraussetzung geht kein p_i in b auf; also stecken alle p_i in der Primfaktorzerlegung von c, und es folgt $c = ac'$ oder $a|c$.

Je zwei Elemente a, b eines Gaußschen Ringes R haben einen g.g.T.: Schließen wir die trivialen Fälle $a = 0$ oder $b = 0$ aus, so können wir

$$a = \varepsilon p_1^{\alpha_1} p_2^{\alpha_2} \dots p_k^{\alpha_k}, \quad b = \eta p_1^{\beta_1} p_2^{\beta_2} \dots p_k^{\beta_k}$$

mit Primelementen p_i, Exponenten $\alpha_i \geqq 0$, $\beta_i \geqq 0$ und Einheiten ε, η schreiben. Für jeden gemeinsamen Teiler δ von a und b gilt dann

$$\delta \sim p_1^{\gamma_1} p_2^{\gamma_2} \dots p_k^{\gamma_k}$$

mit gewissen Exponenten $0 \leqq \gamma_i \leqq \text{Min}(\alpha_i, \beta_i)$; wählt man $\gamma_i = \text{Min}(\alpha_i, \beta_i)$ für alle i, so wird δ ein g.g.T. Genauso verfährt man bei mehr als zwei Elementen $a, b \in R$.

37.2 Wie erkennt man, ob ein Integritätsbereich R mit Einselement ein Gaußscher Ring ist? Bislang haben wir noch kein einziges Kriterium zur Hand, das wir benutzen könnten. Eine erste wichtige Auskunft in dieser Richtung erteilt der Satz 2. Wir beginnen mit einem

Hilfssatz: Es seien $a \neq 0, b, c$ Elemente des Hauptidealringes H; die Elemente a, b seien teilerfremd, und es gelte $a|bc$. Dann folgt $a|c$.

Beweis: Nach Voraussetzung haben $a, b \in H$ den g.g.T. Eins; nach Satz 36.3 ist also $(a, b) = (1)$, und es existieren $\lambda, \mu \in H$ mit $1 = \lambda a + \mu b$ oder $c = \lambda ac + \mu bc$. Wegen $a|bc$ kann man rechts a ausklammern, und das bedeutet $a|c$.

Satz 2: *Jeder Hauptidealring H ist ein Gaußscher Ring.*

Beweis: Wir zeigen nacheinander das Erfülltsein der Forderungen (1), (2) für Gaußsche Ringe.
(1): Es sei $h \in H$ weder Null noch Einheit; gibt es ein solches h nicht, so ist H von selbst ein Gaußscher Ring. Wir zeigen, daß h ein Produkt unzerlegbarer Elemente aus H (speziell vielleicht selbst unzerlegbar) ist. Angenommen, das wäre nicht so. Dann gäbe es Nichteinheiten $d_1, d_2 \in H$ mit $h = d_1 d_2$, und wenigstens eines der d_i, etwa d_2, wäre nicht Produkt unzerlegbarer Elemente aus H. Wieder gäbe es Nichteinheiten $d_3, d_4 \in H$ mit $d_2 = d_3 d_4$, und wenigstens einer der Faktoren d_3, d_4, etwa d_4, wäre nicht Produkt unzerlegbarer Elemente aus H. Man setze dieses Zerlegungsverfahren fort. Es bricht nicht ab und liefert eine Idealteilerkette

$$(h) \subset (d_2) \subset (d_4) \subset (d_6) \subset \ldots,$$

in der nirgendwo das Gleichheitszeichen stehen könnte. Wir zeigen, daß so etwas in H nicht vorkommen kann: Zunächst ist $\bigcup_{\lambda=1}^{\infty} (d_{2\lambda})$ wieder ein Ideal $\mathfrak{a} \subset H$; denn zu $a, b \in \mathfrak{a}$ existiert ein n mit $a, b \in (d_{2n})$, und es folgt $a - b \in (d_{2n}) \subset \mathfrak{a}$ sowie $ra \in (d_{2n}) \subset \mathfrak{a}$ für jedes $r \in H$. Nun ist H Hauptidealring; es gibt also ein $d \in H$ mit $\mathfrak{a} = (d)$. Dann liegt $d \in \mathfrak{a}$ in einem der Ideale der Kette, etwa in (d_{2s}); neben $(d_{2s}) \subset (d)$ gilt also auch $(d) \subset (d_{2s})$ und damit $(d_{2s}) = (d)$. Spätestens vom Index $2s$ an müßte also in der Idealteilerkette das Gleichheitszeichen stehen, da alle $(d_{2\lambda})$ in $\mathfrak{a} = (d)$ enthalten sind. Unsere ursprüngliche Annahme über h war also falsch; die Forderung (1) für Gaußsche Ringe ist in H erfullt.
(2): Es sei $h = a_1 a_2 \ldots a_k = b_1 b_2 \ldots b_l$ mit unzerlegbaren $a_i, b_j \in H$. Die unzerlegbaren Elemente a_1, b_1 sind entweder assoziiert oder teilerfremd, und es gilt $a_1 | b_1(b_2 b_3 \ldots b_l)$. Auf Grund des Hilfssatzes ist also a_1 ein Teiler von b_1 oder von $b_2 b_3 \ldots b_l$. Aus $a_1 | b_2(b_3 b_4 \ldots b_l)$ folgt genauso: a_1 teilt b_2 oder $b_3 b_4 \ldots b_l$ usw. Es gibt also ein b_i mit $a_1 | b_i$, und weil a_1 und b_i unzerlegbar sind, heißt das $a_1 \sim b_i$. Ohne Beschränkung der Allgemeinheit sei $a_1 \sim b_1$. Aus $a_1 a_2 \ldots a_k = b_1 b_2 \ldots b_l$ ergibt sich dann $a_2 a_3 \ldots a_k \sim b_2 b_3 \ldots b_l$. Man setze das Verfahren fort: a_2 teilt $b_2 b_3 \ldots b_l$, also eines der b_i, $2 \leqq i \leqq l$; es sei etwa $a_2 \sim b_2$. Zum Schluß hat man $k = l$ und $a_i \sim b_i$ für alle i. Damit ist Satz 2 bewiesen.

Satz 2 und Satz 35.1 zeigen, daß $\mathfrak{Z}$ ein Gaußscher Ring ist.
Bemerkung: Die Umkehrung von Satz 2 ist falsch; nicht jeder Gaußsche Ring ist Hauptidealring. In § 42 wird sich beispielsweise zeigen, daß mit R auch der Polynomring $R[x]$ ein Gaußscher Ring ist; danach ist $\mathfrak{Z}[x]$ ein Gaußscher Ring. Aber das Ideal $(2, x) \subset \mathfrak{Z}[x]$ ist kein Hauptideal; etwa aus $(2,x) = (d)$, $d \in \mathfrak{Z}[x]$, würde ja folgen: $d|2$, $d|x$, also $d = \pm 1$, im Gegensatz zu $1 \notin (2, x)$.

37.3 Nun wäre es aber nötig, wenigstens zu wissen, wann ein vorgelegter Integritätsbereich R ein Hauptidealring ist. Einmal, nämlich für $R = \mathfrak{Z}$, haben wir einen solchen Nachweis erbracht, und es ist nun sehr bezeichnend, daß das Schema des Beweises von Satz 35.1 auch in vielen anderen Fällen zum Ziel führt. Wir sehen im folgenden ein Beispiel einer algebraischen Verallgemeinerung, die sinnvoll ist, weil sie in einfacher Weise zu neuen Ergebnissen führt.
Worauf beruht der Beweis von Satz 35.1? Das Wesentliche war: Man konnte ein vorgelegtes $b \in \mathfrak{Z}$ durch jedes $a \in \mathfrak{Z}$, $a \neq 0$, mit Rest r dividieren, $b = qa + r$, wobei entweder $r = 0$ war oder in einer geeigneten Verabredung r „kleiner" als a. Ringe mit einem solchen Divisionsalgorithmus sehen wir uns an.

Definition: *Ein Integritätsbereich E heißt ein Euklidischer Ring, wenn eine Abbildung $w\colon E_0 \to \mathfrak{R}$ der Menge E_0 aller $a \in E$, $a \neq 0$, die sogenannte Wertfunktion w, mit folgenden Eigenschaften existiert:*
(1) Zu vorgelegten Elementen $b, a \in E$, $a \neq 0$, gibt es Elemente $q, r \in E$ mit $b = qa + r$, wobei entweder $r = 0$ oder $w(r) < w(a)$ ist.
(2) Zu vorgegebenem $s \in \mathfrak{R}$ gibt es höchstens endlich viele Zahlen w_i aus dem Wertevorrat $W = \{w(a)\colon a \in E_0\}$, die kleiner sind als s: $w_i \in W$, $w_i < s$.

Beispiel: $E = \mathfrak{Z}$. Für $\alpha \in \mathfrak{Z}$, $\alpha \neq 0$, setze man $w(\alpha) = |\alpha|$.
Neben (1) ist auch die Forderung (2) wichtig; sie sichert, daß jede nicht leere Teilmenge $M \subset W$ ein kleinstes Element besitzt. Beim Beweis von Satz 35.1 führte das zur Wahl von a; dabei war $w(\alpha) = |\alpha|$ und $M = \{w(\alpha); \alpha \in \mathfrak{a}, \alpha \neq 0\}$. Wenn wir feststellen, daß durch $w(\alpha) = |\alpha|$ eine Wertfunktion auf $\mathfrak{Z}_0$ erklärt wird, so ist damit nicht gesagt, daß $\mathfrak{Z}_0$ nicht auch andere Wertfunktionen zuläßt.
Ist $K[x]$ ein Polynomring über einem Körper K und $f(x) \in K[x]$, $f(x) \neq 0$, so wähle man $w(f) = \text{Grad } f(x)$. Der folgende Satz ist dann eine Konsequenz von Satz 25.6.

Satz 3: *Ein Polynomring $K[x]$ über einem Körper ist ein Euklidischer Ring.* Die Einheitengruppe von $K[x]$ ist K_0; die Primelemente sind genau die in $K[x]$ irreduziblen Polynome.
Bemerkung: Der in (1) geforderte Divisionsalgorithmus kann eindeutig sein, muß es aber nicht. Während in $K[x]$ aus $f(x) = q_1(x)g(x) + r_1(x) = q_2(x)g(x) + r_2(x)$, $g(x) \neq 0$, $r_i(x) = 0$ oder $\text{Grad } r_i(x) < \text{Grad } g(x)$, durch Subtraktion $(q_2(x) - q_1(x))g(x) = r_1(x) - r_2(x)$ und mit Hilfe einer Gradbetrachtung die Eindeutigkeitsaussage $r_1(x) = r_2(x)$, $q_1(x) = q_2(x)$ folgt, gilt in $\mathfrak{Z}$ etwa $12 = 2 \cdot 5 + 2 = 3 \cdot 5 - 3$.
Nun übertragen wir Satz 35.1 und seinen Beweis.

Satz 4: *Jeder Euklidische Ring E ist Hauptidealring.*

Beweis: Wir haben zweierlei zu zeigen: Jedes Ideal $\mathfrak{a} \subset E$ ist Hauptideal, und $1 \in E$. Wir beginnen mit dem ersteren. Es sei $\mathfrak{a} \subset E$ und $\mathfrak{a} \neq (0)$. Dann gibt es auf Grund von (2) ein $a \in \mathfrak{a}$, $a \neq 0$, mit minimalem Wert; für jedes $c \in \mathfrak{a}$, $c \neq 0$, gilt $w(c) \geqq w(a)$. Man wähle ein beliebiges $b \in \mathfrak{a}$ und dividiere durch a; man bekommt $b = qa + r$ mit $r = 0$ oder $w(r) < w(a)$. Wegen $r = b - qa \in \mathfrak{a}$ und der Wahl von $a \in \mathfrak{a}$ kann aber nicht $w(r) < w(a)$ sein. Also ist $r = 0$ oder $b \in (a)$, und das bedeutet $\mathfrak{a} = (a)$. Um noch $1 \in E$ nachzuweisen, betrachten wir speziell das Ideal $E \neq (0)$ und wählen ein $\varepsilon \in E$, $\varepsilon \neq 0$, mit minimalem Wert. Division von ε durch ε gemäß (1) liefert ein $e \in E$ mit $\varepsilon = e\varepsilon$. Dieses e ist Einselement von E; denn für jedes $r \in E$ gilt $r\varepsilon = re\varepsilon$ oder $r = re$.

Jeder Euklidische Ring, etwa $\Re[x]$, ist also Hauptidealring und damit auch ein Gaußscher Ring.
Bemerkung: Man kann zeigen, daß die Umkehrung von Satz 4 falsch ist; nicht jeder Hauptidealring ist ein Euklidischer Ring.
Ein ausführliches Beispiel für die Anwendungsmöglichkeiten der hier entwickelten Theorie folgt in § 38.

37.4 Wir erörtern noch den bereits in § 36.4 erwähnten *Euklidischen Algorithmus*, der es unter anderem gestattet, zu zwei Elementen a, b eines Euklidischen Ringes E den g.g.T. auszurechnen, auch wenn die Primfaktorzerlegungen von a und b vielleicht nicht bekannt sind. Wir nehmen an, a und b seien ungleich Null und b kein Teiler von a; damit schließen wir nur triviale Fälle aus. Man dividiere dann a durch b gemäß (1): $a = q_1 b + r_1$, $w(r_1) < w(b)$. Anschließend mache man dasselbe mit b und r_1 und fahre in dieser Weise fort. Man bekommt das folgende Schema:

$$\begin{array}{llll}
a & = q_1 b & + r_1 & , \quad w(r_1) < w(b) \\
b & = q_2 r_1 & + r_2 & , \quad w(r_2) < w(r_1) \\
r_1 & = q_3 r_2 & + r_3 & , \quad w(r_3) < w(r_2) \\
\multicolumn{4}{c}{\dots\dots\dots\dots\dots\dots\dots\dots\dots\dots\dots} \\
r_{n-2} & = q_n r_{n-1} & + r_n & , \quad w(r_n) < w(r_{n-1}) \\
r_{n-1} & = q_{n+1} r_n & &
\end{array}$$

Dabei ist r_n, $n \geqq 1$, der letzte nicht verschwindende Divisionsrest; das Verfahren bricht ja wegen $w(r_1) > w(r_2) > w(r_3) > \dots$ und (2) nach endlich vielen Schritten ab. Wir behaupten: r_n ist ein g.g.T. von a und b. Wir zeigen als erstes: r_n teilt a und b. Aus der letzten Zeile folgt $r_n | r_{n-1}$; im Falle $n = 1$ sei dabei $r_0 = b$ gesetzt. In der vorletzten Zeile kann man also rechts r_n ausklammern und bekommt auch $r_n | r_{n-2}$. Jetzt kann man auch in der drittletzten Zeile rechts r_n ausklammern und in dieser Weise fortfahren. Zuletzt erscheint r_n als Teiler der rechten Seiten von b und a. Zweitens sei d ein Teiler von a und b; zu zeigen bleibt $d | r_n$. Zuerst kann d in $r_1 = a - qb$ rechts ausgeklammert werden; es gilt also $d | r_1$. Also ist d auch ein Teiler von b und r_1, und die zweite Zeile $r_2 = b - q_2 r_1$ des Schemas liefert $d | r_2$. Als nächstes ergibt sich $d | r_3$, zuletzt $d | r_n$.
Der Euklidische Ring E ist ein Hauptidealring; nach Satz 36.4 existieren also $\lambda, \mu \in E$ mit $r_n = \lambda a + \mu b$. Solche λ, μ liefert der Euklidische Algorithmus

mit. Man beginne mit der vorletzten Zeile $r_n = r_{n-2} - q_n r_{n-1}$ des Schemas; mit Hilfe der drittletzten Zeile eliminiere man r_{n-1}:

$$r_n = r_{n-2} - q_n(r_{n-3} - q_{n-1}r_{n-2}) = -q_n r_{n-3} + (1 + q_n q_{n-1})r_{n-2}.$$

Unter Benutzung der nächsten Zeile eliminiert man r_{n-2}. Zuletzt bekommt man $r_n = \lambda a + \mu b$ mit Ringelementen λ, μ, die aus den bekannten q_i zusammengesetzt sind.

Aufgabe 1: Jedes Ideal des Ringes $2\mathfrak{Z}$ der geraden ganzen Zahlen ist Hauptideal. Beweis?

Aufgabe 2: Man zeige das Folgende.
a) $f(x) = 2x^2 + 2 \in \mathfrak{R}[x]$ ist ein Primelement von $\mathfrak{R}[x]$.
b) $g(x) = x^2 + 1 \in \mathfrak{C}[x]$ ist kein Primelement von $\mathfrak{C}[x]$.

Aufgabe 3: Berechne einen g.g.T. d von 303707 und 808201. Finde $\lambda, \mu \in \mathfrak{Z}$ mit $d = 303707\lambda + 808201\mu$.

Aufgabe 4: Berechne einen g.g.T. $d(x)$ von $f(x) = x^5+x^4+x^3+x^2+x+1 \in \mathfrak{R}[x]$ und $g(x) = x^4 + x^3 + 2x^2 + x + 1 \in \mathfrak{R}[x]$. Finde $\lambda(x), \mu(x) \in \mathfrak{R}[x]$ mit $d(x) = \lambda(x)f(x) + \mu(x)g(x)$.

§ 38* Der Ring $\mathfrak{Z}[i]$

Wir wenden unsere Kenntnisse aus § 37 auf den Ring $\mathfrak{Z}[i]$ der ganzen Gaußschen Zahlen an und betrachten weitere Beispiele für die Kraft der bereitgestellten Methoden.

38.1 Unser Ausgangspunkt wird der

Satz 1: $\mathfrak{Z}[i]$ *ist ein Euklidischer Ring.*

Beweis: Es ist $\mathfrak{Z}[i] \subset \mathfrak{C}$ ein Integritätsbereich. Die Elemente $z = a + bi$ $(a, b \in \mathfrak{Z})$ von $\mathfrak{Z}[i]$ repräsentieren die Gitterpunkte in der Gaußschen Zahlenebene (vgl. Anhang). Wir müssen eine Wertfunktion w mit den Eigenschaften (1), (2) aus § 37.3 angeben und versuchen es mit dem Betrag $|z| = \sqrt{a^2 + b^2}$ oder dessen Quadrat $N(z) = a^2 + b^2$. Dieser Versuch führt zum Ziel. Um zu vorgegebenen $z_1, z_2 \neq 0$ aus $\mathfrak{Z}[i]$ Elemente q, r aus $\mathfrak{Z}[i]$ gemäß (1) zu finden, führen wir die Division von z_1 durch z_2 zunächst in $\mathfrak{Q}[i]$ aus,

$$\frac{z_1}{z_2} = q^* = \alpha^* + \beta^* i \qquad (\alpha^*, \beta^* \in \mathfrak{Q}),$$

und wählen dann den Gitterpunkt $q = \alpha + \beta i$ $(\alpha, \beta \in \mathfrak{Z})$ möglichst nahe bei q^*: $|\alpha^* - \alpha| \leqq \frac{1}{2}$, $|\beta^* - \beta| \leqq \frac{1}{2}$. Wir setzen $q^* = q + \varrho$, $\varrho \in \mathfrak{Q}[i]$, und bekommen $z_1 = q^* z_2 = qz_2 + \varrho z_2$ oder $z_1 = qz_2 + r$, wobei auch $r = \varrho z_2$

eine ganze Gaußsche Zahl ist. Ist nun $r \neq 0$, so wird wegen der Multiplikativität der Norm (vgl. Anhang bzw. § 29.4) von $\mathfrak{Q}[i]$ tatsächlich

$$N(r) = N(\varrho z_2) = N(\varrho)N(z_2) \leqq (\frac{1}{4} + \frac{1}{4})N(z_2) < N(z_2).$$

Für $z \in \mathfrak{Z}[i]$, $z \neq 0$, setze man also $w(z) = N(z)$. Wie wir eben festgestellt haben, wird dadurch eine Wertfunktion w für $\mathfrak{Z}[i]$ erklärt, die die Forderung (1) aus § 37.3 erfüllt, und es gilt auch (2), weil die Werte $w(z)$ natürliche Zahlen sind.

Dieses Vorgehen ist typisch und liefert beispielsweise ganz analog, daß auch $\mathfrak{Z}[\sqrt{-2}]$ euklidisch ist. Das Verfahren versagt dagegen etwa bei $\mathfrak{Z}[\sqrt{-5}]$; es wäre aber zunächst noch denkbar, daß mit Hilfe einer geeigneteren Wertfunktion als gerade der Norm der Ring doch als euklidisch nachgewiesen werden könnte. Aus § 37.1 wissen wir jedoch, daß $\mathfrak{Z}[\sqrt{-5}]$ nicht einmal ein Gaußscher Ring ist; er kann also erst recht nicht euklidisch sein. Mit Hilfe des Betrages der Norm als Wertfunktion ergibt das vorliegende Muster ferner, daß $\mathfrak{Z}[\sqrt{2}]$ und $\mathfrak{Z}[\sqrt{3}]$ Euklidische Ringe sind (Aufgaben 1 und 2). Wieder versagt das Verfahren für $\mathfrak{Z}[\sqrt{5}]$, und da $\mathfrak{Z}[\sqrt{5}]$ nach § 37.1 kein Gaußscher Ring ist, kann auch kein anderes Erfolg haben.
Als Folge von Satz 1 notieren wir den für uns wichtigen

Satz 2: $\mathfrak{Z}[i]$ *ist ein Gaußscher Ring.*

38.2 Wir wollen nun die Elemente von $\mathfrak{Z}[i]$ sortieren. Es gibt die Null, und aus § 36, Beispiel 3, kennen wir die Einheitengruppe $E = \{1, -1, i, -i\}$. Die restlichen Zahlen sind entweder Primelemente oder in Primfaktoren zerlegbar. Wir wollen die Primelemente von $\mathfrak{Z}[i]$ bestimmen und beginnen mit drei Vorbetrachtungen:

1) Ist π Primelement in $\mathfrak{Z}[i]$, so ist es auch die konjugiert-komplexe Zahl $\bar{\pi}$. Jede Zerlegung $\pi = \alpha\beta$ in $\mathfrak{Z}[i]$ ist ja mit einer Zerlegung $\bar{\pi} = \bar{\alpha}\bar{\beta}$ gleichwertig, und beide sind sie entweder trivial (das heißt: einer der Faktoren ist eine Einheit) oder nichttrivial.

2) Es sei $p \in \mathfrak{N}$ eine gewöhnliche Primzahl aus $\mathfrak{N}$, und diese Primzahl sei in $\mathfrak{Z}[i]$ zerlegbar: $p = \pi\beta$, π Primelement aus $\mathfrak{Z}[i]$, $\beta \nsim 1$. Dann gilt, wie wir zeigen wollen, $p = \pi\bar{\pi}$ (also $\beta = \bar{\pi}$). Es ist ja $N(p) = p^2 = N(\pi)N(\beta)$; nach Voraussetzung sind aber π und β keine Einheiten, ihre Normen also (vgl. § 36, Beispiel 3) nicht Eins, und aus $N(\pi), N(\beta) \in \mathfrak{N}$ folgt $N(\pi) = \pi\bar{\pi} = p$.

3) Es sei π ein Primelement aus $\mathfrak{Z}[i]$. Dann ist entweder $\pi\bar{\pi} = p$ eine gewöhnliche Primzahl aus $\mathfrak{N}$, oder es gibt eine gewöhnliche Primzahl $q \in \mathfrak{N}$ mit $\pi \sim q$. Um das einzusehen, schreibe man $\pi\bar{\pi} = n = p_1p_2\ldots p_k \in \mathfrak{N}$ mit gewöhnlichen Primzahlen $p_j \in \mathfrak{N}$ und denke sich die Faktoren p_j der rechten Seite weiter in Primelemente aus $\mathfrak{Z}[i]$ zerlegt; vergleicht man anschließend die Anzahl der Primfaktoren links und rechts, so sieht man, daß nur die Fälle $k = 1$ und $k = 2$ eintreten können. Das ist aber die Behauptung.

Das bedeutet zusammengefaßt: Eine normale Primzahl $p \in \mathfrak{N}$ bleibt entweder Primelement auch in $\mathfrak{Z}[i]$ und liefert dann die vier assoziierten Primelemente

$\pm p$ und $\pm ip$ in $\mathfrak{Z}[i]$; oder $p \in \mathfrak{N}$ zerfällt nach 1) und 2) in $\mathfrak{Z}[i]$ in ein Produkt $\pi\bar{\pi}$ von Primelementen $\pi, \bar{\pi}$ aus $\mathfrak{Z}[i]$, die in Gestalt ihrer Assoziierten wieder Primelemente aus $\mathfrak{Z}[i]$ ergeben. Weitere Primelemente in $\mathfrak{Z}[i]$ gibt es nach 3) nicht.

Um also alle Primelemente von $\mathfrak{Z}[i]$ zu finden, haben wir die Primzahlen $p \in \mathfrak{N}$ darauf zu untersuchen, ob sie in $\mathfrak{Z}[i]$ in der Form $p = \pi\bar{\pi}$ zerfallen. Ist das der Fall, so sind $\pi, \bar{\pi}$ und ihre Assoziierten Primelemente von $\mathfrak{Z}[i]$; andernfalls ist schon p mit seinen Assoziierten Primelement von $\mathfrak{Z}[i]$. Wir sehen uns nun die $p \in \mathfrak{N}$ in der Reihenfolge $p = 2$, $p \equiv 3\ (4)$, $p \equiv 1\ (4)$ einzeln an.

a) Es zerfällt $p = 2$ in $(1 + i)(1 - i)$. Wegen $1 + i \sim 1 - i$ liefert aber $p = 2$ nur die insgesamt vier Primelemente $\pm 1 \pm i$ in $\mathfrak{Z}[i]$.

b) Ein p der Form $4n + 3$ kann nicht zerfallen; denn $p = \pi\bar{\pi} = (a + bi)(a - bi)$ würde $4n + 3 = a^2 + b^2$ $(a, b \in \mathfrak{Z})$ zur Folge haben, was schon modulo 4 unmöglich ist. Jedes $p \equiv 3\ (4)$ liefert also in $\mathfrak{Z}[i]$ die vier Primelemente $\pm p$, $\pm ip$.

c) Ein p der Gestalt $4n + 1$ zerfällt in $\mathfrak{Z}[i]$: Nach Satz 23.2 gibt es ein $m \in \mathfrak{N}$ mit $p \mid (m^2 + 1)$ in $\mathfrak{Z}$. In $\mathfrak{Z}[i]$ heißt das $p \mid (m + i)(m - i)$. Wäre p Primelement im Gaußschen Ring $\mathfrak{Z}[i]$, so müßte es einen der Faktoren $m \pm i$ teilen im Widerspruch zu $\frac{m}{p} \pm \frac{1}{p} i \notin \mathfrak{Z}[i]$. Zu einem $p \equiv 1(4)$ gibt es also $a, b \in \mathfrak{Z}$ mit $p = (a + bi)(a - bi) = a^2 + b^2$. Die Primelemente $\pi = a + bi$ und $\bar{\pi} = a - bi$ sind dabei nicht assoziiert, da $b \neq 0$ ist und $a = \pm b$ für ein ungerades p unmöglich ist. Jedes $p \equiv 1\ (4)$ liefert also die genau acht Primelemente $\pm\pi$, $\pm i\pi$, $\pm\bar{\pi}$, $\pm i\bar{\pi}$ aus $\mathfrak{Z}[i]$.

Sämtliche Primelemente $\pi \in \mathfrak{Z}[i]$ sind damit gefunden.

Dabei wurde kein π mehrfach gezählt; denn sind p, q verschiedene Primzahlen aus $\mathfrak{N}$, so können sie nach Satz 36.5 keinen Primteiler π von $\mathfrak{Z}[i]$ gemeinsam haben.

38.3 Unsere Untersuchung des Ringes $\mathfrak{Z}[i]$ erlaubt nun einige Folgerungen, die wir wegen ihres zahlentheoretischen Interesses festhalten wollen, obwohl sie algebraisch unwichtig sind. Die Ergebnisse aus Abschnitt 2 liefern zunächst den

Satz 3: *Es sei $p \in \mathfrak{N}$ eine Primzahl. Genau dann ist $p = a^2 + b^2$ eine Summe von zwei Quadraten mit $a, b \in \mathfrak{N}$, wenn $p = 2$ oder $p \equiv 1\ (4)$ ist. Ist $p = a^2 + b^2$ und $a \leq b$, so sind die Zahlen $a, b \in \mathfrak{N}$ eindeutig bestimmt.*

Allgemeiner gilt der

Satz 4: *Genau dann läßt sich ein $m \in \mathfrak{N}$ als Summe von zwei Quadraten aus $\mathfrak{Z}$ schreiben, $m = a^2 + b^2$, $a, b \in \mathfrak{Z}$, wenn die Primteiler der Form $4n + 3$ von m in maximal gerader Vielfachheit in m enthalten sind.*

Beweis:

a) Die Zahl $m \in \mathfrak{N}$ enthalte Primteiler der Form $4n + 3$ nur in gerader Vielfachheit: Es sei

$$m = p_1^{\alpha_1} p_2^{\alpha_2} \cdots p_k^{\alpha_k} \cdot q_1^{2\beta_1} q_2^{2\beta_2} \cdots q_l^{2\beta_l}$$

mit Primzahlen $p_i \not\equiv 3\ (4)$ und $q_j \equiv 3\ (4)$. Nach Satz 3 ist jedes p_i Summe von zwei Quadraten; wiederholte Anwendung von Formel (8) aus § 29.4 für den Fall $d = 1$ zeigt, daß dann auch das Produkt

$$p_1^{\alpha_1} p_2^{\alpha_2} \cdots p_k^{\alpha_k}$$

dieser p_i eine Summe $r^2 + s^2$ von zwei Quadraten mit $r, s \in \mathfrak{Z}$ ist. Es folgt die Darstellbarkeit von

$$m = (r^2 + s^2)(q_1^{\beta_1} q_2^{\beta_2} \cdots q_l^{\beta_l})^2 = (r^2 + s^2)t^2 = (rt)^2 + (st)^2 = a^2 + b^2.$$

b) Ist $m = a^2 + b^2$ mit $a, b \in \mathfrak{Z}$, so wird $m = (a + bi)(a - bi)$ in $\mathfrak{Z}[i]$; ein Primteiler $p \equiv 3$ (4) von m bleibt Primelement auch in $\mathfrak{Z}[i]$ und teilt $a + bi$ und $a - bi$ gleich oft:

$$\frac{a}{p^\beta} + \frac{b}{p^\beta} i \in \mathfrak{Z}[i] \quad \Leftrightarrow \quad \frac{a}{p^\beta} - \frac{b}{p^\beta} i \in \mathfrak{Z}[i].$$

Dieses p teilt also m in gerader Vielfachheit.

Aufgabe 1: Man zeige, daß $\mathfrak{Z}[\sqrt{2}]$ ein Euklidischer Ring ist.

Aufgabe 2: Man zeige, daß $\mathfrak{Z}[\sqrt{3}]$ ein Euklidischer Ring ist. Man zeige weiter, daß 5 Primelement in $\mathfrak{Z}[\sqrt{3}]$ ist, aber 13 nicht. Man finde eine Primfaktorzerlegung von 13 in $\mathfrak{Z}[\sqrt{3}]$.

Aufgabe 3: Man schreibe die Ideale $(3, i)$, $(4 + 4i, 8i)$, $(2 - i, 2 + i)$, $(1 + i, 1 - i)$ aus $\mathfrak{Z}[i]$ als Hauptideale.

Aufgabe 4: Für kein $n \in \mathfrak{N}$ gilt $\left(\frac{2 + i}{2 - i}\right)^n = 1$. Beweis?

§ 39* Partialbruchzerlegung in K(x)

Aus der Analysis ist der Satz von der Partialbruchzerlegung bekannt. Man benutzt ihn das erste Mal beim Aufsuchen von Stammfunktionen rationaler Funktionen, und auch sonst liefert er oft nützliche Vereinfachungen. Ohne algebraische Hilfsmittel wird sein Beweis etwas mühsam und wenig durchsichtig. Wir haben inzwischen alle Mittel zur Verfügung, um ihn allgemein formulieren und leicht beweisen zu können.

Satz 1: *Es sei K ein Körper, und $P(x)$ und $Q(x) \neq 0$ seien Polynome aus $K[x]$. Dann kann der Quotient $\frac{P(x)}{Q(x)} \in K(x)$ geschrieben werden als Polynom $h(x) \in K[x]$ plus einer Summe von sogenannten Partialbrüchen der Form $\frac{r(x)}{p(x)^m}$, wobei $r(x) \in K[x]$ und $p(x)$ Primelement in $K[x]$ ist,* Grad $r(x) <$ Grad $p(x)$ *oder $r(x) = 0$ gilt und $p(x)^m$ den Nenner $Q(x)$ teilt. Es ist $h(x)$ gleich Null genau dann, wenn $P(x) = 0$ oder* Grad $P(x) <$ Grad $Q(x)$ *ist. Diese Partialbruchzerlegung ist eindeutig bestimmt.*

Beweis: Wir nutzen aus, daß $K[x]$ euklidisch, also sowohl Hauptidealring als auch Gaußscher Ring ist. Angenommen, man hätte eine Partialbruchzerlegung von $\frac{P(x)}{Q(x)}$. Bringt man sämtliche Partialbrüche auf den Hauptnenner $Q(x)$ und addiert sie, so entsteht ein Bruch, dessen Zähler entweder Null ist oder einen kleineren Grad als $Q(x)$ hat; hieraus folgt die vorletzte Behauptung. Gäbe es zwei derartige Partialbruchzerlegungen, so müßten sie sich in den Zählern der Partialbrüche unterscheiden. Für ein gewisses $p(x)$ sei $k \geqq 1$ der maximale Exponent im Nenner, für den in den beiden Zerlegungen verschiedene Zähler $r(x)$ und $s(x)$ auftreten: $r(x) \neq s(x)$. Gleichsetzen beider Zerlegungen, Streichen gleicher Terme und Multiplikation mit dem Hauptnenner $N(x)$ liefert dann überall Summanden mit dem Faktor $p(x)$, abgesehen von $\frac{r(x)}{p(x)^k}N(x)$ und $\frac{s(x)}{p(x)^k}N(x)$. Es folgt $p(x) | f(x)(r(x) - s(x))$ in $K[x]$ mit $f(x) = \frac{N(x)}{p(x)^k} \in K[x]$; dabei sind $p(x)$ und $f(x)$ in $K[x]$ teilerfremd auf Grund der Wahl von k. Nach Satz 37.1 folgt also weiter $p(x) | (r(x) - s(x))$ in $K[x]$; hierin sind nach Voraussetzung $r(x)$ und $s(x)$ entweder Null oder haben Grade kleiner als $p(x)$; es müßte demnach $r(x) = s(x)$ sein im Widerspruch zur Annahme. Wenn es also eine solche Partialbruchzerlegung von $\frac{P(x)}{Q(x)}$ gibt, so ist sie eindeutig bestimmt. Zu zeigen bleibt ihre Existenz.

Es sei $Q(x) = p_1(x)^{\alpha_1} p_2(x)^{\alpha_2} \ldots p_n(x)^{\alpha_n}$ eine Primfaktorzerlegung von $Q(x) \in K[x]$, $p_i(x) \nsim p_j(x)$ für $i \neq j$, nach Satz 36.3 also etwa

$$(p_1^{\alpha_1}, p_2^{\alpha_2} p_3^{\alpha_3} \ldots p_n^{\alpha_n}) = (1).$$

Es folgt die Existenz von Polynomen $\lambda(x)$, $\mu(x) \in K[x]$ mit

$$1 = \lambda(x) p_1(x)^{\alpha_1} + \mu(x) p_2(x)^{\alpha_2} p_3(x)^{\alpha_3} \ldots p_n(x)^{\alpha_n}.$$

Multiplikation mit $P(x)$ ergibt

$$P(x) = g(x) p_1(x)^{\alpha_1} + \varrho_1(x) p_2(x)^{\alpha_2} p_3(x)^{\alpha_3} \ldots p_n(x)^{\alpha_n}$$

mit Polynomen $g(x)$, $\varrho_1(x) \in K[x]$, und es wird

$$\text{(1)} \qquad \frac{P(x)}{Q(x)} = \frac{\varrho_1(x)}{p_1(x)^{\alpha_1}} + \frac{g(x)}{p_2(x)^{\alpha_2} p_3(x)^{\alpha_3} \ldots p_n(x)^{\alpha_n}}.$$

Wiederholung des Verfahrens mit dem zweiten Summanden aus (1) usw. liefert schließlich

$$\text{(2)} \qquad \frac{P(x)}{Q(x)} = \frac{\varrho_1(x)}{p_1(x)^{\alpha_1}} + \frac{\varrho_2(x)}{p_2(x)^{\alpha_2}} + \ldots + \frac{\varrho_n(x)}{p_n(x)^{\alpha_n}}, \qquad \varrho_i(x) \in K[x].$$

Nun werden die Summanden rechts in (2) jeder für sich weiter zerlegt. Wir nehmen uns den ersten vor und dividieren $\varrho_1(x)$ mit Rest durch $p_1(x)$, also $\varrho_1(x) = q_1(x) p_1(x) + r_1(x)$ mit $r_1(x) = 0$ oder Grad $r_1(x) <$ Grad $p_1(x)$. Es folgt

$$\frac{\varrho_1(x)}{p_1(x)^{\alpha_1}} = \frac{r_1(x)}{p_1(x)^{\alpha_1}} + \frac{q_1(x)}{p_1(x)^{\alpha_1-1}}.$$

Den ersten Summanden rechts lassen wir unverändert; den zweiten zerlegen wir nach demselben Muster weiter und wiederholen das Verfahren, bis es abbricht. Dann stehen rechts lauter Partialbrüche und als letzter Summand eventuell ein Polynom $h_1(x) \in K[x]$. Entsprechend zerlegt man die anderen Summanden in (2), schreibt zuletzt $h_1(x) + h_2(x) + \ldots + h_n(x) = h(x)$ und hat die verlangte Partialbruchzerlegung von $\frac{P(x)}{Q(x)}$ hergestellt. Damit ist Satz 1 bewiesen.

Beispiel 1. Es sei $K = \mathfrak{C}$. In der komplexen Analysis zeigt man, daß jedes Polynom $f(x) \in \mathfrak{C}[x]$ mit einem Grad $\geqq 1$ eine Nullstelle in $\mathfrak{C}$ hat. Nach Satz 26.1 ist also jedes $f(x) \in \mathfrak{C}[x]$ mit einem Grad $\geqq 2$ in $\mathfrak{C}[x]$ nichttrivial zerlegbar. Primelemente in $\mathfrak{C}[x]$ sind demnach genau die Polynome $p(x)$ vom Grad Eins, und die Zähler $r(x)$ in Satz 1 sind Elemente aus $\mathfrak{C}$.

Beispiel 2. Es sei $K = \mathfrak{R}$. Zunächst ist jedes $f(x) \in \mathfrak{R}[x]$ mit Grad $f(x) \geqq 3$ in $\mathfrak{R}[x]$ nichttrivial zerlegbar. Hat nämlich $f(x)$ eine reelle Nullstelle a, so gilt $f(x) = (x - a)g(x)$ mit $g(x) \in \mathfrak{R}[x]$ und Grad $g(x) \geqq 2$. Andernfalls besitzt $f(x)$ eine Nullstelle $c \in \mathfrak{C}$, $c \neq \bar{c}$, und nach Satz 26.1 und Aufgabe 26.5 ist $f(x) = (x - c)(x - \bar{c})g(x)$ mit Grad $g(x) \geqq 1$ in $\mathfrak{C}[x]$. Setzt man $-c - \bar{c} = a \in \mathfrak{R}$ und $c\bar{c} = b \in \mathfrak{R}$, so wird $f(x) = (x^2 + ax + b)g(x)$ eine nichttriviale Zerlegung von $f(x)$ in $\mathfrak{R}[x]$; denn bei der Ausführung der Division von $f(x)$ durch $x^2 + ax + b$ in $\mathfrak{C}[x]$ bekommt $g(x)$ sogar reelle Koeffizienten. Die sämtlichen Primelemente $p(x)$ in $\mathfrak{R}[x]$ sind also genau die linearen Polynome und die quadratischen Polynome ohne reelle Nullstellen. Die linearen $p(x)$ haben mit ihren Potenzen in der Partialbruchzerlegung von Satz 1 Zähler $r(x) \in \mathfrak{R}$; zu den quadratischen $p(x)$ und ihren Potenzen gehören Zähler $r(x)$ der Gestalt $r(x) = ax + b \in \mathfrak{R}[x]$.

§ 40 Primideale

In diesem und dem nächsten Paragraphen gehen wir auf Sachverhalte ein, die wir zum Teil auch schon im vorigen Kapitel hätten behandeln können. Gegeben sei ein kommutativer Ring R und ein Ideal $\mathfrak{p} \subset R$. Eine naheliegende Frage ist: Wann ist der Restklassenring $R/\mathfrak{p}$ nullteilerfrei oder sogar ein Körper? Wir kommen hierauf zurück.

Definition: *Es sei R ein kommutativer Ring und $\mathfrak{p}$ ein Ideal aus R. Wir nennen $\mathfrak{p}$ ein Primideal, wenn aus $ab \in \mathfrak{p}$ $(a, b \in R)$ folgt: $a \in \mathfrak{p}$ oder $b \in \mathfrak{p}$.*

Folgerung: Ist $\mathfrak{p}$ ein Primideal und $a_1 a_2 \ldots a_n \in \mathfrak{p}$ $(a_i \subset R)$, so liegt wenigstens eines der a_i in $\mathfrak{p}$.

Beispiele. In $\mathfrak{Z}$ sind (3), (5) und (7) Primideale. In $\mathfrak{R}[x]$ sind $(x + 1)$ und $(x^2 + 1)$ Primideale. Ist R ein kommutativer Ring, so ist R ein Primideal in R; das Ideal $(0) \subset R$ ist Primideal genau dann, wenn R nullteilerfrei ist.

Satz 1: *Es sei R ein kommutativer Ring mit Elementen $a, b, \ldots$ und $\mathfrak{p}$ ein Ideal aus R. Genau dann ist $\mathfrak{p}$ Primideal, wenn eine der folgenden gleichwertigen Bedingungen erfüllt ist:*
(1) $ab \in \mathfrak{p}$ *und* $a \notin \mathfrak{p} \Rightarrow b \in \mathfrak{p}$.
(2) $a \notin \mathfrak{p}$ *und* $b \notin \mathfrak{p} \Rightarrow ab \notin \mathfrak{p}$.
(3) Sind $\mathfrak{a}, \mathfrak{b}$ *Ideale aus R und* $\mathfrak{a}\mathfrak{b} \subset \mathfrak{p}$, *so gilt* $\mathfrak{a} \subset \mathfrak{p}$ *oder* $\mathfrak{b} \subset \mathfrak{p}$.
(4) $R/\mathfrak{p}$ *ist nullteilerfrei.*

Beweis: In (1) und (2) liegen nur andere Formulierungen der Definition vor. Das gilt auch für (4): Die Multiplikationsvorschrift in $R/\mathfrak{p}$ lautet ja $(a + \mathfrak{p})(b + \mathfrak{p}) = ab + \mathfrak{p}$, es ist $\mathfrak{p}$ das Nullelement, und $r \in \mathfrak{p}$ bedeutet dasselbe wie $r + \mathfrak{p} = \mathfrak{p}$. Zu zeigen bleibt (1) $\Leftrightarrow$ (3).
(1) $\Rightarrow$ (3): In $\mathfrak{p}$ gelte (1) und $\mathfrak{a}\mathfrak{b} \subset \mathfrak{p}$; ferner sei das Ideal $\mathfrak{a}$ nicht in $\mathfrak{p}$ enthalten. Dann existiert ein $a \in \mathfrak{a}$ mit $a \notin \mathfrak{p}$. Aus $a\mathfrak{b} \subset \mathfrak{p}$ folgt $ab \in \mathfrak{p}$ für jedes $b \in \mathfrak{b}$, also $b \in \mathfrak{p}$ für jedes $b \in \mathfrak{b}$ oder $\mathfrak{b} \subset \mathfrak{p}$.
(3) $\Rightarrow$ (1): Aus $ab \in \mathfrak{p}$ folgt $(ab) = (a)(b) \subset \mathfrak{p}$, nach (3) also $(a) \subset \mathfrak{p}$ oder $(b) \subset \mathfrak{p}$ und erst recht $a \in \mathfrak{p}$ oder $b \in \mathfrak{p}$.

Einen Zusammenhang mit unseren Ergebnissen aus der Teilbarkeitstheorie bildet der

Satz 2: *Es sei R ein Gaußscher Ring. Genau dann ist $(p) \subset R$ ein Primideal, wenn p Primelement, Null oder Einheit ist.*

Beweis: Die Fälle $p = 0$ und $p \sim 1$ wurden bereits im Anschluß an die Definition erörtert. Es sei also (p) ein Primideal und p weder Null noch Einheit, aber $p = ab$. Dann gilt $ab \in (p)$, also etwa $a \in (p)$ oder $a = rp$ mit einem $r \in R$; es folgt $p = prb$ oder $b \sim 1$, und p ist Primelement. Ist umgekehrt p ein Primelement von R und $ab \in (p)$, so teilt p im Gaußschen Ring R einen der Faktoren a oder b, und das bedeutet $a \in (p)$ oder $b \in (p)$.

Bemerkung 1: In einem beliebigen Integritätsbereich I mit Einselement erzeugt ein unzerlegbares Element nicht notwendig ein Primideal. Nach § 36, Beispiel 7, ist etwa das Element 2 in $I = \mathfrak{Z}[\sqrt{-5}]$ unzerlegbar, und es gilt $6 = 2 \cdot 3 \in (2)$; aber es gilt auch $6 = (1 + \sqrt{-5})(1 - \sqrt{-5})$, und wegen $\frac{1}{2} \pm \frac{1}{2}\sqrt{-5} \notin \mathfrak{Z}[\sqrt{-5}]$ liegt keiner dieser Faktoren in dem Ideal (2). Also ist (2) in $\mathfrak{Z}[\sqrt{-5}]$ kein Primideal.

Bemerkung 2: Sind $\mathfrak{a}$ und $\mathfrak{b}$ Ideale des kommutativen Ringes R, so ist auch ihr Durchschnitt $\mathfrak{a} \cap \mathfrak{b}$ ein Ideal aus R; aber in der Regel ist der Durchschnitt zweier Primideale $\mathfrak{p}, \mathfrak{q} \subset R$ nicht wieder Primideal. Hierzu betrachte man beispielsweise die Ideale $\mathfrak{p} = (2)$ und $\mathfrak{q} = (3)$ aus $R = \mathfrak{Z}$; es ist ja $\mathfrak{p} \cap \mathfrak{q} = (6)$.

§ 41 Maximale Ideale

41.1 Bereits in Satz 36.2 traten Ideale auf, die in einem gewissen Sinn maximal waren. Wir geben nun die folgende

Definition: *Es sei R ein kommutativer Ring. Ein Ideal $\mathfrak{m} \subset R$, $\mathfrak{m} \neq R$, heißt maximales Ideal, wenn für jedes Ideal $\mathfrak{a} \subset R$ mit $\mathfrak{m} \subset \mathfrak{a} \subset R$ gilt: $\mathfrak{a} = \mathfrak{m}$ oder $\mathfrak{a} = R$.*

Es ist zum Beispiel (5) ein maximales Ideal in $\mathfrak{Z}$; jedes Ideal $\mathfrak{a} \supset (5)$, $\mathfrak{a} \neq (5)$, aus $\mathfrak{Z}$ enthält ja ein zu 5 teilerfremdes Element a, und es folgt $\mathfrak{a} \supset (5, a) = (1)$, also $\mathfrak{a} = \mathfrak{Z}$. Bei dieser Überlegung haben wir benutzt, daß 5 Primelement und $\mathfrak{Z}$ Hauptidealring ist, so daß Satz 36.3 zum Ziel führt; noch etwas direkter liefert Satz 36.2 dasselbe Resultat. Wir kommen in Satz 3 darauf zurück.
Die Bedeutung der maximalen Ideale beruht in erster Linie auf dem

Satz 1: *Es sei R ein kommutativer Ring mit Einselement und $\mathfrak{m}$ ein Ideal aus R. Genau dann ist der Restklassenring $R/\mathfrak{m}$ ein Körper, wenn das Ideal $\mathfrak{m}$ maximal ist.*

Beweis: Es sei zunächst $R/\mathfrak{m}$ ein Körper, also $\mathfrak{m} \neq R$. Es gelte $\mathfrak{m} \subset \mathfrak{a} \subset R$ mit einem Ideal $\mathfrak{a} \neq \mathfrak{m}$ aus R. Dann existiert ein $a \in \mathfrak{a}$, $a \notin \mathfrak{m}$, und das von der Nullklasse verschiedene Element $a + \mathfrak{m} \in R/\mathfrak{m}$ besitzt nach Voraussetzung ein Inverses $b + \mathfrak{m}$ in $R/\mathfrak{m}$. Das bedeutet $(a + \mathfrak{m})(b + \mathfrak{m}) = 1 + \mathfrak{m}$. Es folgt $1 - ab \in \mathfrak{m} \subset \mathfrak{a}$, also $(1 - ab) + ab = 1 \in \mathfrak{a}$ oder $\mathfrak{a} = (1) = R$. Ist umgekehrt $\mathfrak{m}$ ein maximales Ideal in R und $a \notin \mathfrak{m}$, so gilt $\mathfrak{m} + (a) = (1)$. Es gibt dann also Elemente $m \in \mathfrak{m}$ und $b \in R$ mit $1 = m + ab$, und in $R/\mathfrak{m}$ gilt $1 + \mathfrak{m} = ab + \mathfrak{m} = (a + \mathfrak{m})(b + \mathfrak{m})$. Das heißt: Jedes von der Nullklasse verschiedene $a + \mathfrak{m}$ aus $R/\mathfrak{m}$ besitzt ein Inverses. Da $R/\mathfrak{m}$ nicht aus der Null allein besteht, ist demnach $R/\mathfrak{m}$ ein Körper.

Für die Gültigkeit von Satz 1 ist die Voraussetzung $1 \in R$ wesentlich; er wird ohne sie falsch. Man betrachte etwa den Ring $R = 2\mathfrak{Z}$ der geraden ganzen Zahlen und $\mathfrak{m} = (4)$. Das Ideal $\mathfrak{m}$ ist maximal; aber in $R/\mathfrak{m}$ ist $2 + (4)$ ein Nullteiler.
Zusammen mit Satz 40.1, Aussage (4), liefert Satz 1 noch den

Satz 2: *Die maximalen Ideale eines kommutativen Ringes mit Einselement sind Primideale.*

Wir kommen weiter zu dem schon angekündigten

Satz 3: *Es sei H ein Hauptidealring und $\mathfrak{a} \neq (0)$ ein Ideal aus H. Genau dann ist das Ideal $\mathfrak{a}$ maximal, wenn es von einem Primelement erzeugt wird.*

Beweis: Nach Voraussetzung gibt es in H nur Hauptideale; speziell ist etwa $\mathfrak{a} = (a)$ und $a \neq 0$. Die Behauptung folgt also aus Satz 36.2.

In einem Hauptidealring H ist demnach jedes von (0) und H verschiedene Primideal sogar maximal; das zeigen Satz 40.2 und Satz 3. In einem beliebigen kommutativen Ring R stimmt das nicht mehr, auch wenn er ein Einselement enthält. Als Beispiel betrachte man $R = \mathfrak{Z}[x]$ und $\mathfrak{p} = (x)$; auf Grund der Definition ist $\mathfrak{p}$ Primideal in R. Aber es gilt beispielsweise $(x) \subset (2, x) \subset \mathfrak{Z}[x]$ mit $(x) \neq (2, x)$ und $(2, x) \neq \mathfrak{Z}[x]$; also ist $\mathfrak{p} = (x)$ nicht maximal.
Welche homomorphen Bilder von $\mathfrak{Z}$ sind Körper? Nach Satz 1 und Satz 3 handelt es sich genau um die Restklassenringe $\mathfrak{Z}/(p) \simeq \mathfrak{Z}_p$ mit Primzahlen $p \geqq 2$, was uns schon aus § 21 und § 20 bekannt ist.

41.2 Es sei R ein kommutativer Ring mit Einselement und $\mathfrak{a} \neq R$ ein Ideal aus R. Wir wollen zeigen: Dann existiert in R ein maximales Ideal $\mathfrak{m} \supset \mathfrak{a}$. Intuitiv würde man wohl so vorgehen: Entweder $\mathfrak{a}$ ist bereits maximal, oder es gibt ein Ideal $\mathfrak{b} \neq R$ aus R mit $\mathfrak{a} \subset \mathfrak{b}$, $\mathfrak{b} \neq \mathfrak{a}$. Ist $\mathfrak{b}$ maximal, so ist man fertig; andernfalls existiert ein Ideal $\mathfrak{c} \subset R$, $\mathfrak{c} \neq R$, $\mathfrak{c} \neq \mathfrak{b}$, mit $\mathfrak{a} \subset \mathfrak{b} \subset \mathfrak{c}$. Wenn das Verfahren nicht abbrechen sollte, $\mathfrak{a} \subset \mathfrak{b} \subset \mathfrak{c} \subset \mathfrak{d} \subset \ldots$, so bildet man die Vereinigung $\mathfrak{v}$ aller Ideale der Kette; dann ist auch $\mathfrak{v}$ ein Ideal, da zu $a, b \in \mathfrak{v}$ ein Ideal $\mathfrak{k}$ der Kette mit $a, b \in \mathfrak{k}$ existiert, also $a - b \in \mathfrak{k} \subset \mathfrak{v}$ und $ra \in \mathfrak{k} \subset \mathfrak{v}$ für jedes $r \in R$ gilt. Es ist gewiß $\mathfrak{v} \neq R$, da sonst $1 \in \mathfrak{v}$, also auch $1 \in \mathfrak{k}$ und demnach $\mathfrak{k} = R$ für ein Ideal $\mathfrak{k}$ der Kette gelten müßte, was nicht der Fall ist. Aber man kann trotzdem noch nicht sicher sein, daß $\mathfrak{v}$ maximal ist, da die Kette nur abzählbar viele Glieder enthält. Es könnte also sein, daß eine nächste mit $\mathfrak{v}$ beginnende Kette existiert und so fort. Daß dieses Verfahren letzten Endes doch zum Ziel führt, sichert eine für derartige Fälle typische mengentheoretische Schlußweise, die wir im nächsten Abschnitt durchführen und deren Voraussetzungen wir zunächst besprechen wollen. Das hier zu erörternde Beweisschema tritt immer wieder auf und spielt auch in der Algebra eine wichtige Rolle.

Bei vielen mathematischen Beweisen wird, meist ohne ausdrücklichen Verweis, das sogenannte Auswahlaxiom benutzt. Es besagt: Zu jeder Menge M von nicht leeren Mengen A gibt es ein Vertretersystem. Wir präzisieren das.

Auswahlaxiom: *Es sei M eine Menge von nicht leeren Mengen A. Dann gibt es eine Abbildung*

$$f\colon M \to \bigcup_{A \in M} A$$

mit $f(A) \in A$ für jedes $A \in M$.

Die Gültigkeit dieses Auswahlpostulats erscheint vom Standpunkt der naiven Mengenlehre aus völlig trivial. Auch noch recht plausibel, aber doch schon weniger durchsichtig (vgl. etwa Hausdorff [9], S. 133ff.) ist der bereits in § 1 erwähnte

Wohlordnungssatz: *Jede Menge kann wohlgeordnet werden.*

Schließlich sei M eine teilweise geordnete Menge. Dann nennt man ein $m \in M$ *maximal*, wenn es kein $m' \in M$, $m' \neq m$, mit $m < m'$ gibt. Ein Element $m \in M$ heißt *obere Schranke* der Teilmenge $T \subset M$, wenn für alle $t \in T$ gilt: $t < m$. Hiermit verabreden wir die

Definition: *Eine teilweise geordnete Menge M heißt induktiv geordnet, wenn jede Kette $K \subset M$ eine obere Schranke in M besitzt.*

Ein wichtiger Satz der Mengenlehre, der bei vielen Beweisen in der Mathematik als Hilfsmittel gebraucht wird, ist nun das

Zornsche Lemma: *Die Menge M sei induktiv geordnet und nicht leer. Dann besitzt M mindestens ein maximales Element.*

Dieses Zornsche Lemma wird unsere oben begonnene Überlegung, die zum Nachweis der Existenz eines maximalen Ideals $\mathfrak{m} \subset R$, $\mathfrak{m} \supset \mathfrak{a}$, führen sollte,

abschließen. Es erscheint auch vom naiven Standpunkt aus nicht mehr so selbstverständlich. So kommt das folgende Resultat der Mengenlehre etwas überraschend: Auswahlaxiom, Wohlordnungssatz und Zornsches Lemma sind äquivalent; postuliert man eine dieser drei Aussagen, so folgen die beiden anderen.
Wir übernehmen nun die Gültigkeit des Zornschen Lemmas aus der Mengenlehre. Es wird in der Algebra oft in Gestalt der folgenden Verschärfung benutzt, die wir beweisen wollen.

Satz 4: *Die Menge M sei induktiv geordnet und $a \in M$. Dann gibt es ein maximales $m \in M$ mit $a < m$.*

Beweis: Wir betrachten die Menge $T \subset M$ aller $t \in M$ mit $a < t$ und wenden auf sie das Zornsche Lemma an. Eine Kette K aus T ist auch eine Kette aus M und besitzt nach Voraussetzung eine obere Schranke $s \in M$. Wegen $a < s$ gilt $s \in T$. Es ist also T induktiv geordnet und wegen $a \in T$ nicht leer. Auf Grund des Zornschen Lemmas gibt es also in T ein maximales Element m. Für dieses m gilt $a < m$, und m ist maximal auch in M; denn ein von m verschiedenes $m' \in M$ mit $m < m'$ wäre wegen $a < m < m'$ bereits ein Element von T im Widerspruch zur Wahl von m.

41.3 Wir benutzen nun Satz 4 zum Beweis des angekündigten Existenzsatzes.

Satz 5: *Es sei R ein kommutativer Ring mit Einselement und $\mathfrak{a} \neq R$ ein Ideal aus R. Dann gibt es in R ein maximales Ideal $\mathfrak{m}$ mit $\mathfrak{a} \subset \mathfrak{m}$.*

Beweis: Es sei M die Menge aller von R verschiedenen Ideale aus R, und M sei teilgeordnet durch die mengentheoretische Inklusion: $\mathfrak{a} < \mathfrak{b} \Leftrightarrow \mathfrak{a} \subset \mathfrak{b}$ $(\mathfrak{a}, \mathfrak{b} \in M)$. Dann ist, wie zu Beginn von Abschnitt 41.2 gezeigt wurde, die Menge M sogar induktiv geordnet: Jede Kette $\mathfrak{a} \subset \mathfrak{b} \subset \mathfrak{c} \subset \mathfrak{d} \subset \ldots$ aus M besitzt die obere Schranke $\mathfrak{a} \cup \mathfrak{b} \cup \mathfrak{c} \cup \mathfrak{d} \cup \ldots = \mathfrak{v} \in M$. Weiter gilt $\mathfrak{a} \in M$. Nach Satz 4 gibt es also ein maximales Ideal $\mathfrak{m}$ in M mit $\mathfrak{a} \subset \mathfrak{m}$. Dieses $\mathfrak{m}$ ist maximales Ideal in R; denn ein von $\mathfrak{m}$ und R verschiedenes Ideal $\mathfrak{m}'$ mit $\mathfrak{m} \subset \mathfrak{m}' \subset R$ müßte zu M gehören im Widerspruch dazu, daß $\mathfrak{m}$ ein maximales Ideal von M war.
Setzt man in Satz 5 speziell $\mathfrak{a} = (0)$, so bekommt man als

Folgerung: Jeder kommutative Ring mit Einselement besitzt mindestens ein maximales Ideal.

Aufgabe 1: Welche der Ideale (x^2), $(x^3 - 2x^2 - 2x - 3)$, $(x + 1)$, $(6, x)$, $(2, x)$, $(3, x)$ aus $\mathfrak{Z}[x]$ sind Primideale, welche sind maximal?

Aufgabe 2: Man zeige, daß $(x^2 + 1)$ ein maximales Ideal in $\mathfrak{R}[x]$ ist und begründe erneut die Existenz des Körpers $\mathfrak{C}$ der komplexen Zahlen.

Aufgabe 3: Man löse noch einmal Aufgabe 23.2.

Aufgabe 4: Es sei $\omega \notin \mathfrak{Z}$ eine komplexe dritte Einheitswurzel. Man zeige: (2) ist Primideal, sogar maximales Ideal in $\mathfrak{Z}[\omega]$, aber weder Primideal noch maximales Ideal in $\mathfrak{Z}[i]$.

§ 42 Der Satz von GAUSS

42.1 Wir wollen einen wichtigen Satz von GAUSS beweisen, von dem schon in § 37.2 kurz die Rede war: Ist R ein Gaußscher Ring, so ist es auch $R[x]$. Wir beginnen mit Vorüberlegungen, die auch für sich selbst von Interesse sind. Wir wiederholen: Sind $a_0, a_1, a_2, \ldots, a_n$ Elemente eines Gaußschen Ringes R, so heißt $d \in R$ ein g.g.T. der $a_i \in R$, wenn d alle a_i teilt und für jeden gemeinsamen Teiler δ der a_i gilt: $\delta | d$. Sind d_1 und d_2 größte gemeinsame Teiler der a_i, so sind sie assoziiert. Wenigstens ein g.g.T. d von $a_0, a_1, \ldots, a_n$ ist sicher vorhanden, weil R ein Gaußscher Ring ist (§ 37.1).

Definition: *Es sei R ein Gaußscher Ring und*

$$f(x) = a_n x^n + a_{n-1} x^{n-1} + \ldots + a_0 \in R[x].$$

Ist $d \in R$ ein g.g.T. von $a_0, a_1, \ldots, a_n$, so heißt d der Inhalt von $f(x)$; das Polynom $f(x)$ heißt primitiv, wenn sein Inhalt Eins ist.
Jedes von Null verschiedene $f(x) \in R[x]$ besitzt also einen bis auf Einheiten als Faktoren eindeutig bestimmten Inhalt $d(f) \neq 0$.

Satz 1 (*Gaußsches Lemma*): *Es sei R ein Gaußscher Ring, und $f(x)$ und $g(x)$ seien primitive Polynome aus $R[x]$. Dann ist auch ihr Produkt $f(x)g(x)$ primitiv.*

Beweis: Wir setzen $f(x) = \sum_0^m a_\mu x^\mu$, $g(x) = \sum_0^n b_\nu x^\nu$ und $f(x)g(x) = \sum_0^{m+n} c_\lambda x^\lambda$. Wären $f(x)$ und $g(x)$ primitiv, $f(x)g(x)$ aber nicht, so gäbe es ein Primelement $p \in R$ mit $p | c_\lambda$ für alle λ und Indizes $r \geqq 0$ und $s \geqq 0$ mit $p | a_0, p | a_1, \ldots, p | a_{r-1}, p \nmid a_r$ und $p | b_0, p | b_1, \ldots, p | b_{s-1}, p \nmid b_s$. Setzen wir noch $a_\mu = 0$ für $\mu > m$ und $b_\nu = 0$ für $\nu > n$, so wird

$$a_r b_s = c_{r+s} - (a_0 b_{r+s} + a_1 b_{r+s-1} + \ldots + a_{r-1} b_{s+1} + a_{r+1} b_{s-1} + \ldots + a_{r+s-1} b_1 + a_{r+s} b_0).$$

Auf Grund unserer Annahmen teilt p die rechte Seite, aber keinen Faktor der linken im Widerspruch dazu, daß R ein Gaußscher Ring ist.

42.2 Wir beweisen zwei Hilfssätze.

Hilfssatz 1: Es sei R ein Gaußscher Ring und K sein Quotientenkörper. Dann läßt sich jedes $f(x) \in K[x]$, $f(x) \neq 0$, in der Gestalt $f(x) = c\,\varphi(x)$ mit einem $c \in K$ und einem primitiven $\varphi(x) \in R[x]$ schreiben; sind $f(x) = c\,\varphi(x)$ und $f(x) = d\,\psi(x)$ zwei derartige Darstellungen, so existiert eine Einheit ε von R mit $\varphi(x) = \varepsilon\,\psi(x)$ und $d = \varepsilon c$.

Beweis: Es sei $f(x) = a_n x^n + a_{n-1} x^{n-1} + \ldots + a_0$. Schreibt man $a_i = \frac{b_i}{b}$ mit einem Hauptnenner $b \in R$ und weiteren Elementen $b_i \in R$, also $f(x) = \frac{1}{b} \sum_0^n b_\nu x^\nu$, und klammert den Inhalt von $\sum b_\nu x^\nu \in R[x]$ aus, so bekommt $f(x)$ die Gestalt $f(x) = c\,\varphi(x)$ mit $c \in K$ und einem primitiven $\varphi(x) \in R[x]$. Aus $c\,\varphi(x) = d\,\psi(x) \neq 0$ schließlich folgt durch Multiplikation mit einem geeigneten Ringelement und anschließendes Kürzen $c' \varphi(x) = d' \psi(x)$ mit teilerfremden $c', d' \in R$. Als Inhalte desselben Polynoms sind c' und d' außerdem noch assoziiert, also Einheiten; demnach wird $\varphi(x) = \varepsilon \psi(x)$ und folglich auch $d = \varepsilon c$ mit einer Einheit $\varepsilon \in R$.

Hilfssatz 2: Es sei R ein Gaußscher Ring, K sei sein Quotientenkörper, und $f(x), g(x), h(x)$ seien von Null verschiedene Polynome aus $K[x]$ mit $f(x) = g(x)h(x)$. In den Darstellungen $f(x) = af^*(x)$, $g(x) = bg^*(x)$, $h(x) = ch^*(x)$ seien $f^*(x)$, $g^*(x)$, $h^*(x)$ primitive Polynome aus $R[x]$ und a, b, c Elemente aus K. Dann existiert eine Einheit ε von R mit $f^*(x) = \varepsilon g^*(x)h^*(x)$ und $bc = \varepsilon a$.

Beweis: Nach Voraussetzung und auf Grund von Satz 1 sind $f^*(x)$ und $g^*(x)h^*(x)$ primitiv. Es gilt $af^*(x) = bcg^*(x)h^*(x)$. Die Behauptung folgt also aus Hilfssatz 1.

42.3 Der Hilfssatz 2 basiert auf Hilfssatz 1 und dem Gaußschen Lemma. Es sind zwei Varianten dieses Hilfssatzes, die immer wieder gebraucht werden und die wir als Sätze notieren. Sie sind durchaus nicht selbstverständlich.

Satz 2: *Es sei R ein Gaußscher Ring, K sein Quotientenkörper und $f(x) \in R[x]$. Das Polynom $\varphi(x) \in R[x]$ sei primitiv, und es gelte $\varphi(x) | f(x)$ in $K[x]$. Dann ist schon $\varphi(x) | f(x)$ in $R[x]$.*

Beweis: Wir dürfen $f(x) \neq 0$ annehmen. In Hilfssatz 2 setze man $h(x) = \varphi(x)$; behauptet wird dann $g(x) \in R[x]$, vorausgesetzt $a \in R$ und $c = 1$. Es folgt richtig $g(x) = bg^*(x) = \varepsilon ag^*(x) \in R[x]$.

Satz 3: *Es sei R ein Gaußscher Ring und K sein Quotientenkörper. Das Polynom $f(x) \in R[x]$ sei in $R[x]$ irreduzibel. Dann bleibt $f(x)$ irreduzibel auch in $K[x]$. Oder: Ist $f(x) \in R[x]$ in $K[x]$ reduzibel, so auch in $R[x]$.*

Beweis: Es sei $f(x) \in R[x]$ und $f(x) = g(x)h(x)$ eine nichttriviale Zerlegung in $K[x]$, also Grad $g(x) \geqq 1$, Grad $h(x) \geqq 1$. In Hilfssatz 2 ist nun $f(x) = af^*(x)$ mit $a \in R$ und $f(x) = af^*(x) = a\varepsilon g^*(x)h^*(x)$, und das ist eine nichttriviale Zerlegung von $f(x)$ in $R[x]$.

42.4 Nun können wir den Gaussschen Satz beweisen.

Satz 4: *Ist R ein Gaußscher Ring, so ist es auch der Polynomring $R[x]$ in einer Unbestimmten x über R.*

Beweis:
Wir sortieren zunächst die Elemente von $R[x]$; mit R ist jedenfalls auch $R[x]$ ein Integritätsbereich mit Einselement. Es gibt die Null; die Einheiten sind dieselben wie die in R, da nur ein Produkt von Polynomen vom Grad Null den Wert Eins haben kann. Die in R unzerlegbaren Elemente bleiben gewiß auch in $R[x]$ unzerlegbar. Welche $f(x) \in R[x]$ sind außerdem unzerlegbar in $R[x]$? Man schreibe $f(x) = af^*(x)$ mit $a \in R$ und primitivem $f^*(x) \in R[x]$. Wenn $f(x)$ unzerlegbar sein soll, muß einer der Faktoren eine Einheit und der andere unzerlegbar sein. Sämtliche unzerlegbaren Elemente aus $R[x]$ sind also erstens

die Primelemente aus R und zweitens die unzerlegbaren unter den primitiven Polynomen.

Es ist leicht zu sehen, daß sich jedes von Null und Einheiten verschiedene $f(x) \in R[x]$ als Produkt unzerlegbarer Elemente aus $R[x]$ schreiben läßt. Zuerst schreibe man wieder $f(x) = af^*(x)$ mit $a \in R$ und primitivem $f^*(x)$; dann zerlege man a in R in Primfaktoren. Ist $f^*(x)$ unzerlegbar oder Einheit, so ist man fertig. Andernfalls gibt es Polynome $f_1^*(x)$, $f_2^*(x) \in R[x]$ mit $f^*(x) = f_1^*(x)f_2^*(x)$ und Grad $f_i^*(x) <$ Grad $f^*(x)$, wobei auch die $f_i^*(x)$ primitiv sein müssen, weil es andernfalls $f^*(x)$ nicht wäre. Dieses Zerlegungsverfahren wiederholt man so lange wie nötig; es bricht nach endlich vielen Schritten ab, da lineare primitive Polynome sicher unzerlegbar sind.

Bis hierher haben wir unsere Vorüberlegungen nicht gebraucht; erst für den Eindeutigkeitsnachweis müssen wir sie heranziehen. Es seien jetzt

$$f(x) = p_1p_2 \ldots p_k\varphi_1(x)\varphi_2(x) \ldots \varphi_l(x) \text{ und } f(x) = q_1q_2 \ldots q_r\psi_1(x)\psi_2(x) \ldots \psi_s(x)$$

zwei derartige Zerlegungen von $f(x) \neq 0$, die p_i, q_j also Primelemente aus R und die $\varphi_i(x)$ und $\psi_j(x)$ unzerlegbare primitive Polynome aus $R[x]$. Dann sind nach Satz 1 auch $\varphi_1(x)\varphi_2(x) \ldots \varphi_l(x)$ und $\psi_1(x)\psi_2(x) \ldots \psi_s(x)$ primitiv, $p_1p_2 \ldots p_k$ und $q_1q_2 \ldots q_r$ also als Inhalte von $f(x)$ assoziiert in R, und das ergibt, da R ein Gaußscher Ring war, $r = k$ und bei geeigneter Numerierung

$$p_1 \sim q_1,\, p_2 \sim q_2,\, \ldots,\, p_k \sim q_k$$

in R und erst recht in $R[x]$. Kürzen durch $p_1p_2 \ldots p_k$ liefert also

$$\varphi_1(x)\varphi_2(x) \ldots \varphi_l(x) = \varepsilon\psi_1(x)\psi_2(x) \ldots \psi_s(x)$$

mit einer Einheit $\varepsilon \in R$.

Diese Beziehung sehen wir uns in $K[x]$ an; dabei sei K der Quotientenkörper von R. Nach Satz 37.3 ist $K[x]$ euklidisch, also ein Gaußscher Ring. Nach Satz 3 sind die $\varphi_i(x)$ und die $\psi_j(x)$ auch in $K[x]$ unzerlegbar. Also gilt wieder $s = l$ und bei geeigneter Numerierung

$$\varphi_1(x) \sim \varepsilon\psi_1(x) \sim \psi_1(x),\, \varphi_2(x) \sim \psi_2(x),\, \ldots,\, \varphi_l(x) \sim \psi_l(x);$$

aber das heißt: assoziiert in $K[x]$! Die Beziehung $\varphi_1(x) \sim \psi_1(x)$ in $K[x]$ bedeutet: Es gibt von Null verschiedene $b, c \in R$ mit $\psi_1(x) = \frac{b}{c}\varphi_1(x)$; denn genau die von Null verschiedenen Körperelemente sind Einheiten in $K[x]$. Nach Multiplikation mit c werden b und c Inhalte desselben Polynoms aus $R[x]$, also Assoziierte in R; daher ist $\frac{b}{c}$ eine Einheit in R, und das besagt $\varphi_1(x) \sim \psi_1(x)$ sogar in $R[x]$. Genauso folgt $\varphi_2(x) \sim \psi_2(x), \ldots, \varphi_l(x) \sim \psi_l(x)$ in $R[x]$. Damit ist Satz 4 bewiesen.

Der Beweis des Satzes von Gauss stützte sich also mit Hilfe der Sätze 1 und 3 darauf, daß ein Polynomring über einem Körper ein Euklidischer Ring und damit auch ein Gaußscher Ring ist.

42.5 Mehrfache Anwendung von Satz 4 liefert den

Satz 5: *Es seien $x_1, x_2, \ldots, x_n$ unabhängige Unbestimmte über dem Gaußschen Ring R. Dann ist auch $R[x_1, x_2, \ldots, x_n]$ ein Gaußscher Ring.*

Folgerungen:
1) $\mathfrak{Z}[x_1, x_2, \ldots, x_n]$ ist ein Gaußscher Ring.
2) Für jeden Körper K ist $K[x_1, x_2, \ldots, x_n]$ ein Gaußscher Ring.
3) Ist R ein Gaußscher Ring, so ist es auch der Polynomring $R[x_1, x_2, x_3, \ldots]$ in abzählbar oder beliebig vielen unabhängigen Unbestimmten x_i über R. Denn zu jedem $f(x) \in R[x_1, x_2, x_3, \ldots]$ existiert ein n mit $f(x) \in R[x_1, x_2, \ldots, x_n]$.

In Satz 5 darf nicht auf die Forderung verzichtet werden, daß die x_i Unbestimmte über R sind; das zeigt etwa das Beispiel $\mathfrak{Z}[\sqrt{-5}]$.

Aufgabe 1: Es sei R ein Gaußscher Ring, und $f(x), g(x) \in R[x]$ seien in $R[x]$ teilerfremd. Man zeige: Dann ist $f(x) + g(x)y \in R[x, y]$ Primelement in $R[x, y]$.

Aufgabe 2: Es sei R ein Gaußscher Ring und

$$f(x_1, x_2, \ldots, x_n) \in R[x_1, x_2, \ldots, x_n],\ f(x_1, x_2, \ldots, x_n) \neq 0,$$

ein homogenes Polynom vom Grad k, das heißt, für jeden Summanden $ax_1^{\alpha_1}x_2^{\alpha_2} \ldots x_n^{\alpha_n} \neq 0$ von $f(x_1, x_2, \ldots, x_n)$ gilt $\alpha_1 + \alpha_2 + \ldots + \alpha_n = k$. Man zeige: Jeder Teiler $h(x_1, x_2, \ldots, x_n)$ von $f(x_1, x_2, \ldots, x_n)$ ist homogen.

Aufgabe 3: Man löse Aufgabe 38.4 ohne die Hilfsmittel von § 38.

Aufgabe 4: Für kein $n \in \mathfrak{N}$ gilt $\left(\frac{3+i}{3-i}\right)^n = 1$. Beweis?

§ 43 Irreduzibilitätskriterien

43.1 Ist K ein Körper und $f(x) \in K[x]$ irreduzibel in $K[x]$ (vgl. § 27.3), so ist $f(x)$ auch Primelement in $K[x]$; beispielsweise ist $2x^2 + 2 = 2(x^2 + 1)$ in $\mathfrak{R}[x]$ nur eine triviale Zerlegung mit der Einheit $2 \in \mathfrak{R}$. Ist dagegen im folgenden R stets ein beliebiger Integritätsbereich mit Einselement, so braucht ein in $R[x]$ irreduzibles $f(x) \in R[x]$ nicht mehr unzerlegbar zu sein, wie das Beispiel $2x^2 + 2 = 2(x^2 + 1)$ in $\mathfrak{Z}[x]$ zeigt. Aber um herauszubekommen, ob ein $f(x) \in R[x]$ in $R[x]$ zerlegbar ist oder nicht, ist es meistens in erster Linie wichtig zu wissen, ob $f(x)$ über R irreduzibel ist. Derartige Untersuchungen muß man bei den verschiedensten Gelegenheiten durchführen. Wir wollen uns mit einigen einfachen Irreduzibilitätskriterien beschäftigen.
Wir betrachten einige Beispiele (vgl. hierzu auch § 27.3). Jedes lineare Polynom $ax + b \in R[x]$ ist irreduzibel über R, auch wenn es vielleicht in $R[x]$ nichttrivial zerlegbar ist. Das Polynom $x^2 - 2$ ist irreduzibel in $\mathfrak{Q}[x]$, weil es keine Nullstelle in $\mathfrak{Q}$ hat, aber reduzibel über $\mathfrak{R}$: $x^2 - 2 = (x + \sqrt{2})(x - \sqrt{2})$. Bei der Angabe „$f(x)$ irreduzibel über R“ darf also der Koeffizientenbereich nur

fehlen, wenn er aus dem übrigen hervorgeht; andernfalls verliert die Aussage ihren Sinn. Das Polynom $x^2 + 4$ ist irreduzibel über $\mathfrak{Q}$ oder $\mathfrak{Z}_3$, weil es in keinem der Körper eine Nullstelle hat; aber in $\mathfrak{Z}_5[x]$ gilt $x^2+4 = (x+1)(x-1)$.

Bei Irreduzibilitätsuntersuchungen spielen einige triviale Betrachtungen oft eine wichtige Rolle. Zum Beispiel ist es gleichgültig, ob man die Irreduzibilität von $f(x)$ über R oder die von $f(x + a)$ für irgendein $a \in R$ nachweist, da mit $f(x)$ auch $f(x + a)$ reduzibel über R wäre. Beispiel: Das Polynom

$$f(x) = x^4 + 4x^3 + 6x^2 + 4x + 2$$

ist irreduzibel über $\mathfrak{Q}$. Dazu setze man $x + 1 = y$ und beachte, daß

$$g(y) = y^4 + 1 \in \mathfrak{Q}[y]$$

irreduzibel über $\mathfrak{Q}$ ist (§ 27, Beispiel 7).
Oft kommt einem auch Satz 42.3 zu Hilfe. Wir fragen noch einmal, ob $g(y) = y^4 + 1$ in $\mathfrak{Q}[y]$ irreduzibel ist. Das Polynom $g(y)$ liegt schon in $\mathfrak{Z}[y]$, und wir wissen: Ist $y^4 + 1$ reduzibel über $\mathfrak{Q}$, so auch über $\mathfrak{Z}$. Eine Zerlegung in $\mathfrak{Z}[x]$ müßte aus zwei quadratischen Faktoren bestehen, für die man nun einfache Ansätze machen darf: $y^4 + 1 = (y^2 + ay \pm 1)(y^2 + by \pm 1)$. Der Koeffizientenvergleich zeigt jetzt ganz leicht, daß das mit $a, b \in \mathfrak{Z}$ nicht möglich ist.
Noch eine Überlegung ist oft von Nutzen. Es sei $f(x)$ ein ganzzahliges normiertes Polynom (ein Fall, der oft vorliegt) und $f(x)$ irreduzibel über $\mathfrak{Z}_p$ für eine geeignete Primzahl p. Dann ist $f(x)$ auch irreduzibel über $\mathfrak{Z}$. Andernfalls gäbe es ja normierte $g(x), h(x) \in \mathfrak{Z}[x]$ mit Graden ungleich Null und $f(x) = g(x)h(x)$, und diese Zerlegung würde auch eine nichttriviale Zerlegung in $\mathfrak{Z}_p[x]$ liefern, da $g(x)$ und $h(x)$ ihre Grade behalten. Als Beispiel betrachte man

$$f(x) = x^3 - 8x^2 + 17x - 135$$

und wähle $p = 2$: Das Polynom $x^3 + x + 1$ hat keine Nullstelle in $\mathfrak{Z}_2$, ist also über $\mathfrak{Z}_2$ und damit auch über $\mathfrak{Z}$ irreduzibel ebenso wie $f(x)$.

43.2 In weniger einfachen Fällen hilft überraschend oft das folgende Irreduzibilitätskriterium von Eisenstein (1823—1852).

Satz 1: *Es sei R ein Gaußscher Ring, K sein Quotientenkörper und $f(x) = \sum_{0}^{n} a_\nu x^\nu \in R[x]$. Es existiere ein Primelement $p \in R$ so, daß in R gilt: $p \nmid a_n$, $p | a_{n-1}$, $p | a_{n-2}$, ..., $p | a_0$, aber $p^2 \nmid a_0$. Dann ist $f(x)$ irreduzibel über K.*

Beweis: Nach Satz 42.3 brauchen wir nur die Irreduzibilität von $f(x)$ über R zu beweisen. Es sei

$$f(x) = g(x)h(x) \text{ mit } g(x) = \sum_{0}^{r} b_\varrho x^\varrho \text{ und } h(x) = \sum_{0}^{s} c_\sigma x^\sigma,\ g(x), h(x) \in R[x].$$

Wir müssen zeigen: $r = 0$ oder $s = 0$. Nach Voraussetzung ist p ein Teiler von b_0c_0, also von b_0 oder c_0, aber nicht von beiden. Es sei $p | b_0$, $p \nmid c_0$. Wegen $p \nmid a_n$ existiert ein kleinster Index m mit $p \nmid b_m$, aber $p | b_\mu$ für $\mu < m$. Setzen wir

$c_\sigma = 0$ für $\sigma > s$, so wird $a_m = b_m c_0 + (b_{m-1}c_1 + b_{m-2}c_2 + \ldots + b_0 c_m)$. Das Primelement p teilt die Klammer, aber nicht $b_m c_0$, also auch nicht a_m. Das bedeutet $m = n$, also $r = n$ und $s = 0$.

Beispiel 1. Das Polynom $f(x) = 3x^5 + 2x^3 - 4x^2 + 2$ ist irreduzibel über $\mathfrak{Q}$. Man wähle $p = 2$.

Beispiel 2. Das Polynom $f(x) = x^4 + 4x^3 + 6x^2 + 4x + 2$ ist irreduzibel über $\mathfrak{Q}$ (siehe oben!). Man wähle $p = 2$.

Beispiel 3. Das Polynom $f(x) = x^4 + 1$ ist irreduzibel über $\mathfrak{Q}$ (siehe oben!). Man setze $x = y + 1$ und wähle dann $p = 2$. Das sieht man, ohne es aufzuschreiben.

Beispiel 4. Das Polynom $f(x) = x^n - p$ ($n \in \mathfrak{N}$, p Primelement aus $\mathfrak{Z}$) ist irreduzibel über $\mathfrak{Q}$. Man wähle dieses p. Für $n > 1$ folgt $\sqrt[n]{p} \notin \mathfrak{Q}$.

Beispiel 5. Es sei $p \in \mathfrak{N}$ eine Primzahl. Das Polynom

$$\Phi_p(x) = \frac{x^p - 1}{x - 1} = x^{p-1} + x^{p-2} + \ldots + 1 \in \mathfrak{Z}[x]$$

heißt das *p-te Kreisteilungspolynom*; wir kommen darauf noch zurück. Hier zeigen wir: Das Polynom $\Phi_p(x)$ ist irreduzibel über $\mathfrak{Q}$. Dazu betrachten wir das Polynom

$$f(x) = \Phi_p(x+1) = \frac{(x+1)^p - 1}{x} = x^{p-1} + \binom{p}{1} x^{p-2}$$

$$+ \binom{p}{2} x^{p-3} + \ldots + \binom{p}{p-1} \in \mathfrak{Z}[x].$$

Die $\binom{p}{\nu}$, $1 \leqq \nu \leqq p-1$, sind durch p teilbare ganze Zahlen (vgl. die Lösung von Aufgabe 20.8.) Das Eisenstein-Kriterium mit diesem p zeigt die Irreduzibilität von $f(x)$ bzw. $\Phi_p(x)$ über $\mathfrak{Q}$.

Aufgabe 1: Zeige die Irreduzibilität von $f_1(x) = x^3 + 10x^2 + 9x - 15$, $f_2(x) = x^3 + 6x^2 - 17x + 8$, $f_3(x) = x^4 + 2x^3 + x^2 + 2x + 1$ und $f_4(x) = x^6 + 12$ über $\mathfrak{Q}$.

Aufgabe 2: Zeige die Irreduzibilität von $f_1(x) = 3x^4 + 5x^3 - 10x^2 - 5x + 15$ und $f_2(x) = 7x^3 - 8x^2 + 17x - 135$ über $\mathfrak{Q}$.

Aufgabe 3: Es sei R ein Integritätsbereich mit Einselement und $f(x) = \sum_0^n a_\nu x^\nu \in R[x]$, $a_n \neq 0$, irreduzibel über R. Dann ist auch

$$g(x) = \sum_0^n a_{n-\nu} x^\nu \in R[x]$$

irreduzibel über R. Beweis?

Aufgabe 4: Es sei R ein Gaußscher Ring. Man zeige: Das Polynom $f(x, y) = y^6 + xy^5 + 2xy^3 + 2x^2y^2 - x^3y + x^2 + x$ ist Primelement in $R[x, y]$.

§ 44 Teilbarkeitssätze in Polynomringen

Wir notieren einige speziellere Aussagen.

Satz 1: *Es sei K ein Körper und E ein Oberkörper von K. Haben die Polynome $f(x)$, $g(x) \in K[x]$ in $K[x]$ den g.g.T. Eins, so auch in $E[x]$.*

Beweis: Man wende Satz 36.5 auf den Hauptidealring $H = K[x]$ an.

Satz 2: *Das Polynom $p(x) \in K[x]$ sei irreduzibel über dem Körper K. Es sei $f(x) \in K[x]$ und E ein Erweiterungskörper von K derart, daß $p(x)$ und $f(x)$ in $E[x]$ nicht den g.g.T. Eins haben. Dann gilt bereits in $K[x]$ die Teilbarkeitsbeziehung $p(x) | f(x)$.*

Beweis: Es ist $p(x)$ ein Primelement des Gaußschen Ringes $K[x]$. Also ist in $K[x]$ entweder $p(x)$ ein Teiler von $f(x)$, oder $p(x)$ und $f(x)$ haben den g.g.T. Eins. Das letztere ist aber nach Satz 1 nicht möglich.

Anwendung: Haben $f(x) \in K[x]$ und das über K irreduzible $p(x) \in K[x]$ in $E \supset K$ eine Nullstelle $\alpha \in E$ gemeinsam, so haben nach Satz 26.1 in $E[x]$ die Polynome $p(x)$ und $f(x)$ den gemeinsamen Teiler $x - \alpha$, also gewiß nicht den g.g.T. Eins. Satz 2 liefert also $p(x) | f(x)$ in $K[x]$.

Satz 3: *Es sei K ein Körper der Charakteristik $\chi(K) = 0$; das Polynom $p(x) \in K[x]$ sei irreduzibel über K. Dann hat $p(x)$ in keinem Erweiterungskörper $E \supset K$ eine mehrfache Nullstelle.*

Beweis: Wäre die Behauptung falsch, so hätten nach Satz 26.6 die Polynome $p(x)$, $p'(x)$ in einem geeigneten Polynomring $E[x]$ nicht den g.g.T. Eins, und Satz 2 ergäbe $p(x) | p'(x)$ in $K[x]$. Wegen Grad $p'(x) <$ Grad $p(x)$ oder $p'(x) = 0$ bedeutet das $p'(x) = 0$, und das ist nicht möglich, da wegen $\chi(K) = 0$ der Grad von $p'(x)$ nur um genau Eins kleiner ist als der von $p(x)$.

Bemerkung: Behauptung und Beweis von Satz 3 bleiben richtig, wenn statt $\chi(K) = 0$ bloß $p'(x) \neq 0$ vorausgesetzt wird. Daß aber in Satz 3 die Voraussetzung $\chi(K) = 0$ nicht völlig gestrichen werden darf, zeigt das folgende

Beispiel: Es sei $p \in \mathfrak{N}$ eine Primzahl und y eine Unbestimmte über $\mathfrak{Z}_p$. Auch $t = y^p$ ist dann eine Unbestimmte über $\mathfrak{Z}_p$, und wir setzen $K = \mathfrak{Z}_p(t) \subset E = \mathfrak{Z}_p(y)$. Es ist $y \in E$, aber $y \notin K$, also $E \neq K$. Das Polynom $f(x) = x^p - t \in K[x]$ ist irreduzibel über K; es ist ja K der Quotientenkörper des Gaußschen Ringes $\mathfrak{Z}_p[t]$, in ihm ist t ein Primelement, und mit diesem t kann man das Eisenstein-Kriterium anwenden. Aber in E bekommt das Polynom $f(x) \in K[x]$ die p-fache Nullstelle y; denn nach Aufgabe 20.8 gilt in $E[x]$ die Beziehung

$$f(x) = x^p - y^p = (x - y)^p.$$

Aufgabe 1: Genau dann hat $f(x) \in \mathfrak{Z}_p[x]$ (p Primzahl) die Ableitung $f'(x) = 0$, wenn ein $g(x) \in \mathfrak{Z}_p[x]$ mit $f(x) = g(x)^p$ existiert. Beweis?

§ 45 Kreisteilungspolynome

Es sei m eine natürliche Zahl. Wir betrachten das Polynom $x^m - 1 \in \mathfrak{Z}[x]$. Es zerfällt (vgl. Anhang) in $\mathfrak{C}[x]$ in Linearfaktoren:

$$x^m - 1 = (x - \zeta_1)(x - \zeta_2) \ldots (x - \zeta_m).$$

Dabei sind die komplexen Zahlen

$$\zeta_\nu = e^{\frac{\nu}{m}2\pi i} \qquad (1 \leqq \nu \leqq m)$$

die sämtlichen m-ten Einheitswurzeln, speziell also $\zeta_m = 1$. Die ζ_ν bilden eine von ζ_1 erzeugte multiplikative zyklische Gruppe $G = \{\zeta_1, \zeta_2, \ldots, \zeta_m\}$; es gilt $\zeta_\nu = \zeta_1^\nu$. Alle diejenigen $\zeta \in G$, die G erzeugen, für die also $\zeta^m = 1$ gilt, aber nicht $\zeta^r = 1$ mit einem $r \in \mathfrak{N}$, $r < m$, nennen wir *primitive m-te Einheitswurzeln*. Nach Aufgabe 9.2 sind das genau diejenigen $\zeta_\nu \in G$, für die ν zu m teilerfremd ist; auf Grund der Definition in § 12.4 ist ihre Anzahl also gleich $\varphi(m)$. Die zu diesen ζ_ν mit $(\nu, m) = 1$ gehörenden Linearfaktoren von $x^m - 1$ sondern wir in der folgenden Definition aus.

Definition: *Das Polynom*

$$\Phi_m(x) = \prod_{\substack{1 \leq \nu \leq m \\ (\nu,m)=1}} (x - \zeta_\nu) = \prod_{\substack{1 \leq \nu \leq m \\ (\nu,m)=1}} (x - e^{\frac{\nu}{m}2\pi i}) \tag{1}$$

heißt m-tes Kreisteilungspolynom.

Folgerung: Es ist $\Phi_m(x) \in \mathfrak{C}[x]$ und Grad $\Phi_m(x) = \varphi(m)$.

Wir werden zeigen: Es gilt sogar $\Phi_m(x) \in \mathfrak{Z}[x]$, und $\Phi_m(x)$ ist irreduzibel über $\mathfrak{Q}$. Der Name Kreisteilungspolynom ist leicht zu erklären. Irgendeine Nullstelle genau dieses Polynoms muß man kennen, um in der Gaußschen Zahlenebene die Peripherie des Kreises $|z| = 1$ oder den Winkel 2π in m gleiche Teile einteilen zu können. Ist ein primitives ζ_ν bekannt, so erzeugt es G, und dem Potenzieren von ζ_ν entspricht anschaulich eine Vervielfachung des Winkels $\frac{\nu}{m}2\pi$, bis zuletzt alle Ecken des dem Einheitskreis einbeschriebenen regulären m-Ecks bekannt sind.

Satz 1: *Es gilt*

$$x^m - 1 = \prod_{\substack{n \in \mathfrak{N} \\ n|m}} \Phi_n(x). \tag{2}$$

Beweis: Wir sehen uns noch einmal die Gruppe $G = \{\zeta_1, \zeta_2, \ldots, \zeta_m\}$ an. Jedes $\zeta_\nu \in G$ hat eine gewisse Ordnung n. Nach unserer Verabredung ist ζ_ν dann eine primitive n-te Einheitswurzel, und nach Satz 9.3 gilt außerdem $n|m$. Das heißt: Jedes Element von G ist eine primitive n-te Einheitswurzel für ein gewisses n mit $n|m$. Umgekehrt: Ist $n \in \mathfrak{N}$ ein Teiler von m, $m = kn$, und ζ eine primitive n-te Einheitswurzel, so gilt $\zeta^n = 1$, also $\zeta^{nk} = \zeta^m = 1$ oder $\zeta \in G$. Zusammengefaßt: Die Gruppe G besteht genau aus allen primitiven

n-ten Einheitswurzeln für alle n mit $n|m$. Die Formel (2) besagt, nur anders geschrieben, dasselbe.
Folgerung: Durch Vergleich der Grade links und rechts in (2) ergibt sich

$$(3) \qquad \sum_{n|m} \varphi(n) = m.$$

Satz 2: *Es gilt* $\Phi_m(x) \in \mathfrak{Z}[x]$.

Beweis: Vollständige Induktion nach m. Es ist $\Phi_1(x) = x - 1 \in \mathfrak{Z}[x]$. Die Behauptung sei richtig für alle $\Phi_r(x)$ mit $r < m$; wir müssen zeigen: $\Phi_m(x) \in \mathfrak{Z}[x]$. Nach (1) ist jedes Kreisteilungspolynom normiert. Auf Grund der Induktionsvoraussetzung ist also

$$f(x) = \prod_{\substack{d|m \\ d \neq m}} \Phi_d(x)$$

ein normiertes Polynom aus $\mathfrak{Z}[x]$. Nach Satz 1 geht die Division von $x^m - 1$ durch $f(x)$ in $\mathfrak{C}[x]$ auf mit dem Ergebnis $\Phi_m(x)$. Führt man aber diese Division gemäß § 25.6 aus, so bekommt $\Phi_m(x)$ nur ganze Zahlen als Koeffizienten, da $x^m - 1$ und $f(x)$ ganzzahlig sind und $f(x)$ normiert ist.

Beispiele: Die Gestalt der Kreisteilungspolynome $\Phi_p(x)$ mit Primzahlindex $m = p$ ist nach (1) gegeben durch

$$(4) \quad \Phi_p(x) = \prod_{1 \leq \nu < p} (x - \zeta_\nu) = \frac{1}{x-1} \prod_{1 \leq \nu \leq p} (x - \zeta_\nu) = \frac{x^p - 1}{x - 1} = x^{p-1} + x^{p-2} + \ldots + 1,$$

wie es in § 43, Beispiel 5, verabredet war. Hiermit und durch leichte Rechnungen gemäß (1) bekommt man $\Phi_1(x) = x - 1$, $\Phi_2(x) = x + 1$, $\Phi_3(x) = x^2 + x + 1$, $\Phi_4(x) = x^2 + 1$, $\Phi_5(x) = x^4 + x^3 + x^2 + x + 1$, $\Phi_6(x) = x^2 - x + 1$. Unter Benutzung von (2) kann man daraus etwa

$$\Phi_{12}(x) = \frac{x^{12} - 1}{\Phi_1(x)\Phi_2(x)\Phi_3(x)\Phi_4(x)\Phi_6(x)} = x^4 - x^2 + 1$$

ermitteln.
Der folgende Satz ist uns für den Fall $m = p$ (Primzahl) bereits aus § 43, Beispiel 5, bekannt.

Satz 3: *Das Polynom $\Phi_m(x)$ ist für jedes $m \in \mathfrak{N}$ irreduzibel über $\mathfrak{Q}$.*

Beweis: Wir unterteilen den Beweis in sieben Schritte. Dabei beginnen wir in 1) mit einer einfachen Aussage, die wir später verwenden.
1) Es sei $f(x) \in \mathfrak{Z}[x]$ und p eine Primzahl. Wir behaupten: Alle Koeffizienten von $f(x)^p - f(x^p) \in \mathfrak{Z}[x]$ sind durch p teilbar. Das zeigt man entweder durch Rechnen in $\mathfrak{Z}_p[x]$ oder direkt wie folgt: Für zwei Elemente $g_1(x), g_2(x) \in \mathfrak{Z}[x]$ gilt

$$(g_1(x) + g_2(x))^p = g_1(x)^p + \binom{p}{1} g_1(x)^{p-1} g_2(x) + \ldots + \binom{p}{p-1} g_1(x) g_2(x)^{p-1} + g_2(x)^p$$

mit durch p teilbaren Binomialkoeffizienten $\binom{p}{\nu}$, $1 \leq \nu \leq p - 1$ (vgl. Aufgabe

20.8). Es gibt also ein Polynom $d(x) \in \mathfrak{Z}[x]$ derart, daß

$$(g_1(x) + g_2(x))^p = g_1(x)^p + g_2(x)^p + pd(x)$$

geschrieben werden kann. Mehrfache Anwendung dieses Resultats auf eine Summe von k Summanden $g_i(x) \in \mathfrak{Z}[x]$ liefert: Die Koeffizienten von

$$(g_1(x) + g_2(x) + \ldots + g_k(x))^p - g_1(x)^p - g_2(x)^p - \ldots - g_k(x)^p$$

sind durch p teilbar. Man schreibe nun $f(x) = \sum_0^n a_\nu x^\nu$ und setze $a_n x^n = g_1(x)$, $a_{n-1}x^{n-1} = g_2(x)$ usw. Es folgt: Die Koeffizienten von

$$f_1(x) = f(x)^p - a_n^p(x^p)^n - a_{n-1}^p(x^p)^{n-1} - \ldots - a_0^p$$

sind durch p teilbar. Dasselbe gilt nach Satz 12.6 für die Koeffizienten von

$$f_2(x) = (a_n^p - a_n)(x^p)^n + (a_{n-1}^p - a_{n-1})(x^p)^{n-1} + \ldots + (a_0^p - a_0).$$

Also sind auch die Koeffizienten von $f_1(x) + f_2(x) = f(x)^p - f(x^p)$ durch p teilbar.

2) Nun sei $f(x) \in \mathfrak{Q}[x]$ ein Teiler von $\Phi_m(x) \in \mathfrak{Z}[x]$ und Grad $f(x) \geqq 1$. Nach Satz 42.3 darf sogar $f(x) \in \mathfrak{Z}[x]$ angenommen werden, und da $\Phi_m(x)$ normiert ist, dürfen wir weiter voraussetzen, auch $f(x) \in \mathfrak{Z}[x]$ sei normiert. Behauptet wird dann $f(x) = \Phi_m(x)$. Es sei im folgenden s eine natürliche Zahl und $r_s(x)$ der Divisionsrest von $f(x^s)$ bei Division durch $f(x)$. Wir wollen in vier weiteren Schritten 3), 4), 5), 6) zeigen, daß im Falle $(s, m) = 1$ der Rest $r_s(x)$ verschwindet. Die Aussage 1) wird beim Beweis der Zwischenbehauptung 4) verwandt. Der eigentliche Beweis von Satz 3 erfolgt dann zuletzt in 7) mit Hilfe von 6).

3) Wir behaupten: Für jedes $s \in \mathfrak{N}$ ist $r_{s+m}(x) = r_s(x)$. Ist nämlich ax^n einer der Summanden von $f(x)$, so erscheint ax^{ns} als Summand von $f(x^s)$; also enthält $f(x^{s+m}) - f(x^s)$ den Term $ax^{ns}(x^{mn} - 1)$, und $x^{mn} - 1 = (x^m)^n - 1$ ist durch $x^m - 1$, also auf Grund der Sätze 1 und 2 durch $\Phi_m(x)$ und damit auch durch $f(x)$ teilbar. Es gilt demnach $f(x^{s+m}) - f(x^s) = q(x)f(x)$ in $\mathfrak{Z}[x]$. Ist

$$f(x^s) = g(x)f(x) + r_s(x),$$

so folgt $f(x^{s+m}) = (g(x) + q(x))f(x) + r_s(x)$, und da der Divisionsalgorithmus in $\mathfrak{Q}[x]$ eindeutig ist (Bemerkung zu Satz 37.3), heißt das $r_{s+m}(x) = r_s(x)$.

4) Wir behaupten weiter: Für alle hinreichend großen Primzahlen $p > M$ ist $r_p(x) = 0$. Denn: Nach 1) gibt es ein $h(x) \in \mathfrak{Z}[x]$ mit $f(x^p) = f(x)^p - ph(x)$, und dieses $h(x)$ können wir auch in der Gestalt $h(x) = q(x)f(x) + r(x)$ mit Polynomen $q(x)$, $r(x) \in \mathfrak{Z}[x]$ und Grad $r(x) <$ Grad $f(x)$ bzw. $r(x) = 0$ schreiben. Das liefert $f(x^p) = f(x)^p + ph(x) = (f(x)^{p-1} + pq(x))f(x) + pr(x)$. Also ist

$$r_p(x) = pr(x).$$

Nach 3) gibt es aber überhaupt nur endlich viele voneinander verschiedene Polynome $r_s(x)$; daher existiert das Maximum M der Beträge aller Koeffizienten aller $r_s(x)$. Man wähle nun $p > M$. Da alle Koeffizienten von $r_p(x) = pr(x)$ durch p teilbar sind, muß $r_p(x) = 0$ sein.

5) Aus $r_s(x) = 0$ und $r_t(x) = 0$ folgt $r_{st}(x) = 0$. Denn wegen $r_s(x) = 0$ ist $f(x^s)$ durch $f(x)$, also $f(x^{st})$ durch $f(x^t)$ teilbar; wegen $r_t(x) = 0$ ist $f(x^t)$ durch $f(x)$ teilbar; insgesamt ist also $f(x^{st})$ durch $f(x)$ teilbar.

6) Jetzt sei $s \in \mathfrak{N}$ teilerfremd zu m. Behauptet wird: $r_s(x) = 0$. Dazu setzen wir $n = p_1 p_2 \ldots p_k$, wobei die p_i sämtliche Primzahlen $\leqq M$ sind, die nicht in s aufgehen; dabei ist M die Schranke aus 4). Für $\sigma = s + mn$ zeigen wir nun $r_\sigma(x) = 0$, und nach 3) bedeutet das gleichzeitig $r_s(x) = 0$. Nach 4) und 5) wiederum genügt es für $r_\sigma(x) = 0$ zu zeigen: Jeder Primteiler von σ ist größer als M. Dies lehrt eine leichte Fallunterscheidung: Ist p eine Primzahl $\leqq M$ und p ein Teiler von s, so gilt $p \nmid n$ und $p \nmid m$, letzteres wegen $(s, m) = 1$, insgesamt also $p \nmid \sigma$; und ist p eine Primzahl $\leqq M$ und kein Teiler von s, so gilt $p \mid n$, also wieder $p \nmid \sigma$.

7) Es ist also gezeigt: Ist $s \in \mathfrak{N}$ zu m teilerfremd, so ist $f(x^s)$ in $\mathfrak{Z}[x]$ durch $f(x)$ teilbar: Es gibt ein $g(x) \in \mathfrak{Z}[x]$ mit $f(x^s) = g(x) f(x)$. Es sei nun $\zeta \in \mathfrak{C}$ eine gemeinsame Nullstelle von $\Phi_m(x)$ und $f(x)$; wegen $f(x) \mid \Phi_m(x)$ und Grad $f(x) \geqq 1$ gibt es ein solches ζ. Es ist $\zeta^m = 1$, aber $\zeta^k \neq 1$ für $k = 1, 2, \ldots, m-1$; als Nullstelle von $\Phi_m(x)$ ist ja ζ eine primitive m-te Einheitswurzel. Die $\varphi(m)$ Zahlen ζ^s, $1 \leqq s < m$, $(s, m) = 1$, sind also paarweise voneinander verschieden und wegen $f(x^s) = g(x) f(x)$ gleichfalls Nullstellen von $f(x)$ in $\mathfrak{C}$. Nach Satz 26.2 folgt Grad $f(x) \geqq \varphi(m) =$ Grad $\Phi_m(x)$; andererseits waren $f(x)$ und $\Phi_m(x)$ normierte Polynome aus $\mathfrak{Z}[x]$ mit $f(x) \mid \Phi_m(x)$. Zusammengenommen heißt das $f(x) = \Phi_m(x)$. Damit ist Satz 3 bewiesen.

Folgerung: In (2) steht die Primfaktorzerlegung von $x^m - 1$ im Gaußschen Ring $\mathfrak{Q}[x]$.

Aufgabe 1: Man berechne $\cos \frac{2\pi}{5}$ und $\sin \frac{2\pi}{5}$.

Aufgabe 2: Es sei ζ eine m-te Einheitswurzel. Man beweise

$$1 + \zeta + \zeta^2 + \ldots + \zeta^{m-1} = \begin{matrix} 0 \text{ für } \zeta \neq 1 \\ m \text{ für } \zeta = 1 \end{matrix}. \tag{5}$$

Aufgabe 3: Es ist $\Phi_1(0) = -1$ und $\Phi_m(0) = 1$ für $m \neq 1$. Beweis?

Aufgabe 4: Man beweise

$$m \neq 1, m \text{ ungerade} \Rightarrow \Phi_{2m}(x) = \Phi_m(-x). \tag{6}$$

Aufgabe 5: Man beweise die beiden folgenden Aussagen.

(7) Ist p eine Primzahl mit $p \mid m$, so gilt $\Phi_{mp}(x) = \Phi_m(x^p)$.

Ist p eine Primzahl und $k \in \mathfrak{N}$, so gilt

$$\Phi_{p^k}(x) = x^{(p-1)p^{k-1}} + x^{(p-2)p^{k-1}} + \ldots + x^{p^{k-1}} + 1. \tag{8}$$

Aufgabe 6: Man bestimme die Kreisteilungspolynome $\Phi_m(x)$ für

$$1 \leqq m \leqq 15.$$

§ 46* NOETHERsche Ringe

Wir haben gesehen, welche besondere Rolle die Hauptidealringe spielen. Die Idealtheorie wird in ihnen besonders einfach und gestattet zahlreiche wichtige und nützliche Folgerungen. Manches aus der Theorie der Hauptidealringe Bekannte läßt sich nun auf eine allgemeinere Klasse von Ringen übertragen, deren Untersuchung von großem Interesse ist. Ihr Name erinnert an die deutsche Mathematikerin EMMY NOETHER (1883—1935), der die Idealtheorie entscheidende Impulse verdankt.

Definition: *Ein kommutativer Ring R heißt Noetherscher Ring, wenn jedes Ideal aus R von endlich vielen Elementen erzeugt wird.*
Als erste Beispiele haben wir bereits die Hauptidealringe erwähnt. Der folgende Satz gibt drei gleichwertige Charakterisierungen Noetherscher Ringe, die immer wieder benutzt werden.

Satz 1: *Ein kommutativer Ring R ist genau dann ein Noetherscher Ring, wenn eine der drei folgenden gleichwertigen Bedingungen erfüllt ist:*
(1) Jedes Ideal aus R wird von endlich vielen Elementen erzeugt (Basisbedingung).
(2) Jede aufsteigende Kette $\mathfrak{a}_1 \subset \mathfrak{a}_2 \subset \mathfrak{a}_3 \subset \ldots$ von Idealen aus R wird konstant (Teilerkettenbedingung). Das heißt: Es gibt einen Index k mit

$$\mathfrak{a}_k = \mathfrak{a}_{k+1} = \mathfrak{a}_{k+2} = \ldots .$$

(3) Jede nicht leere Menge M von Idealen aus R enthält wenigstens ein maximales Element $\mathfrak{a}$ (Maximalbedingung). Das heißt: Ist $\mathfrak{b} \in M$ und $\mathfrak{a} \subset \mathfrak{b}$, so gilt $\mathfrak{a} = \mathfrak{b}$.

Beweis:
(1) ⇒ (2): Im Beweis von Satz 37.2 haben wir gezeigt, daß in einem Hauptidealring die Teilerkettenbedingung erfüllt ist. Diese Überlegung wiederholen wir. Es gelte (1); jedes Ideal aus R sei also endlich erzeugt. Ist dann $\mathfrak{a}_1 \subset \mathfrak{a}_2 \subset \mathfrak{a}_3 \subset \ldots$ eine Idealteilerkette aus R, so ist in bekannter Weise auch $\mathfrak{a} = \bigcup \mathfrak{a}_i$ ein Ideal aus R, und nach Voraussetzung wird es von endlich vielen Elementen erzeugt: $\mathfrak{a} = (a_1, a_2, \ldots, a_n)$. Nach Definition von $\mathfrak{a}$ gibt es ein Ideal der Kette, das a_1, ein weiteres, das a_2 enthält, usw.; das größte dieser n Ideale sei $\mathfrak{a}_k$. Es enthält alle a_i, also ganz $\mathfrak{a}$, und ist andererseits ein Teil von $\mathfrak{a}$; das heißt $\mathfrak{a}_k = \mathfrak{a}$. Also gilt $\mathfrak{a}_k = \mathfrak{a}_{k+1} = \mathfrak{a}_{k+2} = \ldots$; die Kette wird konstant.
(2) ⇒ (3): Es sei (2) erfüllt und $M \neq \mathfrak{L}$ eine Menge von Idealen aus R. Man wähle ein $\mathfrak{a}_1 \in M$. Entweder $\mathfrak{a}_1$ ist bereits maximal, und dann ist man fertig, oder es gibt ein $\mathfrak{a}_2 \in M$, $\mathfrak{a}_2 \neq \mathfrak{a}_1$, mit $\mathfrak{a}_1 \subset \mathfrak{a}_2$. Wieder ist entweder $\mathfrak{a}_2$ maximal, oder es existiert ein $\mathfrak{a}_3 \in M$, $\mathfrak{a}_3 \neq \mathfrak{a}_2$, mit $\mathfrak{a}_1 \subset \mathfrak{a}_2 \subset \mathfrak{a}_3$. Man setze das Verfahren fort. Nach (2) bricht es mit einem $\mathfrak{a}_k$ ab, und dieses $\mathfrak{a}_k \in M$ ist maximal.
(3) ⇒ (1): Es sei $\mathfrak{a}$ ein Ideal aus R und M die Menge aller von endlich vielen Elementen aus $\mathfrak{a}$ erzeugten Ideale. Ferner sei $\mathfrak{b} = (a_1, a_2, \ldots, a_n)$ ein maximales Element aus M. Dann gilt zunächst $\mathfrak{b} \subset \mathfrak{a}$. Wäre $\mathfrak{b} \neq \mathfrak{a}$, so würde ein $a_{n+1} \in \mathfrak{a}$, $a_{n+1} \notin \mathfrak{b}$, existieren, und es wäre

$$\mathfrak{b} \subset (a_1, a_2, \ldots, a_{n+1}) \in M, \quad \mathfrak{b} \neq (a_1, a_2, \ldots, a_{n+1}),$$

im Widerspruch zur Wahl von $\mathfrak{b}$. Also gilt $\mathfrak{a} = \mathfrak{b} = (a_1, a_2, \ldots, a_n)$; das Ideal $\mathfrak{a} \subset R$ ist endlich erzeugt.

Einfach zu beweisen ist der

Satz 2: *Es sei R ein Noetherscher Ring und R^* ein homomorphes Bild von R. Dann ist auch R^* ein Noetherscher Ring.*

Beweis: Es sei $\mathfrak{a}_1^* \subset \mathfrak{a}_2^* \subset \mathfrak{a}_3^* \subset \ldots$ eine aufsteigende Kette von Idealen aus R^*; wir haben zu zeigen, daß sie konstant wird. Es sei $f\colon R \to R^*$ der Homomorphismus von R auf R^* und $\mathfrak{a}_1 = f^{-1}(\mathfrak{a}_1^*)$, $\mathfrak{a}_2 = f^{-1}(\mathfrak{a}_2^*)$, $\mathfrak{a}_3 = f^{-1}(\mathfrak{a}_3^*)$, ...; aus Satz 21.4 wissen wir, daß die $\mathfrak{a}_i$ Ideale in R sind. Sie bilden in R eine Teilerkette $\mathfrak{a}_1 \subset \mathfrak{a}_2 \subset \mathfrak{a}_3 \subset \ldots$, und diese Kette wird nach Voraussetzung konstant. Nun wende man wieder f an. Es ist $f(\mathfrak{a}_i) = \mathfrak{a}_i^*$; also wird auch die Kette $\mathfrak{a}_1^* \subset \mathfrak{a}_2^* \subset \mathfrak{a}_3^* \subset \ldots$ aus R^* konstant.
Ein wichtiger Satz über Noethersche Ringe ist der berühmte Basissatz von Hilbert, dem wir uns in § 47 zuwenden.

Aufgabe 1: Der Ring $2\mathfrak{Z}$ der geraden ganzen Zahlen ist ein Noetherscher Ring. Beweis?

§ 47* Der Hilbertsche Basissatz

47.1 In Satz 25.5 haben wir festgestellt: Ist R ein Integritätsbereich mit Einselement, so auch der Polynomring $R[x]$. Das war trivial. Weit weniger selbstverständlich war ein weiterer Übertragungssatz dieser Art, der Satz von Gauss: Ist R ein Gaußscher Ring, so ist es auch $R[x]$. Der folgende Hilbertsche Basissatz ist ein dritter derartiger Satz; sein Beweis erregte im Jahre 1890 großes Aufsehen.

Satz 1: *Ist R ein Noetherscher Ring mit Einselement, so ist es auch $R[x]$.*

Beweis: Wir bezeichnen Ideale in R mit kleinen, Ideale in $R[x]$ mit großen deutschen Buchstaben. Wir werden zeigen: Eine aufsteigende Kette $\mathfrak{A}_0 \subset \mathfrak{A}_1 \subset \mathfrak{A}_2 \subset \ldots$ von Idealen aus $R[x]$ wird konstant. Wir führen den Beweis in drei Schritten.
1) Es sei $\mathfrak{A} \subset R[x]$ ein Ideal. Für $n = 0, 1, 2, \ldots$ setzen wir

$$\mathfrak{a}_n = \{a \in R\colon \text{Es gibt ein } f(x) \in \mathfrak{A} \text{ der Gestalt } f(x) = ax^n + a_{n-1}x^{n-1} + \ldots + a_0.\};$$

die Menge $\mathfrak{a}_n$ enthält also die Null und die höchsten Koeffizienten aller Polynome vom Grad n aus $\mathfrak{A}$. Sind $f(x)$, $g(x)$ Elemente aus $\mathfrak{A}$ und $r \in R$, so gilt $f(x) - g(x) \in \mathfrak{A}$ und $rf(x) \in \mathfrak{A}$; daraus folgt: $\mathfrak{a}_n$ ist ein Ideal aus R. Außerdem gilt $\mathfrak{a}_n \subset \mathfrak{a}_{n+1}$: Mit $f(x) = ax^n + a_{n-1}x^{n-1} + \ldots + a_0 \in \mathfrak{A}$ liegt auch

$$xf(x) = ax^{n+1} + a_{n-1}x^n + \ldots + a_0x$$

in $\mathfrak{A}$; aus $a \in \mathfrak{a}_n$ folgt also $a \in \mathfrak{a}_{n+1}$. Wir ordnen nun dem Ideal $\mathfrak{A} \subset R[x]$ die Idealteilerkette $\mathfrak{a}_0 \subset \mathfrak{a}_1 \subset \mathfrak{a}_2 \subset \ldots$ aus R zu.
2) Den Idealen $\mathfrak{A}$, $\mathfrak{B}$ aus $R[x]$ seien die Teilerketten

$$\mathfrak{a}_0 \subset \mathfrak{a}_1 \subset \mathfrak{a}_2 \subset \ldots, \quad \mathfrak{b}_0 \subset \mathfrak{b}_1 \subset \mathfrak{b}_2 \subset \ldots$$

aus R zugeordnet, und es gelte $\mathfrak{A} \subset \mathfrak{B}$, also auch $\mathfrak{a}_n \subset \mathfrak{b}_n$ $(n = 0, 1, 2, \dots)$. Wir zeigen: Aus $\mathfrak{A} \subset \mathfrak{B}$ und $\mathfrak{a}_n = \mathfrak{b}_n$ $(n = 0, 1, 2, \dots)$ folgt bereits $\mathfrak{A} = \mathfrak{B}$. Zunächst besagt $\mathfrak{a}_0 = \mathfrak{b}_0$, daß $\mathfrak{A}$ und $\mathfrak{B}$ außer der Null auch dieselben Polynome nullten Grades enthalten. Es sei bereits bewiesen, daß die Polynome mit kleinerem Grad als n in $\mathfrak{A}$ und $\mathfrak{B}$ dieselben sind. Unsere Behauptung ist durch Induktion nach n bewiesen, wenn gezeigt wird: Jedes

$$f(x) = ax^n + a_{n-1}x^{n-1} + \dots + a_0 \in \mathfrak{B}$$

ist schon ein Element von $\mathfrak{A}$. Zunächst ist a ein Element von $\mathfrak{b}_n = \mathfrak{a}_n$; demnach gibt es auch ein $g(x) = ax^n + b_{n-1}x^{n-1} + \dots + b_0 \in \mathfrak{A}$. Wegen $\mathfrak{A} \subset \mathfrak{B}$ liegen $f(x)$ und $g(x)$ beide in $\mathfrak{B}$. Also gilt auch $f(x) - g(x) \in \mathfrak{B}$ und nach Induktionsvoraussetzung sogar $f(x) - g(x) \in \mathfrak{A}$. Zusammen mit $g(x) \in \mathfrak{A}$ liefert das $g(x) + (f(x) - g(x)) = f(x) \in \mathfrak{A}$, was gezeigt werden sollte.

3) Nun benutzen wir, daß R ein Noetherscher Ring ist. Es sei $\mathfrak{A}_0 \subset \mathfrak{A}_1 \subset \mathfrak{A}_2 \subset \dots$ eine Idealteilerkette aus $R[x]$; wir zeigen, daß sie konstant wird. Dem Ideal $\mathfrak{A}_\varrho$ sei gemäß 1) die Kette $\mathfrak{a}_{\varrho 0} \subset \mathfrak{a}_{\varrho 1} \subset \mathfrak{a}_{\varrho 2} \subset \dots$ aus R zugeordnet. Wir bekommen das folgende Schema.

$$\begin{array}{llllllll}
\mathfrak{A}_0 & \mathfrak{a}_{00} & \subset & \mathfrak{a}_{01} & \subset & \mathfrak{a}_{02} & \subset \dots & \\
\cap & \cap & & \cap & & \cap & & \\
\mathfrak{A}_1 & \mathfrak{a}_{10} & \subset & \mathfrak{a}_{11} & \subset & \mathfrak{a}_{12} & \subset \dots & \\
\cap & \cap & & \cap & & \cap & & \\
\mathfrak{A}_2 & \mathfrak{a}_{20} & \subset & \mathfrak{a}_{21} & \subset & \mathfrak{a}_{22} & \subset \dots & \\
\cap & \cap & & \cap & & \cap & & \\
\vdots & \vdots & & \vdots & & \vdots & & \\
 & & & & & & & \mathfrak{a}_{nn} = \dots \\
\cap & \cap & & \cap & & \cap & & \| \\
\mathfrak{A}_m & \mathfrak{a}_{m0} & \subset & \mathfrak{a}_{m1} & \subset & \mathfrak{a}_{m2} & \subset \dots & \vdots \\
\| & \| & & \| & & \| & & \\
\mathfrak{A}_{m+1} & \mathfrak{a}_{m+1,0} & \subset & \mathfrak{a}_{m+1,1} & \subset & \mathfrak{a}_{m+1,2} & \subset \dots & \\
\| & \| & & \| & & \| & &
\end{array}$$

Man sehe sich die Spaltenketten $\mathfrak{a}_{0i} \subset \mathfrak{a}_{1i} \subset \mathfrak{a}_{2i} \subset \dots$ $(i = 0, 1, 2, \dots)$ an. Kann man die Existenz eines Index m nachweisen, von dem an sie alle konstant werden: $\mathfrak{a}_{mi} = \mathfrak{a}_{m+1,i} = \mathfrak{a}_{m+2,i} = \dots$ für jedes $i \geqq 0$, so ist wegen 2) auch $\mathfrak{A}_m = \mathfrak{A}_{m+1} = \mathfrak{A}_{m+2} = \dots$ bewiesen. Nun gilt aber jedenfalls

$$\mathfrak{a}_{00} \subset \mathfrak{a}_{11} \subset \mathfrak{a}_{22} \subset \dots,$$

und nach Voraussetzung wird diese Kette etwa bei $\mathfrak{a}_{nn}$ konstant. Es folgt $\mathfrak{a}_{nn} = \mathfrak{a}_{n+1,\,n+1} = \dots$ und damit $\mathfrak{a}_{\mu\nu} = \mathfrak{a}_{nn}$ für alle $\mu, \nu \geqq n$; alle Ideale unterhalb und rechts von $\mathfrak{a}_{nn}$ sind gleich $\mathfrak{a}_{nn}$. Mit Ausnahme höchstens der n ersten werden also alle Spaltenketten spätestens vom Zeilenindex n an konstant. Die endlich vielen ersten n Spaltenketten werden aber wieder auf Grund der Voraussetzung jede für sich konstant; es gibt also einen Zeilenindex k, von dem an sie alle konstant sind. Wählt man nun für m das Maximum von n und k, so sind vom Zeilenindex m an alle Spaltenketten konstant, womit Satz 1 bewiesen ist.

47.2 Aus Satz 1 folgt der

Satz 2: *Ist R ein Noetherscher Ring mit Einselement, so ist es auch der Polynomring* $R[x_1, x_2, \ldots, x_n]$.

Spezialfälle:

1) Ist K ein Körper, so ist $K[x_1, x_2, \ldots, x_n]$ ein Noetherscher Ring.
2) $\mathfrak{Z}[x_1, x_2, \ldots, x_n]$ ist ein Noetherscher Ring.

Über Satz 2 hinaus gilt sogar der

Satz 3: *Es seien R und* $R^* \supset R$ *kommutative Ringe mit demselben Einselement* $1 \in R$ *und* $\xi_1, \xi_2, \ldots, \xi_n$ *Elemente aus* R^*. *Ferner sei R ein Noetherscher Ring. Dann ist auch* $R[\xi_1, \xi_2, \ldots, \xi_n]$ *ein Noetherscher Ring.*

Beweis: Es ist $R[x_1, x_2, \ldots, x_n]$ ein Noetherscher Ring und $R[\xi_1, \xi_2, \ldots, \xi_n]$ ein homomorphes Bild von $R[x_1, x_2, \ldots, x_n]$ (vgl. § 25.5). Die Behauptung folgt also aus Satz 46.2.

Also ist beispielsweise $\mathfrak{Z}[\sqrt{-5}]$ ein Noetherscher Ring. Aber $\mathfrak{Z}[\sqrt{-5}]$ ist sicher kein Hauptidealring; denn nach § 37.1 war es nicht einmal ein Gaußscher Ring. Umgekehrt ist nach § 42.5 der Polynomring $\mathfrak{Z}[x_1, x_2, x_3, \ldots]$ in abzählbar vielen Unbestimmten wohl ein Gaußscher Ring. Aber er ist kein Noetherscher Ring; denn die Teilerkette $(x_1) \subset (x_1, x_2) \subset (x_1, x_2, x_3) \subset \ldots$ wird nicht konstant. Ebenfalls kein Noetherscher Ring ist der Ring $2\mathfrak{Z}[x]$ aller Polynome mit geraden ganzen Zahlen als Koeffizienten; denn die Teilerkette

$$(2) \subset (2, 2x) \subset (2, 2x, 2x^2) \subset \ldots$$

wird nicht konstant. Wegen $2\mathfrak{Z}[x] \subset \mathfrak{Z}[x]$ zeigt dieses Beispiel, daß ein Unterring eines Noetherschen Ringes kein Noetherscher Ring zu sein braucht. Das Beispiel zeigt weiter (vgl. Aufgabe 46.1), daß in Satz 1 auf die Bedingung $1 \in R$, die im Beweisteil 1) beim Nachweis von $\mathfrak{a}_n \subset \mathfrak{a}_{n+1}$ benutzt wurde, nicht verzichtet werden kann.

Literatur: KOCHENDÖRFFER [12], V. D. WAERDEN [16].

5 Vektorräume

Allenthalben in der Mathematik treten Vektorräume auf. Man begegnet ihnen vielleicht das erste Mal, wenn man in naiver Weise räumliche Geometrie betreibt. Vektoren sind in diesem Fall gerichtete Strecken, die genau dann als einander gleich angesehen werden, wenn sie sich durch eine Parallelverschiebung ineinander überführen lassen, und man definiert in bekannter Weise eine Addition von Vektoren. So wird die Menge V aller Vektoren des dreidimensionalen Raumes eine abelsche Gruppe. Zusätzlich führt man noch eine äußere Komposition von V mit $\mathfrak{R}$ ein: Für $a \in \mathfrak{R}$ und $\alpha \in V$ erklärt man ein Produkt $a\alpha \in V$.

Diese Festlegungen erweisen sich als sehr praktisch. Sie lassen sich außerdem leicht von ihrem anschaulichen Hintergrund lösen. V wird das cartesische Produkt $\mathfrak{R}^3$ mit der Addition $(a_1, a_2, a_3) + (b_1, b_2, b_3) = (a_1 + b_1, a_2 + b_2, a_3 + b_3)$, und für $a \in \mathfrak{R}$ und $\alpha = (a_1, a_2, a_3) \in V$ gilt $a\alpha = (aa_1, aa_2, aa_3) \in V$. Erneut stellt man fest, daß V eine abelsche Gruppe bezüglich der Addition ist, und für die äußere Komposition bestätigt man sofort die Regeln $(ab)\alpha = a(b\alpha)$, $(a + b)\alpha = a\alpha + b\alpha$, $a(\alpha + \beta) = a\alpha + a\beta$ und $1\alpha = \alpha$ $(a, b \in \mathfrak{R};\ \alpha, \beta \in V)$. Diese Eigenschaften von V benutzt man zur Definition neuer algebraischer Strukturen und nennt sie Vektorräume.

Es stellt sich bald heraus, daß viele ursprünglich rein geometrische Überlegungen in der Theorie der Vektorräume eine Form annehmen, die Anwendungen in den verschiedensten Zweigen der Mathematik gestattet. Während der geometrische Hintergrund als Hilfsmittel zur Veranschaulichung erhalten bleibt, ist auf diese Weise eine besonders wichtige Teildisziplin der Algebra, die sogenannte lineare Algebra, entstanden, die sich ausschließlich mit Vektorräumen befaßt. Auf Grund ihrer wachsenden Bedeutung erfolgt die Beschäftigung mit ihr bereits am Beginn des Mathematikstudiums. Wir stellen die Grundbegriffe der linearen Algebra nur in dem für unsere Zwecke erforderlichen Umfang noch einmal zusammen.

§ 48 Das Rechnen in Vektorräumen

Definition: *Es sei S ein Schiefkörper mit Elementen $1, a, b, \ldots$ und V eine additiv geschriebene abelsche Gruppe mit Elementen $\alpha, \beta, \ldots$ Dann heißt V ein Vektorraum über S, genauer: linker S-Vektorraum, wenn eine Komposition von V mit S (also für $a \in S$ und $\alpha \in V$ ein Produkt $a\alpha \in V$) erklärt ist, die folgende Eigenschaften hat:*

(*1*) $(ab)\alpha = a(b\alpha)$ (*Assoziativität*).

(2) $(a + b)\alpha = a\alpha + b\alpha$,
(3) $a(\alpha + \beta) = a\alpha + a\beta$. (*Distributivität*)
(4) $1\alpha = \alpha$.

In (2) und (3) soll wie üblich wieder das Zeichen für die Multiplikation stärker binden als das für die Addition. Die Elemente von V nennen wir Vektoren, die Elemente aus S Skalare. Man hat den Skalar $0 \in S$ vom Nullvektor $o \in V$ zu unterscheiden.

Rechte S-Vektorräume werden entsprechend definiert.

Beispiel 1. Ein Schiefkörper S ist ein linker S-Vektorraum. Hier ist $V = S$.

Beispiel 2. Es sei S ein Schiefkörper, $n \in \mathfrak{N}$ und $V = S^n$. Wir setzen

$$(a_1, a_2, \ldots, a_n) + (b_1, b_2, \ldots, b_n) = (a_1 + b_1, a_2 + b_2, \ldots, a_n + b_n)$$

und $a(a_1, a_2, \ldots, a_n) = (aa_1, aa_2, \ldots, aa_n)$. Dann ist V ein linker S-Vektorraum. Man nennt ihn den Raum der n-tupel über S. Spezialfall: $S = \mathfrak{R}$ und $n = 3$.

Beispiel 3. Es sei K ein Körper. Dann ist $K[x]$ ein linker K-Vektorraum.

Beispiel 4. Es sei K ein Körper, $E \supset K$ ein Erweiterungskörper und $\xi \in E$ algebraisch über K. Dann ist $K[\xi]$ ein Vektorraum über K. Dies wird für uns einer der wichtigsten Fälle.

Für das Rechnen in Vektorräumen gelten zunächst die Sätze über abelsche Gruppen. Zusätzlich brauchen wir noch den

Satz 1: *Es sei S ein Schiefkörper mit Elementen $0, 1, a, \ldots$ und V ein S-Vektorraum mit Elementen $o, \alpha, \ldots$ Dann gelten folgende Rechenregeln:*

a) $ao = 0\alpha = o$.
b) $(-1)\alpha = -\alpha, (-a)\alpha = -a\alpha$.
c) *Aus* $a\alpha = o$ *folgt* $a = 0$ *oder* $\alpha = o$.

Beweis:

a) Es ist $a(o + o) = ao + ao$ und $a(o + o) = ao$, also $ao + ao = ao$; in der Gruppe V folgt $ao = o$. Analog zeigt man $0\alpha = o$.

b) In V gilt also $\alpha + (-1)\alpha = 1\alpha + (-1)\alpha = (1 + (-1))\alpha = 0\alpha = o$ sowie $\alpha + (-\alpha) = o$; in der Gruppe V folgt $(-1)\alpha = -\alpha$. Ferner wird

$$(-a)\alpha = ((-1)a)\alpha = (-1)(a\alpha) = -a\alpha.$$

c) Ist $a\alpha = o$ und $a \neq 0$, so folgt $a^{-1}(a\alpha) = (a^{-1}a)\alpha = 1\alpha = \alpha = o$.

§ 49 Teilräume

Eine Teilmenge U des S-Vektorraumes V nennen wir einen *Teilraum* von V, wenn U Vektorraum bezüglich der Kompositionen von V ist. Es ist also $U = \{o\}$ ein Teilraum jedes Vektorraumes V; dagegen ist die leere Menge $\mathfrak{L}$ keine Gruppe, also nie Teilraum. Nützlich ist das folgende Analogon zu Satz 8.1.

Satz 1: *Eine nicht leere Teilmenge U des linken S-Vektorraumes V ist Teilraum von V genau dann, wenn die beiden Bedingungen*

(*1*) $\alpha, \beta \in U \Rightarrow \alpha + \beta \in U$,
(*2*) $a \in S, \alpha \in U \Rightarrow a\alpha \in U$
erfüllt sind.

Beweis: Ist U ein Teilraum von V, so sind (1) und (2) gewiß erfüllt. Ist umgekehrt $U \neq \mathfrak{L}$ eine Teilmenge von V, in der (1) und (2) gelten, so liegt nach (2) mit α auch $(-1)\alpha = -\alpha$ in U; ein $\alpha \in U$ gibt es sicher, und mit (1) folgt $\alpha + (-\alpha) = o \in U$. Alle anderen Forderungen an U sind erfüllt, weil U eine Teilmenge von V ist.

Man betrachte den Durchschnitt $U_1 \cap U_2$ zweier Teilräume U_1, U_2 des Vektorraumes V. Wir zeigen mit Satz 1, daß er wieder ein Teilraum von V ist: Aus $\alpha, \beta \in U_1 \cap U_2$ folgt $\alpha, \beta \in U_i$, also $\alpha + \beta \in U_i$ $(i = 1, 2)$ oder $\alpha + \beta \in U_1 \cap U_2$. Analog bekommt man $a\alpha \in U_1 \cap U_2$ für $a \in S$, $\alpha \in U_1 \cap U_2$. Wegen $o \in U_1 \cap U_2$ ist schließlich $U_1 \cap U_2$ nicht leer. Der Durchschnitt $U_1 \cap U_2$ ist also ein Teilraum von V. Bei dieser Argumentation hätte man auch von mehr als zwei Teilräumen $U_i \subset V$ ausgehen können. Wir formulieren unser Ergebnis.

Satz 2: *Sind die U_i Teilräume des Vektorraumes V, so ist auch $\bigcap U_i$ ein Teilraum von V.*

Eine Anwendung von Satz 2 ist die folgende. Es seien $\alpha_1, \alpha_2, \ldots, \alpha_r$ feste Vektoren aus V und M die Menge aller Teilräume U_i von V mit $\{\alpha_1, \alpha_2, \ldots, \alpha_r\} \subset U_i$; dabei entstammen die i einer Indexmenge I. Wegen $V \in M$ ist M nicht leer. Der Durchschnitt U aller dieser $U_i \in M$ ist ein Teilraum von V, und er ist der kleinste Teilraum von V, der alle α_j enthält: Es gilt $U \subset U_i$ für jedes $U_i \in M$. Deshalb ist die folgende Definition, die zusätzlich noch den Fall $r = 0$ mit einbezieht, sinnvoll.

Definition: *Es seien $\alpha_1, \alpha_2, \ldots, \alpha_r$ Elemente des Vektorraumes V. Ist $r \geqq 1$, so bezeichne $[\alpha_1, \alpha_2, \ldots, \alpha_r]$ den kleinsten Teilraum von V, der $\{\alpha_1, \alpha_2, \ldots, \alpha_r\}$ als Teilmenge enthält. Ist $r = 0$, also $\{\alpha_1, \alpha_2, \ldots, \alpha_r\} = \mathfrak{L}$, so sei entsprechend $[\alpha_1, \alpha_2, \ldots, \alpha_r] = \{o\}$ der Nullraum.*

Es sei $r \geqq 1$. Aus welchen Elementen besteht $U = [\alpha_1, \alpha_2, \ldots, \alpha_r]$? Wir schließen wie in § 35.3: Der Raum $[\alpha_1, \alpha_2, \ldots, \alpha_r]$ enthält alle $s_\lambda \alpha_\lambda$ $(s_\lambda \in S)$, also auch die Menge L aller *Linearkombinationen* $s_1\alpha_1 + s_2\alpha_2 + \ldots + s_r\alpha_r$ $(s_\lambda \in S)$; das heißt $L \subset U$. Aber nach Satz 1 ist L selbst schon ein Teilraum von V, und L enthält alle α_j; das bedeutet $L \supset U$. Zusammengenommen ist also $U = L$ und damit $[\alpha_1, \alpha_2, \ldots, \alpha_r]$ die Menge aller Linearkombinationen der Vektoren α_j.
Wir sagen: Der Vektorraum $U = [\alpha_1, \alpha_2, \ldots, \alpha_r]$ wird von der Menge $\{\alpha_1, \alpha_2, \ldots, \alpha_r\}$ der Vektoren α_j bzw. von den Vektoren α_j aufgespannt oder erzeugt. Die leere Menge erzeugt den Nullraum. Ein Vektorraum V heißt *endlich erzeugt*, wenn es ein $r \geqq 0$ und Vektoren $\alpha_1, \alpha_2, \ldots, \alpha_r$ aus V mit

$$V = [\alpha_1, \alpha_2, \ldots, \alpha_r]$$

gibt.

Aufgabe 1: Es sei K ein Körper und $V = K^n$ der n-tupel-Raum über K. Gegeben seien die m linearen homogenen Gleichungen $\sum_{j=1}^{n} a_{ij}\xi_j = 0$, $1 \leqq i \leqq m$, mit Koeffizienten $a_{ij} \in K$ für die n Unbekannten $\xi_j \in K$. Wir nennen

$$(r_1, r_2, \ldots, r_n) \in V$$

eine Lösung des Gleichungssystems, wenn es durch $\xi_j = r_j \, (1 \leqq j \leqq n)$ befriedigt wird. Die Menge aller dieser Lösungen sei $U \subset V$. Man zeige: U ist ein Teilraum von V.

§ 50 Der Basissatz

Wir führen den Begriff der linearen Unabhängigkeit ein.

Definition: *Es sei S ein Schiefkörper mit Elementen s_λ und V ein linker S-Vektorraum. Die $r \geqq 1$ Vektoren $\alpha_1, \alpha_2, \ldots, \alpha_r$ aus V heißen linear unabhängig (über S), wenn aus $\sum_1^r s_\lambda \alpha_\lambda = o$ folgt: $s_1 = s_2 = \ldots = s_r = 0$. Eine Menge $M \subset V$ bzw. die Vektoren von M heißen linear unabhängig (andernfalls: linear abhängig), wenn je endlich viele Vektoren $\alpha_1, \alpha_2, \ldots, \alpha_r \, (r \geqq 1)$ aus M linear unabhängig sind.*

Die leere Menge bzw. die Vektoren der leeren Menge sind hiernach linear unabhängig. Ein einzelner Vektor $\alpha \in V$ ist genau dann linear unabhängig, wenn $\alpha \neq o$ ist.

Wir formulieren nun ein einfaches

Lemma: Es sei V ein Vektorraum, und es seien die $r > 1$ Vektoren

$$\alpha_1, \alpha_2, \ldots, \alpha_r$$

aus V in dieser Reihenfolge vorgelegt. Dann gelten die folgenden Aussagen.

a) Die Vektoren α_ϱ sind genau dann linear abhängig, wenn ein α_i eine Linearkombination der übrigen $\alpha_j \, (j \neq i)$ ist.

b) Sind alle Vektoren α_ϱ ungleich Null, so sind sie genau dann linear abhängig, wenn ein α_i eine Linearkombination der vorangehenden $\alpha_j \, (j < i)$ ist.

Beweis:

a) Ist $\alpha_i = \sum_{j \neq i} s_j \alpha_j$, so folgt $(-1)\alpha_i + \sum_{j \neq i} s_j \alpha_j = o$, wobei wenigstens der Koeffizient -1 nicht Null ist; die Vektoren α_ϱ sind dann also linear abhängig. Gilt umgekehrt $\sum_{j=1}^r s_j \alpha_j = o$ und etwa $s_i \neq 0$, so wird $s_i^{-1} \sum_{j=1}^r s_j \alpha_j = o$ oder $\alpha_i = \sum_{j \neq i} (-s_i^{-1} s_j) \alpha_j$.

b) Ist ein α_i eine Linearkombination der α_j mit $j < i$, so erst recht eine Linearkombination der α_j mit $j \neq i$; die Vektoren α_ϱ sind dann also linear abhängig auf Grund von a). Ist schließlich $\sum_{j=1}^r s_j \alpha_j = o$, und sind nicht alle s_j Null, so existiert ein maximaler Index i mit $s_i \neq 0$, und da diesmal alle α_ϱ ungleich Null sind, gilt $i > 1$. Es folgt $\alpha_i = \sum_{j=1}^{i-1} (-s_i^{-1} s_j) \alpha_j$.

Dieses Lemma liefert den

Satz 1: *Der Vektorraum $V = [\alpha_1, \alpha_2, \ldots, \alpha_r]$ sei endlich erzeugt, und die Vektoren $\beta_1, \beta_2, \ldots, \beta_m$ aus V seien linear unabhängig. Dann ist $r \geqq m$.*

Beweis: Der Fall $r = 0$ ist trivial. Es sei also $r \geqq 1$. Wir zeigen, daß schon die Anzahl der von Null verschiedenen α_ϱ mindestens gleich m ist. Der Einfachheit halber seien also von vornherein alle α_ϱ ungleich Null; die β_μ sind es wegen ihrer Unabhängigkeit sowieso. Nach Teil a) des Lemmas sind die Vektoren $\beta_m, \alpha_1, \alpha_2, \ldots, \alpha_r$ linear abhängig; es ist ja $\beta_m \in [\alpha_1, \alpha_2, \ldots, \alpha_r]$. Nach Teil b) des Lemmas kann man eines der α_ϱ weglassen, und die verbleibenden $\beta_m, \alpha_1', \alpha_2', \ldots, \alpha_{r-1}'$ erzeugen immer noch V. Also gilt auch $\beta_{m-1} \in [\beta_m, \alpha_1', \alpha_2', \ldots, \alpha_{r-1}']$, und die Vektoren $\beta_{m-1}, \beta_m, \alpha_1', \alpha_2', \ldots, \alpha_{r-1}'$ sind linear abhängig nach Teil a) des Lemmas. Wieder nach Teil b) des Lemmas kann man einen dieser Vektoren als Linearkombination der vorangehenden streichen; da die β_μ linear unabhängig sind, muß es wieder eines der α_ϱ' sein, und wir bekommen etwa $V = [\beta_{m-1}, \beta_m, \alpha_1'', \alpha_2'', \ldots, \alpha_{r-2}'']$. Dieses Austauschverfahren kann wiederholt werden, solange Vektoren β_μ zur Verfügung stehen. Das bedeutet $r \geqq m$.

Definition: *Die Teilmenge $B = \{\alpha_1, \alpha_2, \ldots, \alpha_r\}$, $r \geqq 0$, von V heißt eine Basis des Vektorraumes V, wenn die $\alpha_\varrho \in B$ linear unabhängig sind und V erzeugen: $V = [\alpha_1, \alpha_2, \ldots, \alpha_r]$.*
Hiernach ist $\mathfrak{L}$ Basis des Nullraums.

Jeder endlich erzeugte Vektorraum $V = [\alpha_1, \alpha_2, \ldots, \alpha_r]$, $r \geqq 0$, besitzt wenigstens eine Basis. Für $r = 0$ ist es $\mathfrak{L}$. Für $r \geqq 1$ bekommt man sie mit Hilfe des Lemmas, indem man die von Null verschiedenen der Vektoren $\alpha_1, \alpha_2, \ldots, \alpha_r$ aufschreibt und unter ihnen dann sukzessive alle diejenigen α_i streicht, die Linearkombinationen der vorangehenden α_j sind.

Satz 2: *Es sei $V = [\alpha_1, \alpha_2, \ldots, \alpha_r]$ und $r \geqq 1$. Genau dann läßt sich jedes $\alpha \in V$ eindeutig als Linearkombination der α_ϱ darstellen, wenn $\{\alpha_1, \alpha_2, \ldots, \alpha_r\}$ eine Basis von V ist.*

Beweis: Ist $\{\alpha_1, \alpha_2, \ldots, \alpha_r\}$ eine Basis von V und $\alpha = \sum s_\lambda \alpha_\lambda = \sum s_\lambda' \alpha_\lambda$, so folgt $\sum (s_\lambda - s_\lambda')\alpha_\lambda = o$ oder $s_\lambda = s_\lambda'$ für alle λ. Ist $\{\alpha_1, \alpha_2, \ldots, \alpha_r\}$ keine Basis von V, so gibt es Skalare t_λ, die nicht alle Null sind, mit $\sum t_\lambda \alpha_\lambda = o$. Ist also in diesem Fall etwa $\alpha = \sum s_\lambda \alpha_\lambda$, so wird auch $\alpha = \sum (s_\lambda + t_\lambda)\alpha_\lambda$, und nicht für alle λ gilt $s_\lambda = s_\lambda + t_\lambda$.

Satz 3 (*Basissatz*): *Der Vektorraum V sei endlich erzeugt. Dann besitzt V mindestens eine Basis, und je zwei Basen von V haben gleich viel Elemente.*

Beweis: Daß V wenigstens eine Basis besitzt, wurde schon gezeigt. Es seien $\{\alpha_1, \alpha_2, \ldots, \alpha_n\}$ und $\{\beta_1, \beta_2, \ldots, \beta_m\}$ zwei Basen von V. Der Vektorraum V wird von den α_ν erzeugt, und die β_μ sind linear unabhängig; Satz 1 liefert $n \geqq m$. Ferner wird V auch von den β_μ erzeugt, und die α_ν sind linear unabhängig; das liefert $m \geqq n$. Insgesamt folgt $m = n$.
Nun wird die folgende Definition sinnvoll.

Definition: *Es sei V ein Vektorraum. Ist V endlich erzeugt und $n = |B|$ die Elementeanzahl einer Basis B von V, so heißt n die Dimension von V, und wir schreiben* $\dim V = n$. *Ist V nicht endlich erzeugt, so sei* $\dim V = \infty$.
Die folgenden Sätze werden oft gebraucht.

Satz 4: *Es sei* $\dim V = n < \infty$. *Dann sind je $n + 1$ Vektoren aus V linear abhängig, und je n linear unabhängige Vektoren bilden eine Basis von V. Genau dann gilt* $\dim V = \infty$, *wenn es beliebig viele linear unabhängige Vektoren in V gibt.*

Beweis: Die erste Behauptung folgt aus Satz 1. Die zweite Behauptung ist eine Folge der ersten: Sind die Vektoren $\alpha_1, \alpha_2, \ldots, \alpha_n$ aus V linear unabhängig und ist $\alpha \in V$, so gibt es Skalare $s, s_1, s_2, \ldots, s_n$, die nicht alle verschwinden, mit $s\alpha + s_1\alpha_1 + \ldots + s_n\alpha_n = o$; nach Voraussetzung kann s nicht Null sein, und es wird $\alpha = \sum(-s^{-1}s_\nu)\alpha_\nu$ oder $\alpha \in [\alpha_1, \alpha_2, \ldots, \alpha_n]$. Für die letzte Behauptung bleibt zu zeigen: Ist $\dim V = \infty$, so gibt es beliebig viele linear unabhängige Vektoren in V. Dazu wähle man ein $\alpha_1 \in V$, $\alpha_1 \neq o$; es wird $[\alpha_1] \subset V$ und $[\alpha_1] \neq V$ wegen $\dim V = \infty$. Also existiert ein $\alpha_2 \in V$, $\alpha_2 \notin [\alpha_1]$, und wieder wird $[\alpha_1, \alpha_2] \subset V$, $[\alpha_1, \alpha_2] \neq V$. Wegen $\dim V = \infty$ läßt sich dieses Verfahren beliebig oft wiederholen, und die Vektoren α_ν sind linear unabhängig nach Teil b) des Lemmas.

Satz 5: *Es sei $V = [\alpha_1, \alpha_2, \ldots, \alpha_r]$ endlich erzeugt, und die Vektoren $\beta_1, \beta_2, \ldots, \beta_m$ aus V seien linear unabhängig. Dann gibt es eine Basis B von V mit $\{\beta_1, \beta_2, \ldots, \beta_m\} \subset B$.*

Beweis: Es gilt $[\beta_1, \beta_2, \ldots, \beta_m] \subset V$. Steht hierin sogar das Gleichheitszeichen, so wird $B = \{\beta_1, \beta_2, \ldots, \beta_m\}$, und man ist fertig. Andernfalls existiert ein $\gamma_1 \in V$, $\gamma_1 \notin [\beta_1, \beta_2, \ldots, \beta_m]$; nach Teil b) des Lemmas sind $\beta_1, \beta_2, \ldots, \beta_m, \gamma_1$ dann linear unabhängig, und außerdem gilt $[\beta_1, \ldots, \beta_m, \gamma_1] \subset V$. Steht hierin das Gleichheitszeichen, so ist $B = \{\beta_1, \ldots, \beta_m, \gamma_1\}$ eine Basis der verlangten Beschaffenheit, und man ist wieder fertig. Andernfalls kann man die Auffüllung von $\{\beta_1, \beta_2, \ldots, \beta_m\}$ fortsetzen. Dieses Verfahren bricht wegen Satz 1 nach endlich vielen Schritten ab.

Satz 6: *Es sei V ein Vektorraum und U ein Teilraum von V. Dann gelten die beiden folgenden Aussagen.*
a) $\dim U \leqq \dim V$.
b) *Aus* $\dim U = \dim V < \infty$ *folgt* $U = V$.

Beweis:
a) Wir dürfen $\dim V = n < \infty$ annehmen. Dann sind nach Satz 4 je $n + 1$ Vektoren aus $U \subset V$ linear abhängig. Wieder nach Satz 4 kann also nicht $\dim U > n$ sein.
b) Es sei $\dim U = \dim V = n < \infty$ und $B = \{\alpha_1, \alpha_2, \ldots, \alpha_n\}$ eine Basis von U. Dann sind die α_ν linear unabhängig in V, bilden also nach Satz 4 auch eine Basis von V. Es folgt $U = V = [\alpha_1, \alpha_2, \ldots, \alpha_n]$.

Aufgabe 1: Man betrachte den Vektorraum $V = \mathfrak{C}$ über $\mathfrak{R}$ und bestimme $\dim V$.

Aufgabe 2: Man betrachte den Quaternionenschiefkörper $\mathfrak{H}$ als Vektorraum V über $\mathfrak{R}$ und bestimme $\dim V$.

Aufgabe 3: Man betrachte $\mathfrak{R}$ als Vektorraum V über $\mathfrak{Q}$ und bestimme $\dim V$.

Aufgabe 4: Es sei $\xi = \sqrt[3]{2}$. Man betrachte $\mathfrak{Q}[\xi]$ als Vektorraum V über $\mathfrak{Q}$ und bestimme $\dim V$.

§ 51 Homomorphismen von Vektorräumen

Es sei V ein S-Vektorraum mit Elementen $o, \alpha, \beta, \ldots$ Was wollen wir unter einem homomorphen Bild $W = f(V)$ verstehen? Erstens wird man verlangen, daß $f\colon V \to W$ ein Homomorphismus der abelschen Gruppe V auf W ist. Nach Satz 12.1 muß dann auch W eine etwa additiv geschriebene Gruppe sein. Zweitens wird man fordern, daß auch W eine Komposition mit S besitzt und daß für $a \in S$, $\alpha \in V$ gilt: $f(a\alpha) = af(\alpha)$. In Analogie zu unseren früheren Überlegungen für Gruppen oder Ringe wird dann von selbst W ein S-Vektorraum. Dazu prüfe man die Axiome (1) bis (4) aus § 48 nach: Es wird $(ab)f(\alpha) = f((ab)\alpha) = f(a(b\alpha)) = af(b\alpha) = a(bf(\alpha))$, ferner $(a + b)f(\alpha) = f((a + b)\alpha) = f(a\alpha + b\alpha) = f(a\alpha) + f(b\alpha) = af(\alpha) + bf(\alpha)$ und $a(f(\alpha) + f(\beta)) = af(\alpha + \beta) = f(a(\alpha + \beta)) = f(a\alpha + a\beta) = f(a\alpha) + f(a\beta) = af(\alpha) + af(\beta)$ sowie $1f(\alpha) = f(1\alpha) = f(\alpha)$. Anstatt das wieder als Satz zu formulieren, richten wir diesmal unsere Definition gleich entsprechend ein.

Definition: *Der S-Vektorraum W heißt homomorphes Bild $f(V)$ des S-Vektorraumes V, und wir schreiben $V \precsim W$, wenn eine surjektive Abbildung $f\colon V \to W$ mit den Eigenschaften $f(\alpha + \beta) = f(\alpha) + f(\beta)$ und $f(a\alpha) = af(\alpha)$ existiert ($a \in S$; $\alpha, \beta \in V$). Ist die Abbildung f zusätzlich eineindeutig, so heißt W ein isomorphes Bild von V, und wir schreiben $V \simeq W$.*

Früheren Vorbildern entsprechend unterscheidet man wieder zwischen Homomorphismen oder Isomorphismen von V auf W oder von V in W. Durch $V \simeq W$ ist auf jeder nicht leeren Menge von Vektorräumen eine Äquivalenzrelation erklärt. Nach Satz 12.2 ist ein Homomorphismus $f\colon V \to W$ genau dann ein Isomorphismus, wenn der Kern U von f aus der Null allein besteht. Homomorphe Bilder von V kann man leicht konstruieren. Es sei dazu U ein Teilraum von V. Dann ist U ein Normalteiler der abelschen Gruppe V. Wir bilden die abelsche Faktorgruppe V/U und definieren für sie eine äußere Komposition mit S: Für $a \in S$ und $\alpha + U \in V/U$ gelte $a(\alpha + U) = a\alpha + U$. Das ist eine Definition; ist nämlich $\beta + U = \alpha + U$ oder $\alpha - \beta \in U$, so auch $a(\alpha - \beta) \in U$, weil U ein Teilraum von V war, und das liefert $a(\alpha + U) = a(\beta + U)$. Diese Komposition der abelschen Gruppe V/U erfüllt die Forderungen (1) bis (4) aus § 48. Damit ist V/U ein linker S-Vektorraum geworden. Er heißt *Faktorraum* von V nach U. Man sieht ohne Rechnung, daß durch $f(\alpha) = \alpha + U$ ein Homomorphismus $f\colon V \to V/U$ von V auf V/U definiert wird.

Nun sei umgekehrt ein Homomorphismus $f\colon V \to W$ von V auf W gegeben. Das ist speziell auch ein Gruppenhomomorphismus. Läßt man also die Komposition mit S zunächst außer acht, so folgt aus Satz 12.2: Ist die Untergruppe $U \subset V$ der Kern von f, so definiert $\varphi(\alpha + U) = f(\alpha)$ einen Isomorphismus φ der Gruppe V/U auf die Gruppe W. Nach Satz 49.1 ist aber U sogar ein Teilraum von V, weil mit α auch jedes $a\alpha$ durch f auf die Null in W abgebildet wird. Also kann V/U als linker S-Vektorraum aufgefaßt werden. Vermittelt φ sogar einen Isomorphismus der Vektorräume V/U und W? In der Tat wird auch $\varphi(a(\alpha + U)) = \varphi(a\alpha + U) = f(a\alpha) = af(\alpha) = a\varphi(\alpha + U)$. Es ist also $W = \varphi(V/U)$ ein isomorphes Bild des Faktorraumes V/U. Damit haben wir insgesamt den im folgenden formulierten *Homomorphiesatz für Vektorräume* gewonnen.

Satz 1: *Es sei V ein Vektorraum. Für jeden Teilraum $U \subset V$ gilt dann $V \simeq V/U$. Ist umgekehrt f ein Homomorphismus von V auf W mit dem Kern U, so ist U ein Teilraum von V, und es gilt $W \simeq V/U$.*
Leicht einzusehen ist der

Satz 2: *Isomorphe Vektorräume haben gleiche Dimension.*

Beweis: Es sei $V \simeq W$. Nach Satz 50.4 genügt es zu zeigen: Sind die Vektoren $\alpha_1, \alpha_2, \ldots, \alpha_r$ aus V linear unabhängig, so sind es auch ihre Bilder $\alpha_1^*, \alpha_2^*, \ldots, \alpha_r^*$ in W, und umgekehrt. Dies folgt aber daraus, daß auf Grund der Relationstreue die Beziehung $\sum s_\varrho \alpha_\varrho = o$ in V mit der Beziehung $\sum s_\varrho \alpha_\varrho^* = o^*$ in W gleichwertig ist.
Weiter gilt der

Satz 3: *Ein S-Vektorraum V der Dimension $1 \leqq n < \infty$ ist dem n-tupel-Raum S^n isomorph.*

Beweis: Man wähle in V eine Basis $\{\alpha_1, \alpha_2, \ldots, \alpha_n\}$. Nach Satz 50.2 läßt sich dann jedes $\alpha \in V$ auf genau eine Weise in der Gestalt $\alpha = \sum s_\nu \alpha_\nu$ schreiben. Durch $f(\alpha) = (s_1, s_2, \ldots, s_n)$ wird deshalb eine Abbildung $f\colon V \to S^n$ definiert; sie ist injektiv und surjektiv, und es gilt offensichtlich $f(\alpha + \beta) = f(\alpha) + f(\beta)$ und $f(a\alpha) = af(\alpha)$.

Dieser Satz führt uns zum Ausgangspunkt unserer geometrischen Vorüberlegungen zurück. Er besagt, daß man für das Rechnen in einem n-dimensionalen Vektorraum V über S den n-tupel-Raum S^n und die damit verbundene geometrische Vorstellung als Modell benutzen kann.
Zuletzt notieren wir noch den

Satz 4: *Sind V und W Vektorräume der gleichen Dimension $n < \infty$ über S, so gilt $V \simeq W$.*

Beweis: Der Fall $n = 0$ ist trivial. Für $1 \leqq n < \infty$ sind V und W nach Satz 3 beide isomorph S^n.

In Satz 4 ist die Beschränkung auf endlichdimensionale Vektorräume V und W über S wesentlich. Man kann leicht Beispiele unendlichdimensionaler Vektorräume V, W über dem gleichen Schiefkörper S angeben, die nicht isomorph sind.

§ 52 Die Gradformel

Es seien S und $E \supset S$ Schiefkörper. Dann können wir E als linken S-Vektorraum auffassen; die Dimension von E über S nennen wir den linken *Grad von E über S* und schreiben dafür $[E : S]_l$.

Entsprechend kann man E als rechten S-Vektorraum ansehen und einen rechten Grad $[E : S]_r$ definieren. Es ist nicht gesagt, daß linker und rechter Grad von E über S einander gleich sind. Sind aber die Elemente von E mit denen aus S vertauschbar, ist also beispielsweise E sogar ein Körper, so gilt natürlich $[E : S]_l = [E : S]_r$, und wir schreiben bloß $[E : S]$. Derartige Dimensionen sind nie Null.

Beispiele sind etwa die Aufgaben 50.1, 50.2 und 50.3; ihre Ergebnisse lauten jetzt $[\mathfrak{C} : \mathfrak{R}] = 2$, $[\mathfrak{H} : \mathfrak{R}] = 4$, $[\mathfrak{R} : \mathfrak{Q}] = \infty$. Für jeden Körper K gilt $[K(x) : K] = \infty$; denn $1, x, x^2, x^3, \ldots$ sind linear unabhängig über K.

Wir verabreden für das Folgende $n \cdot \infty = \infty$ $(n \in \mathfrak{N})$ und $\infty \cdot \infty = \infty$. Der nachstehende Satz wird für uns eine zentrale Bedeutung bekommen.

Satz 1: *Es seien $F \supset E \supset S$ Schiefkörper. Dann gilt die Gradformel*

$$[F : S]_l = [F : E]_l \cdot [E : S]_l.$$

Beweis: Wir unterscheiden drei Fälle.

1) Es sei $[E : S]_l = \infty$. Zu zeigen ist $[F : S]_l = \infty$. Das folgt aber aus Satz 50.6, da E ein Teilraum von F über S ist.

2) Es sei $[F : E]_l = \infty$. Dann gibt es beliebig viele Vektoren aus F, die über E und damit erst recht über $S \subset E$ linear unabhängig sind. Aus Satz 50.4 folgt also auch hier $[F : S]_l = \infty$.

3) Es sei $[E : S]_l = m < \infty$ und $[F : E]_l = n < \infty$. Zu zeigen ist $[F : S]_l = mn$. Es sei $\{\alpha_1, \alpha_2, \ldots, \alpha_n\} \subset F$ eine Basis von F über E; jedes $\alpha \in F$ ist also darstellbar als $\alpha = \sum_{\nu=1}^{n} e_\nu \alpha_\nu$ mit gewissen $e_\nu \in E$. Ferner sei $\{\beta_1, \beta_2, \ldots, \beta_m\} \subset E$ eine Basis von E über S. Es folgt, daß sich jedes e_ν seinerseits in der Gestalt $e_\nu = \sum_{\mu=1}^{m} s_{\nu\mu} \beta_\mu$ $(s_{\nu\mu} \in S)$ schreiben läßt. Zusammengenommen wird also $\alpha = \sum_{\nu,\mu} s_{\nu\mu} \beta_\mu \alpha_\nu$. Die mn Elemente $\beta_\mu \alpha_\nu \in F$ erzeugen demnach F über S, und wir erhalten $[F : S]_l \leq mn$. Hierin steht das Gleichheitszeichen, weil die Elemente $\beta_\mu \alpha_\nu$ sogar linear unabhängig über S sind: Es gelte etwa $\sum t_{\mu\nu} \beta_\mu \alpha_\nu = 0$ mit gewissen $t_{\mu\nu} \in S$. Das bedeutet $\sum_\nu (\sum_\mu t_{\mu\nu} \beta_\mu) \alpha_\nu = 0$, und da die α_ν eine Basis von F über E bilden, verschwindet $\sum_\mu t_{\mu\nu} \beta_\mu \in E$ für jedes ν. Dies wiederum liefert, weil die β_μ eine Basis von E über S bilden, $t_{\mu\nu} = 0$ für jedes ν und jedes μ.

Genauso beweist man eine entsprechende rechte Gradformel.

Der folgende einfache Sachverhalt wird oft benutzt.

Satz 2: *Es seien $E \supset S$ Schiefkörper. Genau dann gilt $[E : S]_l = 1$, wenn $E = S$ ist.*

Beweis: Ist $E = S$, so wird $E \neq \{0\}$ von $1 \in S$ erzeugt; also gilt $[E:S]_l = 1$. Ist umgekehrt $[E:S]_l = 1$, so besitzt E eine einelementige Basis; dieses Basiselement ist ein beliebiges von Null verschiedenes Element aus E (Satz 50.4), etwa $1 \in E$. Jedes Element aus E hat also die Gestalt $s \cdot 1$ mit einem $s \in S$. Es folgt $E \subset S$ und daraus $E = S$.
Eine Folgerung aus Satz 1 und Satz 2 ist zum Beispiel der

Satz 3: *Es seien $F \supset E \supset S$ Schiefkörper und $[F:S]_l < \infty$. Ist dann $[E:S]_l = [F:S]_l$, so gilt $E = F$.*

Beweis: Das ist ein Spezialfall von Satz 50.6, Aussage b). Oder: Die Gradformel besagt $[F:S]_l = [F:E]_l \cdot [E:S]_l$. Wegen $[F:S]_l = [E:S]_l < \infty$ darf man kürzen und bekommt $[F:E]_l = 1$.

Literatur: Kowalsky [13].

6 Körpertheorie

Wir haben uns von Kapitel 3 an verschiedentlich mit Körpern beschäftigt. Dabei handelte es sich fast immer entweder um das Rechnen in ihnen oder um gewisse Existenznachweise, wie zum Beispiel die für die Körper $\mathfrak{Q}$, $\mathfrak{R}$, $\mathfrak{C}$. Auch an anderen Stellen traten Körper K auf; wir haben beispielsweise gezeigt, daß der Polynomring $K[x]$ euklidisch ist. Aber derartige Aussagen betreffen nicht in erster Linie die Struktur von Körpern, obwohl sie in den Voraussetzungen erscheinen. Das möchte man zunächst auch von der Theorie der Vektorräume annehmen. Aber die Möglichkeit, einen Erweiterungskörper E von K als Vektorraum über K aufzufassen, liefert nun doch außerordentlich wichtige Ergebnisse über Körpererweiterungen, denen wir uns jetzt zuwenden. Ihr Nutzen wird sich rasch zeigen. Wir können dann etwa alle endlichen Körper angeben oder auf die klassische Frage antworten, ob die Dreiteilung des Winkels mit Zirkel und Lineal möglich ist.

§ 53 Einfache Körpererweiterungen

53.1 Wir knüpfen an die Betrachtungen von § 27 an.

Definition: *Eine Körpererweiterung E des Körpers K heißt einfach, wenn ein $\xi \in E$ mit $E = K(\xi)$ existiert.*

Dabei ist dann also ξ entweder algebraisch oder transzendent über K, und wir unterscheiden dementsprechend zwischen einfachen algebraischen und einfachen transzendenten Erweiterungen von K.
Beispiele einfacher Körpererweiterungen sind $K(x) \supset K$, $\mathfrak{C} = \mathfrak{R}(i) \supset \mathfrak{R}$, $\mathfrak{Q}(\sqrt{2}) \supset \mathfrak{Q}$. Die Erweiterung $\mathfrak{R}$ von $\mathfrak{Q}$ dagegen ist sicher nicht einfach, weil sonst $\mathfrak{R}$ abzählbar würde nach Satz 27.4.
Eine einfache transzendente Erweiterung von K ist isomorph $K(x)$ (§ 27).
Ist $E = K(\alpha)$ eine einfache algebraische Erweiterung des Körpers K, so wird durch α genau ein Polynom $p(x) = \operatorname{Irr}(\alpha, K) \subset K[x]$ mit den in Satz 27.1 und Satz 27.2 beschriebenen Eigenschaften definiert; dieses Polynom ist ein Primelement in $K[x]$. Wie schon in § 27.2 erwähnt, soll nun zunächst (Satz 2) gezeigt werden, daß bereits $K[\alpha] = K(\alpha)$ ist.

Satz 1: *Es sei K ein Körper, α algebraisch über K und* $\operatorname{Irr}(\alpha, K) = p(x)$. *Das Polynom $f(x) \in K[x]$ besitze α als Nullstelle. Dann gilt $p(x) | f(x)$ in $K[x]$.*

Beweis: Die Behauptung folgt sofort aus Satz 44.2 (Anwendung). Oder direkt: Man schreibe $f(x) = q(x)p(x) + r(x)$ in $K[x]$ mit $r(x) = 0$ oder Grad $r(x) <$ Grad $p(x)$. Ersetzt man x durch α, so sieht man, daß $r(x)$ die Nullstelle α hat. Nach Satz 27.1 ist also Grad $r(x) <$ Grad $p(x)$ nicht möglich. Es folgt $r(x) = 0$ und damit die Behauptung des Satzes.

Folgerung: Ist $\varphi: K[x] \to K[\alpha]$ der durch $\varphi(g(x)) = g(\alpha)$ definierte Homomorphismus von $K[x]$ auf $K[\alpha]$, so besteht der Kern $\mathfrak{k}$ von φ aus allen Vielfachen von $p(x)$; das heißt $\mathfrak{k} = (p(x))$.

Für den nächsten Satz geben wir zwei verschiedene Beweise.

Satz 2: *Es sei K ein Körper und α algebraisch über K. Dann gilt $K(\alpha) = K[\alpha]$.*

1. Beweis: Es sei φ der durch $\varphi(f(x)) = f(\alpha)$ definierte Homomorphismus von $K[x]$ auf $K[\alpha]$ und $\mathrm{Irr}(\alpha, K) = p(x)$. Dann hat φ den Kern $\mathfrak{k} = (p(x))$. Dieses Ideal ist ein maximales Ideal in $K[x]$ nach Satz 41.3. Also ist $K[x]/(p(x))$ ein Körper. Wegen $K[x]/(p(x)) \simeq K[\alpha]$ ist also auch $K[\alpha]$ ein Körper, und das bedeutet $K[\alpha] = K(\alpha)$.

2. Beweis: Es ist $K[\alpha]$ ein kommutativer Ring mit Einselement. Wir zeigen, daß jedes $\xi \in K[\alpha]$, $\xi \neq 0$, in $K[\alpha]$ ein Inverses besitzt. Es ist $\xi \neq 0$, also $\xi = f(\alpha)$ mit einem $f(x) \in K[x]$, das zu $p(x) = \mathrm{Irr}(\alpha, K)$ teilerfremd ist. Im Hauptidealring $K[x]$ gibt es also Polynome $\lambda(x)$, $\mu(x)$ mit $\lambda(x)f(x) + \mu(x)p(x) = 1$. Hierin ersetze man x durch α. Das Element $\xi = f(\alpha)$ hat also das Inverse $\lambda(\alpha) \in K[\alpha]$.

Die Elemente des Körpers $K(\alpha)$ sind also Polynome in α.
Der zweite hierfür gegebene Beweis ist weniger methodisch, dafür aber konstruktiv. Er gestattet die explizite Berechnung des Inversen von $\xi \in K(\alpha)$, $\xi \neq 0$, über den Euklidischen Algorithmus (§ 37.4).

53.2 Es sei weiterhin α algebraisch über dem Körper K und $\mathrm{Irr}(\alpha, K) = p(x)$; wir setzen Grad $p(x) = n \geqq 1$. Jedes $\xi \in K(\alpha)$ hat nach Satz 2 die Gestalt $\xi = f(\alpha)$ mit einem gewissen $f(x) \in K[x]$. Schreibt man $f(x) = q(x)p(x) + r(x)$ in $K[x]$ mit $r(x) = 0$ oder Grad $r(x) <$ Grad $p(x)$ und ersetzt x durch α, so sieht man: Entweder es ist $\xi = 0$, oder ξ läßt sich sogar als Polynom $\xi = r(\alpha)$ höchstens vom Grad $n - 1$ in α schreiben.
Faßt man also $K(\alpha) = K[\alpha]$ als Vektorraum über K auf, so kann man sagen: Die Elemente $1, \alpha, \alpha^2, \ldots, \alpha^{n-1}$ erzeugen $K(\alpha)$ über K. Ja, sie bilden sogar eine Basis, da aus

$$a_{n-1}\alpha^{n-1} + a_{n-2}\alpha^{n-2} + \ldots + a_0 = 0$$

das Verschwinden aller $a_\nu \in K$ folgt; andernfalls gäbe es doch ein Polynom aus $K[x]$ mit einem Grad kleiner als n, das die Nullstelle α hätte, im Widerspruch zu Satz 27.1.
Es folgt $[K(\alpha): K] = n$. Jedes $\xi \in K(\alpha)$, $\xi \neq 0$, läßt sich auf genau eine Weise (Satz 50.2) als ein Polynom höchstens vom Grad $n - 1$ in α schreiben; es gilt $(a_\nu, b_\nu \in K)$

$$\sum_{\nu=0}^{n-1} a_\nu\alpha^\nu = \sum_{\nu=0}^{n-1} b_\nu\alpha^\nu \quad \Leftrightarrow \quad a_\nu = b_\nu;\ \nu = 0, 1, 2, \ldots, n-1.$$

Speziell ist ein $\xi \in K(\alpha)$, $\xi \neq 0$, genau dann schon ein Element von K, wenn es ein Polynom vom Grad Null in α ist.

Wir fassen zusammen.

Definition: *Ist α algebraisch vom Grad n über dem Körper K, so schreiben wir $n = [\alpha : K]$.*

Satz 3: *Es sei α algebraisch über dem Körper K. Dann gilt $[K(\alpha) : K] = [\alpha : K]$.*

Aufgabe 1: Man berechne das Inverse von $\xi = (\sqrt[3]{7})^2 + 3\sqrt[3]{7} + 1 \in \mathfrak{Q}(\sqrt[3]{7})$.

§ 54 Endliche Körpererweiterungen

Wir verwenden im folgenden die Theorie der Vektorräume und verschiedentlich speziell die Gradformel aus § 52, um detailliertere Aussagen über Körpererweiterungen zu gewinnen. Wir beginnen mit einer grundlegenden Definition.

54.1 Definition: *Die Körpererweiterung E des Körpers K heißt endlich über K, wenn $[E : K] = n < \infty$ ist.*
Beispiele endlicher Körpererweiterungen E von K sind nach § 53 alle einfachen algebraischen Erweiterungen $E = K(\alpha)$. Sie sind auch weiterhin eines unserer wichtigsten Untersuchungsobjekte. Später (Satz 5) werden wir eine allgemeine Charakterisierung endlicher Körpererweiterungen angeben. Zunächst verabreden wir noch eine weitere

Definition: *Die Körpererweiterung E des Körpers K heißt algebraisch über K, wenn jedes $\alpha \in E$ algebraisch über K ist.*
Beispiele algebraischer Erweiterungen E von K werden durch den folgenden Satz angegeben.

Satz 1: *Eine endliche Körpererweiterung E von K ist algebraisch über K.*

Beweis: Es sei $[E : K] = n < \infty$ und $\alpha \in E$. Dann sind nach Satz 50.4 die $n + 1$ Elemente $1, \alpha, \alpha^2, \ldots, \alpha^n$ aus E linear abhängig über K; es gibt also Skalare $a_\nu \in K$, die nicht sämtlich verschwinden, mit $a_n\alpha^n + a_{n-1}\alpha^{n-1} + \ldots + a_0 = 0$. Das heißt: Es gibt ein vom Nullpolynom verschiedenes

$$f(x) = a_n x^n + a_{n-1}x^{n-1} + \ldots + a_0 \in K[x]$$

mit $f(\alpha) = 0$.
Eine einfache algebraische Erweiterung $K(\alpha)$ von K ist also algebraisch über K, so daß die von uns für Körpererweiterungen benutzten Begriffe „einfach algebraisch" und „algebraisch" nicht zu Verwechslungen Anlaß geben. Dagegen muß umgekehrt eine algebraische Erweiterung E von K nicht notwendig endlich, also erst recht nicht einfach algebraisch über K sein. Dies zeigt etwa das folgende

Beispiel: Es sei $K = \mathfrak{Q}$. Wir konstruieren durch unendlich viele algebraische Adjunktionen eine Erweiterung E von $\mathfrak{Q}$ mit $[E : \mathfrak{Q}] = \infty$ und zeigen anschließend, daß E algebraisch über $\mathfrak{Q}$ ist. Wir setzen $\alpha_n = \sqrt[2^n]{2} \in \mathfrak{R}$ für $n = 1$,

2, 3, ...; nach dem Eisenstein-Kriterium für $p = 2$ ist $\operatorname{Irr}(\alpha_n, \mathfrak{Q}) = x^{2^n} - 2$, also $[\mathfrak{Q}(\alpha_n):\mathfrak{Q}] = 2^n$. Es soll E aus $\mathfrak{Q}$ durch Adjunktion aller α_ν entstehen. Dazu beachten wir, daß wegen $\alpha_n = \alpha_{n+1}^2$ sicher $\mathfrak{Q}(\alpha_n) \subset \mathfrak{Q}(\alpha_{n+1})$ gilt; hierin steht nicht das Gleichheitszeichen, da $\mathfrak{Q}(\alpha_n)$ eine kleinere Dimension über $\mathfrak{Q}$ hat als $\mathfrak{Q}(\alpha_{n+1})$. Wir bilden die Körperkette $\mathfrak{Q} \subset \mathfrak{Q}(\alpha_1) \subset \mathfrak{Q}(\alpha_2) \subset \ldots$ und ihre Vereinigung $E = \mathfrak{Q} \cup \mathfrak{Q}(\alpha_1) \cup \mathfrak{Q}(\alpha_2) \cup \ldots$ Es ist E ein Körper; denn Elemente a, b, c aus E liegen in gewissen Gliedern der Kette, und es existiert ein m mit $a, b, c \in \mathfrak{Q}(\alpha_m) \subset E$; die Körperaxiome für $a, b, c \in E$ sind aber im Körper $\mathfrak{Q}(\alpha_m)$ erfüllt. Es ist $[E:\mathfrak{Q}] = \infty$ nach Satz 50.6, weil E Teilräume $\mathfrak{Q}(\alpha_n)$ beliebig hoher Dimension 2^n über $\mathfrak{Q}$ besitzt. Aber E ist algebraisch über $\mathfrak{Q}$; denn zu jedem $\alpha \in E$ gibt es ein m mit $\alpha \in \mathfrak{Q}(\alpha_m)$, und α ist algebraisch über $\mathfrak{Q}$ nach Satz 1.

Satz 2: *Es sei E eine endliche Körpererweiterung von K und $[E:K] = n$. Es sei $\alpha \in E$ und $[\alpha: K] = d$. Dann ist d ein Teiler von n, und es gilt $E = K(\alpha)$ genau dann, wenn $d = n$ ist.*

Beweis: Nach Satz 1 ist $\alpha \in E$ algebraisch von einem Grad d über K. Es ist $K \subset K(\alpha) \subset E$, und die Gradformel von Satz 52.1 liefert

$$n = [E:K] = [E:K(\alpha)] \cdot [K(\alpha):K].$$

Hierin ist (Satz 53.3) $[K(\alpha):K] = d$. Es folgt $d|n$. Genau dann gilt $K(\alpha) = E$, wenn (Satz 52.3) $d = n$ ist.
Beispiel: Es sei $[E:K] = 3$ und α ein Element von E. Hier können nur zwei Fälle eintreten; es ist entweder $[\alpha: K] = 3$ oder $[\alpha: K] = 1$. Dem entspricht die Disjunktion $\alpha \notin K$ oder $\alpha \in K$. Das Element α erzeugt genau dann E über K, wenn $\alpha \notin K$ ist.
Ein Spezialfall von Satz 2 ist der

Satz 3: *Es sei $K(\alpha)$ eine einfache algebraische Erweiterung des Körpers K und β ein Element aus $K(\alpha)$. Dann ist β algebraisch über K, es ist $[\beta: K]$ ein Teiler von $[\alpha: K]$, und genau dann gilt $K(\alpha) = K(\beta)$, wenn $[\alpha: K] = [\beta: K]$ ist.*

Beweis: Man ersetze in Satz 2 den Erweiterungskörper E durch $K(\alpha)$ und das Element $\alpha \in E$ durch β.
Über definierende Polynome besteht noch der wichtige

Satz 4: *Es seien K, L und E Körper mit $E \supset L \supset K$; das Element $\alpha \in E$ sei algebraisch über K. Dann ist α auch algebraisch über L, es ist $[\alpha: L] \leqq [\alpha: K]$, und in $L[x]$ gilt $\operatorname{Irr}(\alpha, L) \mid \operatorname{Irr}(\alpha, K)$.*

Beweis: Es ist $\operatorname{Irr}(\alpha, K) \in L[x]$, also α algebraisch über L. Das Polynom $\operatorname{Irr}(\alpha, K) \in L[x]$ hat die Nullstelle α; nach Satz 53.1 gilt also $\operatorname{Irr}(\alpha, L) \mid \operatorname{Irr}(\alpha, K)$ in $L[x]$. Dies hat speziell $[\alpha: L] \leqq [\alpha: K]$ zur Folge.

54.2 Wir wollen ein notwendiges und hinreichendes Kriterium dafür angeben, daß die Körpererweiterung E von K endlich über K ist, und beginnen mit einer Vorbemerkung. Ist $E = K(\alpha_1, \alpha_2, \ldots, \alpha_n)$ und dabei α_1 algebraisch über K, α_2 algebraisch über $K(\alpha_1)$, α_3 algebraisch über $K(\alpha_1, \alpha_2)$ usw., so wird bei mehrfacher Anwendung der Gradformel in

$$[E:K] = [K(\alpha_1, \alpha_2, \ldots, \alpha_n) : K(\alpha_1, \alpha_2, \ldots, \alpha_{n-1})] \cdot [K(\alpha_1, \alpha_2, \ldots, \alpha_{n-1}) : K(\alpha_1, \alpha_2, \ldots, \alpha_{n-2})] \cdots [K(\alpha_1) : K]$$

jeder Faktor rechter Hand endlich, also E endlich über K. Das benutzen wir bei dem folgenden Beweis.

Satz 5: *Genau dann ist die Körpererweiterung E von K endlich über K, wenn endlich viele über K algebraische $\alpha_i \in E$ derart existieren, daß $E = K(\alpha_1, \alpha_2, \ldots, \alpha_n)$ ist.*

Beweis: Angenommen, die Elemente $\alpha_1, \alpha_2, \ldots, \alpha_n$ aus E sind algebraisch über K, und es gilt $E = K(\alpha_1, \alpha_2, \ldots, \alpha_n)$. Dann ist nach Satz 4 erst recht α_2 algebraisch über $K(\alpha_1)$, α_3 algebraisch über $K(\alpha_1, \alpha_2)$ usw., und auf Grund unserer Vorbemerkung wird $[E:K] < \infty$. Es bleibt noch das Umgekehrte zu zeigen. Ist aber $[E:K] = n < \infty$ und etwa $\{\alpha_1, \alpha_2, \ldots, \alpha_n\}$ eine Basis von E über K, so sind diese α_i nach Satz 1 algebraisch über K; schon alle Linearkombinationen der α_i mit Koeffizienten aus K liefern E, und erst recht ist $E = K(\alpha_1, \alpha_2, \ldots, \alpha_n)$.
Mit Hilfe von Satz 5 kommen wir zu einem letzten Resultat.

Satz 6: *Es seien $E \supset L \supset K$ Körper, L algebraisch über K und $\alpha \in E$ algebraisch über L. Dann ist α auch algebraisch über K.*

Beweis: Es sei

$$\mathrm{Irr}\,(\alpha, L) = a_n x^n + a_{n-1}x^{n-1} + \ldots + a_0$$

und $K^* = K(a_0, a_1, \ldots, a_n)$. Die $a_\nu \in L$ sind algebraisch über K; nach Satz 5 ist also K^* endlich über K. Wegen $\mathrm{Irr}\,(\alpha, L) \in K^*[x]$ ist α algebraisch über K^* und damit auch $K^*(\alpha)$ endlich über K^*. Es folgt $[K^*(\alpha):K] = [K^*(\alpha): K^*] \cdot [K^*: K] < \infty$. Also ist $K^*(\alpha)$ endlich über K und damit $\alpha \in K^*(\alpha)$ algebraisch über K nach Satz 1.

Folgerung: Ist L algebraisch über K und E algebraisch über L, so ist E auch algebraisch über K.

Aufgabe 1: Es sei α eine beliebige Nullstelle von $x^3 - 2x + 2 \in \mathfrak{Q}[x]$ und $\beta = \alpha^2 - \alpha$. Man zeige $\mathfrak{Q}(\alpha) = \mathfrak{Q}(\beta)$ und bestimme $\mathrm{Irr}\,(\beta, \mathfrak{Q})$.

Aufgabe 2: Bestimme $[E:\mathfrak{Q}]$ für $E = \mathfrak{Q}(\sqrt{2}, \sqrt{-2})$, $E = \mathfrak{Q}(\sqrt{3}, \sqrt{3} + \sqrt[3]{3})$, $E = \mathfrak{Q}\left(\frac{1+i}{\sqrt{2}}, \frac{-1+i}{\sqrt{2}}\right)$.

Aufgabe 3: Es sei α eine beliebige Nullstelle von $x^3 - 5 \in \mathfrak{Q}[x]$. Man zeige $\mathfrak{Q}(\alpha, i) = \mathfrak{Q}(\alpha + i)$ und bestimme $\mathrm{Irr}\,(\alpha + i, \mathfrak{Q})$.

§ 55* Der Satz von FROBENIUS

Welche endlichen Körpererweiterungen E gestattet der Körper $\mathfrak{R}$ der reellen Zahlen? Diese Frage ist leicht zu beantworten. Ist $E \neq \mathfrak{R}$, so gibt es ein $\alpha \in E$, das nicht in $\mathfrak{R}$ liegt; da α nach Satz 54.1 algebraisch über $\mathfrak{R}$ ist, heißt das: Grad Irr $(\alpha, \mathfrak{R}) \geqq 2$. Andererseits haben die über $\mathfrak{R}$ irreduziblen Polynome entweder den Grad Eins oder den Grad Zwei (vgl. § 39, Beispiel 2). Also hat Irr $(\alpha, \mathfrak{R})$ die Gestalt $f(x) = x^2 + px + q$ mit $p^2 - 4q < 0$, und es wird $\alpha = a + bi$ mit reellen Zahlen a und $b \neq 0$. Da E ein Körper ist, liegen mit a, b und α auch $\alpha - a$ und $i = \frac{1}{b}(\alpha - a)$ in E. Ist also E eine endliche Körpererweiterung von $\mathfrak{R}$, so gilt $E = \mathfrak{R}$ oder $E \supset \mathfrak{C}$. Im zweiten Fall ist nach der Gradformel E auch endlich über $\mathfrak{C}$; jedes $\beta \in E$ ist dann also algebraisch über $\mathfrak{C}$, und es muß $[\beta : \mathfrak{C}] = 1$ oder $\beta \in \mathfrak{C}$ gelten, weil alle in $\mathfrak{C}[x]$ irreduziblen Polynome den Grad Eins haben (vgl. § 39, Beispiel 1). Das bedeutet $E = \mathfrak{C}$. Wir formulieren dieses Ergebnis.

Satz 1: *Die beiden einzigen endlichen Körpererweiterungen E von $\mathfrak{R}$ sind $E = \mathfrak{R}$ und $E = \mathfrak{C}$.*

Welche Möglichkeiten bestehen, wenn man auch nichtkommutative Erweiterungen von $\mathfrak{R}$ in Betracht zieht? Beispielsweise enthält der Schiefkörper $\mathfrak{H}$ der Quaternionen den reellen Zahlkörper $\mathfrak{R}$, und wir wissen $[\mathfrak{H} : \mathfrak{R}] = 4$. Für diese Erweiterung $\mathfrak{H} \supset \mathfrak{R}$ gilt noch, daß jedes $h \in \mathfrak{H}$ mit jedem $r \in \mathfrak{R}$ vertauschbar ist: $rh = hr$. Der folgende Satz des deutschen Mathematikers G. Frobenius (1849—1917) besagt, daß $\mathfrak{H}$ die einzige nichtkommutative endliche Erweiterung von $\mathfrak{R}$ mit dieser Eigenschaft ist.

Satz 2: *Es sei $S \supset \mathfrak{R}$ ein Schiefkörper über dem Körper $\mathfrak{R}$ der reellen Zahlen, jedes $s \in S$ sei mit jedem $r \in \mathfrak{R}$ vertauschbar: $rs = sr$, und der Grad von S über $\mathfrak{R}$ sei endlich: $[S : \mathfrak{R}] < \infty$. Dann ist entweder $S = \mathfrak{R}$ oder $S = \mathfrak{C}$, oder S ist der Quaternionenschiefkörper $\mathfrak{H}$.*

Beweis: Wir führen den Beweis in sechs Schritten und beginnen mit einer Vorüberlegung.
1) Ist etwa $[S : \mathfrak{R}] = n$, so sind wie beim Beweis von Satz 54.1 für jedes $s \in S$ die Elemente $1, s, s^2, \ldots, s^n$ linear abhängig über $\mathfrak{R}$. Obwohl $s \in S$ einer eventuell nichtkommutativen Erweiterung S von $\mathfrak{R}$ entstammt, wollen wir wieder sagen: Es ist Nullstelle eines nicht verschwindenden Polynoms $f(x) \in \mathfrak{R}[x]$; wir schreiben $f(s) = 0$. Man denke sich $f(x)$ in $\mathfrak{R}[x]$ in irreduzible Faktoren zerlegt: $f(x) = p_1(x)p_2(x) \ldots p_k(x)$. Wegen der Vertauschbarkeit von $s \in S$ mit allen $r \in \mathfrak{R}$ gilt dann auch $p_1(s)p_2(s) \ldots p_k(s) = f(s) = 0$, und aus der Nullteilerfreiheit von S folgt $p_m(s) = 0$ für einen gewissen Index m. Wir haben also: Ein $s \in S$ ist entweder schon Element von $\mathfrak{R}$ oder Nullstelle eines über $\mathfrak{R}$ irreduziblen quadratischen Polynoms; jedes $s \in S$ ist Nullstelle eines quadratischen Polynoms aus $\mathfrak{R}[x]$.
2) Es sei $s \in S$, $s \notin \mathfrak{R}$. Dann gibt es nach 1) ein normiertes Polynom

$$x^2 + px + q \in \mathfrak{R}[x], \quad p^2 - 4q < 0,$$

mit der Nullstelle s; dieses Polynom ist sogar eindeutig bestimmt. Da s mit allen Elementen aus $\mathfrak{R}$ vertauschbar ist, folgt auch

$$\left(s + \frac{p}{2}\right)^2 = -\left(q - \frac{p^2}{4}\right) = -r^2$$

mit einem gewissen $r \in \mathfrak{R}$, $r > 0$. Wir ordnen nun dem Element s das Element

$$s^* = \frac{1}{r}\left(s + \frac{p}{2}\right)$$

aus S zu. Für dieses s^* gilt $s^* \notin \mathfrak{R}$ wie für s; aber außerdem $s^{*2} = -1$.
3) Wir betrachten die Fälle $[S:\mathfrak{R}] = 1$ und $[S:\mathfrak{R}] = 2$. Ist $[S:\mathfrak{R}] = 1$, so gilt $S = \mathfrak{R}$. Ist $[S:\mathfrak{R}] = 2$, so gibt es ein $s \in S$, $s \notin \mathfrak{R}$; es liefert das unter 2) definierte Element s^* mit $s^{*2} = -1$. Die Menge $K \subset S$ aller $a + bs^*$ mit reellen a, b ist ersichtlich isomorph $\mathfrak{C}$. Identifizieren wir s^* mit i, so folgt $S \supset \mathfrak{C} \supset \mathfrak{R}$. Da ferner $[S:\mathfrak{R}] = [\mathfrak{C}:\mathfrak{R}] = 2$ war, ergibt sich hier $S = \mathfrak{C}$ (Satz 52.3).
4) Nun sei $[S:\mathfrak{R}] > 2$. Wie in 3) wird $S \supset \mathfrak{C} \supset \mathfrak{R}$, aber jetzt $S \neq \mathfrak{C}$. Es gibt also ein $t \in S$, $t \notin \mathfrak{C}$; dieses t definiert nach 2) ein $t^* \in S$, das ebenfalls nicht in $\mathfrak{C}$ liegen kann, mit $t^{*2} = -1$.
Wir zeigen zunächst, daß $it^* + t^*i$ reell ist. Nach 1) sind $i + t^*$ und $i - t^*$ Nullstellen reeller quadratischer Polynome; also gibt es reelle Zahlen p_1, p_2, q_1, q_2 mit

$$\begin{aligned}(i + t^*)^2 &= -2 + it^* + t^*i = -p_1(i + t^*) - q_1,\\ (i - t^*)^2 &= -2 - it^* - t^*i = -p_2(i - t^*) - q_2.\end{aligned}$$

Addition beider Gleichungen liefert $-4 = -(p_1+p_2)i - (p_1-p_2)t^* - (q_1+q_2)$. Aus $t^* \notin \mathfrak{C}$ folgt zunächst $p_1 - p_2 = 0$; aus $i \notin \mathfrak{R}$ ergibt sich weiter $p_1 + p_2 = 0$. Also ist $p_1 = p_2 = 0$ und etwa $it^* + t^*i = 2 - q_1$, mithin $it^* + t^*i \in \mathfrak{R}$.
Mit dieser reellen Zahl $\lambda = it^* + t^*i$ bilden wir das Element $u = \lambda i + 2t^* \in S$, das wegen $t^* \notin \mathfrak{C}$ nicht in $\mathfrak{C}$ liegt. Berechnet man die Produkte $iu = -\lambda + 2it^* = it^* - t^*i$ und $ui = -it^* + t^*i$, so sieht man die Gültigkeit von

$$(1) \qquad iu = -ui.$$

Quadriert man u, so bekommt man

$$u^2 = -\lambda^2 - 4 + 2\lambda(it^* + t^*i) = -\lambda^2 - 4 + 2\lambda^2 = \lambda^2 - 4 \in \mathfrak{R};$$

aber es kann nicht $u^2 \geqq 0$ sein, denn dann gäbe es ein $a \in \mathfrak{R}$ mit $u^2 = a^2$, und aus der Vertauschbarkeit von a mit u würde $u^2 - a^2 = (u + a)(u - a) = 0$ und damit $u = \pm a$ folgen im Widerspruch zu $u \notin \mathfrak{R}$. Also ist u^2 negativ reell. Das heißt: Es gibt ein $r \in \mathfrak{R}$, $r > 0$, mit

$$(2) \qquad u^2 = -r^2 \qquad (r > 0).$$

Wir setzen nun $j = \frac{1}{r}u$ und kommen auf Grund von (1) und (2) zu dem folgenden Resultat: Ist $[S:\mathfrak{R}] > 2$, also $S \supset \mathfrak{C} \supset \mathfrak{R}$ und $S \neq \mathfrak{C}$, so gibt es neben $i \in S$ noch ein $j \in S$, $j \notin \mathfrak{C}$, mit den Rechenregeln $j^2 = i^2 = -1$ und $ij = -ji$. Die Elemente $1, i, j$ sind linear unabhängig über $\mathfrak{R}$.
5) Es sei weiterhin $[S:\mathfrak{R}] > 2$. Wir knüpfen an das Ergebnis von 4) an. In S liegen also die vier Elemente $1, i, j$ und $k = ij$. Wir zeigen, daß sie über $\mathfrak{R}$ linear unabhängig sind. Es gelte $r_1 + r_2 i + r_3 j + r_4 k = 0$ mit reellen Zahlen r_ν. Aus $r_4 = 0$ folgt das Verschwinden aller r_ν. Der Fall $r_4 \neq 0$ kann aber nicht eintreten; denn er würde die Existenz reeller Zahlen a_ν mit $k = a_1 + a_2 i + a_3 j$

bedeuten, und Linksmultiplikation mit i ergäbe $-j = a_1 i - a_2 + a_3(a_1 + a_2 i + a_3 j)$ oder $a_1 a_3 - a_2 + (a_1 + a_2 a_3)i + (1 + a_3^2)j = 0$, also speziell $1 + a_3^2 = 0$, was für ein $a_3 \in \mathfrak{R}$ nicht möglich ist.
Nun folgt aus $i^2 = j^2 = -1$ und $ij = -ji = k$, daß die Elemente $1, i, j, k$ in S multipliziert werden wie dieselben Elemente in $\mathfrak{H}$. Zusammen mit ihrer linearen Unabhängigkeit über $\mathfrak{R}$ folgt weiter: Die Menge $H \subset S$ aller $a + bi + cj + dk$ mit reellen a, b, c, d ist isomorph $\mathfrak{H}$. Insgesamt ergibt das: Ist $[S:\mathfrak{R}] > 2$, so folgt $S \supset \mathfrak{H} \supset \mathfrak{R}$. Wegen $[\mathfrak{H}:\mathfrak{R}] = 4$ ist also $[S:\mathfrak{R}] = 3$ nicht möglich. Der Fall $[S:\mathfrak{R}] = 4$ kann eintreten; es ist dann $S = \mathfrak{H}$ (Satz 52.3).
6) Zuletzt bleibt zu zeigen, daß $[S:\mathfrak{R}] > 4$ unmöglich ist. Wäre $[S:\mathfrak{R}] > 4$, so hieße das $S \supset \mathfrak{H} \supset \mathfrak{R}$ und $S \neq \mathfrak{H}$. Wie zu Beginn von 4) könnte man dann ein $l \in S$, $l \notin \mathfrak{H}$, mit $l^2 = -1$ finden und zeigen, daß $il + li = \lambda_1$, $jl + lj = \lambda_2$ und $kl + lk = \lambda_3$ reelle Zahlen sind. Es würde

$$\begin{aligned} \lambda_3 + \lambda_2 i - \lambda_1 j &= \lambda_3 + \lambda_2 i - j\lambda_1 \\ &= ijl + lij + jli + lji - jil - jli \\ &= ijl - jil = 2kl \end{aligned}$$

und nach Linksmultiplikation mit k daraus $l \in \mathfrak{H}$ folgen, was gerade nicht der Fall war. Also ist $[S:\mathfrak{R}] > 4$ nicht möglich.
Damit ist Satz 2 bewiesen.

Aufgabe 1: Man gebe eine Körpererweiterung E von $\mathfrak{R}$ mit $[E:\mathfrak{R}] = \infty$ an.

§ 56 Konstruktionen mit Zirkel und Lineal

In der klassischen Elementargeometrie spielten Konstruktionsaufgaben unter Verwendung von Zirkel und Lineal eine große Rolle. Man beschäftigte sich beispielsweise damit, einen Kreis zu finden, der drei gegebene Kreise berührt, oder man versuchte die Konstruktion eines Dreiecks aus seinen drei Höhen oder seinen drei Winkelhalbierenden. Es zeigt sich in den genannten Fällen, daß (wenn überhaupt Lösungen vorhanden sind) die ersten beiden Konstruktionsaufgaben mit Zirkel und Lineal lösbar sind, die letzte dagegen nicht. Die Möglichkeit der Unlösbarkeit einer derartigen Aufgabe mit Zirkel und Lineal wird von Laien oft nicht verstanden, obwohl damit nur behauptet wird, daß in gewissen konkreten Fällen die zur Verfügung gestellten Hilfsmittel Zirkel und Lineal zur Lösung des Problems nicht ausreichen. Wir sind jetzt in der Lage, die Tragweite solcher Konstruktionen mit Zirkel und Lineal zu untersuchen. Wir tun das und sprechen auch kurz von Zirkelkonstruktionen.
Allgemein sind gewisse endlich viele Punkte, Geraden und Kreise in der Zeichenebene gegeben und gewisse endlich viele Punkte, Geraden und Kreise gesucht. Man denke sich ein rechtwinkliges Koordinatensystem hinzugezeichnet. Dann sind die gegebenen Stücke durch gewisse bekannte Koordinaten $\xi_1, \xi_2, \ldots, \xi_m$ (nämlich: ein Punkt durch zwei Koordinaten, eine Gerade durch zwei ihrer Punkte, ein Kreis durch seinen Mittelpunkt und einen Punkt seiner

Peripherie), also Strecken, fixiert, und an die Stelle der gesuchten Stücke treten zu konstruierende Koordinaten oder Strecken $x_1, x_2, \ldots, x_n$. Die Strecke der Länge 1 sei bekannt.

Nun kann man Strecken bekannter Längen a, b mit Zirkel und Lineal addieren und voneinander subtrahieren; ihr Produkt $p = ab$ gewinnt man mit Hilfe des Strahlensatzes aus $1 : a = b : p$, und man kann a durch $b \neq 0$ dividieren durch Konstruktion von $q = \frac{a}{b}$ aus $b : a = 1 : q$. Da eine negative Koordinate a als bekannt angesehen werden darf, wenn ihr Vorzeichen und $|a|$ bekannt sind, können wir aus dem Bekanntsein der Strecke mit der Länge 1 folgern: Jede Strecke einer Länge $r \in \mathfrak{Q}$ läßt sich in endlich vielen Schritten mit Zirkel und Lineal konstruieren. Sind außerdem noch $\xi_1, \xi_2, \ldots, \xi_m$ gegeben, so gilt dasselbe für eine Strecke beliebiger Länge $\xi \in \mathfrak{Q}(\xi_1, \xi_2, \ldots, \xi_m)$. Die Voraussetzung für unsere Zirkelkonstruktion lautet also: Die Elemente des Körpers $K = \mathfrak{Q}(\xi_1, \xi_2, \ldots, \xi_m) \subset \mathfrak{R}$ sind bekannt.

Konstruktionen mit Zirkel und Lineal beruhen nun darauf, daß man, von den gegebenen Stücken ausgehend, Geraden mit Geraden, Geraden mit Kreisen oder Kreise mit Kreisen schneidet und so fortlaufend endlich viele neue Hilfspunkte gewinnt. Sie werden wieder durch ihre Koordinaten beschrieben, die sich rechnerisch im ersten Fall als Lösungen linearer, im zweiten und dritten Fall als Lösungen quadratischer Gleichungen ergeben. Durch die Lösung einer linearen Gleichung mit Koeffizienten aus K konstruiert man ein Element aus K. Dasselbe ist der Fall, wenn man eine Nullstelle eines über K reduziblen quadratischen Polynoms aufsucht. Ist dagegen eine Koordinate η eines derart gewonnenen Hilfspunktes Nullstelle eines über K irreduziblen quadratischen Polynoms, so gilt $[K(\eta) : K] = 2$, und man kann anschließend sogar die Elemente von $K(\eta)$ als bekannt ansehen. Eine Zirkelkonstruktion läuft also auf folgendes hinaus: Es werden gewisse Stücke $\eta_1, \eta_2, \ldots, \eta_s$ $(s \geqq 0)$ mit

$$[K(\eta_1):K] = [K(\eta_1,\eta_2):K(\eta_1)] = \ldots = [K(\eta_1,\eta_2,\ldots,\eta_s):K(\eta_1,\eta_2,\ldots,\eta_{s-1})] = 2$$

konstruiert derart, daß die gesuchten Stücke $x_1, x_2, \ldots, x_n$ in $K(\eta_1, \eta_2, \ldots, \eta_s)$ liegen. Auch die übrigen Elemente des Körpers

$$E = K(x_1, x_2, \ldots, x_n) \subset K(\eta_1, \eta_2, \ldots, \eta_s)$$

sind dann bekannt. Bezeichnen wir noch kurz $K(\eta_1, \eta_2, \ldots, \eta_\sigma)$ mit K_σ, so dürfen wir in einer nun verständlichen Terminologie sagen: Ist der Körper $E \supset K$ mit Zirkel und Lineal konstruierbar, so gibt es eine endliche Kette $K \subset K_1 \subset K_2 \subset \ldots \subset K_s$ von Körpern K_σ mit $[K_1 : K] = [K_2 : K_1] = \ldots = [K_s : K_{s-1}] = 2$ und $K_s \supset E$.

Gilt hiervon auch die Umkehrung? Wieder sei $K = \mathfrak{Q}(\xi_1, \xi_2, \ldots, \xi_m)$ bekannt und diesmal $K_1 \supset K$ ein Körper mit $[K_1 : K] = 2$. Folgendermaßen erweist sich, daß K_1 mit Zirkel und Lineal konstruierbar ist. Es gibt ein $\alpha \in K_1$, $\alpha \notin K$; nach Satz 54.2 ist also $[\alpha : K] = 2$ und damit $K_1 = K(\alpha)$. Der Körper K_1 ist bekannt, sobald α konstruiert ist. Es sei $\operatorname{Irr}(\alpha, K) = x^2 + px + q$. Hierbei sind zunächst $p, q \in K$ noch reelle Zahlen; aber α muß nicht reell sein. Wieder können wir sagen: Eine komplexe Zahl $\alpha = a + bi$ darf als bekannt angesehen werden, wenn $a, b \in \mathfrak{R}$ bekannt sind. Die Konstruktion der Nullstellen von $x^2 + px + q$

läuft dann in jedem Fall auf die Ausführung rationaler Operationen und das Ziehen einer Quadratwurzel $\sqrt{r}$, $r \in \mathfrak{R}$, $r > 0$, hinaus. Quadratwurzeln kann man aber bekanntlich mit Zirkel und Lineal konstruieren: Man lege etwa eine Strecke AB der Länge $1 + r$ hin, wähle einen Zwischenpunkt D so, daß AD bzw. DB die Längen 1 bzw. r erhalten, schlage über AB als Durchmesser einen Halbkreis und errichte in D das Lot auf AB, das den Halbkreis im Punkte C treffen möge. Dann hat die Höhe CD des rechtwinkligen Dreiecks ABC die Länge $\xi = \sqrt{r}$. Das folgt, wenn man etwa die Längen der Katheten AC, BC mit b, a bezeichnet, aus dem Satz des Pythagoras: Es ist $\xi^2 = b^2 - 1^2$ und $\xi^2 = a^2 - r^2$, also $2\xi^2 = a^2 + b^2 - 1 - r^2 = (1 + r)^2 - 1 - r^2 = 2r$ oder $\xi^2 = r$.
Der Körper $K_1 \supset K$ mit $[K_1 : K] = 2$ ist also mit Zirkel und Lineal konstruierbar. Man betrachte einen Körper $K_2 \supset K_1$ mit $[K_2 : K_1] = 2$. Dann liegt dieselbe Situation vor, nur können diesmal die Koeffizienten p, q des entsprechenden quadratischen Polynoms auch komplex sein, und es bleibt die Frage, ob auch die Wurzeln aus $a + bi$ konstruiert werden können, wenn $a, b \in \mathfrak{R}$ bekannt sind. Schreibt man $b = (\operatorname{sgn} b) \cdot |b|$, bezeichnet also das Vorzeichen von b mit $\operatorname{sgn} b$, so gilt aber

$$\sqrt{a + bi} = \pm \left(\sqrt{\frac{a + \sqrt{a^2 + b^2}}{2}} + (\operatorname{sgn} b) i \sqrt{\frac{-a + \sqrt{a^2 + b^2}}{2}} \right),$$

und damit ist auch diese Frage positiv beantwortet. Damit haben wir: Sind K_1, $K_2, \ldots, K_s$ Körper mit $[K_1 : K] = [K_2 : K_1] = \ldots = [K_s : K_{s-1}] = 2$, und umfaßt K_s den Erweiterungskörper E von K, so ist E mit Zirkel und Lineal konstruierbar. Dies ist die Umkehrung der oben gewonnenen Aussage. Wir fassen sie beide zusammen.

Satz 1: *Für eine Zirkelkonstruktion seien die Stücke des Körpers $K = \mathfrak{Q}(\xi_1, \xi_2, \ldots, \xi_m)$ bekannt. Genau dann ist jedes Stück des Erweiterungskörpers $E \supset K$ mit Zirkel und Lineal konstruierbar, wenn eine endliche Körperkette $K \subset K_1 \subset K_2 \subset \ldots \subset K_s$ mit $[K_1 : K] = [K_2 : K_1] = \ldots = [K_s : K_{s-1}] = 2$ und $K_s \supset E$ existiert. Oder: Genau dann ist ein $\alpha \in \mathfrak{C}$ mit Zirkel und Lineal konstruierbar, wenn eine endliche Körperkette $K \subset K_1 \subset K_2 \subset \ldots \subset K_s$ mit $[K_1 : K] = [K_2 : K_1] = \ldots = [K_s : K_{s-1}] = 2$ und $K_s \supset K(\alpha)$ existiert.*

Folgerung: Nach der Gradformel gilt $[K_s : K] = 2^s$. Ist also $E \subset K_s$ mit Zirkel und Lineal konstruierbar, so ist jedes $\alpha \in E \subset K_s$ algebraisch über K, und nach Satz 54.2 ist $[\alpha : K]$ selbst eine Potenz von 2. Ein über K transzendentes $\alpha \in \mathfrak{C}$ kann also mit Zirkel und Lineal nicht konstruiert werden, und dasselbe gilt für ein über K algebraisches $\alpha \in \mathfrak{C}$, wenn $[\alpha : K]$ durch eine Primzahl $p \neq 2$ teilbar ist.

Beispiel 1. Ein Würfel der Kantenlänge Eins ist gegeben. Es soll die Kante α des Würfels vom doppelten Volumen mit Zirkel und Lineal konstruiert werden (sogenanntes *Delisches Problem*). Wir haben $K = \mathfrak{Q}$ und $\operatorname{Irr}(\alpha, \mathfrak{Q}) = x^3 - 2$, also $[\alpha : \mathfrak{Q}] = 3$. Die eben notierte Folgerung zeigt, daß diese Konstruktion unmöglich ist.

Beispiel 2. Ein Kreis mit dem Radius Eins ist gegeben; ein flächengleiches Quadrat mit der Seitenlänge α soll mit Zirkel und Lineal konstruiert werden (sogenannte *Quadratur des Kreises*). Es ist $\alpha = \sqrt{\pi}$. Könnte man α mit Zirkel und Lineal konstruieren, so auch $\alpha^2 = \pi$. Aber π ist nicht algebraisch über $K = \mathfrak{Q}$. Die verlangte Konstruktion ist also nicht möglich.

Beispiel 3. Ein Winkel $0 \leqq \psi \leqq \pi$ ist gegeben; der Winkel $\varphi = \frac{\psi}{3}$ soll mit Zirkel und Lineal konstruiert werden (sogenannte *Dreiteilung des Winkels*). Mit ψ ist auch $\cos \psi$ bekannt und umgekehrt (Konstruktion am Einheitskreis). Wir setzen $\cos \psi = c$. Für die verlangte Zirkelkonstruktion ist also $K = \mathfrak{Q}(c)$ bekannt. Gesucht wird $\varphi = \frac{\psi}{3}$ oder, wieder gleichwertig, $\xi = \cos \varphi$. Nun gilt (vgl. Anhang) $c = \cos 3\varphi = 4\cos^3\varphi - 3\cos\varphi = 4\xi^3 - 3\xi$; als Nullstelle von

$$f(x) = 4x^3 - 3x - c \in K[x]$$

ist ξ also algebraisch über K, und wir müssen $\operatorname{Irr}(\xi, K)$ bzw. $[\xi : K]$ bestimmen. Ob $f(x)$ über K irreduzibel ist, wird von der Wahl von c abhängen. Es sei etwa die reelle Zahl c transzendent über $\mathfrak{Q}$ (vgl. § 27.4). Dann ist im Polynomring $\mathfrak{Q}[x][c]$ einer Unbestimmten c mit Koeffizienten aus $\mathfrak{Q}[x]$ das lineare Polynom $-c + 4x^3 - 3x$ irreduzibel; also ist $f(x) = 4x^3 - 3x - c$ irreduzibel in $\mathfrak{Q}[c][x]$ und nach Satz 42.3 auch in $\mathfrak{Q}(c)[x] = K[x]$. In diesem Fall ist also $[\xi : K] = 3$ und die geforderte Zirkelkonstruktion undurchführbar. Ein allgemeines Verfahren der Dreiteilung eines Winkels mit Zirkel und Lineal gibt es also nicht. Trotzdem kann natürlich für spezielle Winkel ψ die Konstruktion möglich sein. Im Falle $\psi = \frac{\pi}{2}$ oder $c = 0$ beispielsweise wird $f(x) = x(4x^2 - 3)$ reduzibel über $K = \mathfrak{Q}$ und $\operatorname{Irr}(\xi, K) = x^2 - \frac{3}{4}$ oder $\xi = \cos\frac{\pi}{6} = \frac{1}{2}\sqrt{3}$; der Winkel $\frac{\pi}{2}$ kann daher mit Zirkel und Lineal gedrittelt werden, was dem bekannten Sachverhalt entspricht, daß der Winkel $\frac{\pi}{6}$ mit Zirkel und Lineal konstruiert werden kann. Was bekommt man für $\psi = \frac{\pi}{3}$? Man hat $c = \frac{1}{2}$; das Polynom $g(x) = 2f(x) = 8x^3 - 6x - 1$ hat aber, wie die Substitution $2x = y$ und Satz 26.3 zeigen, keine Nullstelle in $K = \mathfrak{Q}$, ist also irreduzibel über K. Es gilt also wieder $[\xi : K] = 3$; auch die Dreiteilung von $\psi = \frac{\pi}{3}$ oder die Konstruktion von $\varphi = \frac{\pi}{9}$ ist nicht möglich.

Die zu Beginn dieses Beispiels durchgeführten Überlegungen lassen sich leicht verallgemeinern. Es seien ein Winkel $0 \leqq \psi \leqq \pi$ und damit $c = \cos\psi$ gegeben; er soll mit Zirkel und Lineal in n gleiche Teile geteilt werden. Wieder sei c transzendent über $\mathfrak{Q}$, $\varphi = \frac{\psi}{n}$ und $\xi = \cos\varphi$. Die entsprechende Formel für $\cos n\varphi$ gewinnt man aus dem Vergleich der Realteile in $(\cos\varphi + i\sin\varphi)^n$

$= \cos n\varphi + i \sin n\varphi$; diese Darstellung von $\cos n\varphi$ durch ein Polynom in $\cos \varphi$ beginnt mit $\cos^n \varphi$, versehen mit einem positiven Koeffizienten. Mit $K = \mathfrak{Q}(c)$ folgt wie oben $[\xi : K] = n$. Höchstens dann, wenn n eine Zweierpotenz ist, ist die Konstruktion also allgemein möglich. Ist aber $n = 2^\nu$, so führt ν-malige Halbierung von ψ auch wirklich zum Ziel. Damit ist der folgende Satz bewiesen.

Satz 2: *Ein allgemeines Verfahren zur n-Teilung eines Winkels ψ mit Zirkel und Lineal existiert dann und nur dann, wenn n eine Potenz von 2 ist.*

Beispiel 4. Es sei $p \geqq 3$ eine Primzahl. Für welche Werte von p läßt sich das reguläre p-Eck mit Zirkel und Lineal konstruieren, also der spezielle Winkel 2π in p gleiche Teile teilen? Wir wissen, daß das für $p = 3$ möglich ist; auch für $p = 5$ ist die Konstruktion sicher durchführbar (vgl. das Resultat von Aufgabe 45.1). Allgemein ist sie genau dann möglich, wenn der Winkel $\frac{2\pi}{p}$ oder die primitive p-te Einheitswurzel $\omega = \cos \frac{2\pi}{p} + i \sin \frac{2\pi}{p}$ mit Zirkel und Lineal konstruierbar ist. Nach Satz 45.3 ist $\operatorname{Irr}(\omega, \mathfrak{Q}) = \Phi_p(x)$, also $[\omega : K] = [\omega : \mathfrak{Q}] = \varphi(p) = p - 1$; in dem vorliegenden Fall ist ja $K = \mathfrak{Q}$. Die Konstruktion ist also höchstens dann möglich, wenn $p - 1$ eine Zweierpotenz oder p eine Primzahl der Gestalt $2^\lambda + 1$ ist. Eine natürliche Zahl der Gestalt $2^\lambda + 1$ $(\lambda = 1, 2, 3, \ldots)$ wiederum ist höchstens dann eine Primzahl, wenn λ selbst eine Zweierpotenz 2^ν $(\nu = 0, 1, 2, \ldots)$ ist; andernfalls kann ja $\lambda = ab$ mit natürlichen Zahlen a, b geschrieben werden, wobei noch a ungerade und von Eins verschieden ist, und $2^\lambda + 1 = (2^b)^a + 1$ hat dann den nichttrivialen echten Teiler $2^b + 1$. Die verlangte Konstruktion ist also höchstens dann durchführbar, wenn p eine Primzahl der Gestalt $2^{2^\nu} + 1$ $(\nu = 0, 1, 2, \ldots)$ ist. Die Werte $\nu = 0, 1, 2, 3, 4$ liefern sämtlich Primzahlen, nämlich 3, 5, 17, 257, 65537. Aber der Fall $\nu = 5$ zeigt bereits, daß $2^{2^\nu} + 1$ nicht immer eine Primzahl ergeben muß; aus § 20.1 ist uns bekannt, daß $2^{2^5} + 1$ den Teiler 641 hat. Ob es außer den fünf genannten Primzahlen der Gestalt $2^{2^\nu} + 1$ überhaupt noch weitere gibt, ist ein altes und immer noch ungelöstes Problem der Zahlentheorie.

Beispiel 5. Wieder sei p eine Primzahl. Welche regelmäßigen p^2-Ecke sind mit Zirkel und Lineal konstruierbar? Sicher ist das regelmäßige Viereck konstruierbar. Es sei daher wie eben $p \geqq 3$. Dann steht die Konstruierbarkeit von $\omega = \cos \frac{2\pi}{p^2} + i \sin \frac{2\pi}{p^2}$ zur Diskussion. Nach Satz 45.3 ist $\operatorname{Irr}(\omega, \mathfrak{Q}) = \Phi_{p^2}(x)$ und demnach $[\omega : \mathfrak{Q}] = \varphi(p^2)$. Die Zahl $\varphi(p^2)$ zählt die zu p^2 teilerfremden unter den Zahlen $1, 2, \ldots, p^2$ und hat daher den Wert $\varphi(p^2) = p^2 - p$. Also ist $[\omega : \mathfrak{Q}] = p(p - 1)$ durch die Primzahl $p \neq 2$ teilbar. Somit ist das reguläre p^2-Eck für $p \geqq 3$ nicht mit Zirkel und Lineal konstruierbar.

Nun fragen wir überhaupt nach denjenigen regelmäßigen n-Ecken, die möglicherweise mit Zirkel und Lineal konstruierbar sind. Da aus der Konstruierbarkeit des kl-Ecks auch die des k-Ecks folgt, dürfen (Beispiel 4) in der Primfaktorzerlegung von n außer der 2 höchstens noch Primzahlen der Gestalt $p = 2^{2^\nu} + 1$ $(\nu = 0, 1, 2, \ldots)$ vorkommen, wenn das n-Eck nicht von vornherein unkonstruierbar sein soll; darüber hinaus zeigt Beispiel 5, daß keines dieser p in höherer als erster Potenz in n aufgehen darf. Wir formulieren dieses Ergebnis.

Definition: *Die Primzahl p heißt eine* FERMAT*sche oder* GAUSS*sche Primzahl, wenn sie die Gestalt $2^{2^\nu} + 1$ $(\nu = 0, 1, 2, \ldots)$ hat.*

Satz 3: *Wenn ein regelmäßiges n-Eck mit Zirkel und Lineal konstruierbar ist, so ist entweder n eine Potenz von 2, oder die Primfaktorzerlegung von n hat die Gestalt $n = 2^r p_2 p_3 \ldots p_s$, wobei $r \geqq 0$ ist und die p_σ paarweise voneinander verschiedene Fermatsche Primzahlen sind.*

Bemerkung 1: Wenn das regelmäßige k-Eck und das regelmäßige l-Eck, also die Winkel $\frac{2\pi}{k}$ und $\frac{2\pi}{l}$, konstruierbar und k und l teilerfremd sind, so ist auch das regelmäßige kl-Eck, also der Winkel $\frac{2\pi}{kl}$, konstruierbar. Es gilt dann ja $1 = \varkappa k + \lambda l$ mit gewissen durch den Euklidischen Algorithmus bekannten ganzen Zahlen $\varkappa, \lambda$; durch Multiplikation mit $\frac{2\pi}{kl}$ bekommt man $\frac{2\pi}{kl} = \varkappa \frac{2\pi}{l} + \lambda \frac{2\pi}{k}$, und die Winkel rechter Hand sind bekannt.

Bemerkung 2: Wir wissen noch nicht, ob die in Satz 3 aufgeführten n-Ecke auch wirklich konstruierbar sind. Allerdings ist das regelmäßige n-Eck sicher mit Zirkel und Lineal konstruierbar, wenn n eine Potenz von 2 ist. Wenn außerdem noch gezeigt werden kann, und das wird in § 69 geschehen, daß für jede Fermatsche Primzahl p auch das reguläre p-Eck konstruierbar ist, so folgt aus der eben notierten Bemerkung 1, daß sämtliche in Satz 3 genannten regelmäßigen n-Ecke mit Zirkel und Lineal konstruiert werden können. Die angeschnittene Frage ist dann also, abgesehen von dem zahlentheoretischen Problem der Bestimmung aller Fermatschen Primzahlen, abschließend beantwortet.

Aufgabe 1: Kann man den Winkel $\frac{\pi}{3}$ mit Zirkel und Lineal in fünf gleiche Teile teilen?

Aufgabe 2: Man bezeichne die Seiten AB, BC, CA eines Dreiecks ABC mit c, a, b; die Innenwinkel bei A, B, C seien α, β, γ, und die Winkelhalbierende des Winkels γ sei w_γ. Ist das Dreieck ABC mit Zirkel und Lineal konstruierbar, wenn die Stücke

a) a, b, w_γ
b) c, b, w_γ

gegeben sind?

§ 57 Nullstellen von Idealen

57.1 Es sei K ein Körper. Bislang wurde weder benutzt noch bewiesen, daß zu jedem $f(x) \in K[x]$ mit Grad $f(x) \neq 0$ ein Oberkörper $E \supset K$ existiert, so daß $f(x)$ eine Nullstelle in E hat. Diese Aussage ist aber richtig, und sie soll jetzt bewiesen werden. Zunächst besitzt $f(x)$ einen in $K[x]$ irreduziblen normierten Teiler $p(x)$ mit Grad $p(x) \geqq 1$, und es genügt, eine Körpererweiterung $E \supset K$ zu konstruieren, in der $p(x)$ eine Nullstelle α hat; dann gilt auch $f(\alpha) = 0$. Wüßte man bereits die Existenz eines solchen α mit $p(\alpha) = 0$, so könnte $E = K[\alpha]$ gewählt werden (Satz 53.2). Es wäre dann $K[\alpha] \simeq K[x]/(p(x))$ (1. Beweis zu Satz 53.2). Da aber der Restklassenring $K[x]/(p(x))$ in jedem Fall existiert, werden wir ihn in der folgenden Konstruktion von E als Grundlage benutzen.
Wir sehen uns den durch $\varphi(g(x)) = g(x) + (p(x))$ definierten Homomorphismus φ von $K[x]$ auf $K[x]/(p(x))$ an. Das Ideal $(p(x))$ ist im Hauptidealring $K[x]$ maximal (Satz 41.3); der Restklassenring $K[x]/(p(x))$ ist also ein Körper. Durch φ wird auch ein Homomorphismus von K auf $\varphi(K) \subset K[x]/(p(x))$ definiert; das Bild von $a \in K$ ist $a + (p(x))$, und wegen Grad $p(x) \geqq 1$ besteht $\varphi(K)$ nicht aus der Null $(p(x))$ allein. Nach § 21.2, Beispiel 3, ist deshalb $\varphi(K)$ sogar ein isomorphes Bild von K, und wir können die Elemente $a + (p(x))$ aus $\varphi(K)$ mit den Elementen a aus K identifizieren. Der so aus $K[x]/(p(x))$ durch Austausch von $\varphi(K)$ gegen K entstandene Oberkörper von K heiße E; das Bild von $g(x) \in K[x]$ in E sei auch mit $g^*(x)$ bezeichnet. Schreibt man $g(x) = a_n x^n + a_{n-1}x^{n-1} + \ldots + a_0$ und beachtet $a_\nu^* = a_\nu$, so wird

$$g^*(x) = (a_n x^n)^* + (a_{n-1}x^{n-1})^* + \ldots + a_0^* = a_n x^{*n} + a_{n-1}x^{*n-1} + \ldots + a_0 = g(x^*).$$

Nun wird einerseits $p(x)$ auf die Null abgebildet, $p^*(x) = 0$, andrerseits ist $p^*(x) = p(x^*)$. Beides zusammen liefert $p(x^*) = 0$. Das Element x^* des Körpers $E \supset K$ ist also Nullstelle von $p(x) \in K[x]$ und damit auch von $f(x)$. Unsere Konstruktion liefert also den

Satz 1: *Es sei K ein Körper, $f(x) \in K[x]$ und* Grad $f(x) \neq 0$. *Dann gibt es einen Oberkörper E von K, in dem $f(x)$ eine Nullstelle hat.*

57.2 Diese Überlegungen lassen sich verallgemeinern. Es sei weiterhin K ein Körper und nun $K[x_1, x_2, \ldots] =_{Df} K[\mathfrak{x}]$ ein Polynomring in beliebig vielen Unbestimmten x_ι über K. Ist $f(\mathfrak{x})$ ein Polynom aus $K[\mathfrak{x}]$ und werden in ihm $x_1, x_2, \ldots$ durch $\alpha_1, \alpha_2, \ldots$ ersetzt, so bezeichnen wir das Resultat mit $f(\alpha)$. Es sei M eine Menge von Polynomen $f(\mathfrak{x})$ aus $K[\mathfrak{x}]$. Wann gibt es einen Oberkörper $E \supset K$ mit Elementen $\alpha_1, \alpha_2, \ldots$, die eine gemeinsame Nullstelle aller Polynome aus M bilden: $f(\alpha) = 0$ für alle $f(\mathfrak{x}) \in M$?
Im vorigen Abschnitt lag der Spezialfall einer einzigen Unbestimmten x vor, und auch M bestand nur aus einem Polynom $f(x)$. Die notwendige und hinreichende Bedingung für die Existenz von E war: Grad $f(x) \neq 0$ oder $f(x) = 0$. Als Idealbeziehung geschrieben, heißt das $(f(x)) \neq K[x]$.
Wir zeigen zunächst, daß im allgemeinen Fall die entsprechende Bedingung $(M) \neq K[\mathfrak{x}]$ für das von M erzeugte Ideal ebenfalls notwendig ist für die Existenz von E. Dazu schieben wir eine einfache Zwischenbetrachtung ein.

Jedes Polynom $m(\mathfrak{x}) \in (M)$ hat die Gestalt $\lambda_1(\mathfrak{x})f_1(\mathfrak{x}) + \lambda_2(\mathfrak{x})f_2(\mathfrak{x}) + \ldots + \lambda_r(\mathfrak{x})f_r(\mathfrak{x})$ mit Polynomen $\lambda_\varrho(\mathfrak{x}) \in K[\mathfrak{x}]$ und $f_\varrho(\mathfrak{x}) \in M$. Also ist α genau dann eine gemeinsame Nullstelle aller $f(\mathfrak{x}) \in M$, wenn $m(\alpha) = 0$ gilt für jedes $m(\mathfrak{x}) \in (M)$. Wir sagen in diesem Fall: Es ist α eine *Nullstelle des Ideals* (M).
Ist nun $(M) = K[\mathfrak{x}]$, so folgt $1 \in (M)$, und dieses Element hat keine Nullstelle. Wir setzen nun $(M) \neq K[\mathfrak{x}]$ voraus und zeigen, daß diese Bedingung auch hinreichend für die Existenz einer Nullstelle α von (M) ist. Nach Satz 41.5 existiert in $K[\mathfrak{x}]$ ein maximales Ideal $\mathfrak{m} \supset (M)$. Im vorigen Abschnitt war $\mathfrak{m} = (p(x))$. Wieder ist $K[\mathfrak{x}]/\mathfrak{m}$ ein Körper (Satz 41.1), und aus ihm konstruieren wir E. Man betrachte den durch $\varphi(g(\mathfrak{x})) = g(\mathfrak{x}) + \mathfrak{m}$ definierten Homomorphismus φ von $K[\mathfrak{x}]$ auf $K[\mathfrak{x}]/\mathfrak{m}$. Der durch ihn induzierte Homomorphismus von K auf $\varphi(K)$ ist wieder ein Isomorphismus, weil wegen $\mathfrak{m} \neq K[\mathfrak{x}]$ kein von Null verschiedenes $a \in K$ in $\mathfrak{m}$ liegen kann. Wir können daher die Elemente von $\varphi(K) \subset K[\mathfrak{x}]/\mathfrak{m}$ mit denen aus K identifizieren und erhalten so aus $K[\mathfrak{x}]/\mathfrak{m}$ den lediglich anders bezeichneten Oberkörper E von K. Nennen wir das Bild von $g(\mathfrak{x}) \in K[\mathfrak{x}]$ in E wieder $g^*(\mathfrak{x})$, so gilt für ein beliebiges $m(\mathfrak{x}) \in \mathfrak{m}$ sowohl $m^*(\mathfrak{x}) = 0$ als auch $m^*(\mathfrak{x}) = m(\mathfrak{x}^*)$, wobei $\mathfrak{x}^*$ eine Abkürzung für $x_1^*, x_2^*, \ldots$ bedeutet. Es folgt $m(\mathfrak{x}^*) = 0$, und das heißt: $x_1^*, x_2^*, \ldots$ ist eine Nullstelle von $\mathfrak{m}$ in E.
Wir formulieren unser Ergebnis unter Verwendung der hier benutzten Bezeichnungen.

Satz 2: *Es sei K ein Körper, $K[\mathfrak{x}]$ ein Polynomring in beliebig vielen Unbestimmten über K und M eine Menge von Polynomen aus $K[\mathfrak{x}]$. Genau dann gibt es einen Oberkörper E von K, der eine Nullstelle des Ideals (M) enthält, wenn $(M) \neq K[\mathfrak{x}]$ ist.*

§ 58 Zerfällungskörper

58.1 Es sei K ein Körper und $f(x) = a_n x^n + a_{n-1}x^{n-1} + \ldots + a_0 \in K[x]$, Grad $f(x) = n \geqq 1$. Es liegt nahe, Satz 57.1 mehrfach anzuwenden: Es gibt einen Körper $K_1 \supset K$, der eine Nullstelle α_1 von $f(x)$ enthält; in $K_1[x] \supset K[x]$ gilt also $f(x) = (x - \alpha_1)g(x)$. Weiter gibt es einen Körper $K_2 \supset K_1$, der eine Nullstelle α_2 von $g(x) \in K_1[x]$ enthält; in $K_2[x] \supset K_1[x]$ gilt also

$$f(x) = (x - \alpha_1)(x - \alpha_2)h(x).$$

Fortsetzung des Verfahrens liefert einen Oberkörper E von K derart, daß $f(x)$ in $E[x]$ in Linearfaktoren zerfällt: $f(x) = a_n(x - \alpha_1)(x - \alpha_2)\ldots(x - \alpha_n)$. Die $\alpha_i \in E$ sind dabei nicht notwendig paarweise voneinander verschieden. Andere Nullstellen hat $f(x)$ in E nicht. Dies gestattet, den kleinsten Teilkörper L von E mit $E \supset L \supset K$ anzugeben, so daß $f(x)$ in $L[x]$ zerfällt: Da die α_ν alle in L liegen müssen, gilt $L \supset K(\alpha_1, \alpha_2, \ldots, \alpha_n)$, und weil $f(x)$ in $K(\alpha_1, \alpha_2, \ldots, \alpha_n)[x]$ schon zerfällt, folgt $L = K(\alpha_1, \alpha_2, \ldots, \alpha_n)$.
Ist $f(x) = a_0$ schon ein Element von K, so wollen wir entsprechend sagen, daß $f(x)$ in $L = K$ in Linearfaktoren zerfällt.

Definition: *Es sei K ein Körper, $f(x) \in K[x]$ und L ein Oberkörper von K derart, daß $f(x)$ in $L[x]$ in Linearfaktoren zerfällt. Genau dann heißt L ein Zerfällungskörper von $f(x) \in K[x]$, wenn es keinen echten Unterkörper F von L zwischen K und L gibt, so daß $f(x)$ in $F[x]$ zerfällt.*

Ein Zerfällungskörper L ist also erst durch die Angabe des Polynoms $f(x)$ und des Polynomrings $K[x]$ erklärt. Beispielsweise ist $\mathfrak{Q}(i)$ ein Zerfällungskörper von $x^2 + 1 \in \mathfrak{Q}[x]$, aber nicht von $x^2 + 1 \in \mathfrak{R}[x]$; ein Zerfällungskörper von $x^2 + 1 \in \mathfrak{R}[x]$ ist $\mathfrak{R}(i) = \mathfrak{C}$; aber $\mathfrak{C}$ ist nicht Zerfällungskörper von $x^2 + 1 \in \mathfrak{Q}[x]$, da $x^2 + 1$ schon über dem echten Zwischenkörper $\mathfrak{Q}(i)$ zwischen $\mathfrak{Q}$ und $\mathfrak{C}$ zerfällt.
Unsere eingangs durchgeführten Überlegungen fassen wir in einem Hilfssatz zusammen.

Hilfssatz: Es sei K ein Körper und $E \supset K$ ein Oberkörper von K.
a) Dann besitzt jedes $f(x) \in K[x]$ wenigstens einen Zerfällungskörper L.
b) Wenn $f(x) \in K[x]$ in $E[x]$ in Linearfaktoren zerfällt,

$$f(x) = a_n(x - \alpha_1)(x - \alpha_2) \ldots (x - \alpha_n),$$

so ist $K(\alpha_1, \alpha_2, \ldots, \alpha_n)$ ein Zerfällungskörper von $f(x) \in K[x]$.

58.2 Da man sich Körpererweiterungen E von K derart, daß $f(x) \in K[x]$ in $E[x]$ in Linearfaktoren zerfällt, womöglich auf die verschiedensten Arten beschaffen kann, muß man damit rechnen, daß es mehrere Zerfällungskörper von $f(x) \in K[x]$ gibt; aber es erscheint sehr plausibel, daß sie alle isomorph sind, und es ist unser Ziel, das zu beweisen. Anschließend ist es dann erlaubt, einfach von dem Zerfällungskörper von $f(x) \in K[x]$ zu sprechen, und der Hilfssatz besagt, daß man ihn durch Adjunktion der Nullstellen von $f(x)$ zu K erhält.

Satz 1: *Es seien K und L isomorphe Körper und $\varphi: K \to L$ der vermittelnde Isomorphismus. Dann läßt sich φ vermöge $\sigma(\sum_0^n a_\nu x^\nu) = \sum_0^n \varphi(a_\nu) x^\nu$ zu einem Isomorphismus σ von $K[x]$ auf $L[x]$ fortsetzen.*

Beweis: Man betrachte den identischen Isomorphismus von $K[x]$ auf $K[x]$ und identifiziere im Bild $K[x]$ den Körper K mit L.

Satz 2: *Es sei $\varphi: K \to L$ ein Körperisomorphismus von K auf L und $\sigma: K[x] \to L[x]$ die in Satz 1 definierte Fortsetzung von φ. Das Polynom $f(x) \in K[x]$ sei irreduzibel in $K[x]$ und habe das σ-Bild $g(x) \in L[x]$.*
a) *Dann ist auch $g(x)$ irreduzibel in $L[x]$.*
b) *Ist α eine Nullstelle von $f(x)$ und β eine Nullstelle von $g(x)$, so läßt sich φ vermöge $\tau(\sum_0^n a_\nu \alpha^\nu) = \sum_0^n \varphi(a_\nu)\beta^\nu$ zu einem Isomorphismus τ von $K(\alpha)$ auf $L(\beta)$ mit der Eigenschaft $\tau(\alpha) = \beta$ fortsetzen.*

Beweis:
a) Auf eine nichttriviale Zerlegung $g(x) = g_1(x) g_2(x)$ in $L[x]$ könnte man den Isomorphismus σ^{-1} anwenden und bekäme eine nichttriviale Zerlegung $f(x) = f_1(x) f_2(x)$ in $K[x]$.

b) Es gilt $K(\alpha) \simeq K[x]/(f(x))$ vermöge $\tau_1(\sum_0^n a_\nu\alpha^\nu) = \sum_0^n a_\nu x^\nu + (f(x))$; nur eine Umbezeichnung bedeutet $K[x]/(f(x)) \simeq L[x]/(g(x))$ vermöge $\tau_2(\sum_0^n a_\nu x^\nu + (f(x))) = \sum_0^n \varphi(a_\nu)x^\nu + (g(x))$; und schließlich gilt wieder $L[x]/(g(x)) \simeq L(\beta)$ vermöge $\tau_3(\sum_0^n \varphi(a_\nu)x^\nu + (g(x))) = \sum_0^n \varphi(a_\nu)\beta^\nu$. Bei τ_1 bzw. τ_3 wurde die Irreduzibilität von $f(x)$ bzw. $g(x)$ benutzt (vgl. den 1. Beweis von Satz 53.2). Also ist $\tau = \tau_3\tau_2\tau_1$ ein Isomorphismus von $K(\alpha)$ auf $L(\beta)$ mit $\tau(\sum_0^n a_\nu\alpha^\nu) = \sum_0^n \varphi(a_\nu)\beta^\nu$, und speziell gilt $\tau(\alpha) = \beta$.

Spezialfall: Es sei $K = L$ und φ der identische Automorphismus von K; das Polynom $p(x) \in K[x]$ sei irreduzibel in $K[x]$, und α und β seien Nullstellen von $p(x)$. Dann definiert $\tau(\sum_0^n a_\nu\alpha^\nu) = \sum_0^n a_\nu\beta^\nu$ einen Isomorphismus von $K(\alpha)$ auf $K(\beta)$, der K elementweise festläßt. Der durch eine Nullstelle eines über K irreduziblen Polynoms erzeugte Erweiterungskörper $K(\alpha)$ hängt also strukturell nicht von der speziellen Wahl dieser Nullstelle ab.

Beispiel 1. Es gilt $\mathfrak{R}(i) \simeq \mathfrak{R}(-i)$ und sogar $\mathfrak{R}(i) = \mathfrak{R}(-i)$. Analog ist $\mathfrak{Q}(\sqrt{2}) \simeq \mathfrak{Q}(-\sqrt{2})$ und sogar $\mathfrak{Q}(\sqrt{2}) = \mathfrak{Q}(-\sqrt{2})$.

Beispiel 2. Das Polynom $p(x) = x^3 - 7$ ist irreduzibel über $\mathfrak{Q}$ und hat die Nullstellen $\alpha_1 = \sqrt[3]{7}$, $\alpha_2 = \omega\sqrt[3]{7}$, $\alpha_3 = \omega^2\sqrt[3]{7}$, wobei $\omega = -\frac{1}{2} + \frac{i}{2}\sqrt{3}$ ist. Wieder gilt $\mathfrak{Q}(\alpha_1) \simeq \mathfrak{Q}(\alpha_2) \simeq \mathfrak{Q}(\alpha_3)$; aber diesmal sind keine zwei dieser Körper einander gleich: Weil die komplexen Zahlen α_2, α_3 nicht in $\mathfrak{Q}(\alpha_1)$ liegen, kann $p(x)$ in $\mathfrak{Q}(\alpha_1)[x]$ und nach Satz 1 dann auch in $\mathfrak{Q}(\alpha_2)[x]$ und $\mathfrak{Q}(\alpha_3)[x]$ nicht in Linearfaktoren zerfallen, und es folgt $\alpha_1, \alpha_3 \notin \mathfrak{Q}(\alpha_2)$ und $\alpha_1, \alpha_2 \notin \mathfrak{Q}(\alpha_3)$.

Um den nächsten Satz formulieren zu können, ist eine Vorbetrachtung nötig. Es sei E ein Zerfällungskörper von $f(x) \in K[x]$, in dem $f(x)$ lauter einfache Nullstellen hat. Könnte es sein, daß $f(x)$ in einem anderen Zerfällungskörper F eine mehrfache Nullstelle besitzt? Zur Beantwortung dieser Frage wählen wir einen Oberkörper E^* von E derart, daß $f(x)$ und $f'(x)$ in $E^*[x]$ in Linearfaktoren zerfallen, etwa einen Zerfällungskörper E^* von $f'(x) \in E[x]$. Aus der Voraussetzung und Satz 26.6, Aussage b), folgt: Die Polynome $f(x)$ und $f'(x)$ haben in $E^*[x]$ und damit erst recht in $K[x]$ den g.g.T. Eins. Nach Satz 44.1 bleibt dieser g.g.T. Eins auch in $F[x]$. Dann kann aber $f(x)$ nach Aussage a) von Satz 26.6 keine mehrfache Nullstelle in F haben. Die Frage war also mit nein zu beantworten, und die Redewendung, $f(x)$ habe keine mehrfachen Nullstellen, hat einen Sinn.

Satz 3: *Es seien K und L isomorphe Körper und $\varphi: K \to L$ der vermittelnde Isomorphismus; σ sei die Fortsetzung dieses Isomorphismus von $K[x]$ auf $L[x]$ gemäß Satz 1. Das Polynom $f(x) \in K[x]$ habe das σ-Bild $g(x) \in L[x]$, es sei E ein*

Zerfällungskörper von $f(x) \in K[x]$ *und* F *ein Zerfällungskörper von* $g(x) \in L[x]$.
a) *Dann kann der Isomorphismus* φ *von* K *auf* L *zu einem Isomorphismus* τ *von* E *auf* F *fortgesetzt werden.*

b) *Hat überdies* $f(x)$ *und damit auch* $g(x)$ *keine mehrfachen Nullstellen, so gibt es genau* $[E: K]$ *derartige Fortsetzungen* τ *von* φ.

Bevor wir Satz 3 beweisen, ziehen wir gleich aus seiner Aussage a) die für uns im Augenblick wichtigste Folgerung. Sie betrifft den Fall, daß $K = L$ und φ der identische Automorphismus ist; E und F sind dann zwei Zerfällungskörper von $f(x) \in K[x]$, und die Existenz von τ bedeutet ihre Isomorphie. Zusammen mit Teil a) des obigen Hilfssatzes ergibt sich also der gewünschte

Satz 4: *Es sei* K *ein Körper. Dann besitzt jedes* $f(x) \in K[x]$ *abgesehen von Isomorphien genau einen Zerfällungskörper.*

Beweis von Satz 3:
a) Der Nachweis der Existenz von τ wird durch einen Induktionsbeweis erbracht. Die Behauptung ist sicher richtig im Falle $[E : K] = 1$; denn wenn $f(x)$ in $K[x]$ zerfällt, so zerfällt $g(x)$ in $L[x]$, und es gilt $E = K$, $F = L$ und $\tau = \varphi$. Wir setzen nun $[E : K] = m$. Die Induktionsvoraussetzung lautet: Die Behauptung a) sei bereits bewiesen für beliebige Zerfällungskörper $\tilde{E}$ von beliebigen Polynomen $\tilde{f}(x) \in \tilde{K}[x]$, sofern nur $[\tilde{E} : \tilde{K}] < m$ ist. Im Falle $m > 1$ liegen nicht alle Nullstellen von $f(x)$ in K, und es existiert ein in $K[x]$ irreduzibler Teiler $p(x)$ von $f(x)$ mit Grad $p(x) = d > 1$. Es gilt $d|m$; denn für eine Nullstelle $\alpha \in E$ von $p(x)$ ist $[\alpha : K] = d$, und $[\alpha : K]$ teilt m nach Satz 54.2. Wir bezeichnen $\sigma(p(x))$ mit $q(x)$; dann ist das Polynom $q(x)$ ein Teiler von $g(x)$ in $L[x]$, es ist irreduzibel in $L[x]$ und besitzt in F eine Nullstelle β. Nach Satz 2 gilt $K(\alpha) \simeq L(\beta)$. Nun ist erst recht E Zerfällungskörper von $f(x) \in K(\alpha)[x]$ und F Zerfällungskörper von $g(x) \in L(\beta)[x]$. Wir haben $[E : K(\alpha)] \cdot [K(\alpha) : K] = m$, also $[E: K(\alpha)] = \frac{m}{d} < m$. Auf Grund der Induktionsvoraussetzung läßt sich also der Isomorphismus von $K(\alpha)$ auf $L(\beta)$, der eine Fortsetzung von φ war, weiter fortsetzen zu einem Isomorphismus τ von E auf F.

b) Hat $f(x)$ nur einfache Nullstellen, so gilt nach Satz 1 für $g(x)$ dasselbe. In dem unter a) geführten Induktionsbeweis gab es demnach unter dieser zusätzlichen Voraussetzung bei festem α genau d Möglichkeiten für die Wahl von β; denn einerseits hat $q(x)$ dann genau d verschiedene Nullstellen $\beta \in F$; andrerseits gilt für eine Fortsetzung τ von φ die Beziehung $\tau(p(\alpha)) = q(\tau(\alpha)) = 0$, weswegen als Bild $\tau(\alpha)$ von α nur eine Nullstelle β von $q(x)$ in Frage kommt. Damit kann man die Aussage b) durch die gleiche vollständige Induktion nach m bestätigen: Ihre Gültigkeit für $m = 1$ ist klar; sie sei ferner für $[\tilde{E} : \tilde{K}] < m$ bereits bewiesen. Ist nun $[E : K] = m > 1$, so bestehen bei festem α zunächst genau d Möglichkeiten, den Isomorphismus φ von K auf L zu einem Isomorphismus von $K(\alpha)$ in F fortzusetzen; jede dieser Fortsetzungen der Gestalt $K(\alpha) \simeq L(\beta)$ liefert nach Induktionsvoraussetzung genau $\frac{m}{d}$ mögliche weitere Fortsetzungen $\tau: E \simeq F$. Insgesamt ergibt das genau $d \cdot \frac{m}{d} = m$ Fortsetzungen τ von φ.

Beispiel 3. Es sei E der Zerfällungskörper von $p(x) = x^3 - 7 \in \mathfrak{Q}[x]$. Mit den Bezeichnungen von Beispiel 2 gilt $E = \mathfrak{Q}(\alpha_1, \alpha_2, \alpha_3)$. Die Adjunktion von zwei Nullstellen oder von $\sqrt[3]{7}$ und ω genügt: $E = \mathfrak{Q}(\alpha_1, \alpha_2) = \mathfrak{Q}(\sqrt[3]{7}, \omega)$. Die Gradformel zeigt $[E:\mathfrak{Q}] = 6$.

Beispiel 4. Es sei E der Zerfällungskörper von $p(x) = x^4 + 1 \in \mathfrak{Q}[x]$. Jede der vier Nullstellen $\frac{1}{\sqrt{2}}(\pm 1 \pm i)$ von $x^4 + 1$ ist eine Potenz jeder anderen. Man bekommt also E bereits durch Adjunktion einer von ihnen: $E = \mathfrak{Q}\left(\frac{1+i}{\sqrt{2}}\right)$. Weil $p(x)$ irreduzibel über $\mathfrak{Q}$ ist, gilt $[E:\mathfrak{Q}] = 4$.

58.3 Wir greifen noch einmal einen Gedanken auf, der beim Beweis des Teils b) von Satz 3 eine Rolle spielte.

Definition: *Es sei E eine Körpererweiterung von K. Zwei über K algebraische Elemente $\alpha, \beta \in E$ heißen konjugiert über K, wenn* $\operatorname{Irr}(\alpha, K) = \operatorname{Irr}(\beta, K)$ *ist.*

Es ist klar, daß auf diese Weise eine Äquivalenzrelation unter den über K algebraischen Elementen aus E erklärt ist.

Beispiel 5. Es sei $K = \mathfrak{Q}$ und $E = \mathfrak{C}$. Dann sind die vier Zahlen

$$\alpha_{1,2} = \frac{1}{\sqrt{2}}(1 \pm i) \quad \text{und} \quad \alpha_{3,4} = \frac{1}{\sqrt{2}}(-1 \pm i)$$

aus $\mathfrak{C}$ konjugiert über $\mathfrak{Q}$ (vgl. Beispiel 4). Über $K = \mathfrak{Q}(\sqrt{2})$ dagegen sind nur noch α_1, α_2 bzw. α_3, α_4 als Nullstellen von $x^2 - \sqrt{2}x + 1$ bzw. $x^2 + \sqrt{2}x + 1$ untereinander konjugiert, aber nicht mehr etwa α_1 und α_3.

Satz 5: *Es seien E eine endliche Körpererweiterung von K, α ein Element aus E und σ ein Automorphismus von E, der K elementweise festläßt. Dann sind α und sein Bild $\sigma(\alpha)$ konjugiert über K.*

Beweis: Nach Satz 54.1 ist α algebraisch über K; es sei $\operatorname{Irr}(\alpha, K) = p(x) = \sum_0^n a_\nu x^\nu$. Man wende σ an auf $p(\alpha) = \sum_0^n a_\nu \alpha^\nu = 0$; da die a_ν festbleiben, folgt $\sigma(\sum_0^n a_\nu \alpha^\nu) = \sum_0^n a_\nu (\sigma(\alpha))^\nu = 0$. Auch $\sigma(\alpha)$ ist also Nullstelle von $p(x)$.

58.4 Wir schließen mit einer Bemerkung. Wie wir wissen, hat jedes nicht konstante $f(x) \in \mathfrak{C}[x]$ eine Nullstelle in $\mathfrak{C}$, zerfällt also nach Satz 26.1 in $\mathfrak{C}[x]$. Der Körper $\mathfrak{C}$ ist demnach algebraisch abgeschlossen im Sinne der folgenden

Definition: *Ein Körper K heißt algebraisch abgeschlossen, wenn jedes Polynom $f(x) \in K[x]$ in $K[x]$ in Linearfaktoren zerfällt.*

Mit Hilfe des Zornschen Lemmas läßt sich der folgende Satz von E. Steinitz (1871—1928) beweisen: *Jeder Körper K besitzt abgesehen von Isomorphien genau einen über K algebraischen Erweiterungskörper E, der algebraisch abgeschlossen ist.*

Wir gehen darauf nicht weiter ein.

Aufgabe 1: Es sei E der Zerfällungskörper von $f(x) \in K[x]$ und Grad $f(x) = n$. Dann ist $[E : K]$ ein Teiler von $n!$. Beweis?

Aufgabe 2: Es sei E der Zerfällungskörper von $f(x) \in K[x]$, und $\alpha_1, \alpha_2 \in E$ seien konjugiert über K. Dann gibt es einen Automorphismus τ von E, der K elementweise festläßt, mit $\tau(\alpha_1) = \alpha_2$. Beweis?

Aufgabe 3: Es sei E der Zerfällungskörper von $f(x) = x^4 - 4x^3 + 2x^2 + 4x + 2 \in \mathfrak{Q}[x]$ und $\alpha \in \mathfrak{C}$ eine Nullstelle von $f(x)$.
a) Das Polynom $f(x)$ ist irreduzibel über $\mathfrak{Q}$. Beweis?
b) Auch $2 - \alpha$ ist eine Nullstelle von $f(x)$. Beweis?
c) Es gibt genau eine Fortsetzung $\varphi : \mathfrak{Q}(\alpha) \simeq \mathfrak{Q}(\alpha)$ des identischen Automorphismus $\varepsilon : \mathfrak{Q} \simeq \mathfrak{Q}$ von $\mathfrak{Q}$ auf $\mathfrak{Q}(\alpha)$ mit $\varphi(\alpha) = 2 - \alpha$. Beweis?
d) Es sei L die Menge aller Elemente $l \in \mathfrak{Q}(\alpha)$ mit $\varphi(l) = l$. Dann ist L ein Zwischenkörper von $\mathfrak{Q}$ und $\mathfrak{Q}(\alpha)$. Beweis?
e) Man zeige: $L = \mathfrak{Q}(i)$.
f) Man bestimme die Nullstellen von $f(x)$.
g) Man bestimme $[E : \mathfrak{Q}]$.

§ 59 Endliche Körper

Wir können uns nun einen Überblick über die wichtigsten Eigenschaften endlicher Körper verschaffen. Dazu brauchen wir noch den folgenden

Hilfssatz: Es sei G eine multiplikativ geschriebene endliche abelsche Gruppe. Dann gibt es ein $g \in G$, für dessen Ordnung m gilt: $a^m = e$ für jedes $a \in G$.

Beweis: Die Ordnung n von G habe die Primfaktorzerlegung

$$n = p_1^{\alpha_1} p_2^{\alpha_2} \ldots p_r^{\alpha_r};$$

die Gruppe G sei nach Satz 11.1 (Spezialfall) als direktes Produkt

$$G = (G_{11} \times G_{12} \times \ldots \times G_{1s_1}) \times (G_{21} \times G_{22} \times \ldots \times G_{2s_2}) \times \ldots \times (G_{r1} \times G_{r2} \times \ldots \times G_{rs_r})$$

zyklischer Untergruppen G_{ij} von Primzahlpotenzordnungen $p_i^{m_{ij}}$ geschrieben. Dabei seien die G_{ij} so numeriert, daß $m_{ij} \geqq m_{i\,j+1}$ ist. Es sei g_i ein erzeugendes Element von G_{i1} $(1 \leqq i \leqq r)$. Weil $g_1^{\lambda_1} g_2^{\lambda_2} \ldots g_r^{\lambda_r} = e$ nur für $g_1^{\lambda_1} = g_2^{\lambda_2} = \ldots = g_r^{\lambda_r} = e$ möglich ist, hat das Element $g = g_1 g_2 \ldots g_r \in G$ die Ordnung $m = p_1^{m_{11}} p_2^{m_{21}} \ldots p_r^{m_{r1}}$. Dieses $g \in G$ erfüllt die Aussage des Hilfssatzes; denn jedes $a \in G$ läßt sich in der Gestalt $a = \prod a_{ij}$ mit Faktoren $a_{ij} \in G_{ij}$ schreiben, und dabei ist $a_{ij}^m = e$ nach Satz 9.2, also auch $a^m = \prod a_{ij}^m = e$.

Wir erinnern noch an eine in § 20 verabredete Bezeichnungsweise: Ist K ein Körper, so bedeute K_0 die Menge aller von Null verschiedenen Elemente aus K. Oft gebraucht wird der

Satz 1: *Die multiplikative Gruppe K_0 eines endlichen Körpers K ist zyklisch.* Das ist ein Spezialfall von

Satz 2: *Es sei K ein Körper und G eine endliche Untergruppe der multiplikativen Gruppe K_0. Dann ist G zyklisch.*

Beweis von Satz 2: Wir wenden auf G den Hilfssatz an. Es sei $g \in G$ das Element aus dem Hilfssatz und m seine Ordnung. Jedes $a \in G$ ist dann Nullstelle von $x^m - 1 \in K[x]$; da es höchstens m solche Nullstellen gibt, folgt $|G| \leqq m$. Also sind $1, g, g^2, \ldots, g^{m-1}$ alle Elemente von G, und G wird von g erzeugt.

Satz 3: *Es seien $E \supset S$ Schiefkörper mit $|S| = q < \infty$ und $[E:S]_l = n < \infty$. Dann gilt $|E| = q^n$.*

Beweis: Man wähle eine Basis $\{\alpha_1, \alpha_2, \ldots, \alpha_n\}$ von E über S und zähle die Elemente $s_1\alpha_1 + s_2\alpha_2 + \ldots + s_n\alpha_n$ $(s_\nu \in S)$ von E mit Hilfe von Satz 50.2 ab.

Ein endlicher Körper K kann nicht die Charakteristik Null haben; also gilt $\chi(K) = p$ für eine gewisse Primzahl p und damit $K \supset \mathfrak{Z}_p$. Hierbei muß $[K:\mathfrak{Z}_p] = n$ endlich sein. Aus Satz 3 folgt also der

Satz 4: *Es sei K ein endlicher Körper und $\chi(K) = p$. Dann ist $|K| = p^n$ $(n \in \mathfrak{N})$.*

Endliche Körper wurden erstmals von Galois untersucht; sie werden deshalb auch Galois-Felder genannt und mit $GF(p^n)$ bezeichnet, wobei in den Klammern die Elementezahl steht. In diesem Zusammenhang ist die nachstehende Existenz- und Eindeutigkeitsaussage wichtig.

Satz 5: *Zu jeder Primzahl p und jeder natürlichen Zahl n gibt es genau einen Körper $GF(p^n)$ mit p^n Elementen. Der Körper $GF(p^n)$ ist der Zerfällungskörper von $x^{p^n} - x \in \mathfrak{Z}_p[x]$.*

Beweis:
a) Es sei zunächst $p^n = q$ und K ein Körper mit q Elementen. Wir zeigen, daß K bis auf Isomorphien eindeutig bestimmt ist. Zunächst gilt $K \supset \mathfrak{Z}_p$. Nach Satz 9.4 ist $a^{q-1} = 1$ für jedes $a \in K_0$. Es folgt: Jedes der q Elemente $a \in K$ ist Nullstelle von $x^q - x \in \mathfrak{Z}_p[x]$, und nach Aussage b) des Hilfssatzes aus § 58 wird damit K ein Zerfällungskörper von $x^q - x \in \mathfrak{Z}_p[x]$. Nach Satz 58.4 ist also K bis auf Isomorphien eindeutig bestimmt.
b) Bei vorgegebenen p und n ist noch die Existenz eines Körpers K mit p^n Elementen zu zeigen. Wieder sei $p^n = q$. Wir betrachten das Polynom $f(x) = x^q - x \in \mathfrak{Z}_p[x]$. Wegen $f'(x) = -1$ und Satz 26.6 hat es nur einfache Nullstellen. Es gibt einen Körper $E \supset \mathfrak{Z}_p$, so daß $f(x)$ in $E[x]$ in Linearfaktoren

zerfällt; die Menge $L \subset E$ der Nullstellen von $f(x)$ besteht also aus genau q Elementen. Wir sind fertig, wenn wir zeigen: L ist ein Körper. Dazu prüfen wir die in Frage stehenden Körperaxiome nach. Sind α, β Elemente aus L, gilt also $\alpha^q = \alpha$ und $\beta^q = \beta$, so wird auch $(\alpha + \beta)^q = \alpha^q + \beta^q = \alpha + \beta$ (vgl. Aufgabe 20.8 b)), also $\alpha + \beta \in L$. Es ist $0 \in L$. Mit $\alpha \in L$ gilt auch $-\alpha \in L$; bei $p = 2$ liegt das an $\alpha = -\alpha$. Aus $\alpha, \beta \in L$ folgt weiter $\alpha\beta \in L$. Es ist $1 \in L$. Schließlich hat $\alpha \in L$, $\alpha \neq 0$, also $\alpha^q = \alpha$, noch $\alpha^{-1} = (\alpha^q)^{-1} = (\alpha^{-1})^q$, also $\alpha^{-1} \in L$, zur Folge.

Aufgabe 1: Jedes quadratische Polynom aus $\mathfrak{Z}_3[x]$ zerfällt über $GF(3^2)$. Beweis?

Aufgabe 2: Man bestimme alle Unterkörper von $GF(p^n)$.

§ 60* Endliche Schiefkörper

Der folgende Satz stammt von M. Wedderburn (1882—1948); später fand Witt den hier wiedergegebenen einfachen Beweis.

Satz 1: *Jeder endliche Schiefkörper ist ein Körper.*

Beweis: Es sei S ein endlicher Schiefkörper und $Z \subset S$ die Menge aller derjenigen Elemente $z \in S$, die mit jedem $s \in S$ vertauschbar sind: $sz = zs$ für jedes $s \in S$. Wir müssen zeigen: $Z = S$. Wir wissen, daß Z ein Körper ist (Aufgabe 20.14). Setzen wir $[S : Z] = n$, so lautet unsere Behauptung: $n = 1$. Es sei $|Z| = q \geqq 2$; nach Satz 59.3 ist dann $|S| = q^n$. Für ein festes $s \in S$ betrachte man nun die Menge $N(s)$ aller derjenigen Elemente $x \in S$, die mit s vertauschbar sind: $sx = xs$. Man prüft leicht nach, daß $N(s) \supset Z$ ein Schiefkörper ist. Nach Satz 59.3 ist also $|N(s)| = q^d$ eine Potenz von $|Z| = q$; da ferner $S \supset N(s)$, also auch $|S| = q^n$ eine Potenz von $|N(s)| = q^d$ ist, folgt zusätzlich $d|n$. Dies nutzen wir in der folgenden gruppentheoretischen Überlegung aus. Wir zerlegen die multiplikative Gruppe S_0 von S in Klassen konjugierter Gruppenelemente (§ 14.2) und zählen die Elemente der einzelnen Klassen ab. Insgesamt hat S_0 die Ordnung $|S_0| = q^n - 1$. Nach Satz 14.4 ist die Anzahl der Konjugierten eines $s \in S_0$ gleich dem Index des Normalisators $N_0(s) = \{x \in N(s) : x \neq 0\}$; das ist also eine Zahl der Gestalt $\frac{q^n - 1}{q^d - 1}$ mit $d|n$. Wir wollen zeigen, daß die multiplikativen Gruppen von S und Z übereinstimmen: $S_0 = Z_0$. Angenommen, das ist nicht der Fall. Dann wäre $[S: Z] = n > 1$; außerdem gäbe es ein $s \in S_0$, dessen Normalisator $N_0(s)$ von S_0 verschieden wäre; jedes $s \in S_0$, das nicht in Z_0 liegt, leistet das. Die Klasse Konjugierter, zu der dieses Element s gehört, hat $\frac{q^n - 1}{q^d - 1}$ Elemente, wobei d ein echter Teiler von n ist. Es könnte sein, daß es mehrere solche Klassen gibt; jedes der $q - 1$ Elemente des Zentrums Z_0 von S_0 aber bildet eine Klasse für sich. Zählt man also die $q^n - 1$ Elemente von S_0 in dieser Weise ab, so ergibt sich eine Gleichung

$$q^n - 1 = q - 1 + \sum \frac{q^n - 1}{q^d - 1}, \tag{1}$$

in der n und q von Eins verschiedene natürliche Zahlen sind und rechter Hand über gewisse echte Teiler d von n summiert wird. Unser Satz wird bewiesen sein, wenn wir zeigen können, daß eine Identität (1) unter diesen Bedingungen nicht möglich ist.

Aus § 45 wissen wir, daß $x^n - 1 = \prod\limits_{m|n} \Phi_m(x)$ eine Zerlegung von $x^n - 1$ in $\mathfrak{Z}[x]$ ist. Für einen echten Teiler d von n folgt entsprechend $x^d - 1 = \prod\limits_{m|d} \Phi_m(x)$ und damit auch $\frac{x^n - 1}{x^d - 1} = \Phi_n(x) g(x)$ in $\mathfrak{Z}[x]$. Ersetzt man x durch q, so sieht man, daß in (1) sowohl $q^n - 1$ als auch die Summe rechter Hand durch $\Phi_n(q)$ teilbar sind; also müßte auch $q - 1$ den Teiler $\Phi_n(q)$ haben. Wir sind fertig, wenn wir im Widerspruch dazu zeigen: Für $n > 1$ ist $|\Phi_n(q)| > q - 1$. Dazu erinnern wir uns an die Zerlegung $\Phi_n(x) = \prod (x - \zeta_\nu)$ in $\mathfrak{C}[x]$, worin die ζ_ν gerade die $\varphi(n)$ primitiven n-ten Einheitswurzeln durchlaufen: Für $n > 1$ ist keine von ihnen gleich Eins, folglich $|q - \zeta_\nu| > q - 1 \geqq 1$ und $|\Phi_n(q)| = \prod |q - \zeta_\nu| > q - 1$. Damit ist Satz 1 bewiesen.

§ 61 Die Sätze vom primitiven Element

Wir stellen die Frage, wann ein Oberkörper E von K einfach algebraisch über K ist.

61.1 Eine erste Antwort gibt der

Satz 1: *Genau dann ist der Oberkörper E von K einfach algebraisch über K, wenn es nur endlich viele Zwischenkörper $E \supset L \supset K$ gibt.*

Beweis:

a) Es gebe nur endlich viele Zwischenkörper $E \supset L \supset K$. Dann ist zunächst E algebraisch über K: Andernfalls gäbe es eine Unbestimmte $x \in E$ über K; auch $x^2, x^4, \ldots$ wären dann Unbestimmte über K; es gilt $x \notin K(x^2)$, da $x f(x^2) = g(x^2)$ für Polynome $f(x)$ und $g(x) \neq 0$ aus $K[x]$ unmöglich ist; also hätte man die unendlich vielen Zwischenkörper $E \supset K(x) \underset{\neq}{\supset} K(x^2) \underset{\neq}{\supset} K(x^4) \underset{\neq}{\supset} \cdots \supset K$. Es ist sogar E über K endlich erzeugt. Ist nämlich $\alpha_1 \in E$, $\alpha_1 \notin K$, so bilde man $E \supset K(\alpha_1) \underset{\neq}{\supset} K$; ist weiter $\alpha_2 \in E$, $\alpha_2 \notin K(\alpha_1)$, so bilden wir $E \supset K(\alpha_1, \alpha_2) \underset{\neq}{\supset} K(\alpha_1) \underset{\neq}{\supset} K$ und fahren so fort. Auf Grund der Voraussetzung bricht dieser Prozeß nach endlich vielen Schritten mit dem Ergebnis $E = K(\alpha_1, \alpha_2, \ldots, \alpha_r)$ ab. Wir müssen zeigen: Bei geeignetem α_1 kann $r = 1$ gewählt werden. Nach Satz 54.5 ist E endlich über K. Ist K ein endlicher Körper, so ist es auch E; die multipli-

kative Gruppe E_0 von E wird dann nach Satz 59.1 von einem Element $\alpha \in E$ erzeugt, und es gilt erst recht $E = K(\alpha)$. Also sei weiterhin der Körper K unendlich und r die Minimalanzahl möglicher Erzeugender α_ϱ in $E = K(\alpha_1, \alpha_2, \ldots, \alpha_r)$. Wir haben $r = 1$ zu zeigen. Angenommen, es sei $r > 1$. Für jedes $a \in K$ definieren wir dann $\vartheta_a = \alpha_1 + a\alpha_2$ und betrachten einen festen Körper $K(\vartheta_a)$. Es gilt $E \supset K(\vartheta_a) \supset K$. Da es nur endlich viele Zwischenkörper gibt, K aber unendlich viele Elemente hat, existiert ein $b \in K$, $b \neq a$, mit $K(\vartheta_b) = K(\vartheta_a)$. Es folgt der Reihe nach $\vartheta_b \in K(\vartheta_a)$, $\vartheta_b - \vartheta_a = (b - a)\alpha_2 \in K(\vartheta_a)$, $\alpha_2 \in K(\vartheta_a)$, $\alpha_1 \in K(\vartheta_a)$; also gilt neben $K(\alpha_1, \alpha_2) \supset K(\vartheta_a)$ auch $K(\alpha_1, \alpha_2) \subset K(\vartheta_a)$ und damit $K(\alpha_1, \alpha_2) = K(\vartheta_a)$. Das hat aber $E = K(\vartheta_a, \alpha_3, \alpha_4, \ldots, \alpha_r)$ mit nur $r - 1$ Erzeugenden zur Folge im Widerspruch zur Wahl von r. Die Annahme $r > 1$ war also falsch; E ist einfach algebraisch über K.
b) Es sei α algebraisch über K und $E = K(\alpha)$. Wir haben zu zeigen, daß es nur endlich viele Zwischenkörper $E \supset L \supset K$ gibt. Wir definieren eine Abbildung σ durch $\sigma(L) = \operatorname{Irr}(\alpha, L)$. Wir zeigen zuerst, daß σ eineindeutig ist, und dann, daß es nur endlich viele Möglichkeiten für definierende Polynome $\operatorname{Irr}(\alpha, L)$ mit $E \supset L \supset K$ gibt. Daraus folgt, daß es nur endlich viele Zwischenkörper L gibt. Wir betrachten ein L und sein Bild $\operatorname{Irr}(\alpha, L)$. Man adjungiere die Koeffizienten von $\operatorname{Irr}(\alpha, L)$ zu K; es entsteht ein Körper $L \supset L^* \supset K$. Das Polynom $\operatorname{Irr}(\alpha, L)$ ist erst recht irreduzibel in $L^*[x]$; es gilt also $\operatorname{Irr}(\alpha, L) = \operatorname{Irr}(\alpha, L^*)$ und speziell $[E : L] = [E : L^*] < \infty$. Mit $E \supset L \supset L^*$ und der Gradformel folgt $[L : L^*] = 1$ oder $L = L^*$. Das besagt: Zu einem Bild $\operatorname{Irr}(\alpha, L)$ bekommt man das einzig mögliche Original L dadurch, daß man die Koeffizienten von $\operatorname{Irr}(\alpha, L)$ zu K adjungiert; σ ist eineindeutig. Es bleibt zu zeigen, daß es nur endlich viele Polynome $\operatorname{Irr}(\alpha, L)$ gibt. Nun gilt nach Satz 54.4 in $L[x]$ und erst recht in $E[x]$ die Teilbarkeitsbeziehung $\operatorname{Irr}(\alpha, L) \mid \operatorname{Irr}(\alpha, K)$. Das Polynom $\operatorname{Irr}(\alpha, K)$ besitzt aber im Gaußschen Ring $E[x]$ eine eindeutige Primfaktorzerlegung und demnach nur endlich viele normierte Teiler $\operatorname{Irr}(\alpha, L)$. Damit ist Satz 1 bewiesen.

61.2 In der Praxis wichtiger ist der folgende Satz 2; er stammt von Abel.

Definition: *Ist der Oberkörper $E = K(\alpha)$ von K einfach algebraisch über K, so heißt α ein primitives Element von E über K.*

Definition: *Es sei K ein Körper und α algebraisch über K. Das Element α heißt separabel über K, wenn* $\operatorname{Irr}(\alpha, K)$ *nur einfache Nullstellen hat.*

Bemerkung: Ist α algebraisch über K und $\chi(K) = 0$, so ist α schon separabel über K (Satz 44.3). Das Beispiel im Anschluß an Satz 44.3 zeigt, daß hierbei auf die Voraussetzung $\chi(K) = 0$ nicht verzichtet werden kann.

Satz 2: *Sind $\gamma_1, \gamma_2, \ldots, \gamma_r$ separabel über dem Körper K, so gibt es mindestens ein primitives Element ϑ mit der Eigenschaft $K(\gamma_1, \gamma_2, \ldots, \gamma_r) = K(\vartheta)$.*

Beweis: Wir zeigen etwas mehr, nämlich das Folgende: Ist α algebraisch und β separabel über K, so gibt es ein ϑ mit $K(\alpha, \beta) = K(\vartheta)$. Daraus folgt der Satz zunächst für $r = 2$ und dann durch Iteration allgemein. Wir können uns ferner wie beim Beweis von Satz 1 auf den Fall beschränken, daß K unendlich ist, weil andernfalls mit K auch $K(\gamma_1, \gamma_2, \ldots, \gamma_r) = E$ endlich wäre und für ϑ ein erzeugendes Element der zyklischen Gruppe E_0 gewählt werden könnte.

Es sei nun Irr $(\alpha, K) = p(x)$, Irr $(\beta, K) = q(x)$ und $F \supset K$ eine Körpererweiterung von K derart, daß $p(x)$ und $q(x)$ in $F[x]$ in Linearfaktoren zerfallen:

$$p(x) = (x - \alpha_1)(x - \alpha_2) \ldots (x - \alpha_k),$$
$$q(x) = (x - \beta_1)(x - \beta_2) \ldots (x - \beta_l);$$

dabei sei $\alpha = \alpha_1$ und $\beta = \beta_1$. Voraussetzungsgemäß sind die $\alpha_\varkappa$ nicht notwendig paarweise voneinander verschieden, wohl aber die β_λ. Wir betrachten nun für $s \geqq 1$ und $t \geqq 2$ die höchstens $k(l-1)$ Gleichungen $\alpha + x\beta = \alpha_s + x\beta_t$. Da $\beta_t \neq \beta$ ist, besteht die Gesamtheit aller Lösungen $x \in K$ aus höchstens $k(l-1)$ Elementen. Nun war K unendlich; also gibt es ein $\xi \in K$ $(\xi \neq 0)$ mit

(1) $$\alpha + \xi\beta \neq \alpha_s + \xi\beta_t \qquad (s \geqq 1,\ t \geqq 2).$$

Wir zeigen nun, daß $\vartheta = \alpha + \xi\beta$ ein primitives Element von $K(\alpha, \beta)$ über K ist. Da $K(\vartheta) \subset K(\alpha, \beta)$ ist, bleibt $K(\alpha, \beta) \subset K(\vartheta)$ zu zeigen, und dafür genügt der Nachweis von $\beta \in K(\vartheta)$. Dieser Nachweis wird im folgenden erbracht.
In $K(\vartheta)[x]$ liegen die Polynome $q(x)$ und $f(x) = p(\vartheta - \xi x)$; sie zerfallen beide in $F[x]$ in Linearfaktoren und haben $\beta \in F$ als Nullstelle. Weitere gemeinsame Nullstellen könnten sich nur unter den β_t, $t \geqq 2$, befinden; aber nach (1) kommen sie nicht in Frage. Also haben $q(x)$ und $f(x)$ in $F[x]$ den g.g.T. $x - \beta$. Denkt man sich einen g.g.T. von $q(x)$ und $f(x)$ durch den Euklidischen Algorithmus ermittelt, so bekommt man ein Assoziiertes $\eta(x - \beta)$, $\eta \in F$, $\eta \neq 0$, von $x - \beta$. Dieser Euklidische Algorithmus findet aber wegen $q(x)$, $f(x) \in K(\vartheta)[x]$ bereits in $K(\vartheta)[x]$ statt, und das liefert $\eta(x - \beta) \in K(\vartheta)[x]$, also $\eta \in K(\vartheta)$, $\eta\beta \in K(\vartheta)$ und wegen $\eta \neq 0$ auch $\beta \in K(\vartheta)$, was noch zu zeigen war.
Damit ist Satz 2 bewiesen.

Notwendig dafür, daß E einfach algebraisch über K ist, ist sicher $[E : K] < \infty$ (Satz 53.3). Darüber hinaus ergibt sich jetzt der

Satz 3: *Es sei E eine endliche Körpererweiterung von K und $\chi(K) = 0$.*
a) *Dann ist E einfach algebraisch über K.*
b) *Ferner gibt es nur endlich viele Zwischenkörper $E \supset L \supset K$.*

Beweis:
a) Nach Satz 54.5 ist E eine endlich erzeugte algebraische Erweiterung $K(\alpha_1, \alpha_2, \ldots, \alpha_r)$ von K. Der obigen Bemerkung zufolge sind die α_ϱ wegen $\chi(K) = 0$ separabel über K. Man kann also Satz 2 anwenden.
b) Das folgt aus a) und Satz 1.

Bemerkung: Der Beweis von Satz 2 war konstruktiv; er gestattet die explizite Bestimmung primitiver Elemente. In den meisten Fällen (vgl. etwa § 27, Beispiel 3, und Aufgabe 54.3) wird man dabei $\xi = 1$, also $\vartheta = \alpha + \beta$ als erzeugendes Element für $K(\alpha, \beta)$, wählen können.

Aufgabe 1: Man bestimme ein primitives Element ϑ und sein definierendes Polynom Irr $(\vartheta, \mathfrak{Q})$ für $\mathfrak{Q}(i, \sqrt{3})$ über $\mathfrak{Q}$.

Aufgabe 2. Es sei E der Zerfällungskörper von $x^3 - 7 \in \mathfrak{Q}[x]$. Man bestimme ein primitives Element ϑ von E über $\mathfrak{Q}$ und sein definierendes Polynom Irr $(\vartheta, \mathfrak{Q})$.

§ 62 Inseparable Polynome

Definition: *Es sei K ein Körper. Ein in $K[x]$ irreduzibles Polynom $p(x) \in K[x]$ heißt separabel über K, wenn es in seinem Zerfällungskörper nur einfache Nullstellen hat. Ein beliebiges Polynom $f(x) \in K[x]$,* Grad $f(x) \geqq 1$, *heißt separabel über K, wenn jeder Primteiler $p(x)$ von $f(x)$ in $K[x]$ separabel über K ist. Ein Polynom $f(x) \in K[x]$,* Grad $f(x) \geqq 1$, *das nicht separabel über K ist, heißt inseparabel über K.*

Daß es sowohl separable wie inseparable Polynome gibt, wissen wir aus § 44. Zu der gegebenen Definition ist ferner folgendes zu bemerken. Ist $f(x) \in K[x]$ separabel über K und E ein Oberkörper von K, so bleibt $f(x)$ auch separabel über E. Ist dagegen L ein Teilkörper von K und schon $f(x) \in L[x]$, so kann $f(x)$ separabel über K und gleichzeitig inseparabel über L sein, wie das Beispiel aus § 44 zeigt.
In § 61 haben wir bereits gesagt, wann ein Element α separabel über K heißt. Ergänzend hierzu gelte noch die

Definition: *Die Körpererweiterung E von K heißt separabel über K, wenn jedes $\alpha \in E$ separabel über K ist.*

Die beiden folgenden Sätze ergeben sich unmittelbar aus Satz 44.3.

Satz 1: *Es sei K ein Körper der Charakteristik Null und $f(x) \in K[x]$,* Grad $f(x) \geqq 1$. *Dann ist $f(x)$ separabel über K.*

Satz 2: *Jede algebraische Körpererweiterung E eines Körpers K der Charakteristik Null ist separabel über K.*

Schließlich notieren wir Satz 44.3 selbst noch einmal in einer etwas schärferen Fassung.

Satz 3: *Ein über dem Körper K irreduzibles Polynom $p(x) \in K[x]$ ist genau dann separabel über K, wenn $p'(x) \neq 0$ ist.*

Beweis:
a) Es sei $p'(x) \neq 0$. Hierzu vergleiche man die Bemerkung im Anschluß an den Beweis von Satz 44.3.
b) Es sei $p(x)$ separabel über K. Wegen Grad $p(x) \geqq 1$ besitzt $p(x) \in K[x]$ in seinem Zerfällungskörper E wenigstens eine Nullstelle. Es kann also nicht $p'(x) = 0$ sein, weil in diesem Fall nach Satz 26.6 jede Nullstelle von $p(x)$ eine mehrfache Nullstelle wäre.
Zuletzt beweisen wir noch den

Satz 4: *Es sei K ein Körper mit Primzahlcharakteristik $\chi(K) = p$.*
a) *Ist $f(x) \in K[x]$ irreduzibel über K, so gibt es ein $m \geqq 0$ derart, daß jede Nullstelle von $f(x)$ die gleiche Vielfachheit p^m hat. Das Polynom $f(x)$ hat dann die Gestalt $f(x) = g(x^{p^m})$ mit einem $g(x) \in K[x]$.*
b) *Ist α algebraisch über K, so gibt es ein $m \geqq 0$ derart, daß α^{p^m} separabel über K ist.*

Beweis:

a) Ist $f(x)$ separabel über K, so werde $m = 0$ gewählt. Es sei daher weiter $f(x)$ inseparabel über K, nach Satz 3 also $f'(x) = 0$. In einem solchen $f(x)$ müssen alle diejenigen Potenzen x^ν den Koeffizienten Null haben, für die $p \nmid \nu$ gilt. Es gibt also ein $g_1(x) \in K[x]$ mit $f(x) = g_1(x^p)$, und $g_1(x)$ ist mit $f(x)$ irreduzibel über K. Das Polynom $g_1(x)$ seinerseits ist genau dann inseparabel über K, wenn ein von selbst über K irreduzibles Polynom $g_2(x) \in K[x]$ mit $g_1(x) = g_2(x^p)$, also $f(x) = g_2(x^{p^2})$, existiert. Man denke sich dieses Verfahren fortgesetzt, bis es abbricht: Es existiert eine Zahl m und ein über K irreduzibles separables Polynom $g_m(x) = g(x) \in K[x]$ derart, daß $f(x) = g(x^{p^m})$ gilt.
Ist jetzt E ein Oberkörper von K, der alle Nullstellen α_μ von $f(x)$ und β_ν von $g(x)$ enthält, so besteht in $E[x]$ eine Zerlegung $g(x) = c(x-\beta_1)(x-\beta_2)\ldots(x-\beta_k)$ mit $\beta_i \neq \beta_j$ für $i \neq j$ und einem $c \in K$, $c \neq 0$. Für $f(x)$ bedeutet das

$$f(x) = c(x^{p^m} - \beta_1)(x^{p^m} - \beta_2) \ldots (x^{p^m} - \beta_k).$$

Ersetzt man hierin x etwa durch die Nullstelle α_1 von $f(x)$, so wird genau eine der Klammern rechter Hand Null, etwa die erste: $\beta_1 = \alpha_1^{p^m}$. Entsprechend bekommt man bei geeigneter Wahl der Numerierung $\beta_2 = \alpha_2^{p^m}$ und insgesamt

$$f(x) = c(x^{p^m} - \alpha_1^{p^m})(x^{p^m} - \alpha_2^{p^m}) \ldots (x^{p^m} - \alpha_k^{p^m}) \qquad (\alpha_i \neq \alpha_j \text{ für } i \neq j).$$

Nun ist $\chi(E[x]) = p$. Jede der rechts stehenden Klammern kann also nach Aufgabe 20.8 b) umgeschrieben werden, und man bekommt das behauptete Resultat

$$f(x) = c(x - \alpha_1)^{p^m}(x - \alpha_2)^{p^m} \ldots (x - \alpha_k)^{p^m} \qquad (\alpha_i \neq \alpha_j \text{ für } i \neq j).$$

b) Man verfolge den ersten Abschnitt des in a) geführten Beweises für das Polynom $f(x) = \operatorname{Irr}(\alpha, K)$.

Aufgabe 1: Es sei y eine Unbestimmte über $\mathfrak{Z}_3$ und $K = \mathfrak{Z}_3(y)$. Man zeige die Irreduzibilität und Inseparabilität von $f(x) = x^3 - 2y \in K[x]$ über K.

Literatur: Artin [3], Hasse [7], Hasse-Klobe [8].

7 Galoistheorie

Wir haben uns im letzten Kapitel eine gewisse Übersicht über Körpererweiterungen E eines Körpers K verschafft. Sind nun K und E gegeben, so kann man die Frage nach allen Zwischenkörpern $K \subset L \subset E$ von K und E stellen und ihre explizite Bestimmung verlangen. Die Beantwortung dieser Frage ist aus vielen Gründen von Interesse. Wir beschäftigen uns mit der genannten Problemstellung nur für gewisse besonders wichtige endliche Erweiterungen E von K; die Anzahl der Zwischenkörper L ist in diesen Fällen immer endlich. Die ersten hierher gehörenden grundlegenden Untersuchungen stammen von dem französischen Mathematiker E. Galois; nach ihm ist die inzwischen sehr umfangreich gewordene Theorie benannt. Ihr besonderes Kennzeichen ist eine sinnreiche Verbindung von Körper- und Gruppentheorie. Die im folgenden durchgeführte Darstellung geht auf E. Artin (1898—1962) zurück.

§ 63 Isomorphismen von Körpern

Wir beginnen mit einer

Definition: *Es sei G eine multiplikativ geschriebene Gruppe und E ein Körper mit der multiplikativen Gruppe E_0. Gegeben seien Homomorphismen $\sigma_1, \sigma_2, \ldots, \sigma_n$ von G in E_0; man nennt sie auch Charaktere von G in E_0. Sie heißen linear unabhängig in E, wenn aus*

(1) $$a_1\sigma_1(x) + a_2\sigma_2(x) + \ldots + a_n\sigma_n(x) = 0$$

für gewisse feste $a_\nu \in E$ und alle $x \in G$ folgt:

(2) $$a_1 = a_2 = \ldots = a_n = 0.$$

Von grundlegender Bedeutung ist nun der folgende

Hilfssatz 1: Sind die Charaktere $\sigma_1, \sigma_2, \ldots, \sigma_n$ von G in E_0 paarweise voneinander verschieden, so sind sie bereits linear unabhängig in E.

Beweis: Vollständige Induktion nach n. Zunächst sei $n = 1$. Dann ist $\sigma_1(x) \neq 0$; aus $a_1\sigma_1(x) = 0$ folgt also $a_1 = 0$. Wir nehmen nun an, die Behauptung sei für je n Charaktere richtig; ihre Gültigkeit muß für $n + 1$ paarweise voneinander verschiedene Charaktere $\sigma_1, \sigma_2, \ldots, \sigma_{n+1}$ von G in E_0 nachgewiesen werden. Für gewisse feste $a_\nu \in E$ und alle $x \in G$ gelte

(1′) $$a_1\sigma_1(x) + a_2\sigma_2(x) + \ldots + a_{n+1}\sigma_{n+1}(x) = 0.$$

Wir zeigen $a_1 = a_2 = \ldots = a_n = 0$; daraus folgt wie eben noch $a_{n+1} = 0$ und damit

(2′) $$a_1 = a_2 = \ldots = a_{n+1} = 0.$$

Es sei $i \leqq n$ ein beliebiger fester Index; wir zeigen $a_i = 0$. Zunächst gibt es wegen $\sigma_i \neq \sigma_{n+1}$ ein $\alpha \in G$ mit $\sigma_i(\alpha) \neq \sigma_{n+1}(\alpha)$. Ersetzt man in (1′) das x durch αx, so bekommt man

$$(3) \qquad a_1\sigma_1(\alpha)\sigma_1(x) + a_2\sigma_2(\alpha)\sigma_2(x) + \ldots + a_{n+1}\sigma_{n+1}(\alpha)\sigma_{n+1}(x) = 0.$$

Multiplikation von (1′) mit $\sigma_{n+1}(\alpha)$ liefert

$$(4) \qquad a_1\sigma_{n+1}(\alpha)\sigma_1(x) + a_2\sigma_{n+1}(\alpha)\sigma_2(x) + \ldots + a_{n+1}\sigma_{n+1}(\alpha)\sigma_{n+1}(x) = 0.$$

Subtrahiert man (4) von (3), so ergibt sich

$$\sum_{j=1}^{n} a_j(\sigma_j(\alpha) - \sigma_{n+1}(\alpha))\sigma_j(x) = 0,$$

auf Grund der Induktionsvoraussetzung also $a_j(\sigma_j(\alpha) - \sigma_{n+1}(\alpha)) = 0$ für alle $j \leqq n$, und da für $j = i$ die Klammer ungleich Null ist, folgt $a_i = 0$. Damit ist Hilfssatz 1 bewiesen.

Definition: *Es seien K und E Körper und $\sigma_1, \sigma_2, \ldots, \sigma_n$ Isomorphismen von K in E. Sie heißen linear unabhängig in E, wenn die zugehörigen Charaktere von K_0 in E_0 es sind.*

Aus dem Hilfssatz folgt also der

Satz 1: *Es seien K und E Körper und $\sigma_1, \sigma_2, \ldots, \sigma_n$ paarweise voneinander verschiedene Isomorphismen von K in E. Dann sind $\sigma_1, \sigma_2, \ldots, \sigma_n$ linear unabhängig in E.*

Die nachstehende Verabredung ist sehr praktisch.

Definition: *Es seien K und E Körper und $\sigma_1, \sigma_2, \ldots, \sigma_n$ Isomorphismen von K in E. Dann heißt $a \in K$ ein Fixelement oder Fixpunkt bezüglich $\sigma_1, \sigma_2, \ldots, \sigma_n$, wenn $\sigma_1(a) = \sigma_2(a) = \ldots = \sigma_n(a)$ gilt.*

Da 0 und 1 und mit a und b auch $a \pm b$, ab und (falls $b \neq 0$) b^{-1} Fixelemente sind, erhält man sofort den

Satz 2: *Es seien K und E Körper, $\sigma_1, \sigma_2, \ldots, \sigma_n$ Isomorphismen von K in E und $F \subset K$ die Menge aller Fixelemente bezüglich $\sigma_1, \sigma_2, \ldots, \sigma_n$. Dann ist F ein Körper.*

Man nennt F den *Fixpunktkörper* von K bezüglich $\sigma_1, \sigma_2, \ldots, \sigma_n$. Werden zu diesen Isomorphismen weitere hinzugenommen, so wird der neue Fixpunktkörper ein Teilkörper von F; läßt man einige der σ_ν weg, so wird der Fixpunktkörper der restlichen σ_ν ein Oberkörper von F. Über die Größe von F gibt der grundlegende Satz 3 Auskunft, dem wir einen elementaren Hilfssatz voranstellen.

Hilfssatz 2: Es seien die mn Elemente a_{ij} des Körpers K und das lineare homogene Gleichungssystem

$$\begin{array}{rcl} a_{11}x_1 + a_{12}x_2 + \ldots + a_{1n}x_n &=& 0 \\ a_{21}x_1 + a_{22}x_2 + \ldots + a_{2n}x_n &=& 0 \\ \ldots\ldots\ldots\ldots\ldots\ldots\ldots\ldots && \\ a_{m1}x_1 + a_{m2}x_2 + \ldots + a_{mn}x_n &=& 0 \end{array}$$

mit $m < n$ gegeben. Dann gibt es eine Lösung $(x_1, x_2, \ldots, x_n) \in K^n$ dieses Systems, in der nicht alle x_i Null sind.

Beweis: Man betrachte die n Vektoren $\alpha_\nu = (a_{1\nu}, a_{2\nu}, \ldots, a_{m\nu})$, $1 \leqq \nu \leqq n$, des m-tupel-Raumes $V = K^m$ (vgl. § 48). Der Raum V hat die m-elementige Basis

$$\{(1, 0, 0, \ldots, 0), (0, 1, 0, \ldots, 0), \ldots, (0, 0, 0, \ldots, 1)\},$$

also die Dimension m. Es ist $n > m$. Die n Vektoren $\alpha_1, \alpha_2, \ldots, \alpha_n$ aus V sind also nach Satz 50.4 über K linear abhängig: Es gibt nicht sämtlich verschwindende $x_1, x_2, \ldots, x_n$ aus K mit $x_1\alpha_1 + x_2\alpha_2 + \ldots + x_n\alpha_n = o \in V$; dieser Nullvektor ist $(0, 0, 0, \ldots, 0)$. Schreibt man die Beziehung für die lineare Abhängigkeit der α_ν aus, so erhält man gerade das obige durch die speziellen x_i nichttrivial gelöste Gleichungssystem.

Satz 3: *Es seien $\sigma_1, \sigma_2, \ldots, \sigma_n$ paarweise voneinander verschiedene Isomorphismen des Körpers K in den Körper E und $F \subset K$ ihr Fixpunktkörper. Dann gilt $[K : F] \geqq n$.*

Beweis: Wir führen die Annahme $[K: F] = m < n$ auf einen Widerspruch. Es sei $\{\alpha_1, \alpha_2, \ldots, \alpha_m\}$ eine Basis von K über F und $m < n$. Das System

$$\begin{array}{rcl} x_1\sigma_1(\alpha_1) + x_2\sigma_2(\alpha_1) + \ldots + x_n\sigma_n(\alpha_1) &=& 0 \\ x_1\sigma_1(\alpha_2) + x_2\sigma_2(\alpha_2) + \ldots + x_n\sigma_n(\alpha_2) &=& 0 \\ \ldots\ldots\ldots\ldots\ldots\ldots\ldots\ldots && \\ x_1\sigma_1(\alpha_m) + x_2\sigma_2(\alpha_m) + \ldots + x_n\sigma_n(\alpha_m) &=& 0 \end{array}$$

ist dann nach Hilfssatz 2 durch nicht sämtlich verschwindende $x_i \in E$ lösbar. Im Widerspruch zu Satz 1 zeigen wir nun, daß mit diesen $x_i \in E$ für jedes $\alpha \in K$ gilt:

$$x_1\sigma_1(\alpha) + x_2\sigma_2(\alpha) + \ldots + x_n\sigma_n(\alpha) = 0. \tag{5}$$

Zunächst schreibe man $\alpha = \sum_1^m a_j\alpha_j$ mit Koeffizienten $a_j \in F$. Diese a_j sind Fixpunkte. Multipliziert man die j-te Gleichung des obigen Systems mit $\sigma_1(a_j) = \sigma_2(a_j) = \ldots = \sigma_n(a_j)$, so bekommt man

$$\begin{array}{rcl} x_1\sigma_1(a_1\alpha_1) + x_2\sigma_2(a_1\alpha_1) + \ldots + x_n\sigma_n(a_1\alpha_1) &=& 0 \\ x_1\sigma_1(a_2\alpha_2) + x_2\sigma_2(a_2\alpha_2) + \ldots + x_n\sigma_n(a_2\alpha_2) &=& 0 \\ \ldots\ldots\ldots\ldots\ldots\ldots\ldots\ldots && \\ x_1\sigma_1(a_m\alpha_m) + x_2\sigma_2(a_m\alpha_m) + \ldots + x_n\sigma_n(a_m\alpha_m) &=& 0, \end{array}$$

und Addition dieser Gleichungen liefert in der Tat die Beziehung (5). Die Annahme $m < n$ war also falsch, und Satz 3 ist bewiesen.

§ 64 Automorphismen von Körpern

Wir spezialisieren nun die Betrachtungen von § 63. Es sei $E = K$, und die paarweise voneinander verschiedenen Isomorphismen $\sigma_1, \sigma_2, \ldots, \sigma_n$ seien Automorphismen des Körpers E. Damit der Fixpunktkörper F genau aus allen denjenigen Elementen $a \in E$ besteht, die unter allen σ_i festbleiben, $\sigma_i(a) = a$, nehmen wir weiter an, einer der Automorphismen σ_i sei die Identität. Nach Satz 63.3 gilt wieder $[E:F] \geqq n$. Aber im allgemeinen wird sich diese Abschätzung verbessern lassen. Wenn nämlich durch eine Verknüpfung der σ_i oder σ_i^{-1} ein neuer Automorphismus $\sigma_{n+1} \neq \sigma_i$, $1 \leqq i \leqq n$, gewonnen werden kann, so läßt auch σ_{n+1} den Körper F elementweise fest, und Satz 63.3 liefert sogar $[E:F] \geqq n+1$, da F dann auch Fixpunktkörper der $\sigma_1, \sigma_2, \ldots, \sigma_{n+1}$ ist. Das Verfahren kann nur dann nicht fortgesetzt werden, wenn die vorhandenen σ_i bereits eine Gruppe bilden. Diese Betrachtungen legen die Voraussetzungen des folgenden Satzes nahe.

Satz 1: *Es sei G eine Gruppe von n Automorphismen des Körpers E und F der zu G gehörende elementweise festbleibende Fixpunktkörper. Dann gilt $[E:F] = n$.*

B e w e i s: Es sei $G = \{\sigma_1, \sigma_2, \ldots, \sigma_n\}$. Wir beginnen mit einer Vorbetrachtung. Für jedes $\alpha \in E$ definieren wir die *Spur* $S(\alpha) = \sigma_1(\alpha) + \sigma_2(\alpha) + \ldots + \sigma_n(\alpha)$ und zeigen für sie zwei Eigenschaften. Erstens gilt für jedes $\sigma_i \in G$ die Gleichung $\sigma_i(S(\alpha)) = \sigma_i\sigma_1(\alpha) + \sigma_i\sigma_2(\alpha) + \ldots + \sigma_i\sigma_n(\alpha) = S(\alpha)$, da auch $\sigma_i\sigma_1, \sigma_i\sigma_2, \ldots, \sigma_i\sigma_n$ die Gruppe G ausschöpfen; für jedes $\alpha \in E$ ist also $S(\alpha) \in F$. Zweitens verschwindet $S(\alpha)$ sicher nicht für alle $\alpha \in E$; andernfalls wäre ja $1\sigma_1(\alpha) + 1\sigma_2(\alpha) + \ldots + 1\sigma_n(\alpha) = 0$ für alle $\alpha \in E$ im Widerspruch zu Satz 63.1.

Aus Satz 63.3 folgt $[E:F] \geqq n$. Satz 1 ist also bewiesen, sobald $[E:F] \leqq n$ gezeigt ist. Dazu wählen wir $\alpha_1, \alpha_2, \ldots, \alpha_m$ mit $m > n$ aus E und zeigen die lineare Abhängigkeit der $\alpha_i \in E$ über F; nach Satz 50.4 kann dann nur $[E:F] \leqq n$ sein. Zunächst gibt es nach Hilfssatz 2 aus § 63 nicht sämtlich verschwindende Elemente $x_1, x_2, \ldots, x_m$ aus E derart, daß

$$
(1)\qquad
\begin{aligned}
x_1\sigma_1^{-1}(\alpha_1) + x_2\sigma_1^{-1}(\alpha_2) + \ldots + x_m\sigma_1^{-1}(\alpha_m) &= 0\\
x_1\sigma_2^{-1}(\alpha_1) + x_2\sigma_2^{-1}(\alpha_2) + \ldots + x_m\sigma_2^{-1}(\alpha_m) &= 0\\
\cdots\cdots\cdots\cdots\cdots\cdots\cdots\cdots\cdots\cdots\cdots\cdots&\\
x_1\sigma_n^{-1}(\alpha_1) + x_2\sigma_n^{-1}(\alpha_2) + \ldots + x_m\sigma_n^{-1}(\alpha_m) &= 0
\end{aligned}
$$

gilt, und da es auf die Numerierung der α_i nicht ankommt, kann man $x_1 \neq 0$ annehmen. Wir wissen nun: Es gibt ein $\alpha \in E$ mit $S(\alpha) \neq 0$; dabei ist $\alpha \neq 0$. Multipliziert man jede der n Gleichungen (1) mit $\alpha x_1^{-1} \neq 0$, so sieht man, daß auch die m nicht sämtlich verschwindenden Elemente $\alpha, \alpha x_1^{-1}x_2, \alpha x_1^{-1}x_3, \ldots, \alpha x_1^{-1}x_m$ aus E an Stelle von $x_1, x_2, \ldots, x_m$ in (1) eingetragen werden können. Bezeichnet man sie wieder mit $x_1, x_2, \ldots, x_m$, so gilt also (1) mit einem $x_1 \neq 0$, für das zusätzlich $S(x_1) \neq 0$ ist. Nun wende man auf die i-te Gleichung in (1) den Automorphismus σ_i an ($1 \leqq i \leqq n$) und addiere die so entstandenen neuen n Gleichungen. Man bekommt $S(x_1)\alpha_1 + S(x_2)\alpha_2 + \ldots + S(x_m)\alpha_m = 0$, und hierin stammen die $S(x_i)$ aus F, und $S(x_1)$ ist ungleich Null. Die Elemente $\alpha_1, \alpha_2, \ldots, \alpha_m$ aus E sind also linear abhängig über F, und Satz 1 ist bewiesen.

§ 65 Normale Körpererweiterungen

65.1 Es sei E ein Körper und G eine endliche Gruppe von Automorphismen von E. Den zu G gehörenden Fixpunktkörper F bezeichnen wir mit $\varkappa(G)$. Nach Satz 64.1 gilt $[E:F] = |G|$. Das liefert die folgende Beschreibung der Abbildung $\varkappa$: Jeder endlichen Gruppe G von Automorphismen von E wird als Bild $\varkappa(G)$ ein gewisser Teilkörper $F \subset E$ mit der Eigenschaft $[E:F] < \infty$ zugeordnet. Es ist nicht gesagt und im allgemeinen auch nicht richtig, daß jeder Teilkörper $L \subset E$ mit $[E:L] < \infty$ dabei als Bild auftritt. Es gilt die Regel: $G_1 \subset G_2 \Rightarrow \varkappa(G_1) \supset \varkappa(G_2)$.
Ist umgekehrt F ein Teilkörper von E mit $[E:F] < \infty$, so bilden die Automorphismen von E, die F elementweise festlassen, eine Gruppe; wir bezeichnen sie mit $\gamma(F)$ und nennen sie die *Automorphismengruppe von E über F*. Es gilt $|\gamma(F)| < \infty$; ist nämlich $F' \supset F$ der Fixpunktkörper der Automorphismen aus $\gamma(F)$, so wird $|\gamma(F)| \leqq [E:F'] \leqq [E:F] < \infty$ nach Satz 63.3. Das liefert die folgende Beschreibung der Abbildung γ: Jedem Teilkörper $F \subset E$ mit der Eigenschaft $[E:F] < \infty$ wird als Bild eine gewisse endliche Gruppe $G = \gamma(F)$ von Automorphismen von E zugeordnet. Es ist zunächst nicht gesagt, daß jede endliche Gruppe von Automorphismen von E dabei als Bild auftritt; doch wird sich das in der Aussage (2) des folgenden Satzes 1 als richtig herausstellen. Es gilt die Regel: $F_1 \subset F_2 \Rightarrow \gamma(F_1) \supset \gamma(F_2)$.

Satz 1: *Mit den vereinbarten Bezeichnungen gilt*
(1) $\varkappa(\gamma(F)) \supset F$,
(2) $\gamma(\varkappa(G)) = G$.

Beweis: Die Beziehungen $\varkappa(\gamma(F)) \supset F$ und $\gamma(\varkappa(G)) \supset G$ folgen aus den Definitionen von $\varkappa$ und γ. Zu zeigen bleibt also noch $\gamma(\varkappa(G)) \subset G$ oder auch nur $|\gamma(\varkappa(G))| \leqq |G|$. Dazu setzen wir $\varkappa(G) = F$ und bezeichnen den Fixpunktkörper von $\gamma(F)$ mit $F' \supset F$. Satz 64.1 liefert dann $|\gamma(F)| = [E:F'] \leqq [E:F] = |G|$, also $|\gamma(\varkappa(G))| \leqq |G|$.

Daß in der Aussage (1) von Satz 1 das Gleichheitszeichen stehen kann, aber nicht muß, zeigen wir durch zwei Beispiele.

Beispiel 1. Es sei $E = \mathfrak{Q}(\sqrt{2})$ und $F = \mathfrak{Q}$. Ein Automorphismus σ von E, der $\mathfrak{Q}$ elementweise festläßt, ist bekannt, sobald $\sigma(\sqrt{2})$ bekannt ist; auf diese Weise bestimmen wir $\gamma(F)$. Nach Satz 58.5 kommen für $\sigma(\sqrt{2})$ nur Konjugierte von $\sqrt{2}$ über $\mathfrak{Q}$, also $\sqrt{2}$ selbst und $-\sqrt{2}$, in Frage. Der Fall $\sigma(\sqrt{2}) = \sqrt{2}$ kann wirklich eintreten; es ist dann σ der identische Automorphismus ε. Daß auch der Fall $\sigma(\sqrt{2}) = -\sqrt{2}$ möglich ist, hat die folgenden Gründe: Erstens ist $-\sqrt{2}$ ein Element von $\mathfrak{Q}(\sqrt{2})$; zweitens gilt $\mathfrak{Q}(\sqrt{2}) \simeq \mathfrak{Q}(-\sqrt{2})$ vermöge σ nach Satz 58.2 (Spezialfall); drittens ist es eine Abbildung von E auf E. Diesen zweiten Automorphismus von E, der F elementweise festläßt, nennen wir jetzt τ; weitere gibt es nicht. Also wird $\gamma(F) = \{\varepsilon, \tau\}$. Nun bestimmen wir $\varkappa(\gamma(F))$. Welche Elemente aus E bleiben unter ε und τ fest? Jedes $a + b\sqrt{2} \in E$ $(a, b \in \mathfrak{Q})$ mit $b \neq 0$ wird durch τ bewegt. Also kommen nur Elemente aus $F = \mathfrak{Q}$ als Fixelemente in Frage, und es wird $\varkappa(\gamma(F)) = F$.

Beispiel 2. Es sei $E = \mathfrak{Q}(\sqrt[3]{7})$ und $F = \mathfrak{Q}$. Ein Automorphismus σ von E, der $\mathfrak{Q}$ elementweise festläßt, ist bekannt, sobald $\sigma(\sqrt[3]{7})$ bekannt ist; auf diese Weise bestimmen wir $\gamma(F)$. Nach Satz 58.5 kommen für $\sigma(\sqrt[3]{7})$ nur Konjugierte von $\sqrt[3]{7}$ über $\mathfrak{Q}$, also $\sqrt[3]{7}$ selbst sowie $\omega\sqrt[3]{7}$ und $\omega^2\sqrt[3]{7}$ ($\omega = -\frac{1}{2} + \frac{i}{2}\sqrt{3}$), in Frage. Von diesen drei Konjugierten liegt nur $\sqrt[3]{7}$ in E. Der einzige Automorphismus von E, der F elementweise festläßt, ist also die Identität ε, und es wird $\gamma(F) = \{\varepsilon\}$. Aber hier ist ersichtlich $\varkappa(\gamma(F)) = E \underset{\neq}{\supset} F$.

Die Aussage (2) von Satz 1 zeigt, daß $\varkappa$ die Gesamtheit aller endlichen Gruppen G von Automorphismen von E eineindeutig auf eine Menge gewisser Unterkörper $F \subset E$ mit $[E : F] < \infty$ abbildet; Anwendung von γ liefert ja: $\varkappa(G_1) = \varkappa(G_2) \Rightarrow G_1 = G_2$.

Bei dieser Abbildung tritt ein $F \subset E$ mit $[E : F] < \infty$ dann und nur dann als Bild auf, wenn in (1) das Gleichheitszeichen steht: $\varkappa(\gamma(F)) = F$. Ist nämlich $\varkappa(\gamma(F)) = F$, so ist F das Bild von $\gamma(F)$, und aus $F = \varkappa(G)$ folgt $\gamma(F) = G$ nach (2), also $\varkappa(\gamma(F)) = F$.

Unterkörper $F \subset E$ mit $\varkappa(\gamma(F)) \neq F$ werden in der folgenden grundlegenden Definition ausgeschlossen.

Definition: *Es sei E eine endliche Körpererweiterung des Körpers F, ferner $\gamma(F)$ die Gruppe aller derjenigen Automorphismen von E, die F elementweise festlassen, und $\varkappa(\gamma(F))$ der Fixpunktkörper von $\gamma(F)$. Genau dann heißt E normal über F, wenn $\varkappa(\gamma(F)) = F$ ist, und in diesem Fall heißt $\gamma(F) =_{Df} G(E|F)$ die Galoisgruppe von E über F.*

Es ist also $\mathfrak{Q}(\sqrt{2})$ normal über $\mathfrak{Q}$ (Beispiel 1), aber $\mathfrak{Q}(\sqrt[3]{7})$ nicht normal über $\mathfrak{Q}$ (Beispiel 2). Die Galoisgruppe $\{\varepsilon, \tau\}$ von $\mathfrak{Q}(\sqrt{2})$ über $\mathfrak{Q}$ ist zyklisch von der Ordnung 2.

Wir notieren zunächst den

Satz 2: *Es seien E und K Körper und E normal über K. Dann gilt $[E : K] = |G(E|K)|$.*

Beweis: Die Gruppe $G(E|K) = \gamma(K)$ ist endlich, und sie hat $\varkappa(\gamma(K)) = K$ als Fixpunktkörper. Die Behauptung folgt also aus Satz 64.1.

65.2 Bislang ist noch nicht zu sehen, welche besondere Bedeutung diesen Körpererweiterungen E von K zukommen sollte, die wir noch dazu als normal über K bezeichnet haben. Auch erscheint es wünschenswert, an Stelle der Definition eine handlichere Beschreibung für normale Erweiterungen kennenzulernen. Beiden Bedürfnissen dienen die folgenden Sätze.

Satz 3: *Die Körpererweiterung E von K sei normal über K mit der Galoisgruppe $G(E|K)$. Es sei $\alpha \in E$ und $B(\alpha) = \{\sigma(\alpha) : \sigma \in G(E|K)\} = \{\alpha_1 = \alpha, \alpha_2, \ldots, \alpha_n\}$ die Menge aller Bilder $\sigma(\alpha)$ von α durch Automorphismen σ aus $G(E|K)$. Dann gilt* $\operatorname{Irr}(\alpha, K) = (x - \alpha_1)(x - \alpha_2) \ldots (x - \alpha_n)$.

Beweis: Wir setzen $(x - \alpha_1)(x - \alpha_2) \ldots (x - \alpha_n) = p(x) \in E[x]$. Dieses Polynom ist normiert und hat α als Nullstelle. Wir haben zu zeigen, daß

$p(x) \in K[x]$ und Grad $p(x) =$ Grad Irr (α, K) ist. Ein $\sigma \in G(E|K)$ bildet $\{\alpha_1, \alpha_2, \ldots, \alpha_n\}$ auf sich ab, permutiert also die α_ν nur und läßt daher die Koeffizienten von $p(x)$ fest; es ist, als wenn man die Faktoren des Produkts für $p(x)$ permutiert hätte. Die Koeffizienten von $p(x)$ gehören also zum Fixpunktkörper $F \subset E$ von $G(E|K)$, und da E normal über K ist, gilt $F = K$; es folgt $p(x) \in K[x]$. Deswegen und weil $p(\alpha) = 0$ ist, gilt weiter Grad $p(x) \geqq$ Grad Irr (α, K), und es bleibt zu zeigen: Grad $p(x) \leqq$ Grad Irr (α, K). Dies wiederum folgt, sobald gezeigt ist, daß das Polynom Irr $(\alpha, K) = \sum_{\mu=0}^{m} a_\mu x^\mu$ alle n Elemente α_ν als Nullstellen hat. Dazu wende man $\sigma \in G(E|K)$ auf $\sum_{\mu=0}^{m} a_\mu \alpha^\mu = 0$ an und beachte, daß $\sigma(\alpha)$ in $\sum_{\mu=0}^{m} a_\mu(\sigma(\alpha))^\mu = 0$ mit $\sigma \in G(E|K)$ alle Elemente $\alpha_\nu \in B(\alpha)$ durchläuft.

Bemerkung: In Satz 3 ist $n \leqq |G(E|K)|$. Das Gleichheitszeichen steht dann und nur dann, wenn α ein primitives Element von E über K ist.

Satz 4: *Eine normale Erweiterung E des Körpers K ist separabel über K.*

Beweis: Da E endlich über K ist, ist jedes $\alpha \in E$ algebraisch über K, und nach Satz 3 hat das Polynom Irr (α, K) nur einfache Nullstellen.
Ferner gilt der

Satz 5: *Die Körpererweiterung E von K sei normal über K und $p(x) \in K[x]$ irreduzibel über K. Liegt dann eine Nullstelle von $p(x)$ in E, so auch alle anderen. Oder: Mit $\alpha \in E$ liegen alle Konjugierten von α über K in E.*

Beweis: Es sei $p(\alpha) = 0$ für $\alpha \in E$. Da das Polynom $p(x)$ in $K[x]$ irreduzibel ist, ist es bis auf einen Faktor aus K gleich Irr (α, K), und dieses Polynom zerfällt in $E[x]$ in Linearfaktoren nach Satz 3.
Dieser Satz zeigt sofort, daß der reelle Körper $\mathfrak{Q}(\sqrt[3]{7})$ aus Beispiel 2 nicht normal über $\mathfrak{Q}$ ist; denn zwei der Konjugierten von $\sqrt[3]{7}$ über $\mathfrak{Q}$ sind nicht reell und demnach nicht Elemente von $\mathfrak{Q}(\sqrt[3]{7})$.
Der folgende Satz gibt nun die gewünschte Beschreibung normaler Körpererweiterungen; auf ihm beruht ihre Bedeutung.

Satz 6: *Es seien E und K Körper. Die folgenden drei Aussagen sind dann gleichwertig.*
(1) E ist eine normale Erweiterung von K.
(2) E ist Zerfällungskörper eines über K separablen Polynoms $g(x) \in K[x]$.
(3) E ist Zerfällungskörper eines Polynoms $f(x) \in K[x]$ mit lauter einfachen Nullstellen.

Beweis:
(1) $\Rightarrow$ (2): Da E speziell endlich über K ist, gibt es nach Satz 54.5 über K algebraische $\alpha_1, \alpha_2, \ldots, \alpha_n$ aus E mit $E = K(\alpha_1, \alpha_2, \ldots, \alpha_n)$. Nach Satz 4 sind diese α_ν, also auch die Polynome $p_\nu(x) =$ Irr (α_ν, K) separabel über K. Also ist $g(x) = p_1(x)p_2(x) \ldots p_n(x) \in K[x]$ separabel über K. Da E normal über K ist, zerfällt $g(x)$ in $E[x]$ in Linearfaktoren (Satz 5). Der Oberkörper E von K entsteht aus K bereits durch Adjunktion eines Teils der Nullstellen von $g(x)$, ist also Zerfällungskörper von $g(x) \in K[x]$.

(2) $\Rightarrow$ (3): Haben $p_i(x)$ und $p_j(x)$ in $g(x) = p_1(x)p_2(x) \ldots p_n(x)$ eine Nullstelle $\beta \in E$ gemeinsam und sind die $p_\nu(x) \in K[x]$ irreduzibel über K, so sind abgesehen von Faktoren aus K beide Polynome $p_i(x)$ und $p_j(x)$ gleich $\operatorname{Irr}(\beta, K)$. Streicht man also in $g(x)$ solche mehrfach aufgeführten Primfaktoren bis auf jeweils einen, so entsteht ein Polynom $f(x) \in K[x]$ mit einfachen Nullstellen, da die $p_\nu(x)$ nach Voraussetzung nur einfache Nullstellen haben. Man bekommt E aus K durch Adjunktion aller Nullstellen von $g(x)$, also auch von $f(x)$; also ist E auch Zerfällungskörper von $f(x) \in K[x]$.

(3) $\Rightarrow$ (1): Nach Satz 54.5 ist E endlich über K. Man betrachte die Gruppe $\gamma(K)$. Sie hat so viele Elemente, wie es Fortsetzungen des identischen Automorphismus $\varepsilon: K \to K$ auf E gibt. Aussage b) von Satz 58.3 liefert also $|\gamma(K)| = [E:K]$. Es sei ferner $\varkappa(\gamma(K)) = F \supset K$ der Fixpunktkörper von $\gamma(K)$. Zu zeigen ist $F = K$. Nach Satz 64.1 gilt $|\gamma(K)| = [E:F]$. Aus $E \supset F \supset K$ und $[E:F] = [E:K] < \infty$ folgt aber mit der Gradformel $[F:K] = 1$ oder $F = K$.

Der wichtigste Spezialfall von Satz 6 ist der

Satz 7: *Es sei K ein Körper der Charakteristik Null und E eine Körpererweiterung von K. Genau dann ist E normal über K, wenn E Zerfällungskörper eines $g(x) \in K[x]$ ist.*

Beweis: Ist E normal über K, so ist E Zerfällungskörper eines $g(x) \in K[x]$ nach Aussage (2) von Satz 6. Ist umgekehrt E Zerfällungskörper eines $g(x) \in K[x]$, so ist wegen $\chi(K) = 0$ von selbst $g(x)$ separabel über K (Satz 62.1). Es gelten also die Aussagen (2) und (1) von Satz 6.

Dieser letzte Satz zeigt am deutlichsten, mit welcher Berechtigung wir von normalen Körpererweiterungen sprechen.

Beispiel 2. Der Körper $\mathfrak{Q}(\sqrt[3]{7})$ war nicht normal über $\mathfrak{Q}$. Es gibt also kein $g(x) \in \mathfrak{Q}[x]$ mit $\mathfrak{Q}(\sqrt[3]{7})$ als Zerfällungskörper.

§ 66 Der Hauptsatz der Galoistheorie

Wir geben uns nun eine normale Erweiterung E des Körpers K mit der Galoisgruppe $G(E|K) = G$ vor, betrachten Zwischenkörper $E \supset L \supset K$ und Untergruppen $U \subset G$ und halten an den Bezeichnungen von § 65 fest: Es bedeute $\varkappa(U)$ den Fixpunktkörper von U, also einen gewissen Zwischenkörper von E und K, und es sei $\gamma(L) \subset G$ die Gruppe der Automorphismen von E, die L elementweise festlassen. Wir wollen alle Zwischenkörper L zwischen E und K bestimmen und Aussagen über sie machen. Etwas vereinfacht wird sich folgendes herausstellen: Es gibt genausoviele Zwischenkörper L, wie es Untergruppen U von G gibt; E ist normal über jedem L, und L ist genau dann normal über K, wenn die Gruppe $\gamma(L) \subset G$ Normalteiler in G ist.

Satz 1: *Es sei E eine normale Erweiterung des Körpers K und L ein Zwischenkörper. Dann ist E auch normal über L.*

Beweis: Nach Satz 65.6 ist E Zerfällungskörper eines Polynoms $f(x) \in K[x]$ mit einfachen Nullstellen, also auch Zerfällungskörper des Polynoms $f(x) \in L[x]$ mit einfachen Nullstellen. Wiederum nach Satz 65.6 bedeutet das: E ist normal über L.
Aber L muß nicht normal über K sein. Es sei etwa E der Zerfällungskörper von $x^3 - 7 \in \mathfrak{Q}[x]$; er ist normal über $K = \mathfrak{Q}$ nach Satz 65.7. Der Zwischenkörper $L = \mathfrak{Q}(\sqrt[3]{7})$ ist dann, wie wir wissen, nicht normal über K. Genauere Auskunft gibt der

Satz 2: *Es sei E eine normale Erweiterung des Körpers K und L ein Zwischenkörper. Genau dann ist L normal über K, wenn für jeden Automorphismus $\sigma \in G(E|K)$ gilt: $\sigma(L) = L$.*

Beweis: Es sei $G(E|K) = G$; nach Satz 65.2 gilt $[E : K] = |G|$; wir setzen $|G| = n$. Weiter sei L ein Zwischenkörper zwischen E und K und $\gamma(L) = U$; nach Satz 1 ist E normal über L, also $G(E|L) = U$ und wieder $[E : L] = |U|$; wir setzen $|U| = m$. Wegen $U \subset G$ gilt $m|n$, und mit der Gradformel wird $[L : K] = \frac{n}{m}$. Nach Satz 63.3 gibt es also höchstens $\frac{n}{m}$ Isomorphismen von L in E, die K elementweise festlassen. Wir schieben nun zur Fortsetzung des Beweises eine Zwischenbetrachtung ein.
Man wähle zwei Automorphismen $\sigma, \tau \in G$ und beobachte ihre Wirkung auf L; wir bezeichnen die durch sie induzierten Isomorphismen von L in E mit $\sigma^*: L \to E$ und $\tau^*: L \to E$. Wann ist $\sigma^* = \tau^*$? Es müßte $\sigma(\alpha) = \tau(\alpha)$ oder $\tau^{-1}\sigma(\alpha) = \alpha$ für alle $\alpha \in L$, also $\tau^{-1}\sigma \in U$ oder $\sigma \in \tau U$ sein. Genau dann also gilt $\sigma^* = \tau^*$, wenn σ und τ in derselben Linksnebenklasse von U liegen. Es gibt $\frac{n}{m}$ solche Nebenklassen von U in G; die Automorphismen $\sigma \in G$ liefern also genau $\frac{n}{m}$ paarweise voneinander verschiedene Isomorphismen σ^* von L in E, die K elementweise festlassen, und damit sind alle derartigen Isomorphismen von L in E gefunden, da es, wie bereits festgestellt, mehr nicht geben kann. Die Menge aller dieser σ^* sei G^*; es war $|G^*| = \frac{n}{m}$.
Es sei nun A die Gruppe der Automorphismen von L, die K elementweise festlassen; nach dem eben Erörterten gilt $A \subset G^*$. Ferner sei $F \subset L$ der Fixpunktkörper von A in L. Es gilt $K \subset F \subset L$. Genau dann ist L normal über K, wenn $F = K$ oder $[L : F] = [L : K]$ ist. Es war $[L : K] = \frac{n}{m} = |G^*|$, und nach Satz 64.1 ist $[L : F] = |A|$. Genau dann ist also L normal über K, wenn $|A| = |G^*|$ oder $A = G^*$, also jedes σ^* bereits ein Automorphismus von L ist: $\sigma(L) = L$. Damit ist Satz 2 bewiesen.

Das Resultat von Satz 2 ist recht instruktiv: Genau diejenigen Zwischenkörper L sind normal über K, die durch die Automorphismen $\sigma \in G(E|K)$ elementweise vielleicht verändert, im ganzen aber nicht bewegt werden.

Ist φ: $A \to B$ eine Abbildung von A in B und T eine Teilmenge von A, so wollen wir auch weiterhin die Restriktion von φ auf T mit φ^*: $T \to B$ bezeichnen. Wir notieren eine Variante von Satz 2, die mitbewiesen wurde.

Satz 3: *Es sei E eine normale Erweiterung des Körpers K und L ein Zwischenkörper. Genau dann ist L normal über K, wenn die Menge G^* aller Restriktionen σ^* der $\sigma \in G(E|K)$ auf L die Gruppe der Automorphismen von L mit dem Fixpunktkörper K ist: $G^* = G(L|K)$.*

Der folgende Satz 4 wird gewöhnlich als der *Hauptsatz der Galoistheorie* bezeichnet; oft rechnet man auch den Inhalt der ergänzenden Sätze 5 und 6 mit dazu.

Satz 4: *Es sei E eine normale Erweiterung des Körpers K mit der Galoisgruppe $G(E|K) = G$. Mit M_1 sei die Menge aller Untergruppen $U \subset G$, mit M_2 die Menge aller Zwischenkörper $E \supset L \supset K$ bezeichnet. Der Fixpunktkörper von $U \in M_1$ sei $\varkappa(U) \in M_2$; die Automorphismengruppe von E mit dem Fixpunktkörper $L \in M_2$ sei $\gamma(L) \in M_1$. Dann gelten die folgenden Aussagen.*
(1) $[E:K] = |G|$.
(2) Die Abbildung $\varkappa$: $M_1 \to M_2$ ist bijektiv; die Umkehrabbildung ist $\varkappa^{-1} = \gamma$.
(3) Für $U_1, U_2 \in M_1$ gilt: $U_1 \subset U_2 \Rightarrow \varkappa(U_1) \supset \varkappa(U_2)$.
Für $L_1, L_2 \in M_2$ gilt: $L_1 \subset L_2 \Rightarrow \gamma(L_1) \supset \gamma(L_2)$.
(4) E ist normal über jedem Zwischenkörper $L \in M_2$; es gilt $G(E|L) = \gamma(L)$. Es ist $[E:L] = |\gamma(L)|$, und $[L: K]$ ist gleich dem Index von $\gamma(L)$ in G.

Beweis:
(1): Satz 65.2.
(2): Es ist E endlich über K, die Abbildung $\varkappa$: $M_1 \to M_2$ also eine Injektion (§ 65.1). Da E sogar normal über K ist, ist E auch normal über jedem $L \in M_2$ (Satz 1), und das heißt $\varkappa(\gamma(L)) = L$; jedes $L \in M_2$ hat also ein Original $\gamma(L) \in M_1$, und die Abbildung $\varkappa$ ist insgesamt bijektiv. Nach Satz 65.1 gilt $\gamma(\varkappa(U)) = U$ für jedes $U \in M_1$; die Umkehrabbildung von $\varkappa$ ist also γ.
(3): Diese Regeln wurden schon in § 65.1 ausgesprochen.
(4): Die ersten beiden Behauptungen stehen in Satz 1 und der Definition der Galoisgruppe. Es folgt $[E:L] = |\gamma(L)|$ nach Satz 65.2. Die Gradformel liefert also $[L: K] = \dfrac{|G|}{|\gamma(L)|} = \text{ind}\,\gamma(L)$.

Die wichtigste Aussage von Satz 4 ist (2). Die Bestimmung aller Zwischenkörper $E \supset L \supset K$ wird damit auf die Bestimmung aller Untergruppen U einer endlichen Gruppe G zurückgeführt. Wir besprechen in § 67 ein Beispiel.

Satz 5: *Es sei E normal über K mit der Galoisgruppe $G(E|K) = G$ und L ein Zwischenkörper mit der Gruppe $\gamma(L) = U \subset G$. Genau dann ist L normal über K, wenn U Normalteiler von G ist. Ist L normal über K, so gilt $G(L|K) \simeq G/U$.*

Beweis: Wir führen den Beweis in drei Schritten.
1) Es sei $\sigma \in G$. Wir behaupten: Wenn U die Gruppe von L ist, so ist $\sigma U \sigma^{-1}$ die Gruppe von $\sigma(L)$. Zunächst ist $\sigma(L)$ ein Zwischenkörper von E und K. Zu bestimmen ist die Menge aller $\tau \in G$ mit $\tau\sigma(\alpha) = \sigma(\alpha)$ oder $\sigma^{-1}\tau\sigma(\alpha) = \alpha$ für jedes $\alpha \in L$. Also gilt $\sigma^{-1}\tau\sigma \in U$ oder $\tau \in \sigma U \sigma^{-1}$.

2) Nach Satz 2 ist L genau dann normal über K, wenn für alle $\sigma \in G$ gilt: $\sigma(L) = L$. Nach 1) und Aussage (2) von Satz 4 ist das gleichwertig mit $\sigma U \sigma^{-1} = U$ für alle $\sigma \in G$. Also ist L genau dann normal über K, wenn U Normalteiler in G ist.
3) Es sei nun L normal über K, also U Normalteiler von G. Die Galoisgruppe $G(L|K)$ ist dann die Gruppe G^* aus Satz 3. Für die Restriktion $(\sigma\tau)^*$ eines Produkts $\sigma\tau$ von Automorphismen $\sigma, \tau \in G$ auf L gilt natürlich $(\sigma\tau)^* = \sigma^*\tau^*$. Das bedeutet $G \overset{\sim}{\twoheadrightarrow} G^*$; Kern dieser Abbildung ist U. Der Homomorphiesatz für Gruppen liefert also $G(L|K) = G^* \simeq G/U$.

Der Formulierung von Satz 6 stellen wir eine kurze Betrachtung voran. Sind U_1 und U_2 Untergruppen der Gruppe G, so gibt es wenigstens eine Untergruppe H von G, die U_1 und U_2 umfaßt, nämlich G selbst. Der Durchschnitt D aller dieser H ist wieder eine Untergruppe von G, die U_1 und U_2 umfaßt, und wegen $D \subset H$ für alle H hat es einen Sinn zu sagen, D sei die kleinste Untergruppe von G, die U_1 und U_2 enthält; sie existiert stets. Sind analog L_1 und L_2 Zwischenkörper der Körper E und K, so hat es einen Sinn, von dem kleinsten Unterkörper L von E zu sprechen, der L_1 und L_2 umfaßt; L ist der Durchschnitt aller gemeinsamen Oberkörper $F \subset E$ von L_1 und L_2.

Satz 6: *Es sei E normal über K und L der kleinste Unterkörper von E, der die Zwischenkörper L_1 und L_2 von K und E enthält. Die Gruppen von L_1, L_2 seien $\gamma(L_1) = U_1$ und $\gamma(L_2) = U_2$. Die kleinste Untergruppe von $G(E|K)$, die U_1 und U_2 umfaßt, sei U. Dann gilt für die Fixpunktkörper*
(1) $\varkappa(U) = L_1 \cap L_2$,
(2) $\varkappa(U_1 \cap U_2) = L$.

Beweis:
(1): U wird von den Elementen aus U_1 und U_2 erzeugt. Automorphismen aus U lassen also jedenfalls $L_1 \cap L_2$ elementweise fest: $\varkappa(U) \supset L_1 \cap L_2$. Aus $U \supset U_1$ folgt $\varkappa(U) \subset L_1$; aus $U \supset U_2$ folgt $\varkappa(U) \subset L_2$. Also gilt auch $\varkappa(U) \subset L_1 \cap L_2$ und damit $\varkappa(U) = L_1 \cap L_2$.
(2): Behauptet wird $\gamma(L) = U_1 \cap U_2$. Der Körper L wird von den Elementen aus L_1 und L_2 erzeugt. Automorphismen aus $U_1 \cap U_2$ lassen also sicher L elementweise fest: $\gamma(L) \supset U_1 \cap U_2$. Aus $L \supset L_1$ folgt $\gamma(L) \subset U_1$; aus $L \supset L_2$ folgt $\gamma(L) \subset U_2$. Also gilt auch $\gamma(L) \subset U_1 \cap U_2$ und damit $\gamma(L) = U_1 \cap U_2$.

§ 67 Ein Beispiel

Gegeben sei der Körper $K = \mathbb{Q}$. Wir betrachten den Zerfällungskörper $E \supset K$ von $f(x) = x^4 - 2 \in \mathbb{Q}[x]$. Nach Satz 65.7 ist E normal über $\mathbb{Q}$. Die Nullstellen von $f(x)$ sind $\sqrt[4]{2}$, $i\sqrt[4]{2}$, $-\sqrt[4]{2}$ und $-i\sqrt[4]{2}$; es wird also $E = \mathbb{Q}(\sqrt[4]{2}, i)$. Das Polynom $x^4 - 2$ ist irreduzibel über $\mathbb{Q}$ (Eisenstein-Kriterium, $p = 2$); es folgt $[E : K] = [\mathbb{Q}(\sqrt[4]{2}, i) : \mathbb{Q}(\sqrt[4]{2})] \cdot [\mathbb{Q}(\sqrt[4]{2}) : \mathbb{Q}] = 2 \cdot 4 = 8$. Nach Aussage (1) von Satz 66.4 besteht also $G(E|K)$ aus acht Elementen. Diese Galoisgruppe bestimmen wir zunächst.

Ein Automorphismus φ der Gruppe $G(E|K) = G$ wirkt auf die Elemente von $E = \mathfrak{Q}(\sqrt[4]{2}, i)$, läßt aber dabei die Elemente aus $\mathfrak{Q}$ fest. Ein $\varphi \in G$ ist daher bekannt, wenn $\varphi(\sqrt[4]{2})$ und $\varphi(i)$ bekannt sind. Nach Satz 58.5 gibt es für $\varphi(\sqrt[4]{2})$ die Möglichkeiten $\sqrt[4]{2}, i\sqrt[4]{2}, -\sqrt[4]{2}, -i\sqrt[4]{2}$, für $\varphi(i)$ nur i und $-i$. Kombiniert man alle Möglichkeiten miteinander, so ergeben sich acht Fälle, die nun sämtlich Automorphismen von $\mathfrak{Q}(\sqrt[4]{2}, i)$ liefern müssen, da andernfalls $|G| < 8$ ausfiele. Nun können wir G aufschreiben. Wir definieren $\sigma \in G$ durch $\sigma(\sqrt[4]{2}) = i\sqrt[4]{2}$ und $\sigma(i) = i$, ferner $\tau \in G$ durch $\tau(\sqrt[4]{2}) = \sqrt[4]{2}$ und $\tau(i) = -i$. Dann wird τ^2 der identische Automorphismus ε von $\mathfrak{Q}(\sqrt[4]{2}, i)$. Für die Potenzen von σ bekommt man $\sigma^2(\sqrt[4]{2}) = \sigma(i\sqrt[4]{2}) = \sigma(i)\sigma(\sqrt[4]{2}) = -\sqrt[4]{2}$, $\sigma^2(i) = i$ und $\sigma^3(\sqrt[4]{2}) = -i\sqrt[4]{2}$, $\sigma^3(i) = i$ und schließlich $\sigma^4 = \varepsilon$. Die Gruppe G besitzt also die Untergruppe $\{\varepsilon, \sigma, \sigma^2, \sigma^3\}$, die ihrerseits $\tau \in G$ nicht enthält, also noch die Nebenklasse $\{\tau, \sigma\tau, \sigma^2\tau, \sigma^3\tau\}$ liefert. Damit wird $G = \{\varepsilon, \sigma, \sigma^2, \sigma^3, \tau, \sigma\tau, \sigma^2\tau, \sigma^3\tau\}$.

Wir untersuchen nun die Gruppe G; speziell müssen wir, um alle Zwischenkörper von $\mathfrak{Q}(\sqrt[4]{2}, i)$ und $\mathfrak{Q}$ ausfindig zu machen, alle Untergruppen von G bestimmen. Das Rechnen in G ist leicht zu übersehen. Man prüfe nach: $\tau\sigma(\sqrt[4]{2}) = \tau(i\sqrt[4]{2}) = \tau(i)\tau(\sqrt[4]{2}) = -i\sqrt[4]{2} = \sigma^3\tau(\sqrt[4]{2})$ und $\tau\sigma(i) = -i = \sigma^3\tau(i)$. Also gilt $\sigma^4 = \tau^2 = \varepsilon$ und $\tau\sigma = \sigma^3\tau = \sigma^{-1}\tau$; nach Satz 18.1 ist G also isomorph zur Diedergruppe $\mathfrak{D}_4$. Untergruppen von G können nur die Ordnungen 1, 2, 4 und 8 haben. Die Untergruppen der Ordnung 2 sind $\{\varepsilon, \sigma^2\}$, $\{\varepsilon, \tau\}$, $\{\varepsilon, \sigma\tau\}$, $\{\varepsilon, \sigma^2\tau\}$ und $\{\varepsilon, \sigma^3\tau\}$; man findet sie durch Aufsuchen der Elemente $\sigma^2, \tau, \sigma\tau, \sigma^2\tau, \sigma^3\tau$ der Ordnung 2 in G. Nur $\{\varepsilon, \sigma^2\}$ ist Normalteiler von G, die anderen Untergruppen der Ordnung 2 sind es nicht. Durch Probieren findet man die sämtlichen Untergruppen $\{\varepsilon, \sigma, \sigma^2, \sigma^3\}$, $\{\varepsilon, \sigma^2, \tau, \sigma^2\tau\}$ und $\{\varepsilon, \sigma^2, \sigma\tau, \sigma^3\tau\}$ der Ordnung 4; als Untergruppen vom Index 2 sind sie alle Normalteiler. Es ergibt sich das folgende Gruppendiagramm; in ihm berücksichtigen wir die mengentheoretische Inklusion und kennzeichnen die Nichtnormalteiler durch einen Stern:

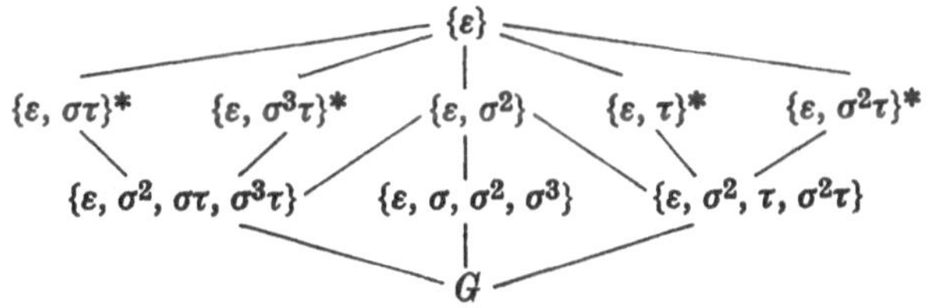

Auf Grund der Aussagen (2) und (3) von Satz 66.4 muß es nun ein entsprechendes Diagramm der sämtlichen zehn Zwischenkörper L von $E = \mathfrak{Q}(\sqrt[4]{2}, i)$ und $\mathfrak{Q}$ geben, und L ist genau dann normal über $\mathfrak{Q}$, wenn (Satz 66.5) die Gruppe $\gamma(L)$ Normalteiler von G ist. Einige Zwischenkörper L kann man sofort hinschreiben: $\mathfrak{Q}(\sqrt[4]{2}, i)$, $\mathfrak{Q}$, $\mathfrak{Q}(\sqrt[4]{2})$, $\mathfrak{Q}(i\sqrt[4]{2})$, $\mathfrak{Q}(\sqrt{2}, i)$, $\mathfrak{Q}(i)$, $\mathfrak{Q}(\sqrt{2})$, $\mathfrak{Q}(i\sqrt{2})$. Man sieht leicht, und es wird sich gleich noch einmal herausstellen, daß sie paarweise voneinander verschieden sind. Damit hat man acht Zwischenkörper ohne Mühe notiert. Es fehlen nur noch zwei, die man aber nicht so leicht erraten wird. Nun entspricht jeder Untergruppe $U \subset G$ ein Zwischenkörper $\varkappa(U)$. Trivial sind $\varkappa(\{\varepsilon\}) = \mathfrak{Q}(\sqrt[4]{2}, i)$ und $\varkappa(G) = \mathfrak{Q}$. Wir bestimmen $\varkappa(\{\varepsilon, \tau\}) = L$. Da $\mathfrak{Q}(\sqrt[4]{2})$ von jedem Automorphismus aus $\{\varepsilon, \tau\}$ elementweise festgelassen wird, gilt $E \supset L \supset \mathfrak{Q}(\sqrt[4]{2})$. Nun ist

$[E:\mathfrak{Q}(\sqrt[4]{2})] = 2$ und nach Aussage (4) von Satz 66.4 auch $[E:L] = |\{\varepsilon, \tau\}| = 2$. Die Gradformel liefert also $L = \varkappa(\{\varepsilon, \tau\}) = \mathfrak{Q}(\sqrt[4]{2})$. Ganz analog überlegt man sich $\varkappa(\{\varepsilon, \sigma^2\}) = \mathfrak{Q}(\sqrt{2}, i)$, $\varkappa(\{\varepsilon, \sigma^2\tau\}) = \mathfrak{Q}(i\sqrt[4]{2})$, $\varkappa(\{\varepsilon, \sigma, \sigma^2, \sigma^3\}) = \mathfrak{Q}(i)$, $\varkappa(\{\varepsilon, \sigma^2, \tau, \sigma^2\tau\}) = \mathfrak{Q}(\sqrt{2})$ und $\varkappa(\{\varepsilon, \sigma^2, \sigma\tau, \sigma^3\tau\}) = \mathfrak{Q}(i\sqrt{2})$. Die den Gruppen $\{\varepsilon, \sigma\tau\}$ und $\{\varepsilon, \sigma^3\tau\}$ entsprechenden Zwischenkörper kennen wir noch nicht, und wir brauchen eine Methode, sie auszurechnen.

Das kann auf mehrere Arten geschehen. Nicht das nächstliegende, aber ein recht praktisches Verfahren ist das im folgenden besprochene. Es sei wieder E normal über K mit der Galoisgruppe $G(E|K) = G$; es sei $|G| = [E:K] = n$ und $\{\alpha_1, \alpha_2, \ldots, \alpha_n\}$ eine Basis von E über K. Vorgelegt sei eine Untergruppe $U = \{\varrho_1, \varrho_2, \ldots, \varrho_m\}$ von G, und $L = \varkappa(U)$ soll ermittelt werden. Man betrachte ein Element $\xi \in E$ und (vgl. § 64) seine Spur

$$S_U(\xi) = \sum_{\mu=1}^{m} \varrho_\mu(\xi)$$

bezüglich U. Das ist ein Element aus E, das unter allen Automorphismen aus U festbleibt; es liegt also in L. Umgekehrt läßt sich jedes $l \in L$ in der Gestalt $l = S_U(\xi)$ mit einem geeigneten $\xi \in E$ schreiben, wie wir jetzt zeigen wollen. Im Falle $\chi(K) = 0$ ist m als Element von K nicht Null, und man kann einfach $\xi = \frac{1}{m} l$ wählen. Für beliebiges $\chi(K)$ wähle man ein $\alpha \in E$ mit $S_U(\alpha) \neq 0$; nach § 64 gibt es ein solches α, und es ist $S_U(\alpha) \in \varkappa(U)$; für das Element

$$\xi = \frac{l}{S_U(\alpha)}\, \alpha$$

von E gilt dann $S(\xi) = l$. Damit wissen wir: Es ist $L = \varkappa(U) = \{S_U(\xi) : \xi \in E\}$. Schreibt man ξ in der Form $a_1\alpha_1 + a_2\alpha_2 + \ldots + a_n\alpha_n$, $a_\nu \in K$, so wird $S_U(\xi) = a_1 S_U(\alpha_1) + a_2 S_U(\alpha_2) + \ldots + a_n S_U(\alpha_n)$. Es ist also L der von den $S_U(\alpha_\nu)$ aufgespannte Teilraum von E oder auch

$$L = \varkappa(U) = K(S_U(\alpha_1), S_U(\alpha_2), \ldots, S_U(\alpha_n)).$$

Wir kehren nun zu unserem numerischen Beispiel zurück und brauchen jetzt eine Basis von $\mathfrak{Q}(\sqrt[4]{2}, i)$ über $\mathfrak{Q}$. Um sie zu finden, genügt eine Erinnerung an den Beweis der Gradformel. Danach können wir etwa

$$\{1, \sqrt[4]{2}, (\sqrt[4]{2})^2, (\sqrt[4]{2})^3, i, i\sqrt[4]{2}, i(\sqrt[4]{2})^2, i(\sqrt[4]{2})^3\}$$

als Basis von $\mathfrak{Q}(\sqrt[4]{2}, i)$ über $\mathfrak{Q}$ wählen.

Die Berechnungen der Zwischenkörper verlaufen jetzt ganz schematisch; wir führen sie in drei Fällen durch.

1) Es sei $U = \{\varepsilon, \sigma, \sigma^2, \sigma^3\}$. Man bekommt $S_U(1) = 4$, $S_U(\sqrt[4]{2}) = S_U((\sqrt[4]{2})^2) = S_U((\sqrt[4]{2})^3) = 0$, $S_U(i) = 4i$, $S_U(i\sqrt[4]{2}) = S_U(i(\sqrt[4]{2})^2) = S_U(i(\sqrt[4]{2})^3) = 0$, also $\varkappa(U) = \mathfrak{Q}(4, 0, 4i) = \mathfrak{Q}(i)$.

2) Es sei $U = \{\varepsilon, \sigma\tau\}$. Man bekommt $S_U(1) = 2$, $S_U(\sqrt[4]{2}) = (1+i)\sqrt[4]{2}$, $S_U((\sqrt[4]{2})^2) = 0$, $S_U((\sqrt[4]{2})^3) = (1-i)(\sqrt[4]{2})^3$, $S_U(i) = 0$, $S_U(i\sqrt[4]{2}) = (1+i)\sqrt[4]{2}$, $S_U(i(\sqrt[4]{2})^2) = 2i(\sqrt[4]{2})^2$, $S_U(i(\sqrt[4]{2})^3) = (i-1)(\sqrt[4]{2})^3$, also $\varkappa(U) = \mathfrak{Q}((1+i)\sqrt[4]{2}, (1-i)(\sqrt[4]{2})^3, 2i(\sqrt[4]{2})^2) = \mathfrak{Q}((1+i)\sqrt[4]{2})$. (Die Zahl $\alpha = (1+i)\sqrt[4]{2}$ ist eine vierte Wurzel aus -8.)

3) Es sei $U = \{\varepsilon, \sigma^3\tau\}$. Man bekommt $S_U(1) = 2$, $S_U(\sqrt[4]{2}) = (1 - i)\sqrt[4]{2}$, $S_U((\sqrt[4]{2})^2) = 0$, $S_U((\sqrt[4]{2})^3) = (1 + i)(\sqrt[4]{2})^3$, $S_U(i) = 0$, $S_U(i\sqrt[4]{2}) = (i - 1)\sqrt[4]{2}$, $S_U(i(\sqrt[4]{2})^2) = 2i(\sqrt[4]{2})^2$, $S_U(i(\sqrt[4]{2})^3) = (1 + i)(\sqrt[4]{2})^3$, also $\varkappa(U) = \mathfrak{Q}((1 - i)\sqrt[4]{2})$. (Auch $(1 - i)\sqrt[4]{2}$ ist eine vierte Wurzel aus -8.)

Nun können wir das Diagramm aller Zwischenkörper angeben; Zwischenkörper, die nicht normal sind über $\mathfrak{Q}$, kennzeichnen wir durch einen Stern:

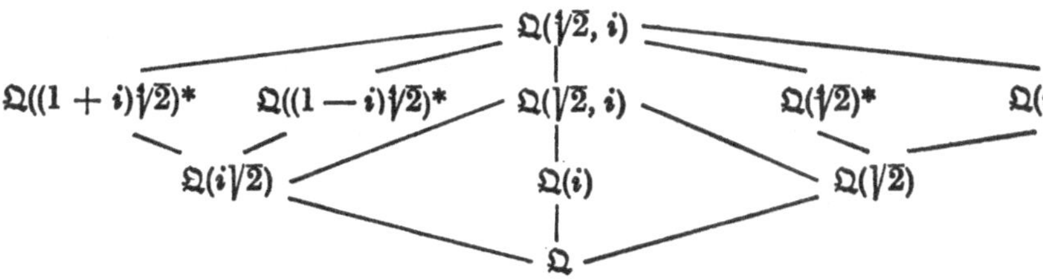

Damit ist unsere Diskussion beendet. Da jeder Automorphismus von $E = \mathfrak{Q}(\sqrt[4]{2}, i)$ von selbst den Primkörper $\mathfrak{Q}$ elementweise festläßt, war G schon die Gruppe aller Automorphismen von E, und das abschließende Körperdiagramm erfaßt bereits alle Unterkörper von E.

Aufgabe 1: Man bestimme das Körperdiagramm von $\mathfrak{Q}(\sqrt{2}, \sqrt{3})$ über $\mathfrak{Q}$.

Aufgabe 2: Man bestimme alle Zwischenkörper von $\mathfrak{Q}$ und $\mathfrak{Q}(\sqrt{2}, \sqrt{3}, \sqrt{5})$.

Aufgabe 3: Es sei E der Zerfällungskörper von $x^3 - 7 \in \mathfrak{Q}[x]$. Man bestimme das Körperdiagramm von E über $\mathfrak{Q}$.

§ 68 Automorphismen von GF(p^n)

Ergänzend zu § 59 betrachten wir noch einmal den endlichen Körper $E = GF(p^n)$. Wir wollen die Gruppe G aller Automorphismen φ von E bestimmen. Zunächst läßt jeder Automorphismus φ den Primkörper $K = \mathfrak{Z}_p$ von E elementweise fest, da jedes $k \in K$ eine Summe von Einsen ist. Nach Satz 59.3 gilt ferner $[E : K] = n < \infty$. Gesucht ist also die Gruppe $G = \gamma(K)$ aller Automorphismen von E über $K = \mathfrak{Z}_p$.

In Satz 59.5 haben wir außerdem festgestellt, daß E der Zerfällungskörper von

$$f(x) = x^{p^n} - x \in K[x]$$

ist. Wegen $f'(x) = -1$ hat $f(x)$ nur einfache Nullstellen. Nach Satz 65.6 ist also E sogar normal über K. Die gesuchte Gruppe ist demnach die Galoisgruppe $G = G(E|K)$, und wir wissen $|G| = [E : K] = n$.

Satz 1: *Der Körper $E = GF(p^n)$ ist normal über seinem Primkörper $K = \mathfrak{Z}_p$; die Galoisgruppe $G(E|K)$ ist zyklisch von der Ordnung n.*

Beweis: Wir haben noch zu zeigen, daß $G = G(E|K)$ zyklisch ist. Man betrachte die durch $\sigma(\alpha) = \alpha^p$ definierte Abbildung $\sigma: E \to E$. Aus $\sigma(\alpha) = \sigma(\beta)$ folgt $\alpha^p - \beta^p = (\alpha - \beta)^p = 0$, also $\alpha = \beta$; die Abbildung ist also injektiv und wegen $|E| < \infty$ sogar bijektiv. Ferner gilt $\sigma(\alpha + \beta) = (\alpha + \beta)^p = \alpha^p + \beta^p = \sigma(\alpha) + \sigma(\beta)$ und $\sigma(\alpha\beta) = \sigma(\alpha)\sigma(\beta)$. Insgesamt ist demnach σ ein Automorphismus von E.
Wir bestimmen die Ordnung m von $\sigma \in G$ und zeigen $m = n$. Da $|G| = n$ ist, folgt dann: $G = \{\varepsilon, \sigma, \sigma^2, \ldots, \sigma^{n-1}\}$ ist zyklisch. Wegen $|G| = n$ ist sicher $m \leqq n$. Zu zeigen bleibt $m \geqq n$. Zunächst gilt $\sigma^r(\alpha) = \alpha^{p^r}$ für jedes $\alpha \in E$. Ist also $\sigma^m = \varepsilon$ der identische Automorphismus, so bedeutet das $\alpha^{p^m} = \alpha$ für jedes $\alpha \in E$. Dann hätte aber $g(x) = x^{p^m} - x \in E[x]$ genau $|E| = p^n$ Nullstellen in E, und dazu muß $p^m \geqq p^n$ oder $m \geqq n$ sein.
Damit ist Satz 1 bewiesen.

Da man aus Satz 9.6 alle Untergruppen von G kennt, kann man wie in § 67 das Gruppendiagramm aufstellen und daraus das Diagramm der Zwischenkörper von $GF(p^n)$ und $\mathfrak{Z}_p$ ableiten. Das Ergebnis ist leicht zu übersehen und bereits in der Lösung von Aufgabe 59.2 festgehalten.

§ 69 Kreisteilungskörper

69.1 Es sei K ein Körper und E der Zerfällungskörper von $f(x) = x^n - 1 \in K[x]$. Die Nullstellen von $f(x)$ in E heißen n-te Einheitswurzeln. Sie bilden eine Gruppe I von höchstens n Elementen bezüglich der Multiplikation. Für diese Gruppe I gilt der

Satz 1: *Es sei E der Zerfällungskörper von $f(x) = x^n - 1 \in K[x]$, $n \geqq 1$, und $I \subset E$ die multiplikative Gruppe der n-ten Einheitswurzeln. Dann ist I zyklisch, und es gilt $|I| = n$ genau dann, wenn die Charakteristik $\chi(K)$ nicht in n aufgeht.*

Beweis: Die Gruppe I ist zyklisch nach Satz 59.2. Sie hat n Elemente genau dann, wenn jede Nullstelle α von $f(x)$ einfach ist. Letzteres ist genau dann der Fall, wenn $f'(x) = nx^{n-1}$ an der Stelle α nicht verschwindet. Da α nicht Null ist, ist das gleichbedeutend mit $\chi(K) \nmid n$.

Ein erzeugendes Element von I nennen wir eine *primitive n-te Einheitswurzel*. Wir wählen nun speziell $K = \mathfrak{Q}$; dann ist E der Zerfällungskörper von $x^n - 1 \in \mathfrak{Q}[x]$. Wir wissen: Genau dann, wenn E mit Zirkel und Lineal konstruierbar ist, kann man das regelmäßige n-Eck mit Zirkel und Lineal konstruieren. Das ist der Hintergrund für die

Definition: *Der Zerfällungskörper $\mathfrak{K}_n$ von $x^n - 1 \in \mathfrak{Q}[x]$, $n \geqq 1$, heißt der n-te Kreisteilungskörper.*

69.2 Unter Verwendung der Bezeichnungen von § 12.4 beschäftigen wir uns noch einmal kurz mit der primen Restklassengruppe $\mathfrak{P}_n$. Es sei n eine natürliche Zahl und $\varphi(n) = r$. Die Zahlen $1 = n_1 < n_2 < \ldots < n_r \leqq n$ seien die sämtlichen zu n teilerfremden $n_\varrho \in \mathfrak{N}$ zwischen 1 und n. Dann ist die Restklassengruppe $\mathfrak{P}_n = \{K(n_1), K(n_2), \ldots, K(n_r)\}$ eine multiplikative Untergruppe des Restklassenringes $\mathfrak{Z}_n = \{K(1), K(2), \ldots, K(n)\}$, und es gilt der

Satz 2: *Die prime Restklassengruppe $\mathfrak{P}_n$ ist abelsch; sie hat $\varphi(n)$ Elemente. Ist $n = p$ eine Primzahl, so ist $\mathfrak{P}_p$ sogar zyklisch.*

Beweis: Die ersten beiden Behauptungen wurden in § 12.4 bestätigt. Darüber hinaus ist $\mathfrak{P}_p$ als multiplikative Gruppe des endlichen Körpers $\mathfrak{Z}_p$ zyklisch nach Satz 59.1.

Daß die prime Restklassengruppe modulo p zyklisch ist, ist ein wichtiger und oft benutzter Sachverhalt. Es gibt also ein $a \in \mathfrak{P}_p$ derart, daß

$$\mathfrak{P}_p = \{1, a, a^2, \ldots, a^{p-2}\}$$

gilt. Deutet man a als eine natürliche Zahl, so besagt das, daß für vorgegebenes p bei fest gewähltem geeigneten a jede prime Restklasse modulo p einen Repräsentanten der Gestalt a^λ besitzt. Man nennt ein solches $a \in \mathfrak{N}$ eine *primitive Kongruenzwurzel modulo p*. Beispiele: 2 ist primitive Wurzel modulo 5; 3 ist primitive Wurzel modulo 17.

69.3 Wir kommen nun zu unserem Hauptresultat.

Satz 3: *Der Kreisteilungskörper $\mathfrak{K}_n$ ist normal über $\mathfrak{Q}$. Es gilt $[\mathfrak{K}_n : \mathfrak{Q}] = \varphi(n)$, und die Galoisgruppe $G(\mathfrak{K}_n|\mathfrak{Q})$ ist isomorph $\mathfrak{P}_n$.*

Beweis: Nach Definition ist $\mathfrak{K}_n$ der Zerfällungskörper von $x^n - 1 \in \mathfrak{Q}[x]$; er ist also normal über $\mathfrak{Q}$ nach Satz 65.7. Setzen wir $\zeta = \cos\frac{2\pi}{n} + i \sin\frac{2\pi}{n}$, so wird $\mathfrak{K}_n = \mathfrak{Q}(\zeta)$, und aus Grad Irr $(\zeta, \mathfrak{Q})$ = Grad $\Phi_n(x) = \varphi(n)$ folgt $[\mathfrak{K}_n : \mathfrak{Q}] = \varphi(n)$. Zu zeigen bleibt $G(\mathfrak{K}_n|\mathfrak{Q}) \simeq \mathfrak{P}_n$.
Wir bestimmen zunächst die Galoisgruppe $G(\mathfrak{K}_n|\mathfrak{Q}) = G$. Ein Automorphismus $\sigma \in G$ ist bekannt, sobald $\sigma(\zeta)$ bekannt ist. Nach Satz 58.5 kommen für $\sigma(\zeta)$ nur die Nullstellen ζ^* von $\Phi_n(x)$ in Frage. Umgekehrt gilt $\mathfrak{K}_n = \mathfrak{Q}(\zeta) \simeq \mathfrak{Q}(\zeta^*) = \mathfrak{K}_n$ für jedes solche ζ^* (Satz 58.2, Spezialfall); $\mathfrak{K}_n$ wird ja über $\mathfrak{Q}$ von jeder primitiven n-ten Einheitswurzel ζ^* erzeugt. Also definiert $\sigma(\zeta) = \zeta^*$ für jede der $\varphi(n)$ Nullstellen ζ^* von $\Phi_n(x)$ einen Automorphismus von $\mathfrak{K}_n$ über $\mathfrak{Q}$, und G besteht aus diesen $\varphi(n)$ Automorphismen. Die ζ^* sind die Zahlen $\zeta^k = \cos k\frac{2\pi}{n} + i \sin k\frac{2\pi}{n}$ mit zu n teilerfremdem $1 \leqq k \leqq n$. Die Elemente der Galoisgruppe G sind also die durch $\sigma_k(\zeta) = \zeta^k$ für zu n teilerfremdes $1 \leqq k \leqq n$ definierten Automorphismen σ_k. Zu zeigen ist $G \simeq \mathfrak{P}_n$. Wir denken uns die Gruppe $\mathfrak{P}_n$ in Gestalt ihrer zu n teilerfremden Repräsentanten k mit $1 \leqq k \leqq n$

gegeben. Dann ist die durch $\psi(\sigma_k) = k$ definierte Abbildung $\psi\colon G \to \mathfrak{P}_n$ bijektiv. Außerdem wird $\sigma_k\sigma_l(\zeta) = \sigma_k(\zeta^l) = \zeta^{kl} = \zeta^r = \sigma_r(\zeta)$ oder $\sigma_k\sigma_l = \sigma_r$ mit dem durch $1 \leqq r \leqq n$ und $r \equiv kl(n)$ eindeutig bestimmten $r \in \mathfrak{N}$, und in $\mathfrak{P}_n$ gilt entsprechend $kl = r$; das ist aber gerade die Relationstreue der Abbildung ψ. Also ist $\psi\colon G \to \mathfrak{P}_n$ ein Isomorphismus, und Satz 3 ist bewiesen.

Beispiel 1. Die Galoisgruppe von $\mathfrak{K}_{12}$ über $\mathfrak{Q}$ ist (vgl. § 12.4) die Vierergruppe $\mathfrak{P}_{12} = \{1, 5, 7, 11\}$; den drei Untergruppen der Ordnung 2 entsprechen die Zwischenkörper $\mathfrak{Q}(\sqrt{3})$, $\mathfrak{Q}(i)$, $\mathfrak{Q}(\sqrt{-3})$.

Beispiel 2. Es sei p eine Primzahl. Wir betrachten den Kreisteilungskörper $\mathfrak{K}_p$. Nach Satz 3 ist $\mathfrak{K}_p$ normal über $\mathfrak{Q}$ vom Grad $\varphi(p) = p - 1$. Die Galoisgruppe $G(\mathfrak{K}_p|\mathfrak{Q}) \simeq \mathfrak{P}_p$ ist zyklisch nach Satz 2. Es gilt $\mathfrak{K}_p = \mathfrak{Q}(\zeta)$ mit $\zeta = \cos\frac{2\pi}{p} + i \sin\frac{2\pi}{p}$, und wegen $[\zeta : \mathfrak{Q}] = p - 1$ ist $\{1, \zeta, \zeta^2, \ldots, \zeta^{p-2}\}$ eine Basis von $\mathfrak{K}_p$ über $\mathfrak{Q}$. Mit $\{1, \zeta, \zeta^2, \ldots, \zeta^{p-2}\}$ ist auch $\{\zeta, \zeta^2, \zeta^3, \ldots, \zeta^{p-1}\}$ linear unabhängig und damit nach Satz 50.4 ebenfalls eine Basis von $\mathfrak{K}_p$ über $\mathfrak{Q}$. Diese Basis $\{\zeta, \zeta^2, \ldots, \zeta^{p-1}\}$ hat eine interessante Gestalt; sie besteht aus den sämtlichen Bildern $\sigma(\zeta)$ eines gewissen Elementes $\zeta \in \mathfrak{K}_p$ unter den Automorphismen $\sigma \in G(\mathfrak{K}_p|\mathfrak{Q})$. Basen der Gestalt $\{\sigma(\zeta)\colon \sigma \in G(E|K)\}$ einer normalen Erweiterung E von K nennt man *Normalbasen.* Sie sind vielfach von Nutzen. Mit einigem Aufwand läßt sich zeigen, daß jede normale Erweiterung E eines Körpers K eine Normalbasis besitzt.

69.4 Mit Hilfe von Satz 3 sind wir nun in der Lage, die Frage, welche regelmäßigen n-Ecke mit Zirkel und Lineal konstruierbar sind, über Satz 56.3 hinaus wie folgt zu beantworten.

Satz 4 (GAUSS 1796): *Das regelmäßige n-Eck ist genau dann mit Zirkel und Lineal konstruierbar, wenn n eine Potenz von 2 oder* $n = 2^r p_2 p_3 \ldots p_s$, $r \geqq 0$, $s \geqq 2$, *mit paarweise voneinander verschiedenen Fermatschen Primzahlen* p_σ *ist.*

Beweis: Nach der Bemerkung 2 zu Satz 56.3 bleibt zu zeigen: Wenn $p = 2^{2^\nu} + 1$ eine Primzahl ist, so ist das regelmäßige p-Eck mit Zirkel und Lineal konstruierbar. Das ist der eigentlich schwierige Teil beim Beweis von Satz 4. In diesem Fall ist nun auf Grund der Sätze 3 und 2 die Galoisgruppe $G(\mathfrak{K}_p|\mathfrak{Q})$ zyklisch von der Ordnung 2^{2^ν}. Satz 9.6 liefert das vollständige Gruppendiagramm

$$\{\varepsilon\} = U_1 \subset U_2 \subset U_4 \subset U_8 \subset \ldots \subset U_{2^{2^\nu}} = G$$

von G; die U_λ sind dabei Untergruppen der Ordnung λ. Dieser Kette von $2^\nu + 1$ Untergruppen U_λ entspricht nach Satz 66.4 eine Körperkette

$$\mathfrak{K}_p = L_{2^\nu+1} \supset L_{2^\nu} \supset L_{2^\nu-1} \supset \ldots \supset L_1 = \mathfrak{Q},$$

und in ihr gilt

$$[\mathfrak{K}_p\colon L_j] = 2^{2^\nu+1-j}.$$

Mit der Gradformel folgt $[L_{j+1}: L_j] = 2$. Jetzt wird Satz 56.1 anwendbar. Er zeigt die Konstruierbarkeit von $\mathfrak{K}_p$ und damit des regelmäßigen p-Ecks für Fermatsche Primzahlen p. Damit ist Satz 4 bewiesen.

Dieser Satz steht am Ende längerer gruppen- und körpertheoretischer Untersuchungen, deren Grundlagen erst im 19. Jahrhundert allmählich gelegt wurden. GAUSS fand seinen Beweis lange Zeit zuvor im Alter von neunzehn Jahren.
In § 70 wenden wir uns wieder einem Beispiel zu und konstruieren das regelmäßige Siebzehneck.

§ 70* Die Konstruktion des regelmäßigen Siebzehnecks

Für den Kreisteilungskörper $\mathfrak{K}_{17}$ gilt $\mathfrak{K}_{17} = \mathfrak{Q}(\zeta)$ mit $\zeta = \cos\frac{2\pi}{17} + i\sin\frac{2\pi}{17}$. Das regelmäßige Siebzehneck ist konstruierbar, sobald ζ oder auch $\frac{1}{2}(\zeta + \zeta^{-1}) = \cos\frac{2\pi}{17}$ mit Zirkel und Lineal gefunden sind. Wir müssen von $\mathfrak{Q}$ über die Zwischenkörper zu $\mathfrak{K}_{17}$ aufsteigen. Um die Zwischenkörper kennenzulernen, brauchen wir nach dem Vorbild von § 67 zunächst die Galoisgruppe $G(\mathfrak{K}_{17}|\mathfrak{Q}) = G$ und das zugehörige Gruppendiagramm.
Es ist $\zeta^{17} = 1$.
Ein $\varphi \in G$ ist bekannt, sobald $\varphi(\zeta)$ bekannt ist. Die möglichen Bilder $\varphi(\zeta)$ von ζ sind die Nullstellen $\zeta, \zeta^2, \ldots, \zeta^{16}$ von $\operatorname{Irr}(\zeta, \mathfrak{Q}) = x^{16} + x^{15} + \ldots + 1$, und wegen $|G| = 16$ tritt auch jede Potenz ζ^ν für ein geeignetes $\varphi \in G$ als Bild $\varphi(\zeta)$ auf. Wir definieren nun ein spezielles $\sigma \in G$ durch $\sigma(\zeta) = \zeta^3$ (im Exponenten steht eine primitive Kongruenzwurzel modulo 17). Für die Potenzen von σ gilt dann $\sigma^2(\zeta) = \zeta^{-8}$, $\sigma^3(\zeta) = \zeta^{-7}$, $\sigma^4(\zeta) = \zeta^{-4}$, $\sigma^5(\zeta) = \zeta^5$, $\sigma^6(\zeta) = \zeta^{-2}$, $\sigma^7(\zeta) = \zeta^{-6}$, $\sigma^8(\zeta) = \zeta^{-1}$, $\sigma^9(\zeta) = \zeta^{-3}$, $\sigma^{10}(\zeta) = \zeta^8$, $\sigma^{11}(\zeta) = \zeta^7$, $\sigma^{12}(\zeta) = \zeta^4$, $\sigma^{13}(\zeta) = \zeta^{-5}$, $\sigma^{14}(\zeta) = \zeta^2$, $\sigma^{15}(\zeta) = \zeta^6$, $\sigma^{16}(\zeta) = \zeta$. Also hat σ die Ordnung 16, und es wird $G = \{\varepsilon, \sigma, \sigma^2, \ldots, \sigma^{15}\}$. Die Untergruppen von G sind $U_1 = \{\varepsilon\}$, $U_2 = \{\varepsilon, \sigma^8\}$, $U_4 = \{\varepsilon, \sigma^4, \sigma^8, \sigma^{12}\}$, $U_8 = \{\varepsilon, \sigma^2, \sigma^4, \sigma^6, \sigma^8, \sigma^{10}, \sigma^{12}, \sigma^{14}\}$, $U_{16} = G$, und wir bekommen das Gruppendiagramm

$$U_1 \subset U_2 \subset U_4 \subset U_8 \subset U_{16}.$$

Diesem Gruppendiagramm entspricht das Körperdiagramm

$$\mathfrak{K}_{17} = L_5 \supset L_4 \supset L_3 \supset L_2 \supset L_1 = \mathfrak{Q}.$$

Um diese L_j zu berechnen, brauchen wir wie in § 67 eine Basis von $\mathfrak{K}_{17}$ über $\mathfrak{Q}$. Wir wählen die aus § 69, Beispiel 2, bekannte Basis $\{\zeta, \zeta^2, \ldots, \zeta^{16}\}$. Die nun folgenden Berechnungen verlaufen nach dem Vorbild von § 67. Dabei bezeichnen wir die Spur der Gruppe U_λ mit

$$S_{U_\lambda}(\xi) = S_\lambda(\xi) \qquad (\xi \in \mathfrak{K}_{17}).$$

Der Körper L_2 gehört zu U_8 und wird demnach über $\mathfrak{Q}$ von $S_8(\zeta)$, $S_8(\zeta^2)$, $S_8(\zeta^3), \ldots, S_8(\zeta^{16})$ erzeugt. Diese Erzeugenden können auch in der Gestalt $S_8(\zeta)$, $S_8(\sigma^{14}(\zeta))$, $S_8(\sigma(\zeta)), \ldots, S_8(\sigma^8(\zeta))$ notiert werden; denkt man sie ausgeschrieben, so sieht man, daß sie nur aus den beiden voneinander verschiedenen Elementen $S_8(\zeta) =_{Df} \zeta_1$ und $S_8(\sigma(\zeta)) = \sigma(\zeta_1)$ bestehen. Es ist

$$\begin{aligned} \zeta_1 &= \zeta + \zeta^{-8} + \zeta^{-4} + \zeta^{-2} + \zeta^{-1} + \zeta^8 + \zeta^4 + \zeta^2, \\ \sigma(\zeta_1) &= \zeta^3 + \zeta^{-7} + \zeta^5 + \zeta^{-6} + \zeta^{-3} + \zeta^7 + \zeta^{-5} + \zeta^6. \end{aligned}$$

Das Element $\zeta_1 \in \mathfrak{K}_{17}$ hat unter den Automorphismen von G nur die Bilder ζ_1 und $\sigma(\zeta_1)$. Nach Satz 65.3 gilt daher $\mathrm{Irr}\,(\zeta_1, \mathfrak{Q}) = \mathrm{Irr}\,(\sigma(\zeta_1), \mathfrak{Q}) = (x - \zeta_1)(x - \sigma(\zeta_1))$; das Element ζ_1, das ja schon in L_2 liegt, hat also ebenso wie L_2 über $\mathfrak{Q}$ den Grad 2. Damit wissen wir $L_2 = \mathfrak{Q}(\zeta_1)$. Zur Konstruktion von ζ_1 brauchen wir $\mathrm{Irr}\,(\zeta_1, \mathfrak{Q})$ als Polynom aus $\mathfrak{Q}[x]$. Eine Rechnung unter Benutzung von $\zeta + \zeta^2 + \ldots + \zeta^{16} = -1$ zeigt $\zeta_1 \sigma(\zeta_1) = -4$ und $\zeta_1 + \sigma(\zeta_1) = -1$. Diese beiden Ergebnisse bestimmen $\mathrm{Irr}\,(\zeta_1, \mathfrak{Q}) = x^2 + x - 4$. Nun waren

$$\begin{aligned} \zeta_1 &= (\zeta + \zeta^{-1}) + (\zeta^2 + \zeta^{-2}) + (\zeta^4 + \zeta^{-4}) + (\zeta^8 + \zeta^{-8}), \\ \sigma(\zeta_1) &= (\zeta^3 + \zeta^{-3}) + (\zeta^5 + \zeta^{-5}) + (\zeta^6 + \zeta^{-6}) + (\zeta^7 + \zeta^{-7}) \end{aligned}$$

beide reell, und ein Blick auf die geometrische Darstellung in der Gaußschen Zahlenebene lehrt $\zeta_1 > 0$ und $\sigma(\zeta_1) < 0$. Also ist ζ_1 die positive Nullstelle $\frac{1}{2}(\sqrt{17} - 1)$ von $x^2 + x - 4$. Damit steht ζ_1 als Ergebnis einer Zirkelkonstruktion zur Verfügung, und $L_2 = \mathfrak{Q}(\zeta_1)$ ist bekannt.

Nun betrachten wir den Körper L_3. Er wird über $\mathfrak{Q}$ erzeugt von $S_4(\zeta)$, $S_4(\zeta^2), \ldots, S_4(\zeta^{16})$, und die paarweise voneinander verschiedenen dieser Erzeugenden sind $S_4(\zeta)$, $S_4(\sigma(\zeta))$, $S_4(\sigma^2(\zeta))$, $S_4(\sigma^3(\zeta))$. Ausgeschrieben haben sie die Gestalt

$$\begin{aligned} S_4(\zeta) &= \zeta + \zeta^{-4} + \zeta^{-1} + \zeta^4 &&=_{Df} \zeta_2 \\ \sigma(\zeta_2) &= \zeta^3 + \zeta^5 + \zeta^{-3} + \zeta^{-5} \\ \sigma^2(\zeta_2) &= \zeta^{-8} + \zeta^{-2} + \zeta^8 + \zeta^2 &&=_{Df} \alpha \\ \sigma^3(\zeta_2) &= \zeta^{-7} + \zeta^{-6} + \zeta^7 + \zeta^6. \end{aligned}$$

Unter den Automorphismen von G hat ζ_2 nur diese Bilder. Sie haben also wieder nach Satz 65.3 alle vier dasselbe definierende Polynom

$$\mathrm{Irr}\,(\zeta_2, \mathfrak{Q}) = (x - \zeta_2)(x - \sigma(\zeta_2))(x - \sigma^2(\zeta_2))(x - \sigma^3(\zeta_2))$$

vom Grad 4 über $\mathfrak{Q}$. Damit ist $[\zeta_2 : \mathfrak{Q}] = [L_3 : \mathfrak{Q}] = 4$, und $\zeta_2 \in L_3$ allein erzeugt L_3 über $\mathfrak{Q}$ und erst recht über L_2. Das heißt $L_3 = L_2(\zeta_2)$. Nun suchen wir das definierende Polynom $\mathrm{Irr}\,(\zeta_2, L_2)$; wegen $[L_3 : L_2] = 2$ hat es den Grad 2. Die Galoisgruppe von $\mathfrak{K}_{17}$ über L_2 ist U_8. Die möglichen Bilder von ζ_2 unter Automorphismen aus U_8 sind nur ζ_2 und $\sigma^2(\zeta_2) = \alpha$. Erneute Anwendung von Satz 65.3 liefert

$$\mathrm{Irr}\,(\zeta_2, L_2) = (x - \zeta_2)\,(x - \alpha).$$

Nun berechnet man $\zeta_2 \alpha = -1$; außerdem gilt $\zeta_2 + \alpha = \zeta_1$. Damit bekommt man $\mathrm{Irr}\,(\zeta_2, L_2) = x^2 - \zeta_1 x - 1$. Wieder sind die Nullstellen ζ_2 und α reell, und es ist $\zeta_2 > 0$, $\alpha < 0$. Also ist ζ_2 die positive Nullstelle des Polynoms $x^2 - \zeta_1 x - 1$. Mit ζ_1 steht demnach auch ζ_2 als Ergebnis einer Zirkelkonstruktion zur Verfügung; die Körper L_1, L_2, L_3 sind nun bekannt.

Wir drücken noch $\sigma(\zeta_2) =_{Df} \beta \in L_3$ durch ζ_1 und ζ_2 aus. Man prüfe dazu $\zeta_2^2 = \zeta_1 - \zeta_2 + 2\beta + 4$ nach. Es folgt $\beta = \frac{1}{2}(\zeta_2^2 - \zeta_1 + \zeta_2 - 4)$. Auch β ist damit als Resultat einer Zirkelkonstruktion bekannt.

Der nächste Körper ist L_4. Die paarweise voneinander verschiedenen unter seinen Erzeugenden $S_2(\zeta^\nu)$, $1 \leqq \nu \leqq 16$, über $\mathfrak{Q}$ sind $S_2(\zeta)$, $S_2(\sigma(\zeta))$, ..., $S_2(\sigma^7(\zeta))$. Wir können uns nun kürzer fassen: Alle diese Elemente haben den Grad 8 über $\mathfrak{Q}$ und den Grad 2 über L_3. Wir setzen $S_2(\zeta) = \zeta + \zeta^{-1} =_{Df} \zeta_3$ und bekommen $L_4 = L_3(\zeta_3)$ und $\operatorname{Irr}(\zeta_3, L_3) = (x - \zeta_3)(x - \sigma^4(\zeta_3)) = x^2 - \zeta_2 x + \beta$. Dabei ist $\sigma^4(\zeta_3) = \zeta^{-4} + \zeta^4$ die kleinere der beiden positiven Nullstellen ζ_3, $\sigma^4(\zeta_3)$ dieses Polynoms. Jetzt ist auch ζ_3 mit Zirkel und Lineal konstruierbar; denn ζ_2 und β waren inzwischen bekannt.

Nun kann das regelmäßige Siebzehneck schon konstruiert werden; es ist ja $\zeta_3 = \zeta + \zeta^{-1} = 2 \cos \frac{2\pi}{17}$.
Der Körper L_5 wird über L_4 von ζ erzeugt, und es ist $\operatorname{Irr}(\zeta, L_4) = x^2 - \zeta_3 x + 1$.

Zusammenfassung: Man konstruiere die positive Nullstelle ζ_1 von $x^2 + x - 4$, anschließend die positive Nullstelle ζ_2 von $x^2 - \zeta_1 x - 1$. Aus ζ_1 und ζ_2 konstruiere man $\beta = \frac{1}{2}(\zeta_2^2 - \zeta_1 + \zeta_2 - 4)$. Dann ist $\zeta_3 = 2 \cos \frac{2\pi}{17}$ die größere der beiden positiven Nullstellen von $x^2 - \zeta_2 x + \beta$; damit sind der Winkel $\frac{2\pi}{17}$ und das regelmäßige Siebzehneck bekannt.

Literatur: Artin [3], Hasse [7], Hasse-Klobe [8].

8 Auflösbare Polynome

Schon im Mittelalter war man in der Lage, die Nullstellen von Polynomen höchstens vierten Grades explizit durch Formeln anzugeben, in denen neben rationalen Operationen nur Wurzelzeichen verwandt werden. Obwohl diesen Formeln kaum praktische oder theoretische Bedeutung zukommt, versuchte man immer wieder erfolglos, auch die Nullstellen von Polynomen höheren Grades in gleicher Weise zu bestimmen. Der zweiundzwanzigjährige Abel hatte zunächst geglaubt, die gesuchte Auflösung für Polynome fünften Grades gefunden zu haben. Aber er erkannte bald seinen Irrtum und konnte nun im Gegenteil beweisen, daß Polynome fünften oder höheren Grades derartige Auflösungen allgemein nicht mehr gestatten. Diese Entdeckung begründete Abels ersten Ruhm, und der Beweis seines Satzes ist unser letztes Ziel. Dazu brauchen wir noch einmal zusätzliche Überlegungen aus der Gruppentheorie, die an entscheidender Stelle durch unsere Kenntnisse aus der Galoistheorie ergänzt werden.

§ 71 Polynome ersten bis vierten Grades

Es sei K ein Körper.

Die Nullstellen von $x^n - a \in K[x]$ bezeichnen wir mit dem Symbol $\sqrt[n]{a}$ und nennen es ein *Radikal*.

Definition: *Das Polynom $f(x) \in K[x]$ habe in seinem Zerfällungskörper E die nicht notwendig voneinander verschiedenen Nullstellen $\xi_1, \xi_2, \ldots, \xi_n$. Es heißt über K auflösbar, wenn jedes ξ_ν Element eines Körpers der Gestalt*

$$L = K\left(\sqrt[n_1]{a_1}, \sqrt[n_2]{a_2}, \ldots, \sqrt[n_r]{a_r}\right)$$

ist, der durch sukzessive Adjunktion gewisser Radikale $\sqrt[n_\varrho]{a_\varrho}$ wie folgt aus K entsteht:

$$a_1 \in K,\ a_2 \in K\left(\sqrt[n_1]{a_1}\right),\ a_3 \in K\left(\sqrt[n_1]{a_1}, \sqrt[n_2]{a_2}\right), \ldots, a_r \in K\left(\sqrt[n_1]{a_1}, \sqrt[n_2]{a_2}, \ldots, \sqrt[n_{r-1}]{a_{r-1}}\right).$$

Ergänzung: Hierbei kann, wie wir es im folgenden tun wollen, ohne Beschränkung der Allgemeinheit angenommen werden, daß die n_i Primzahlen sind.

In dieser neuen Bezeichnungsweise ist also etwa $\mathfrak{Q}(\sqrt[3]{2})$ ein Körper, der aus $\mathfrak{Q}$ durch Adjunktion irgendeiner (also nicht notwendig der reellen) Nullstelle von $x^3 - 2 \in \mathfrak{Q}[x]$ entsteht.

Ein lineares Polynom $f(x) = ax + b \in K[x]$, $a \neq 0$, ist auflösbar; denn es hat nur die Nullstelle $\xi_1 = -\frac{b}{a} \in K$.

Satz 1: *Es sei K ein Körper und $\chi(K) \neq 2$. Dann ist ein quadratisches Polynom $ax^2 + bx + c \in K[x]$, $a \neq 0$, über K auflösbar.*

Beweis: Es sei ξ eine Nullstelle des Polynoms und $\frac{b}{a} = p$, $\frac{c}{a} = q$. In K ist $2 \neq 0$; deswegen sind in K auch die Elemente $\frac{p}{2}$ und $\frac{p^2}{4}$ definiert, und die Beziehungen $a\xi^2 + b\xi + c = 0$, $\xi^2 + p\xi + q = 0$ und $\left(\xi + \frac{p}{2}\right)^2 = \frac{p^2}{4} - q$ sind gleichwertig. In einem Körper bedeutet $\alpha^2 = \beta^2$ dasselbe wie $\alpha = \pm \beta$. Also wird

$$\xi + \frac{p}{2} = \pm \sqrt{\frac{p^2}{4} - q},$$

und beide möglichen Werte von ξ haben die in der Definition verlangte Gestalt.

Die in diesem Beweis hergeleitete Auflösungsformel für quadratische Polynome wird als einzige häufig gebraucht. Sie versagt allerdings im Falle $\chi(K) = 2$.

Satz 2: *Es sei K ein Körper und $\chi(K) \neq 2$, $\chi(K) \neq 3$. Dann ist ein kubisches Polynom $ax^3 + bx^2 + cx + d \in K[x]$, $a \neq 0$, über K auflösbar.*

Beweis: Es sei ξ eine Nullstelle des Polynoms und $\eta = \xi + \frac{b}{3a}$. Es genügt nachzuweisen, daß η in einer Radikalerweiterung von K liegt; η ist definiert, weil $\chi(K) \neq 3$ ist. Einsetzen von $\xi = \eta - \frac{b}{3a}$ in $a\xi^3 + b\xi^2 + c\xi + d = 0$ zeigt, daß η eine Gleichung der Gestalt $\eta^3 + p\eta + q = 0$ mit $p, q \in K$ erfüllt. Den trivialen Fall $p = 0$ dürfen wir ausschließen. Man betrachte eine Nullstelle ζ von $x^2 - \eta x - \frac{p}{3}$. Sie ist nicht Null; für sie gilt also $\eta = \zeta - \frac{p}{3\zeta}$. Einsetzen in $\eta^3 + p\eta + q = 0$ liefert für ζ^3 die quadratische Gleichung

$$\zeta^3 - \frac{p^3}{27\zeta^3} + q = 0,$$

und wegen $\chi(K) \neq 2$ ist Satz 1 anwendbar: Es liegt ζ^3, also auch ζ und damit η in einer Radikalerweiterung von K.
Führt man die Berechnung von ζ und damit die aller möglichen Werte von η durch, so bekommt man die sogenannten Cardanischen Formeln für die Nullstellen kubischer Polynome.

Satz 3: *Es sei K ein Körper und $\chi(K) \neq 2$, $\chi(K) \neq 3$. Dann ist ein biquadratisches Polynom $ax^4 + bx^3 + cx^2 + dx + e \in K[x]$, $a \neq 0$, über K auflösbar.*

Beweis: Es sei ξ eine Nullstelle des Polynoms und $\eta = \xi + \frac{b}{4a}$. Es genügt nachzuweisen, daß η in einer Radikalerweiterung von K liegt; η ist definiert, weil $\chi(K) \neq 2$ ist. Für η bekommt man eine Gleichung der Gestalt $\eta^4 + p\eta^2 + q\eta + r = 0$ mit $p, q, r \in K$. Wir bestimmen nun ζ wie folgt. Es soll in

$$\begin{aligned}\eta^4 + p\eta^2 + q\eta + r &= \eta^4 + \eta^2\zeta + \frac{\zeta^2}{4} - \eta^2\zeta - \frac{\zeta^2}{4} + p\eta^2 + q\eta + r \\ &= \left[\eta^2 + \frac{\zeta}{2}\right]^2 - \left[(\zeta - p)\eta^2 - q\eta + \left(\frac{\zeta^2}{4} - r\right)\right]\end{aligned}$$

die letzte eckige Klammer ein Quadrat $[\alpha\eta + \beta]^2$ werden. Das ist gesichert, wenn nur ζ gemäß

$$q^2 = 4(\zeta - p)\left(\frac{\zeta^2}{4} - r\right)$$

gewählt wird. Ein solches ζ existiert und liegt nach Satz 2 in einer Radikalerweiterung von K. Damit sind dann α und β Quadratwurzeln aus $\zeta - p$ und $\frac{\zeta^2}{4} - r$, also ebenfalls Radikale. Nun folgt

$$\begin{aligned}\eta^4 + p\eta^2 + q\eta + r &= \left[\eta^2 + \frac{\zeta}{2}\right]^2 - [\alpha\eta + \beta]^2 \\ &= \left[\eta^2 + \alpha\eta + \left(\frac{\zeta}{2} + \beta\right)\right]\left[\eta^2 - \alpha\eta + \left(\frac{\zeta}{2} - \beta\right)\right] = 0.\end{aligned}$$

Eine der beiden letzten Klammern muß Null sein; nach Satz 1 liegt also η in einer Erweiterung von K durch Radikale.
Bei Ausführung der Rechnungen liefert auch dieser Beweis höchst umständliche explizite Formeln für die Nullstellen von Polynomen vierten Grades.

§ 72 Auflösbare Gruppen

In diesem Paragraphen betrachten wir eine spezielle Sorte von Gruppen.

Definition: *Eine Gruppe $G =_{Df} N_0$ heißt auflösbar, wenn Normalteiler N_i von N_{i-1} $(i = 1, 2, \ldots, k)$ derart existieren, daß*

$$G = N_0 \supset N_1 \supset N_2 \supset \ldots \supset N_k = \{e\}$$

mit abelschen Faktorgruppen N_{i-1}/N_i gilt.

Es ist trivial, daß abelsche Gruppen auflösbar sind; dazu schreibe man nur $G \supset \{e\}$. Wir brauchen über auflösbare bzw. nicht auflösbare Gruppen die folgenden Sätze 2 und 3. Die allgemeine Theorie ist ziemlich umfangreich. Es ist nicht schwer zu zeigen, daß p-Gruppen auflösbar sind; dieses Beispiel notieren wir als Satz 1. Sehr tief dagegen scheint eine alte Vermutung zu liegen, deren Richtigkeit vor wenigen Jahren mit großem Aufwand bewiesen wurde: Jede Gruppe von ungerader Ordnung ist auflösbar.

Satz 1: *Jede p-Gruppe G ist auflösbar.*

Beweis: Man betrachte das Zentrum Z_1 von G. Nach Aufgabe 14.3 steht dann in $\{e\} \subset Z_1$ nicht das Gleichheitszeichen; natürlich ist $\{e\}$ Normalteiler von Z_1, und die Faktorgruppe von Z_1 nach $\{e\}$ ist abelsch. Außerdem ist Z_1 Normalteiler von G; die Faktorgruppe $G^* = G/Z_1$ ist wieder eine p-Gruppe und besitzt also wieder nach Aufgabe 14.3 ein von der Eins verschiedenes Zentrum, das wir nach Satz 14.1 gleich in der Gestalt Z_2/Z_1 schreiben können. Dabei ist Z_1 erst recht Normalteiler der Untergruppe Z_2 von G, und in $\{e\} \subset Z_1 \subset Z_2$ steht an keiner Stelle das Gleichheitszeichen; die Faktorgruppe Z_2/Z_1 war das Zentrum von G^*. Da Z_2/Z_1 erst recht Normalteiler in G^* ist, ist nach Satz 14.2 auch Z_2 Normalteiler in G. Wir können also erneut die Faktorgruppe G/Z_2 bilden; sie ist wieder eine p-Gruppe und gestattet es, das Verfahren fortzusetzen. Man bekommt eine Kette $\{e\} \subset Z_1 \subset Z_2 \subset Z_3 \subset \ldots$ mit abelschen Faktorgruppen Z_{i+1}/Z_i, die nach endlich vielen Schritten mit G abbrechen muß, weil in ihr nirgendwo das Gleichheitszeichen steht.
Wir wenden uns nun den beiden Sätzen zu, auf die sich unsere Diskussion der Polynome fünften und höheren Grades stützen wird.

Satz 2: *Das homomorphe Bild einer auflösbaren Gruppe ist auflösbar.*

Beweis: Es sei G eine auflösbare Gruppe, also

$$G = N_0 \supset N_1 \supset N_2 \supset \ldots \supset N_k = \{e\}$$

mit Normalteilern N_i von N_{i-1} $(1 \leqq i \leqq k)$ und abelschen Faktorgruppen N_{i-1}/N_i. Ein Homomorphismus liefere die Bilder G^* von G und N_i^* von N_i. Die N_i^* sind wieder Gruppen und bilden die Kette

$$G^* = N_0^* \supset N_1^* \supset N_2^* \supset \ldots \supset N_k^* = \{e^*\}.$$

Unser Satz ist bewiesen, wenn wir zeigen können, daß erstens die N_i^* Normalteiler der N_{i-1}^* und zweitens die Faktorgruppen N_{i-1}^*/N_i^* abelsch sind. Das erste steht im Beweis von Satz 14.2: Weil N_i Normalteiler von N_{i-1} ist, ist auch N_i^* Normalteiler von N_{i-1}^*. Das zweite ist sicher richtig, wenn wir nachweisen, daß N_{i-1}^*/N_i^* ein homomorphes Bild der nach Voraussetzung abelschen Gruppe N_{i-1}/N_i ist.
Dazu bezeichnen wir mit x, y Elemente aus N_{i-1} und nennen ihre Bilder in N_{i-1}^* entsprechend x^*, y^*. Als erstes behaupten wir, daß durch $f(xN_i) = x^*N_i^*$ eine Abbildung f: $N_{i-1}/N_i \to N_{i-1}^*/N_i^*$ definiert wird. Angenommen, es ist $xN_i = yN_i$. Es folgt $y^{-1}x \in N_i$, also $(y^{-1}x)^* = y^{*-1}x^* \in N_i^*$ oder $x^*N_i^* = y^*N_i^*$. Es war also $f(xN_i) = x^*N_i^*$ eine Definition. Die Abbildung f ist sogar surjektiv. Sie ist auch relationstreu: $f(xN_iyN_i) = f(xyN_i) = (xy)^*N_i^* = x^*y^*N_i^* = x^*N_i^*y^*N_i^* = f(xN_i)f(yN_i)$. Damit ist gezeigt, daß N_{i-1}^*/N_i^* ein homomorphes Bild von N_{i-1}/N_i ist, und Satz 2 ist bewiesen.

Satz 3: *Für $n \geqq 5$ ist die symmetrische Gruppe $\mathfrak{S}_n$ nicht auflösbar.*

Beweis: Es sei M eine Menge mit mindestens fünf Elementen. Sind a, b, c drei verschiedene Elemente aus M, so bezeichne wie in § 7 das Symbol (abc) diejenige Transformation von M, die a in b, b in c, c in a überführt und alle weiteren Elemente aus M festläßt. Wir nennen (abc) einen Dreierzyklus und betrachten eine Gruppe G von Transformationen von M, die alle Dreierzyklen enthält. Wir werden folgendes zeigen: Ist N ein Normalteiler von G und G/N abelsch, so enthält auch N alle Dreierzyklen. Für $n \geqq 5$ erfüllt $\mathfrak{S}_n$ alle Voraussetzungen von G. Eine Kette $\mathfrak{S}_n = N_0 \supset N_1 \supset N_2 \supset \ldots$, in der immer N_i ein Normalteiler von N_{i-1} und N_{i-1}/N_i abelsch ist, kann dann nicht mit $\{e\}$ enden, weil jedes N_i alle Dreierzyklen enthalten muß. Unser Satz wird also mit der ausgesprochenen Behauptung bewiesen sein.
Wir betrachten einen Dreierzyklus (abc); nach Voraussetzung liegt er in G; zu zeigen ist, daß er auch in N liegt. Man wähle zwei weitere, von a, b, c verschiedene Elemente d, e aus M; wegen $|M| \geqq 5$ ist das möglich. Wir setzen $(abd) = x \in G$ und $(ace) = y \in G$. Die Bilder von x und y bezüglich des Homomorphismus von G auf G/N mit dem Kern N seien $x^*, y^* \in G/N$. Nun sollte G/N abelsch sein. Es gilt also $x^*y^*x^{*-1}y^{*-1} = (xyx^{-1}y^{-1})^* = e^*$ in G/N, folglich $xyx^{-1}y^{-1} \in N$. Es ist aber, wenn man, wie in § 7 verabredet, die Multiplikation von rechts nach links ausführt, $xyx^{-1}y^{-1} = (abd)\,(ace)\,(dba)\,(eca) = (abc)$, also $(abc) \in N$, was zu zeigen war.
Bemerkung: Es ist nicht schwer zu sehen, daß $\mathfrak{S}_n$ für $n < 5$ auflösbar ist.

§ 73 Der Satz von Abel

73.1 Wir beginnen mit der folgenden

Definition: *Es sei $\mathfrak{A} \subset \mathfrak{C}$ die Menge aller derjenigen komplexen Zahlen, die algebraisch über $\mathfrak{Q}$ sind.*
Auf Grund des nachstehenden Satzes nennt man $\mathfrak{A}$ den Körper der algebraischen Zahlen.

Satz 1: *$\mathfrak{A}$ ist ein Körper.*

Beweis: Es ist $0 \in \mathfrak{A}$, $1 \in \mathfrak{A}$ und $\mathfrak{A}$ eine Teilmenge des Körpers $\mathfrak{C}$. Das Folgende bleibt zu zeigen: Mit $\alpha, \beta \in \mathfrak{A}$ gilt $\alpha \pm \beta \in \mathfrak{A}$, $\alpha\beta \in \mathfrak{A}$, $\frac{\alpha}{\beta} \in \mathfrak{A}$, letzteres für $\beta \neq 0$. Nun liegen alle diese Elemente in $\mathfrak{Q}(\alpha, \beta)$. Dieser Körper aber ist nach Satz 54.5 endlich über $\mathfrak{Q}$, nach Satz 54.1 also algebraisch über $\mathfrak{Q}$. Das bedeutet $\mathfrak{Q}(\alpha, \beta) \subset \mathfrak{A}$, und Satz 1 ist bewiesen.
Ebenso leicht ergibt sich der

Satz 2: *$\mathfrak{A}$ ist abzählbar.*

Beweis: Ein $f(x) \in \mathfrak{Q}[x]$ hat höchstens endlich viele Nullstellen in $\mathfrak{C}$. Satz 2 ist also bewiesen, wenn gezeigt wird, daß $\mathfrak{Q}[x]$ abzählbar ist. Die Abzählbarkeit von $\mathfrak{Q}[x]$ folgt aber aus der Abzählbarkeit von $\mathfrak{Q}$ und Satz 27.3.

Hilfssatz 1: Es gibt reelle Zahlen x_1, x_2, x_3, x_4, x_5 derart, daß x_1 transzendent über $\mathfrak{A}$, x_2 transzendent über $\mathfrak{A}(x_1), \ldots, x_5$ transzendent über $\mathfrak{A}(x_1, x_2, x_3, x_4)$ ist.

Beweis: Da $\mathfrak{A}$ abzählbar ist, ist es nach dem Muster des Beweises von Satz 2 auch die Menge $\mathfrak{A}^*$ aller über $\mathfrak{A}$ algebraischen komplexen Zahlen. (Wir müssen nicht wissen, daß sogar $\mathfrak{A}^* = \mathfrak{A}$ gilt.) Da $\mathfrak{R}$ nicht abzählbar ist, ist $\mathfrak{R}$ nicht Teilmenge von $\mathfrak{A}^*$, so daß es ein $x_1 \in \mathfrak{R}$ der verlangten Beschaffenheit gibt. Nach Satz 27.3 ist $\mathfrak{A}[x_1]$ und nach dem Paarschema aus § 4 dann auch $\mathfrak{A}(x_1)$ abzählbar. Wieder bleibt die Menge $\mathfrak{A}(x_1)^*$ aller über $\mathfrak{A}(x_1)$ algebraischen komplexen Zahlen abzählbar und kann $\mathfrak{R}$ nicht als Teilmenge enthalten. Es folgt die Existenz eines über $\mathfrak{A}(x_1)$ transzendenten $x_2 \in \mathfrak{R}$. Auch $\mathfrak{A}(x_1)[x_2]$ und $\mathfrak{A}(x_1, x_2)$ bleiben abzählbar, und die Fortsetzung des Verfahrens liefert die Behauptung.

Algebraisch bedeutet Hilfssatz 1: Wir haben fünf voneinander unabhängige Unbestimmte x_1, x_2, x_3, x_4, x_5 über $\mathfrak{A}$, und es war sogar möglich, sie als reelle Zahlen zu wählen.

Wir treffen nun für den Rest dieses Paragraphen die folgenden

Verabredungen: Die reellen Zahlen x_1, x_2, x_3, x_4, x_5 seien gemäß Hilfssatz 1 fest gewählt. Die reellen Zahlen $\sigma_1, \sigma_2, \sigma_3, \sigma_4, \sigma_5$ seien die elementarsymmetrischen Polynome $\sigma_1 = x_1 + x_2 + \ldots + x_5$, $\sigma_2 = x_1x_2 + x_1x_3 + \ldots + x_4x_5, \ldots,$ $\sigma_5 = x_1x_2x_3x_4x_5$ in diesen x_i (vgl. § 34). Es sei F der Körper $F = \mathfrak{A}(\sigma_1, \sigma_2, \sigma_3, \sigma_4, \sigma_5)$ und $h(x)$ das Polynom $h(x) = (x - x_1)(x - x_2) \ldots (x - x_5) = x^5 - \sigma_1x^4 + \sigma_2x^3 - \sigma_3x^2 + \sigma_4x - \sigma_5$.

Man betrachte nun den Körper $\mathfrak{A}(x_1, x_2, x_3, x_4, x_5)$. Da die x_ν Unbestimmte über $\mathfrak{A}$ sind, wird beispielsweise durch $\varphi(f(x_1, x_2, x_3, x_4, x_5)) = f(x_2, x_3, x_4, x_5, x_1)$ ein Automorphismus φ: $\mathfrak{A}(x_1, x_2, x_3, x_4, x_5) \to \mathfrak{A}(x_1, x_2, x_3, x_4, x_5)$ definiert. Dieser Automorphismus φ läßt sogar den Teilkörper $F = \mathfrak{A}(\sigma_1, \sigma_2, \sigma_3, \sigma_4, \sigma_5)$ von $\mathfrak{A}(x_1, x_2, x_3, x_4, x_5)$ elementweise fest, und insgesamt kann man 5! derartige Automorphismen aufschreiben. Sie bilden eine Gruppe G, die isomorph $\mathfrak{S}_5$ ist. Für das Folgende praktisch ist die nach Satz 65.6 mögliche

Definition: *Es sei K ein Körper, $f(x) \in K[x]$ ein über K separables Polynom und E der Zerfällungskörper von $f(x) \in K[x]$. Dann verstehen wir unter der Galoisgruppe von $f(x) \in K[x]$ die Galoisgruppe $G(E|K)$ von E über K.*

Damit gilt nun (vgl. die obigen Verabredungen) der

Hilfssatz 2: Die Galoisgruppe von $h(x) \in F[x]$ ist isomorph $\mathfrak{S}_5$.

Beweis: Es ist $h(x)$ ein Polynom aus $F[x]$; es hat nur einfache Nullstellen, ist also separabel über F. Daher ist es erlaubt, von der Galoisgruppe von $h(x) \in F[x]$ zu sprechen. Der Zerfällungskörper E von $h(x) \in F[x]$ ist $F(x_1, x_2, x_3, x_4, x_5) = \mathfrak{A}(x_1, x_2, x_3, x_4, x_5)$. Ein Automorphismus $\varphi \in G(E|F)$ ist bekannt, sobald die $\varphi(x_i)$ bekannt sind. Für die $\varphi(x_i)$ kommen höchstens die Nullstellen x_j von $h(x)$ in Frage, da Irr (x_i, F) ein Teiler von $h(x)$ in $F[x]$ ist. Das bedeutet $G(E|F) \subset G$, wobei G die oben betrachtete Gruppe von Automorphismen von $E = \mathfrak{A}(x_1, x_2, x_3, x_4, x_5)$ ist. Nun läßt aber jedes $\varphi \in G$ den Körper F elementweise fest und liegt damit bereits in $G(E|F)$. Also gilt $G(E|F) = G \simeq \mathfrak{S}_5$.

73.2 Für sich selbst von Interesse ist der

Satz 3: *Es sei K ein Körper der Charakteristik Null, p eine Primzahl und $x^p - a \in K[x]$. Dann ist $x^p - a$ entweder irreduzibel über K oder hat in K eine Nullstelle.*

Beweis: Es ist $\mathfrak{Q} \subset K$. Wir wählen eine primitive p-te Einheitswurzel $\zeta \in \mathfrak{C}$ und eine Nullstelle α von $f(x) = x^p - a$ aus einer geeigneten Körpererweiterung von K. In $K(\alpha, \zeta)$ wird dann $f(x) = \prod_{j=0}^{p-1} (x - \alpha\zeta^j)$. Wir nehmen an, $f(x)$ habe einen normierten Teiler $g(x) \in K[x]$ in $K[x]$, für den $1 \leqq \text{Grad}\, g(x) = m < p$ gilt. Zu zeigen ist: Dann existiert eine Nullstelle von $f(x)$, die schon in K liegt. Es wäre $g(x)$ ein Produkt gewisser $(x - \alpha\zeta^j)$ und die Konstante $g(0) = b \in K$ abgesehen vom Vorzeichen ein Ausdruck der Gestalt $\zeta^k\alpha^m \in K$. Wir setzen $\zeta^k\alpha^m = c \in K$. Es gilt $c^p = a^m$. Wegen $(m, p) = 1$ existieren $\lambda, \mu \in \mathfrak{Z}$ mit $\lambda m + \mu p = 1$. Wir behaupten: Die Zahl $c^\lambda a^\mu \in K$ ist Nullstelle von $f(x)$. Das folgt durch Ausrechnen von $(c^\lambda a^\mu)^p = (c^p)^\lambda a^{\mu p} = (a^m)^\lambda a^{\mu p} = a^{\lambda m + \mu p} = a$.

Es ist leicht zu sehen, daß dieser Satz 3 auch für Körper K mit $\chi(K) \neq 0$ gilt. Dazu wählt man in dem angegebenen Beweis an Stelle von $\zeta \in \mathfrak{C}$ allgemein eine primitive p-te Einheitswurzel, deren Existenz Satz 69.1 in jedem Fall sichert (sie wird 1 für $\chi(K) = p$).
Wir kommen nun zu den beiden entscheidenden Hilfssätzen.

Hilfssatz 3: Es sei F der oben eingeführte Körper und

$$E = F\left(\sqrt[n_1]{a_1}, \sqrt[n_2]{a_2}, \ldots, \sqrt[n_r]{a_r}\right)$$

eine *normale* Körpererweiterung von F, die aus F durch sukzessive Adjunktion von Radikalen $\sqrt[n_i]{a_i}$ wie folgt entsteht:

$$a_1 \in F,\ a_2 \in F\left(\sqrt[n_1]{a_1}\right),\ a_3 \in F\left(\sqrt[n_1]{a_1}, \sqrt[n_2]{a_2}\right), \ldots, a_r \in F\left(\sqrt[n_1]{a_1}, \sqrt[n_2]{a_2}, \ldots, \sqrt[n_{r-1}]{a_{r-1}}\right).$$

Dann ist die Galoisgruppe $G(E|F)$ von E über F auflösbar.

Beweis: Wir werden ausnutzen, daß F alle Einheitswurzeln enthält; eine Einheitswurzel ist ja algebraisch über $\mathfrak{Q}$ und liegt daher in $\mathfrak{A}$ und erst recht in F. Durch Anwendung der Sätze 66.4 und 66.5 wird dann unsere Behauptung eine Folge von Satz 3. Wir führen den Beweis in zwei Schritten.
1) Es sei $L \subset \mathfrak{C}$ ein Körper, der alle Einheitswurzeln enthält, p eine Primzahl, a ein Element aus L und $L^* = L\left(\sqrt[p]{a}\right)$ eine Körpererweiterung von L durch ein Radikal $\sqrt[p]{a}$. Wir behaupten: L^* ist normal über L, und die Galoisgruppe $G(L^*|L)$ ist zyklisch. Das ist leicht zu sehen. Da nämlich L alle Einheitswurzeln enthält, liegen entweder alle Nullstellen von $x^p - a \in L[x]$ in L oder keine. Im ersten Fall ist $L^* = L$ und die Behauptung trivial. Im zweiten Fall ist nach Satz 3 das Polynom $x^p - a$ irreduzibel über L, also $[L^*\colon L] = p$. Ferner

wird L^* der Zerfällungskörper von $x^p - a \in L[x]$, ist also nach Satz 65.7 normal über L; nach Satz 65.2 hat also $G(L^*|L)$ genau p Elemente und ist damit zyklisch nach Satz 9.5.

2) Wir erinnern uns an § 71: Wie dort dürfen wir ohne Beschränkung der Allgemeinheit annehmen, daß die n_i Primzahlen p_i sind, $n_i = p_i$. Wir betrachten die Körperkette

$$F \subset F(\sqrt[p_1]{a_1}) \subset F(\sqrt[p_1]{a_1}, \sqrt[p_2]{a_2}) \subset \ldots \subset F(\sqrt[p_1]{a_1}, \sqrt[p_2]{a_2}, \ldots, \sqrt[p_r]{a_r}) = E$$

und schreiben für sie kurz $F = F_1 \subset F_2 \subset F_3 \subset \ldots \subset F_{r+1} = E$. Nach Voraussetzung ist E normal über F. Nach Satz 66.4 entspricht der Körperkette eine Kette $G(E|F) = G_1 \supset G_2 \supset G_3 \supset \ldots \supset G_{r+1} = \{e\}$ von Gruppen $G_i = \gamma(F_i)$, und unser Hilfssatz ist bewiesen, sobald gezeigt ist: G_{i+1} ist Normalteiler von G_i, und G_i/G_{i+1} ist abelsch $(1 \leqq i \leqq r)$. Wir wählen ein festes i und sehen uns die Teilkette $F_i \subset F_{i+1} \subset E$ an. Nach Satz 66.4 ist E normal über F_i mit der Galoisgruppe $G(E|F_i) = G_i$; zu F_{i+1} gehört die Gruppe G_{i+1}. Aus 1) wissen wir, daß F_{i+1} normal über F_i ist. Nach Satz 66.5 bedeutet das: G_{i+1} ist Normalteiler von G_i. Es bleibt noch zu zeigen: G_i/G_{i+1} ist abelsch. Nun ist aber wieder nach Satz 66.5 die Faktorgruppe G_i/G_{i+1} isomorph $G(F_{i+1}|F_i)$, und diese letzte Gruppe ist nach 1) sogar zyklisch, also erst recht abelsch.
Damit ist Hilfssatz 3 bewiesen.

Der oben eingeführte Körper F hat die Charakteristik Null; jedes $f(x) \in F[x]$, Grad $f(x) \geqq 1$, ist daher separabel über F (Satz 62.1), und es hat somit im folgenden letzten Hilfssatz einen Sinn, entsprechend obiger Definition von der Galoisgruppe von $f(x) \in F[x]$ zu sprechen.

Hilfssatz 4: Es sei F der oben eingeführte Körper und $f(x) \in F[x]$ über F auflösbar, Grad $f(x) \geqq 1$. Dann ist auch die Galoisgruppe von $f(x) \in F[x]$ auflösbar.

Beweis: Es sei E der Zerfällungskörper von $f(x) \in F[x]$. Wir haben zu zeigen: Die Galoisgruppe $G(E|F)$ ist auflösbar. Nach Voraussetzung liegen alle Nullstellen von $f(x)$ in einer gewissen Radikalerweiterung L von F. Das bedeutet $L \supset E \supset F$. Aber dabei braucht L nicht normal über F zu sein. Es kommt uns deshalb zunächst darauf an, eine Radikalerweiterung M von L zu finden, die normal über F ist. Danach wird sich Hilfssatz 4 leicht beweisen lassen. Wir definieren zunächst eine Radikalerweiterung M von L und zeigen anschließend, daß sie normal über F ist.
Angenommen, es ist

$$L = F(\sqrt[p_1]{a_1}, \sqrt[p_2]{a_2}, \ldots, \sqrt[p_r]{a_r})$$

mit

$$a_1 \in F, \; a_2 \in F(\sqrt[p_1]{a_1}), \; \ldots, \; a_r \in F(\sqrt[p_1]{a_1}, \sqrt[p_2]{a_2}, \ldots, \sqrt[p_{r-1}]{a_{r-1}}).$$

Zuerst wird also ein gewisses Radikal $\sqrt[p_1]{a_1}$ zu F adjungiert. Da F alle Einheitswurzeln enthält, liegt damit sogar jede Nullstelle von $x^{p_1} - a_1 \in F[x]$ in

$F(\sqrt[p_1]{a_1})$. Das heißt: Die Adjunktion des einen Radikals $\sqrt[p_1]{a_1}$ zu F bewirkt schon, daß jedes Radikal der Gestalt $\sqrt[p_1]{a_1}$, also $\sqrt[p_1]{a_1}$ in allen seinen möglichen Interpretationen, in $F(\sqrt[p_1]{a_1})$ liegt. Beim nächsten Schritt wird ein

$$a_2 \in F(\sqrt[p_1]{a_1}),$$

beispielsweise vielleicht

$$a_2 = \frac{1 + \sqrt[p_1]{a_1}}{1 - \sqrt[p_1]{a_1}},$$

gewählt und ein gewisses Radikal $\sqrt[p_2]{a_2}$ zu $F(\sqrt[p_1]{a_1})$ adjungiert; das in dem Ausdruck für a_2 auftretende Radikal $\sqrt[p_1]{a_1}$ hat dabei seine ursprüngliche Bedeutung. Es entsteht der Körper $F_2 = F(\sqrt[p_1]{a_1}, \sqrt[p_2]{a_2})$. Er enthält von selbst wieder alle Interpretationen von $\sqrt[p_2]{a_2}$. Denkt man sich aber in dem Ausdruck für a_2 das Radikal $\sqrt[p_1]{a_1}$ durch ein anderes Radikal $\sqrt[p_1]{a_1}$ ersetzt, so entsteht ein Element $a_2^* \in F(\sqrt[p_1]{a_1})$, und es ist nicht gesagt, daß auch $\sqrt[p_2]{a_2^*}$ in F_2 liegt. Wir adjungieren deshalb nicht nur $\sqrt[p_2]{a_2}$ zu $F(\sqrt[p_1]{a_1})$, sondern zusätzlich auch noch alle Radikale der Gestalt $\sqrt[p_2]{a_2^*}$ für jedes mögliche a_2^*. Es entsteht ein Oberkörper von F_2. Nun folgt die für L vorgesehene Adjunktion von $\sqrt[p_3]{a_3}$, und wieder adjungieren wir anschließend auch alle Radikale $\sqrt[p_3]{a_3^*}$, wobei a_3^* aus a_3 durch eine andere Interpretation der in a_3 auftretenden Wurzelzeichen entsteht. So fahren wir fort und gelangen zum Schluß zu einer endlichen Radikalerweiterung M von L, die so beschaffen ist, daß mit jedem Radikalausdruck $\alpha \in M$ auch jeder andere Radikalausdruck α^* in M liegt, der sich aus α durch eine andere Interpretation der Wurzelzeichen ergibt.

Wir können nun unter Verwendung neuer Bezeichnungen

$$M = F(\sqrt[p_1]{c_1}, \sqrt[p_2]{c_2}, \ldots, \sqrt[p_s]{c_s})$$

mit

$$c_1 \in F,\ c_2 \in F(\sqrt[p_1]{c_1}), \ldots, c_s \in F(\sqrt[p_1]{c_1}, \sqrt[p_2]{c_2}, \ldots, \sqrt[p_{s-1}]{c_{s-1}})$$

schreiben. Wir setzen $\operatorname{Irr}(\sqrt[p_\lambda]{c_\lambda}, F) = P_\lambda(x)$ und $g(x) = P_1(x)P_2(x) \ldots P_s(x) \in F[x]$. Es sei M' der Zerfällungskörper von $g(x) \in F[x]$; er ist normal über F nach Satz 65.7. Wenn wir $M' = M$ zeigen können, so wissen wir also: M ist eine Radikalerweiterung von F, die L und damit auch E umfaßt und normal ist über F. Es ist klar, daß $M' \supset M$ gilt. Zu zeigen wäre also $M' \subset M$. Dafür genügt es zu zeigen: Jede Nullstelle $\xi \in M'$ von $g(x)$ liegt bereits in M. Man betrachte ein solches $\xi \in M'$. Eines der $P_i(x)$ ist das definierende Polynom von ξ über F, etwa $\operatorname{Irr}(\xi, F) = P_\lambda(x) = \operatorname{Irr}\left(\sqrt[p_\lambda]{c_\lambda}, F\right)$. Nach Satz 65.3 gibt es also einen Automorphismus $\sigma \in G(M'|F)$ mit $\xi = \sigma\left(\sqrt[p_\lambda]{c_\lambda}\right)$. Nun setze man vorübergehend $\sqrt[p_\lambda]{c_\lambda} = \alpha$, also $c_\lambda = \alpha^{p_\lambda}$, und wende σ an; man bekommt für $\sigma(\alpha)$ einen Ausdruck der Gestalt $\sigma(\alpha) = \sqrt[p_\lambda]{\sigma(c_\lambda)}$. Das heißt: In $\xi = \sigma\left(\sqrt[p_\lambda]{c_\lambda}\right) = \sqrt[p_\lambda]{\sigma(c_\lambda)}$ kann man das σ unter die Wurzel ziehen; über die Interpretation der Wurzelzeichen wird dabei nichts ausgesagt. Dieses Verfahren kann wegen

$$c_\lambda \in F\left(\sqrt[p_1]{c_1}, \sqrt[p_2]{c_2}, \ldots, \sqrt[p_{\lambda-1}]{c_{\lambda-1}}\right)$$

eventuell wiederholt werden. Da σ die Elemente aus F festläßt, bricht es schließlich dadurch ab, daß zuletzt der Automorphismus σ nicht mehr auftritt. Von dem Radikalausdruck $\sqrt[p_\lambda]{c_\lambda}$ unterscheidet sich also ξ lediglich durch eine eventuell andere Interpretation der in ihm auftretenden Wurzelzeichen und liegt daher nach der Konstruktion von M gemeinsam mit ihm in M. Das heißt $\xi \in M$, also $M' \subset M$ und damit $M' = M$.
Jetzt wissen wir: Aus der Voraussetzung des Hilfssatzes folgt die Existenz einer Radikalerweiterung M von F, die normal ist über F und den Zerfällungskörper E von $f(x) \in F[x]$ umfaßt: $M \supset E \supset F$. Auch E ist normal über F, und wir haben zu zeigen, daß die Galoisgruppe $G(E|F)$ auflösbar ist. Aus Hilfssatz 3 wissen wir, daß $G(M|F)$ auflösbar ist. Nach Satz 66.5 ist $G(E|F)$ isomorph zur Faktorgruppe $G(M|F)/G(M|E)$. Diese wiederum ist ein homomorphes Bild der auflösbaren Gruppe $G(M|F)$ und damit nach Satz 72.2 auch auflösbar.
Damit ist Hilfssatz 4 bewiesen.

73.3 Ist K ein Körper der Charakteristik Null, also $K \supset \mathfrak{Q}$, und

$$f(x) = a_n x^n + a_{n-1}x^{n-1} + \ldots + a_0 \in K[x],$$

so wollen wir $\mathfrak{Q}(a_n, a_{n-1}, \ldots, a_0)$ den *Koeffizientenkörper* von $f(x)$ nennen. Er ist der kleinste Teilkörper L von K mit $f(x) \in L[x]$.
Nun ergibt sich der angekündigte

Satz 4 (ABEL 1824): *Es gibt Polynome fünften und höheren Grades mit reellen Koeffizienten, die über ihrem Koeffizientenkörper nicht auflösbar sind.*

Beweis: Man betrachte das in Abschnitt 73.1 eingeführte Polynom

$$h(x) = x^5 - \sigma_1 x^4 + \sigma_2 x^3 - \sigma_3 x^2 + \sigma_4 x - \sigma_5$$

aus $F[x]$; wir zeigen, daß es über F nicht auflösbar ist; dann ist es erst recht nicht auflösbar über seinem Koeffizientenkörper $\mathfrak{Q}(\sigma_1, \sigma_2, \sigma_3, \sigma_4, \sigma_5)$. Wäre $h(x)$ über F auflösbar, so müßte die Galoisgruppe von $h(x) \in F[x]$ auflösbar sein (Hilfssatz 4). Die Galoisgruppe von $h(x) \in F[x]$ ist aber isomorph $\mathfrak{S}_5$ (Hilfssatz 2), und die Gruppe $\mathfrak{S}_5$ ist nicht auflösbar (Satz 72.3). Also ist $h(x)$ über seinem Koeffizientenkörper nicht auflösbar, und dasselbe gilt für die Polynome höheren Grades $x^k h(x)$, $k \geqq 1$.

Die Hauptlast des Beweises von Satz 4 trägt der Hilfssatz 4, der sich vor allem auf die Galoistheorie und an entscheidender Stelle auf Satz 72.2 stützt. Der Hilfssatz 2 diente dann in Verbindung mit Satz 72.3 nur dazu, ein Polynom mit nicht auflösbarer Galoisgruppe anzugeben. In diesem Zusammenhang sei noch bemerkt, daß man ohne große Mühe sogar ganzzahlige Polynome mit der Galoisgruppe $\mathfrak{S}_5$ finden kann, zum Beispiel $x^5 - x - 1$ (vgl. v. d. Waerden [16]). Also kann Satz 4 sogar so abgeändert werden, daß man in ihm das Wort „reellen" durch „ganzzahligen" ersetzt. Der Koeffizientenkörper ist dann $\mathfrak{Q}$ selbst.

Aufgabe 1: Der Körper $\mathfrak{A}$ ist algebraisch abgeschlossen (vgl. § 58.4). Beweis?

Literatur: Artin [3], Hasse [7], Hasse-Klobe [8], v. d. Waerden [16].

Anhang

Das Rechnen mit komplexen Zahlen

1. Es sei $\mathfrak{R}$ die Menge der reellen, $\mathfrak{C}$ die Menge der komplexen Zahlen. Die Elemente aus $\mathfrak{C}$ haben die Gestalt $a + bi$ $(a, b \in \mathfrak{R})$, und es wird wie folgt mit ihnen gerechnet:

$$(1) \qquad a + bi = c + di \Leftrightarrow a = c, b = d;$$

$$(2) \qquad (a + bi) + (c + di) = (a + c) + (b + d)i;$$

$$(3) \qquad (a + bi) \cdot (c + di) = (ac - bd) + (ad + bc)i.$$

Statt $a + 0i$ schreiben wir a, statt $0 + bi$ schreiben wir bi. Ist $a + bi \neq 0$, so ist auch $a - bi \neq 0$, und durch formales Erweitern mit $a - bi$ findet man

$$\frac{1}{a + bi} = \frac{a - bi}{(a + bi)(a - bi)} = \frac{a - bi}{a^2 + b^2} = \frac{a}{a^2 + b^2} - \frac{b}{a^2 + b^2} i;$$

dieses Resultat wird durch die Probe bestätigt.
Wir rechnen also mit komplexen Zahlen in gewohnter Weise und beachten nur $i^2 = -1$. Daß es einen derart hingeschriebenen Körper $\mathfrak{C}$ wirklich gibt, bedarf einer Begründung. Hierzu vergleiche man etwa § 23.

2. Es ist von großem Nutzen, sich die komplexen Zahlen in folgender Weise zu veranschaulichen. Man wähle in der Ebene ein rechtwinkliges Koordinatensystem, bestehend aus einer x-Achse und einer y-Achse, und ordne der komplexen Zahl $z = x + yi$ $(x, y \in \mathfrak{R})$ den Punkt (x, y) mit den Koordinaten x, y zu. Durch diese Vorschrift wird $\mathfrak{C}$ eineindeutig auf die sogenannte *Gaußsche Zahlenebene* abgebildet. Den Punkten der x-Achse sind dabei genau die reellen Zahlen zugeordnet, und wir bezeichnen deshalb die x-Achse als die *reelle Achse*; die y-Achse heißt die *imaginäre Achse*. Wir sagen, die komplexe Zahl $z = x + yi$ $(x, y \in \mathfrak{R})$ habe den Realteil x und den Imaginärteil y, und wir schreiben $x = \operatorname{Re} z$, $y = \operatorname{Im} z$.

Der Spiegelpunkt von $z = x + yi$ $(x, y \in \mathfrak{R})$ an der reellen Achse ist der Punkt $x - yi$; wir bezeichnen ihn mit $\bar{z}$ und nennen $\bar{z} = x - yi$ die zu $z = x + yi$ *konjugiert-komplexe Zahl*. Die Zahl $z \in \mathfrak{C}$ ist genau dann reell, wenn $z = \bar{z}$ ist. Es ist $\bar{\bar{z}} = z$. Die Zahl $-z$ findet man, indem man den Punkt z am Ursprung spiegelt. Man bestätigt leicht die Regeln

$$(4) \qquad \begin{aligned} \overline{z_1 + z_2} &= \bar{z}_1 + \bar{z}_2 \\ \overline{z_1 z_2} &= \bar{z}_1 \cdot \bar{z}_2 \end{aligned} \qquad (z_1, z_2 \in \mathfrak{C}).$$

Der Punkt $z = x + yi$ $(x, y \in \mathfrak{R})$ hat vom Ursprung die Entfernung $\sqrt{x^2 + y^2} \geqq 0$; diese nichtnegative reelle Zahl bezeichnet man mit $|z|$. Es folgen die Regeln $|z| = |-z| = |\bar{z}|$, $-|z| \leqq \operatorname{Re} z \leqq |z|$, $-|z| \leqq \operatorname{Im} z \leqq |z|$.
Der Abstand der Punkte $z_1, z_2 \in \mathfrak{C}$ ist $|z_1 - z_2|$. Er ist ja genauso groß wie der Abstand des Punktes $z_1 - z_2$ vom Ursprung.
Es gelten die beiden Regeln

$$(5) \qquad |z|^2 = z\bar{z},$$

$$(6) \qquad |z_1 z_2| = |z_1| \cdot |z_2|.$$

Die erste folgt unmittelbar aus den Definitionen für $\bar{z}$ und $|z|$. Die zweite besagt dasselbe wie $|z_1z_2|^2 = |z_1|^2 \cdot |z_2|^2$, und das folgt durch Ausrechnen der linken Seite mittels (5) und (4): $|z_1z_2|^2 = z_1z_2 \cdot \overline{z_1z_2} = z_1 z_2 \overline{z_1}\,\overline{z_2} = z_1 \overline{z_1} \cdot z_2 \overline{z_2} = |z_1|^2 \cdot |z_2|^2$.
Sind z_1, z_2, z_3 drei Punkte der Gaußschen Zahlenebene, so gilt

$$|z_1 - z_2| \leqq |z_1 - z_3| + |z_3 - z_2|,$$

weil der Umweg von z_1 über z_3 nach z_2 mindestens ebenso groß ist wie die direkte Entfernung $|z_1 - z_2|$. Setzt man speziell $z_3 = 0$ und schreibt $-z_2$ für z_2, so bekommt man die *Dreiecksungleichung*

$$(7) \qquad |z_1 + z_2| \leqq |z_1| + |z_2|,$$

die man auch ohne Rückgriff auf die Anschauung bestätigen kann.

3. Wir führen nun in der Gaußschen Zahlenebene Polarkoordinaten ein. Die Entfernung r des Punktes $z = x + yi$ $(x, y \in \mathfrak{R})$ vom Ursprung haben wir schon betrachtet: Es ist $r = |z|$. Für jeden Punkt $z \neq 0$ ist ferner bis auf additive ganzzahlige Vielfache von 2π eindeutig ein Winkel φ dadurch erklärt, daß die positive reelle Achse im mathematisch positiven Sinn so lange gedreht wird, bis sie die Verbindungsstrecke von 0 und z enthält: Dieser Winkel sei φ. Wir schreiben $\varphi = \arg z$ und nennen φ das Argument von z; wir verabreden, daß mit φ auch die reellen Zahlen $\varphi + 2k\pi$ (k ganz) Argumente von z sind. Wegen $x = r\cos\varphi$ und $y = r\sin\varphi$ bekommt z die Gestalt $z = r(\cos\varphi + i\sin\varphi)$. Genau dann liegt z auf dem Einheitskreis, wenn hierbei $r = 1$ ist.
Es seien nun zwei komplexe Zahlen

$$z_1 = r_1(\cos\varphi_1 + i\sin\varphi_1),$$
$$z_2 = r_2(\cos\varphi_2 + i\sin\varphi_2)$$

gegeben. Für ihr Produkt bekommt man

$$\begin{aligned} z_1z_2 &= r_1r_2[(\cos\varphi_1\cos\varphi_2 - \sin\varphi_1\sin\varphi_2) + i(\sin\varphi_1\cos\varphi_2 + \cos\varphi_1\sin\varphi_2)] \\ &= r_1r_2(\cos(\varphi_1 + \varphi_2) + i\sin(\varphi_1 + \varphi_2)). \end{aligned}$$

Daraus kann man zwei Regeln ablesen. Einmal wird $|z_1z_2| = r_1r_2 = |z_1| \cdot |z_2|$. Das steht bereits in (6). Ferner liefert ein Vergleich der Argumente auf beiden Seiten

$$(8) \qquad \arg z_1z_2 = \arg z_1 + \arg z_2 \qquad (z_1z_2 \neq 0).$$

Aus (8) folgt beispielsweise, daß $\cos(-\varphi) + i\sin(-\varphi) = \cos\varphi - i\sin\varphi$ das Inverse von $\cos\varphi + i\sin\varphi$ oder

$$\frac{1}{z} = \frac{1}{r}(\cos\varphi - i\sin\varphi)$$

das Inverse von $z = r(\cos\varphi + i\sin\varphi) \neq 0$ ist, was man auch unmittelbar direkt nachrechnet.
Für reelles φ definiert man

$$e^{i\varphi} = \cos\varphi + i\sin\varphi. \tag{9}$$

Wir können dabei die linke Seite als eine bequeme Abkürzung der rechten ansehen; wegen (8) gilt auch hier das bereits aus dem Reellen vertraute Additionstheorem

$$e^{i\varphi} \cdot e^{i\psi} = e^{i(\varphi+\psi)}.$$

Mehrfache Anwendung von (8) liefert auch die sogenannte MOIVREsche Formel

$$(\cos\varphi + i\sin\varphi)^n = \cos n\varphi + i\sin n\varphi; \tag{10}$$

sie gilt für alle natürlichen, ja sogar für alle ganzen Zahlen n. Sie gestattet verschiedene praktische Anwendungen. Will man beispielsweise $\cos n\varphi$ durch $\cos\varphi$ und $\sin\varphi$ ausdrücken, so braucht man links nur den binomischen Lehrsatz anzuwenden und anschließend die Realteile auf beiden Seiten zu vergleichen. So bekommt man etwa $\cos 3\varphi = \cos^3\varphi - 3\cos\varphi\sin^2\varphi = 4\cos^3\varphi - 3\cos\varphi$.
Weiter ist jede der n Zahlen

$$\cos\nu\frac{2\pi}{n} + i\sin\nu\frac{2\pi}{n} = e^{i\nu\frac{2\pi}{n}} \qquad (\nu = 0, 1, \ldots, n-1)$$

eine n-te Wurzel aus 1, wie die Probe mittels (10) zeigt. Diese n Punkte liegen auf dem Einheitskreis und teilen ihn in n gleiche Teile. Man nennt sie n-te Einheitswurzeln. Andere n-te Wurzeln aus 1 gibt es nicht. Wegen

$$\cos\nu\frac{2\pi}{n} + i\sin\nu\frac{2\pi}{n} = \left(\cos\frac{2\pi}{n} + i\sin\frac{2\pi}{n}\right)^\nu$$

bilden die n-ten Einheitswurzeln eine von $\cos\frac{2\pi}{n} + i\sin\frac{2\pi}{n}$ erzeugte zyklische Gruppe der Ordnung n bezüglich der Multiplikation.
Die dritten Einheitswurzeln beispielsweise sind demnach

$$\cos 0\cdot\frac{2\pi}{3} + i\sin 0\cdot\frac{2\pi}{3} = 1,$$

$$\cos 1\cdot\frac{2\pi}{3} + i\sin 1\cdot\frac{2\pi}{3} = -\frac{1}{2} + \frac{i}{2}\sqrt{3},$$

$$\cos 2\cdot\frac{2\pi}{3} + i\sin 2\cdot\frac{2\pi}{3} = -\frac{1}{2} - \frac{i}{2}\sqrt{3};$$

man kann sie auch durch Aufsuchen der Nullstellen von

$$x^3 - 1 = (x-1)(x^2 + x + 1)$$

ermitteln.

Die vierten Wurzeln aus $-1 = \cos\pi + i\sin\pi$ sind

$$\cos\left(\frac{\pi}{4} + \nu\frac{2\pi}{4}\right) + i\sin\left(\frac{\pi}{4} + \nu\frac{2\pi}{4}\right) \qquad (\nu = 0, 1, 2, 3);$$

wieder macht man am einfachsten die Probe nach (10). Schreibt man die Winkelfunktionen aus, so erhält man die sämtlichen vier Werte von $\sqrt[4]{-1}$ zu $\frac{1}{\sqrt{2}}(\pm 1 \pm i)$.

Lösungen der Aufgaben

1.1 Es sei $x \in A \cap (B \cup C)$. Dann ist jedenfalls $x \in A$, und außerdem gilt $x \in B$ oder $x \in C$; es folgt: $x \in A \cap B$ oder $x \in A \cap C$. Das bedeutet

$$A \cap (B \cup C) \subset (A \cap B) \cup (A \cap C).$$

Ist $x \in (A \cap B) \cup (A \cap C)$, so gilt $x \in A$ und $x \in B \cup C$, und das bedeutet

$$A \cap (B \cup C) \supset (A \cap B) \cup (A \cap C).$$

Beides zusammen liefert die erste der Behauptungen (2). Die zweite beweist man analog.

3.1 Die Behauptungen folgen sofort aus der Definition des Urbildes:
a) $f^{-1}(f(T)) = \{x: x \in A \text{ und } f(x) \in f(T)\} \supset T$. Ist etwa $A = \mathfrak{N}$, $B = \{0\}$ und $f(n) = 0$ für alle $n \in \mathfrak{N}$, so führt die Wahl von $T = \{1\}$ zu $f^{-1}(f(T)) = \mathfrak{N} \neq T$.
b) $f(f^{-1}(T)) = \{f(x): x \in A \text{ und } f(x) \in T\} \subset T$. Ist etwa $A = \{0\}$, $B = \mathfrak{N}$ und $f(0) = 1$, so führt die Wahl von $T = \mathfrak{N}$ zu $f(f^{-1}(T)) = \{1\} \neq T$.

3.2 Ist $y \in f(M \cup N)$, so gibt es ein $x \in M \cup N$ mit $y = f(x)$; da x in M oder N liegt, liegt $f(x)$ in $f(M)$ oder $f(N)$, und $y = f(x) \in f(M) \cup f(N)$ bedeutet

$$f(M \cup N) \subset f(M) \cup f(N).$$

Ist $y \in f(M) \cup f(N)$, so gibt es ein $x \in M \cup N$ mit $y = f(x)$; es ist also $y \in f(M \cup N)$ oder

$$f(M \cup N) \supset f(M) \cup f(N).$$

Beides zusammen liefert die Behauptung a). — Ist $y \in f(M \cap N)$, so gilt $y = f(x)$ mit einem $x \in M \cap N$, also $y = f(x) \in f(M) \cap f(N)$, und es folgt die Behauptung b). — Wählt man $M = \{x: x \in \mathfrak{R}, -2\pi \leqq x \leqq 0\}$, $N = \{x: x \in \mathfrak{R}, 0 \leqq x \leqq 2\pi\}$, $A = B = \mathfrak{R}$ und $f(x) = \sin x$, so ist $f(M \cap N) = \{0\}$ und $f(M) \cap f(N) = \{x: x \in \mathfrak{R}, -1 \leqq x \leqq 1\}$.

5.1 Es ist $(a, b) \sim (a, b)$ wegen $a + b = b + a$. Aus $(a, b) \sim (c, d)$ folgt $a + d = b + c$, also $c + b = d + a$ oder $(c, d) \sim (a, b)$. Schließlich gelte $(a, b) \sim (c, d)$ und $(c, d) \sim (e, f)$, also $a + d = b + c$ und $c + f = d + e$; man addiere diese Gleichungen und wende das assoziative und das kommutative Gesetz an: $a + f + c + d = b + e + c + d$; Kürzen mit $c + d$ ergibt $a + f = b + e$, also $(a, b) \sim (e, f)$. Damit sind (1), (2), (3) nachgewiesen.

5.2 Es ist $(a, b) \sim (a, b)$ wegen $ab = ba$. Aus $(a, b) \sim (c, d)$ folgt $ad = bc$, also $cb = da$ oder $(c, d) \sim (a, b)$. Schließlich gelte $(a, b) \sim (c, d)$ und $(c, d) \sim (e, f)$, also $ad = bc$ und $cf = de$; zu zeigen ist $(a, b) \sim (e, f)$. Sollte $c = 0$ sein, so folgt $a = 0$, weil nach Voraussetzung d nicht verschwindet; entsprechend wird $e = 0$; dann gilt aber sicher $(a, b) \sim (e, f)$. Es sei daher zusätzlich $c \neq 0$. Dann wird $adcf = bcde$ oder $afcd = becd$, und Division durch $cd \neq 0$ liefert $af = be$ oder $(a, b) \sim (e, f)$.

5.3 Für jedes $a \in A$ gilt $a \sim a$, und aus $a_1 \sim a_2$ folgt $a_2 \sim a_1$. Aus $a_1 \sim a_2$ und $a_2 \sim a_3$, also $f(a_1) = f(a_2)$ und $f(a_2) = f(a_3)$, folgt $f(a_1) = f(a_3)$ oder $a_1 \sim a_3$.

6.1 Es seien a, b Elemente aus G; zu zeigen ist $ab = ba$. Nach Voraussetzung ist $(ab)(ab) = e$. So folgt für das Produkt $aababb$ einerseits das Ergebnis $a(ab)(ab)b = aeb = ab$ und andrerseits $(aa)ba(bb) = ba$. Also gilt $ab = ba$. — Oder: Für jedes $g \in G$ gilt $g = g^{-1}$. Aus $a, b \in G$ folgt also $ab = (ab)^{-1} = b^{-1}a^{-1} = ba$.

6.2 Alle U_i enthalten das Element e. Es folgt $e \in D$ und damit $D \neq \mathfrak{L}$. Sind a, b Elemente aus D, so auch aus U_i für jedes $i \in I$; da die U_i Untergruppen von G sind, folgt also $ab \in U_i$ für jedes $i \in I$ und damit $ab \in D$. Elemente $a, b, c \in D$ werden in G assoziativ multipliziert, also auch in D. Wie bereits festgestellt, liegt e in D. Ist schließlich $a \in D$, so auch $a \in U_i$ für jedes $i \in I$; es folgt $a^{-1} \in U_i$ für jedes $i \in I$, weil die U_i Gruppen waren, und das liefert $a^{-1} \in D$.

6.3 Wegen $e \in Z$ ist Z nicht leer. Sind a, b Elemente aus Z, so gilt $abg = agb = gab$ für jedes $g \in G$, und es folgt $ab \in Z$. Die Multiplikation in Z ist assoziativ, weil sie es in G ist; sie ist kommutativ nach Definition von Z. Ist $a \in Z$, so gilt $ag = ga$, also $a^{-1}aga^{-1} = a^{-1}gaa^{-1}$ oder $a^{-1}g = ga^{-1}$ für jedes $g \in G$ und damit $a^{-1} \in Z$.

6.4 Daß G eine Gruppe ist, ist klar. Ist $x \in G$, so definiere man einen Isomorphismus f von G auf H durch $f(x) = \log x$. Die Abbildung ist injektiv, weil $\log x_1 = \log x_2$ nur für $x_1 = x_2$ gilt; sie ist surjektiv, weil jedes $y \in \mathfrak{R}$ Logarithmus einer reellen Zahl $x > 0$ ist; sie ist relationstreu wegen $f(xy) = f(x) + f(y)$.

6.5 In $\mathfrak{R}_0$ gilt $aa = (-a)(-a)$, obwohl $a \neq -a$ ist; in $\mathfrak{R}$ folgt aus $a + a = b + b$ immer $a = b$. Das wird ausgenutzt: Angenommen, $f: \mathfrak{R}_0 \to \mathfrak{R}$ sei ein Isomorphismus von $\mathfrak{R}_0$ auf $\mathfrak{R}$ und τ das Bild von $t \in \mathfrak{R}_0$. Das Bild τ' von $-t$ müßte dann wegen der Eineindeutigkeit von f und $t \neq -t$ von τ verschieden sein: $\tau' \neq \tau$. Im Widerspruch hierzu wäre aber wegen der Relationstreue von f das Bild von $t^2 = (-t)^2$ sowohl $\tau + \tau = 2\tau$ als auch $\tau' + \tau' = 2\tau'$ mit der Folge $\tau = \tau'$.

8.1 U ist eine Halbgruppe in G. Es seien a, b Elemente aus $U = \{u_1, u_2, \ldots, u_k\}$. Alle Produkte au_i fallen paarweise voneinander verschieden aus, liefern also wieder ganz U. Daher ist die Gleichung $ax = b$ mit einem gewissen $u_\varkappa \in U$ lösbar, und das Entsprechende gilt für die Gleichung $ya = b$. Die Behauptung folgt nun aus Satz 6.2.

8.2 Die eine Richtung der Behauptung steht in Satz 2: Wenn M eine Untergruppe von G ist, so wird durch $a \sim b \Leftrightarrow a^{-1}b \in M$ eine Äquivalenzrelation auf G erklärt. Zu zeigen bleibt: Wenn durch $a \sim b \Leftrightarrow a^{-1}b \in M$ eine Äquivalenzrelation auf G definiert wird, so ist $M \subset G$ eine Untergruppe von G. Wegen $a \sim a$ hat man zunächst $a^{-1}a = e \in M$, also $M \neq \mathfrak{L}$. Sind weiter a, b Elemente von M, so auch $e^{-1}a$ und $e^{-1}b$; es folgt also $e \sim a$, $e \sim b$ und daraus $a \sim b$ oder $a^{-1}b \in M$. Nach Satz 1 ist also M eine Untergruppe von G.

8.3 Im Falle a) wähle man etwa G unendlich und $U = \{e\}$ oder, weniger trivial, für G die multiplikative Gruppe $\mathfrak{R}_0$ und $U = \{1, -1\}$ als Untergruppe. Im Falle b) sei G die additive Gruppe von $\mathfrak{R}$ und U die additive Gruppe von $\mathfrak{Q}$; dann kann ind U nicht endlich sein, weil sonst (vgl. § 4) $\mathfrak{R}$ abzählbar wäre wie $\mathfrak{Q}$.

8.4 Wir haben noch zu zeigen: Wenn die Linkszerlegung und die Rechtszerlegung von G nach U übereinstimmen, so ist U ein Normalteiler von G. Es sei dazu a ein beliebiges Element aus G; wir zeigen $aU = Ua$. Zunächst muß es ein $b \in G$ mit $aU = Ub$ geben. Es folgt $a \in Ub$, also auch $Ua = Ub$ und damit $aU = Ua$.

8.5 Nach Aufgabe 6.2 ist D eine Untergruppe von G. Nach Satz 4 haben wir zu zeigen: Für jedes $a \in G$ gilt $aDa^{-1} \subset D$. Zunächst ist $D \subset N_i$ für jedes $i \in I$. Es folgt $aDa^{-1} \subset aN_ia^{-1} = N_i$. Da das für jedes $i \in I$ gilt, ist aDa^{-1} auch im Durchschnitt D der N_i enthalten: $aDa^{-1} \subset D$.

9.1 $\mathfrak{A}_4$ enthält die identische Permutation der Ordnung 1, die Elemente (34)(12), (24)(13) und (23)(14) der Ordnung 2 und die Elemente (123), (132), (124), (142), (134), (143), (234) und (243) der Ordnung 3. Beispielsweise ist (123) = (13)(12) als Produkt zweier Transpositionen ein Element von $\mathfrak{A}_4$, und (123)(123)(123) wird die Identität.

9.2 Hat k mit n den gemeinsamen Teiler $d > 1$, so ist bereits $(g^k)^{\frac{n}{d}} = (g^n)^{\frac{k}{d}} = e$, so daß g^k nicht die Ordnung n haben kann. Sind k und n teilerfremd, so sind $g^k, g^{2k}, \ldots, g^{nk}$ paarweise verschieden, liefern also ganz G: Wäre $g^{\lambda k} = g^{\mu k}$, $1 \leqq \mu \leqq \lambda \leqq n$, so würde $g^{(\lambda-\mu)k} = e$ folgen; nach Satz 2 hieße das: n teilt $(\lambda - \mu)k$; weil n zu k teilerfremd ist, bekäme man weiter: n teilt $\lambda - \mu$. Da aber $0 \leqq \lambda - \mu < n$ gilt, muß schon $\lambda = \mu$ sein.

10.1 Nein. Es müßte $\mathfrak{S}_3 = U \times V$ mit $|U| = 2$ und $|V| = 3$ sein. Dann wären aber U und V und damit auch $\mathfrak{S}_3 = U \times V$ abelsch im Widerspruch zu Satz 7.4.

10.2 $G_1 = \mathfrak{Z}_8 \times \mathfrak{Z}_9$, $G_2 = \mathfrak{Z}_2 \times \mathfrak{Z}_4 \times \mathfrak{Z}_9$, $G_3 = \mathfrak{Z}_2 \times \mathfrak{Z}_2 \times \mathfrak{Z}_2 \times \mathfrak{Z}_9$, $H_1 = \mathfrak{Z}_8 \times \mathfrak{Z}_3 \times \mathfrak{Z}_3$, $H_2 = \mathfrak{Z}_2 \times \mathfrak{Z}_4 \times \mathfrak{Z}_3 \times \mathfrak{Z}_3$, $H_3 = \mathfrak{Z}_2 \times \mathfrak{Z}_2 \times \mathfrak{Z}_2 \times \mathfrak{Z}_3 \times \mathfrak{Z}_3$. Die G_i sind von den H_j verschieden, weil jedes G_i ein Element der Ordnung 9 enthält, ein H_j dagegen nicht. Die Gruppe G_3 enthält kein Element der Ordnungen 4 oder 8; die Gruppe G_2 enthält zwar ein Element der Ordnung 4, aber keines der Ordnung 8; die Gruppe G_1 enthält ein Element der Ordnung 8. Die G_i sind also verschiedene Gruppen. Genauso folgt es für die H_j.

11.1 Es ist $800 = 2^5 \cdot 5^2$; es gibt also $p(5) \cdot p(2) = 14$ abelsche Gruppen der Ordnung 800; ihre Typen sind (2, 2, 2, 2, 2, 25), (2, 2, 2, 4, 25), (2, 4, 4, 25), (2, 2, 8, 25), (2, 16, 25), (4, 8, 25), (32, 25), (2, 2, 2, 2, 2, 5, 5), (2, 2, 2, 4, 5, 5), (2, 4, 4, 5, 5), (2, 2, 8, 5, 5), (2, 16, 5, 5), (4, 8, 5, 5), (32, 5, 5). Die acht abelschen Gruppen der Ordnung 900 haben die Typen (2, 2, 9, 25), (4, 9, 25), (2, 2, 3, 3, 25), (4, 3, 3, 25), (2, 2, 9, 5, 5), (4, 9, 5, 5), (2, 2, 3, 3, 5, 5), (4, 3, 3, 5, 5). Die neun abelschen Gruppen der Ordnung 1000 haben die Typen (2, 2, 2, 125), (2, 4, 125), (8, 125), (2, 2, 2, 5, 25), (2, 4, 5, 25), (8, 5, 25), (2, 2, 2, 5, 5, 5), (2, 4, 5, 5, 5), (8, 5, 5, 5).

12.1 Bezeichnen g, h Elemente aus G, H, so besteht die Faktorgruppe von $G \times H$ nach dem Normalteiler H (Satz 10.2) aus allen Nebenklassen der Gestalt $ghH = gH$. Aus $g_1H = g_2H$ folgt $g_1^{-1}g_2 \in H$, also $g_1^{-1}g_2 \in G \cap H = \{e\}$ oder $g_1 = g_2$. Die durch $f(g) = gH$ vermittelte Abbildung $f\colon G \to (G \times H)/H$ ist daher bijektiv. Sie ist ferner relationstreu.

12.2 Das folgt aus $\mathfrak{C} \simeq \mathfrak{R} \oplus \mathfrak{R}$ (§ 10, Beispiel 4) und Aufgabe 1 oder durch die bijektive relationstreue Abbildung $f\colon \mathfrak{C}/\mathfrak{R} \to \mathfrak{R}$, die vermöge $f(ir + \mathfrak{R}) = r$ definiert wird. Es ist ja $f((ir_1 + \mathfrak{R}) + (ir_2 + \mathfrak{R})) = f(i(r_1 + r_2) + \mathfrak{R}) = r_1 + r_2 = f(ir_1 + \mathfrak{R}) + f(ir_2 + \mathfrak{R})$.

12.3 Die Gruppe $G = \mathfrak{Z}_2 \times \mathfrak{Z}_3 \times \mathfrak{Z}_4$ ist abelsch von der Ordnung 24 und wird von den Elementen a, b, c der Ordnungen 2, 3, 4 erzeugt. Als homomorphe Bilder kommen nur abelsche Gruppen in Frage, deren Ordnungen Teiler von 24 sind (Sätze 1 und 2). Davon scheidet $\mathfrak{Z}_8$ aus, weil kein Element aus G ein Vielfaches von 8 als Ordnung hat, und man überlegt sich noch, daß auch $\mathfrak{Z}_2 \times \mathfrak{Z}_2 \times \mathfrak{Z}_2$ nicht in Frage kommt. Nach § 11 bleiben als mögliche Bilder $\{e\}$, $\mathfrak{Z}_2$, $\mathfrak{Z}_3$, $\mathfrak{Z}_2 \times \mathfrak{Z}_2$, $\mathfrak{Z}_4$, $\mathfrak{Z}_2 \times \mathfrak{Z}_3 = \mathfrak{Z}_6$, $\mathfrak{Z}_2 \times \mathfrak{Z}_4$, $\mathfrak{Z}_2 \times \mathfrak{Z}_2 \times \mathfrak{Z}_3$, $\mathfrak{Z}_3 \times \mathfrak{Z}_4 = \mathfrak{Z}_{12}$ und G selbst übrig. Sie können alle auch wirklich als homomorphe Bilder von G auftreten. Beispielsweise bekommt man $\mathfrak{Z}_2 \times \mathfrak{Z}_2 \times \mathfrak{Z}_3$ durch den Normalteiler $\{e, c^2\}$ und $\mathfrak{Z}_2 \times \mathfrak{Z}_2$ durch den von b und c^2 erzeugten Normalteiler.

12.4 Es gibt nach Satz 11.3 nur eine abelsche Gruppe der Ordnung 6, die zyklische. Es sei deshalb G eine nichtkommutative Gruppe der Ordnung 6; kein $g \in G$ hat dann die Ordnung 6. Nach Aufgabe 6.1 können ferner die von e verschiedenen Elemente aus G nicht sämtlich die Ordnung 2 haben. Also existiert nach Satz 9.3 ein $a \in G$ der Ordnung 3. Die von a erzeugte Untergruppe $U \subset G$ vom Index 2 ist dann ein Normalteiler (§ 8.4), und es gilt etwa $G/U = \{U, bU\}$ mit einem $b \in G$. Wir zeigen, daß b die Ordnung 2 hat. Die Ordnungen 1 und 6 kommen jedenfalls nicht in Frage, und wir müssen ausschließen, daß b die Ordnung 3 hat. Nun gilt in G/U zunächst $(bU)^2 = U$. Hätte b die Ordnung 3, so müßte auch $(bU)^3 = U$, also $bU = U$ sein, was nicht der Fall ist.
Wegen $G = U \cup Ub$ hat G die Gestalt $\{e, a, a^2, b, ab, a^2b\}$. Wir kennen die Rechenregeln $a^3 = b^2 = e$. Die Verknüpfungstafel für G ist festgelegt, sobald der Wert von ba bekannt ist. Nun ist $ba = a^k$ wegen $b \notin U$ unmöglich, und $ba = b$ hätte $a = e$ zur Folge; wäre schließlich $ba = ab$, so würde G kommutativ. Wenn es also überhaupt eine nichtkommutative Gruppe G der Ordnung 6 gibt, so nur die eine, in der für die speziellen Elemente a, b die Regel $ba = a^2b$ gilt. Andrerseits wissen wir: Es gibt eine nichtkommutative Gruppe $\mathfrak{S}_3$ der Ordnung 6.
Daraus folgt: Die beiden einzigen Gruppen der Ordnung 6 sind $\mathfrak{Z}_6$ und $\mathfrak{S}_3$.

12.5 Ist H die Untergruppe aller Elemente 5^s7^t aus G, so gilt $G/N \simeq H$. (Vgl. Aufgabe 12.1.)

12.6 Man betrachte die Teilmenge $H = \bigcup_{u \in U} uN$ von G. Wir zeigen zunächst, daß H eine Untergruppe von G ist: Wegen $e \in H$ ist H nicht leer; sind $h_1 = u_1n_1$ und $h_2 = u_2n_2$ Elemente aus H ($u_i \in U$, $n_i \in N$), so wird $h_1h_2 = u_1n_1u_2n_2 = u_1u_2n_3n_2 = (u_1u_2)(n_3n_2) \in H$, da es auf Grund der Normalteilereigenschaft von N ein $n_3 \in N$ mit $n_1u_2 = u_2n_3$ gibt; die Multiplikation in H ist assoziativ wie die in G; mit $h = un \in H$ ($u \in U$, $n \in N$) liegt auch $h^{-1} = n^{-1}u^{-1} = u^{-1}n_4$ in H, da es wieder wegen der Normalteilereigenschaft von N ein $n_4 \in N$ mit $n^{-1}u^{-1} = u^{-1}n_4$ gibt. Diese Untergruppe $H \subset G$ enthält U und N, ist also nach Voraussetzung G selbst. Die Faktorgruppe G/N besteht also aus den paarweise verschiedenen unter den Nebenklassen uN, $u \in U$. Nun ist $u_1N = u_2N$ nur für $u_2^{-1}u_1 \in N$, also $u_2^{-1}u_1 \in N \cap U = \{e\}$ oder $u_1 = u_2$ möglich ($u_i \in U$). Die durch $f(u) = uN$ definierte Abbildung $f\colon U \to G/N$ ist daher bijektiv. Wegen $f(u_1u_2) = u_1u_2N = u_1Nu_2N = f(u_1)f(u_2)$ ist sie auch relationstreu, und das bedeutet $U \simeq G/N$.

12.7 a) Wir zeigen zunächst, daß G eine Gruppe ist. Da die identische Abbildung die beschriebene Gestalt hat, liegt sie in G, und G ist nicht leer. Sind f, g Elemente aus G und $f(x) = ax + b$, $g(x) = cx + d$, so wird $gf(x) = c(ax + b) + d = acx + bc + d$, also auch $gf \in G$, da $ac \neq 0$ ist. Die Multiplikation in G ist assoziativ nach Satz 3.1. Schließlich ist jedes $f \in G$ eine Transformation von $\mathfrak{R}$, und die Umkehrabbildung $f^{-1}\colon \mathfrak{R} \to \mathfrak{R}$ ist definiert. Wenn $f(x) = ax + b$ ist, wird $f^{-1}(x) = \frac{1}{a}x - \frac{b}{a}$, also auch $f^{-1} \in G$. Also ist G eine Untergruppe der Gruppe aller Transformationen von $\mathfrak{R}$. Daß U_1 und U_2 Untergruppen von G sind, sieht man sofort.
Es sei nun $f \in U_1$ definiert durch $f(x) = x + b$ und $g \in G$ durch $g(x) = cx + d$, also g^{-1} durch $\frac{1}{c}x - \frac{d}{c}$. Dann folgt $gfg^{-1}(x) = x + bc$, also $gfg^{-1} \in U_1$. Da $f \in U_1$ und $g \in G$ beliebig waren, besagt Satz 8.4: U_1 ist Normalteiler von G. Ist dagegen $f \in U_2$ und nicht die Identität, also $f(x) = ax$ mit $a \neq 1$, so wird $gfg^{-1}(x) = ax + d(1 - a)$ und, falls d nicht Null war, $gfg^{-1} \notin U_2$. Somit ist U_2 kein Normalteiler von G.

b) Man wähle $a \in \mathfrak{R}_0$ als Bild für die durch $f(x) = ax$ erklärte Abbildung $f \in U_2$.
c) Man wende Aufgabe 12.6 an.

13.1 Die charakteristische Schlußweise tauchte bereits in Aufgabe 8.1 und in § 12.4 auf: Ist $H = \{h_1, h_2, \ldots, h_n\}$ und $a \in H$, so fallen die Produkte ah_i paarweise voneinander verschieden aus, liefern also ganz H. Für $a, b \in H$ wird demnach $ax = b$ und ganz entsprechend auch $ya = b$ in H lösbar, und Satz 6.2 liefert die Behauptung. Daß eine unendliche reguläre Halbgruppe nicht notwendig eine Gruppe ist, zeigt das Beispiel $\mathfrak{N}$ bezüglich der Addition oder auch der Multiplikation.

14.1 In § 12.1 war gezeigt worden: Sind $f: A \to B$ bzw. $g: B \to C$ Homomorphismen von A auf B bzw. B auf C, so ist $gf: A \to C$ ein Homomorphismus von A auf C. Das benutzen wir. Es sei zunächst $f: G \to G/K$ der Homomorphismus von G auf G/K mit dem Kern K. Aus Satz 2 wissen wir, daß mit N auch $f(N) = N/K$ Normalteiler von G/K ist; dabei ist $f(N) = N/K$, weil K Normalteiler von G, also erst recht von N ist. Nun sei weiter $g: G/K \to (G/K)/(N/K)$ der Homomorphismus von G/K auf $(G/K)/(N/K)$ mit dem Kern N/K. Der Homomorphismus $gf: G \to (G/K)/(N/K)$ von G auf $(G/K)/(N/K)$ hat also den Kern N, und der Homomorphiesatz für Gruppen liefert die Behauptung $(G/K)/(N/K) \simeq G/N$. Es ist, als ob man K herauskürzen könnte.

14.2 Nach Aufgabe 6.2 ist D eine Untergruppe von G. Nach Definition von D gilt $D \subset (h^{-1}g)U(h^{-1}g)^{-1}$ für alle $g, h \in G$, also $hDh^{-1} \subset gUg^{-1}$ für alle $g, h \in G$. Hält man hierin $h \in G$ fest und bildet rechter Hand den Durchschnitt über alle $g \in G$, so ergibt sich $hDh^{-1} \subset D$ für jedes $h \in G$. Nach Satz 8.4 ist also D ein Normalteiler von G.

14.3 Wir teilen $G = K_1 \cup K_2 \cup \ldots \cup K_r$ auf in Klassen konjugierter Elemente. Aus der Definition des Zentrums folgt: Genau dann bildet ein $a \in G$ eine Klasse für sich, wenn $a \in Z$ ist. Es gelte etwa $e \in K_1$, also $|K_1| = 1$. Wäre $Z = \{e\}$, so hätte jede der Klassen $K_2, K_3, \ldots, K_r$ mehr als ein Element. Die Zahlen $|K_2|$, $|K_3|, \ldots, |K_r|$ wären nicht Eins und nach Satz 4 Teiler von $|G|$, nach Voraussetzung also Vielfache von p. Dann müßte auch $|K_1| = |G| - |K_2| - |K_3| - \ldots - |K_r|$ durch $p > 1$ teilbar sein, was nicht der Fall ist.

14.4 Wir beginnen mit einer Vorbemerkung: Zwei voneinander verschiedene echte Untergruppen U, V von G haben $\{e\}$ als Durchschnitt. Gäbe es nämlich ein $a \in U \cap V$, $a \neq e$, so wären nach Satz 8.3 sowohl U als auch V Gruppen von Primzahlordnung, und die von a erzeugte Gruppe wäre wieder nach Satz 8.3 sowohl gleich U als auch gleich V. Das hieße $U = V$, was gerade nicht der Fall war.
Enthält nun G ein Element g der Ordnung pq, so ist G zyklisch, also abelsch, und g^q erzeugt eine Untergruppe U der Ordnung p, die dann von selbst Normalteiler ist. Deshalb sei weiterhin G nicht zyklisch.
Ein beliebig gewähltes $g \in G$, $g \neq e$, hat also eine Ordnung ungleich pq, etwa p. Es erzeugt dann eine Untergruppe U der Ordnung p, und wir nehmen an, U sei nicht schon Normalteiler. Für den Normalisator M von U bedeutet das $U \subset M \subset G$ mit $M \neq G$; da nach Satz 8.3 jedenfalls $|M|$ ein Teiler von $|G|$ und ein Vielfaches von $|U|$ ist, folgt $M = U$, und U hat nach Satz 5 genau q Konjugierte. Wir nennen sie $U_1 = U, U_2, U_3, \ldots, U_q$; auf Grund der Vorbemerkung wissen wir $U_i \cap U_j = \{e\}$ für $i \neq j$. Es bleiben demnach $pq - q(p-1) - 1 = q - 1$ Elemente von G, die nicht in den U_i liegen. Wir wählen ein beliebiges von ihnen und nennen es h. Dann können zwei Fälle eintreten.
Hat h die Ordnung q, so erzeugt es eine Untergruppe V, die auf Grund der Vorbemerkung gerade aus diesen restlichen $q - 1$ Elementen und der Eins besteht

und keine von V verschiedenen Konjugierten haben kann, weil ein derartiges Konjugiertes dann mit einem der U_i zusammenfallen müßte, was zur Folge hätte, daß auch V und U konjugiert wären. In diesem Fall ist also V ein Normalteiler der Ordnung q.
Hätte schließlich h die Ordnung p, so könnte die von h erzeugte Untergruppe V wegen $q(p-1) > q-1$ nicht wieder q Konjugierte haben, wäre also auch diesmal ein Normalteiler ungleich $\{e\}$ und ungleich G.

14.5 Es sei $G^* = G/K$ und $f: G \to G^*$ der Homomorphismus von G auf G^* mit dem Kern K. Das Bild von H ist die Untergruppe H/K von G^*; da G^* abelsch ist, ist H/K sogar Normalteiler von G^*; nach Satz 2 ist also auch das Original H von H/K Normalteiler von G. Sind aH, bH Elemente aus G/H, so gilt $c = b^{-1}a^{-1}ba \in K \subset H$, also $H = cH$ und demnach $aH \cdot bH = abH = abcH = baH = bH \cdot aH$. Die Faktorgruppe G/H ist also abelsch.

15.1 a) Es sei $f \in A$ und $\varphi_a \in B$; nach Satz 8.4 ist die Untergruppe B von A sogar Normalteiler von A, wenn $f\varphi_a f^{-1} \in B$ gezeigt wird. Nun gilt aber $f\varphi_a f^{-1}(x) = f(af^{-1}(x)a^{-1}) = f(a)xf(a)^{-1} = \varphi_{f(a)}(x)$ für alle $x \in G$, also $f\varphi_a f^{-1} = \varphi_{f(a)} \in B$. Also ist B Normalteiler von A.
b) Wir behaupten zunächst, daß durch $f(aZ) = \varphi_a$ eine Abbildung $f: G/Z \to B$ definiert wird; dazu muß gezeigt werden, daß das Bild φ_a von aZ von der Wahl des Repräsentanten a von aZ nicht abhängt. Es sei etwa $aZ = bZ$, also $b = az$ mit einem $z \in Z$; dann wird $\varphi_b(x) = azxz^{-1}a^{-1} = axzz^{-1}a^{-1} = axa^{-1} = \varphi_a(x)$ für alle $x \in G$, also $\varphi_b = \varphi_a$. Es ist demnach $f: G/Z \to B$ eine Abbildung; sie ist surjektiv, weil gZ ein Original von φ_g ist. Sie ist auch injektiv; denn aus $f(aZ) = f(bZ)$ oder $\varphi_a = \varphi_b$ folgt $axa^{-1} = bxb^{-1}$ oder $b^{-1}ax = xb^{-1}a$ für alle $x \in G$, also $b^{-1}a \in Z$ oder $aZ = bZ$. Die Abbildung $f: G/Z \to B$ ist also bijektiv. Sie ist auch relationstreu: $f(aZ \cdot bZ) = f(abZ) = \varphi_{ab} = \varphi_a\varphi_b = f(aZ)f(bZ)$.

17.1 Wir betrachten die beiden Fälle $p = q$ und $p < q$. Ist im ersten Fall G kommutativ, so folgt die Behauptung aus Satz 11.1 und Satz 9.6. Eine nichtkommutative Gruppe G der Ordnung p^2 würde nach Aufgabe 14.3 als Normalteiler ein Zentrum der Ordnung p besitzen. Ist $p < q$, so besitzt G nach Satz 1 Untergruppen der Ordnung q; ihre Anzahl ist nach Satz 3 eine Zahl k der Gestalt $\varkappa q + 1$, $\varkappa \in \mathfrak{Z}$, die außerdem noch p teilt. Es folgt $k = 1$. Die eindeutig bestimmte Untergruppe U von G der Ordnung q fällt also mit allen ihren Konjugierten zusammen und ist deshalb Normalteiler.

18.1 Die n Elemente $a, ab, ab^2, \ldots, ab^{n-1}$ sind paarweise verschieden und haben die Ordnung 2.

18.2 Das folgt aus den Aufgaben 9.1 und 18.1.

18.3 Daß $\mathfrak{Z}_8$, $\mathfrak{Z}_2 \times \mathfrak{Z}_4$ und $\mathfrak{Z}_2 \times \mathfrak{Z}_2 \times \mathfrak{Z}_2$ die sämtlichen abelschen Gruppen der Ordnung 8 sind, ist uns aus § 11 bekannt. Wir haben also zu zeigen: Eine nichtkommutative Gruppe G der Ordnung 8 ist entweder die Dieder- oder die Quaternionengruppe. Nach Aufgabe 6.1 kann nicht jedes $g \in G$ die Ordnung 2 haben. Da G kein Element der Ordnung 8 enthält, gibt es nach Satz 9.3 ein $b \in G$ der Ordnung 4, und als Untergruppe vom Index 2 ist $U = \{e, b, b^2, b^3\} \subset G$ ein Normalteiler von G. Wir schreiben $G/U = \{U, aU\}$ und wissen $a^2U = U$, also $a^2 \in U$. Es kann nicht $a^2 = b$ sein, denn dann hätte a die Ordnung 8, und aus demselben Grund ist $a^2 \neq b^3$. Also ist entweder $a^2 = e$ oder $a^2 = b^2$.
Ferner kann man das Resultat von aba^{-1} angeben. Da U Normalteiler von G ist, gilt zunächst $aba^{-1} \in U$; darüber hinaus wird $U = aUa^{-1}$ sogar von aba^{-1} erzeugt,

und da nur b und b^3 die Gruppe U erzeugen, ist aba^{-1} entweder gleich b oder gleich b^3. Im ersten Fall wäre aber G kommutativ. Also gilt $aba^{-1} = b^{-1}$. Bildet man beiderseits die Inversen, so folgt $ab^{-1}a^{-1} = b$ oder $ba = ab^{-1} \neq ab$.
Eine nichtkommutative Gruppe G der Ordnung 8 hat also die Gestalt $G = U \cup aU = \{e, b, b^2, b^3, a, ab, ab^2, ab^3\}$, und in G gelten die Rechenregeln $b^4 = e$ und $ba = ab^{-1}$. Außerdem ist entweder $a^2 = e$ oder $a^2 = b^2$. Beide Male ist das Rechnen in G festgelegt; es gibt also höchstens zwei nichtkommutative Gruppen G der Ordnung 8. Da wir andrerseits zwei nichtkommutative Gruppen der Ordnung 8 kennen, nämlich die Diedergruppe $\mathfrak{D}_4$ und die Quaternionengruppe, ist damit alles gezeigt. Die Diedergruppe $\mathfrak{D}_4$ ist durch die Rechenregeln $a^2 = b^4 = e$ und $ba = ab^{-1}$ bestimmt. Gelten in G die Regeln $b^4 = e$, $ba = ab^{-1}$ und $a^2 = b^2$, so liegt die Quaternionengruppe vor; man setze etwa $a = i$ und $b = j$.

20.1

+	0	1	2	3	4	5
0	0	1	2	3	4	5
1	1	2	3	4	5	0
2	2	3	4	5	0	1
3	3	4	5	0	1	2
4	4	5	0	1	2	3
5	5	0	1	2	3	4

·	0	1	2	3	4	5
0	0	0	0	0	0	0
1	0	1	2	3	4	5
2	0	2	4	0	2	4
3	0	3	0	3	0	3
4	0	4	2	0	4	2
5	0	5	4	3	2	1

20.2 Aus $5x \equiv 7\,(13)$ und $8 \equiv 8\,(13)$ folgt $40x \equiv 56\,(13)$ oder $x \equiv 56\,(13)$ oder $x \equiv 4\,(13)$; aus $x \equiv 4\,(13)$ folgt umgekehrt $5x \equiv 20 \equiv 7\,(13)$. Genau die ganzen Zahlen der Gestalt $13k + 4$ lösen also die Kongruenz.

20.3 Angenommen, es gäbe ganze Zahlen x, y, z mit $x^2 + y^2 + z^2 = 8k + 7$. In $\mathfrak{Z}_8$ würde $K(x^2 + y^2 + z^2) = K(8k + 7)$ oder $K(x)^2 + K(y)^2 + K(z)^2 = K(7)$ folgen. Nun gibt es in $\mathfrak{Z}_8$ die Quadrate $K(0)^2 = K(0)$, $K(1)^2 = K(1)$, $K(2)^2 = K(4)$, $K(3)^2 = K(1)$, $K(4)^2 = K(0)$, $K(5)^2 = K(1)$, $K(6)^2 = K(4)$, $K(7)^2 = K(1)$, also $K(0)$, $K(1)$ und $K(4)$. Die möglichen Summen mit drei Summanden $K(0)$, $K(1)$, $K(4)$ haben aber nie den Wert $K(7)$.

20.4 Es sei etwa $c \in R$ kein linker Nullteiler und $c \neq 0$. Sind a, b beliebige Ringelemente, so wird zunächst $(-c)(-b - a) = cb + ca = c(b + a)$; dabei wurden die Vorzeichenregeln aus Satz 1 benutzt, bei deren Beweis die Kommutativität der Addition nicht gebraucht wurde. Aus dem gleichen Grunde gilt auch $(-c)(-b - a) = (-c)(-(a + b)) = c(a + b)$. Es folgt $c((a + b) - (b + a)) = 0$ oder $a + b = b + a$.

20.5 Die Behauptungen a) und b) ergeben sich durch vollständige Induktion nach n.
c) Es sei $a \in R$ ein linker Nullteiler; es existiert also ein $b \in R$, $b \neq 0$, mit $ab = 0$. Hätte a ein Linksinverses c, so würde $c(ab) = 0$ gelten im Widerspruch zu $(ca)b = b \neq 0$. Analog ergibt sich die zweite Behauptung von c).
d) Man beklammere bac auf beide Arten; daraus folgt $b = c$. Aus $ax = 1$ folgt $bax = x = b$; analog führt $ya = 1$ auf $yab = y = b$.
e) Das folgt aus d).
f) Das folgt aus c).
g) Wegen $1 \in E$ ist E nicht leer. Aus $a \in E$ folgt die Existenz eines $a^{-1} \in R$ mit $a^{-1}a = aa^{-1} = 1$, und das bedeutet auch $a^{-1} \in E$. Aus $a, b \in E$ folgt $(b^{-1}a^{-1})ab = ab(b^{-1}a^{-1}) = 1$, also $ab \in E$. Die Multiplikation in E ist assoziativ wie die in R.

20.6 a) Es ist $a(b + (ba - 1)a^k) = ab + (aba - a)a^k = ab + (a - a)a^k = ab = 1$.
b) Es ist zu zeigen, daß b auch Linksinverses ist: $ba = 1$. Wäre aber $ba - 1 \neq 0$, so wäre nach a) auch $b + (ba - 1) \neq b$ ein Rechtsinverses von a entgegen der Voraussetzung.

c) Wir haben zu zeigen: Besitzt a außer b wenigstens ein weiteres Rechtsinverses, so bereits unendlich viele. In diesem Fall muß zunächst $ba - 1 \neq 0$ sein, weil sonst nach Aufgabe 5d) das Element b das einzige Links- und Rechtsinverse von a wäre. Nach a) hat a die Rechtsinversen $b + (ba - 1)a^k$ $(k = 0, 1, 2, \ldots)$. Wir zeigen, daß sie paarweise voneinander verschieden sind. Wäre $b + (ba - 1)a^n = b + (ba - 1)a^m$ oder $(ba - 1)a^m = (ba - 1)a^n$ für $n - m = l > 0$, so würde durch Rechtsmultiplikation mit b^n folgen: $ba - 1 = (ba - 1)b^l = b^l - b^l = 0$, was gerade nicht der Fall war.

20.7 Multipliziert man unter Berücksichtigung der Kommutativität von R die n Klammern $(a + b)$ nach dem Distributivgesetz aus, so tritt das Produkt $a^\nu b^{n-\nu}$ gerade $\binom{n}{\nu}$ mal als Summand auf.

20.8 a) Der Binomialkoeffizient

$$\binom{p}{\nu} = \frac{p(p-1)\cdots(p-\nu+1)}{\nu\cdot(\nu-1)\cdots 1} \qquad (1 \leqq \nu \leqq p-1)$$

ist eine natürliche Zahl; der Nenner kann also weggekürzt werden; dabei bleibt p im Zähler stehen. Für $1 \leqq \nu \leqq p - 1$ ist also p ein Teiler von $\binom{p}{\nu}$, und in einem Integritätsbereich I der Charakteristik p ist $\binom{p}{\nu}$ als Summe von $\binom{p}{\nu}$ Einsen gleich Null. Aufgabe 7 liefert also $(a + b)^p = a^p + b^p$. Es folgt $(a - b)^p = a^p - b^p$ für $p \geqq 3$. Für $p = 2$ wird $(a - b)^2 = a^2 + b^2 = a^2 - b^2$, weil aus $\chi(I) = 2$ folgt: $b^2 = -b^2$.
b) Das folgt aus a) durch Induktion nach k.
c) Das folgt aus a) durch Induktion nach n.

20.9 a) Daß K_1 und K_2 Körper sind, sieht man wie im Falle

$$K = \{x\colon x = a + b\sqrt{2},\ a, b \in \mathfrak{Q}\}.$$

Wir nehmen an, $f\colon K_1 \to K_2$ sei ein Isomorphismus von K_1 in K_2, und führen diese Annahme auf einen Widerspruch. Es sei $f(\sqrt{3}) = r + s\sqrt{5}$ $(r, s \in \mathfrak{Q})$. Es würde einerseits $f(3) = f(\sqrt{3})f(\sqrt{3}) = r^2 + 5s^2 + 2rs\sqrt{5}$ folgen; andrerseits ist $f(3) = f(1 + 1 + 1) = f(1) + f(1) + f(1) = 3$. Das liefert $r^2 + 5s^2 + 2rs\sqrt{5} = 3$. Da $\sqrt{5}$ irrational ist, muß $rs = 0$ sein. Da $\sqrt{3}$ irrational ist, kann nicht $s = 0$ sein; also folgt $r = 0$. Das aber liefert $s^2 = \frac{3}{5}$, was ebenfalls unmöglich ist.
b) Wir zeigen: Das Quadrat von $u = \sqrt[3]{2} \in M$ liegt nicht in M. Andernfalls gäbe es Elemente $a, b \in \mathfrak{Q}$ mit (✱) $u^2 + au + b = 0$. Multiplikation von (✱) mit u liefert wegen $u^3 = 2$ die Gleichung $au^2 + bu + 2 = 0$; Multiplikation von (✱) mit a ergibt $au^2 + a^2u + ab = 0$. Durch Subtraktion beider Gleichungen folgt $(a^2 - b)u = 2 - ab$, also, da $u \notin \mathfrak{Q}$ ist, $a^2 = b$ und $ab = 2$; hieraus folgt aber $a^3 = 2$, was für $a \in \mathfrak{Q}$ nicht möglich ist.

20.10 a) Es sei S ein Schiefkörper und $\chi(S) = 0$; wir betrachten die Teilmenge $M = \{x\colon x = m1,\ m \in \mathfrak{Z}\}$ aller Summen von Summanden $+1$ oder -1 und sehen sofort, daß M ein kommutativer Unterring von S ist. Durch $f(m1) = m$ wird dann ein Isomorphismus $f\colon M \to \mathfrak{Z}$ von M auf $\mathfrak{Z}$ definiert: Da $k1 = l1$ wegen $\chi(S) = 0$ nur für $k = l$ möglich ist, ist f definiert und dann von selbst bijektiv, und die Relationstreue kommt von $f(k1 + l1) = f((k + l)1) = k + l = f(k1) + f(l1)$ und

$f(k1 \cdot l1) = f((kl)1) = kl = f(k1)f(l1)$. In S gilt nun $1s = s1$ und $(-1)s = s(-1)$ für jedes $s \in S$; es folgt $xs = sx$ für alle $x \in M$, $s \in S$, speziell $xy^{-1} = y^{-1}x$ für alle $x, y \in M$, $y \neq 0$. Das erlaubt die Schreibweise $K = \{x\colon x = \frac{k1}{l1}, k, l \in \mathfrak{Z}, l \neq 0\} \subset S$ für die Menge K aller Quotienten von Elementen aus M. Wieder gelten die Bruchrechenregeln, und man sieht, daß K ein Körper ist. Jetzt erklären wir durch $g\left(\frac{k1}{l1}\right) = \frac{k}{l}$ einen Isomorphismus g von K auf $\mathfrak{Q}$: Es gilt $\frac{k1}{l1} = \frac{r1}{s1}$ genau dann, wenn $ks = lr$ oder $\frac{k}{l} = \frac{r}{s}$ ist; demnach ist die Abbildung g definiert und wieder bijektiv. Ihre Relationstreue folgt aus $g\left(\frac{k1}{l1} + \frac{r1}{s1}\right) = g\left(\frac{(ks + lr)1}{(ls)1}\right) = \frac{ks + lr}{ls}$ $= \frac{k}{l} + \frac{r}{s} = g\left(\frac{k1}{l1}\right) + g\left(\frac{r1}{s1}\right)$ und $g\left(\frac{k1}{l1} \cdot \frac{r1}{s1}\right) = g\left(\frac{(kr)1}{(ls)1}\right) = \frac{kr}{ls} = \frac{k}{l} \cdot \frac{r}{s} = g\left(\frac{k1}{l1}\right) g\left(\frac{r1}{s1}\right)$. Damit ist der Unterkörper K von S mit $K \simeq \mathfrak{Q}$ gefunden. Ein Unterkörper U von $\mathfrak{Q}$ ist $\mathfrak{Q}$ selbst; denn aus $1 \in U$ folgt zunächst $\mathfrak{Z} \subset U$ und dann $\mathfrak{Q} \subset U$.

b) Ist $\chi(S) = p$, so wird $M = \{x\colon x = m1;\ m = 0, 1, 2, \ldots, p - 1\} \subset S$ isomorph $\mathfrak{Z}_p$.

20.11 Angenommen, es gibt einen Körper K mit $|K| = 4$. Nach Satz 9.4 gilt dann in K zunächst $1 + 1 + 1 + 1 = 0$; es folgt $(1 + 1)(1 + 1) = 0$ oder $\chi(K) = 2$ und damit $x + x = 0$ für jedes $x \in K$. Additiv ist also K die Vierergruppe. Mit einem von 0 und 1 verschiedenen α schreiben wir $K = \{0, 1, \alpha, \alpha + 1\}$; es ist ja $\alpha + 1$ von 1 und α und wegen $\alpha \neq 1$ auch von Null verschieden. Für die multiplikative Gruppe K_0 kommt nur die zyklische Gruppe der Ordnung 3 in Frage; speziell gilt also $\alpha^2 = \alpha + 1 = \alpha - 1$. Wenn also ein Körper K mit $|K| = 4$ existiert, so nur dieser. Indem man die wenigen nichttrivialen Fälle des Distributivgesetzes direkt nachprüft, sieht man, daß K ein Körper ist.

20.12 Ist L ein Unterkörper von K, so gilt nach Aufgabe 10a) jedenfalls $\mathfrak{Q} \subset L \subset K$. Existiert in L ein $a + b\sqrt{2}$ mit $b \neq 0$, so ist auch $a + b\sqrt{2} - a = b\sqrt{2}$ und dann auch $b^{-1}b\sqrt{2} = \sqrt{2}$ ein Element von L und damit $L = K$. Andernfalls ist $L = \mathfrak{Q}$.

20.13 Subtraktion der zweiten Kongruenz von der ersten liefert (1) $-x + 4y \equiv 3 \bmod 7$; multipliziert man die erste Kongruenz mit 3 und subtrahiert die dritte, so wird (2) $4x + y \equiv 4 \bmod 7$; aus (1) und (2) folgt (3) $17y \equiv 16 \bmod 7$. Aus (3) bekommt man (vgl. Aufgabe 20.2) $y \equiv 3 \bmod 7$ und dann weiter $x \equiv 2 \bmod 7$ und $z \equiv 4 \bmod 7$. Dieselben Kongruenzen (1), (2), (3) bekommt man auch modulo 8 und modulo 17. Modulo 8 wird $x \equiv 5$, $y \equiv 0$, $z \equiv 5$. Die Proben bestätigen die Resultate mod 7 und mod 8. Modulo 17 ist (3), also das Ausgangssystem, nicht lösbar. Rechnet man analog in $\mathfrak{Z}_7$, $\mathfrak{Z}_8$, $\mathfrak{Z}_{17}$, so gehen die Kongruenzen in Gleichungen über. Da $\mathfrak{Z}_7$ ein Körper ist, kann man hier sogar versuchen, die Cramersche Regel anzuwenden, was zu dem angegebenen Resultat führt. In $\mathfrak{Z}_{17}$ wird die Systemdeterminante Null.

20.14 Es gilt $0, 1 \in Z$. Aus $z \in Z$ folgt $(-z)s = s(-z)$ für jedes $s \in S$, also $-z \in Z$, und $x, y \in Z$ liefert $(x + y)s = xs + ys = sx + sy = s(x + y)$ für jedes $s \in S$, also $x + y \in Z$; somit ist Z eine abelsche Gruppe bezüglich der Addition. Aus $x, y \in Z$ folgt nach bekanntem Muster $xy \subset Z$ und, falls $x \neq 0$ ist, $x^{-1} \in Z$. Da die Multiplikation in Z kommutativ ist und das Assoziativ- und das Distributivgesetz von selbst erfüllt sind, ist Z ein Körper (Satz 3).

21.1 Aus Satz 9.6 sind die additiven Untergruppen des Restklassenringes $\mathfrak{Z}_n$ bekannt; sie sind Ideale, da jedes $r \in \mathfrak{Z}_n$ Summe von Einsen, also (2) auf Grund von (1) erfüllt ist. Die gesuchten homomorphen Bilder sind also die Restklassenringe $\mathfrak{Z}_n/\mathfrak{Z}_m$ mit $m|n$. Schreibt man $n = dm$, so wird $\mathfrak{Z}_n/\mathfrak{Z}_m \simeq \mathfrak{Z}_d$. Die sämtlichen homomorphen Bilder des Ringes $\mathfrak{Z}_n$ sind also die Ringe $\mathfrak{Z}_d$ mit $d|n$.

21.2 Man geht vor wie bei Aufgabe 14.1. Sind zunächst $f: R_1 \to R_2$ bzw. $g: R_2 \to R_3$ Ringhomomorphismen von R_1 auf R_2 bzw. R_2 auf R_3, so ist $gf: R_1 \to R_3$ ein Ringhomomorphismus von R_1 auf R_3. Der Homomorphismus $f: R \to R/\mathfrak{k}$ sei definiert durch $f(r) = r + \mathfrak{k}$. Nach Satz 4 ist $f(\mathfrak{a}) = \mathfrak{a}/\mathfrak{k}$ ein Ideal von $R/\mathfrak{k}$. Weiter sei der Homomorphismus $g: R/\mathfrak{k} \to (R/\mathfrak{k})/(\mathfrak{a}/\mathfrak{k})$ definiert durch seinen Kern $\mathfrak{a}/\mathfrak{k}$. Dann hat der Homomorphismus $gf: R \to (R/\mathfrak{k})/(\mathfrak{a}/\mathfrak{k})$ den Kern $\mathfrak{a}$, und Aussage c) von Satz 3 liefert die Behauptung.

22.1 Man überträgt den Beweis von Satz 1; an Stelle von $I \times I_0$ steht $R \times S$. Wegen $S \neq \mathfrak{L}$ gibt es ein $h \in S$, und $\frac{h}{h}$ wird Einselement von R_S. Im allgemeinen ist R_S kein Körper; aber R_S enthält R und damit S und zu jedem $s \in S$ das Inverse $\frac{s}{s^2}$.

22.2 Die Elemente von I_1 seien $a_1, b_1, c_1, \ldots$, die Elemente von I_2 entsprechend $a_2 = f(a_1)$, $b_2 = f(b_1)$, $c_2 = f(c_1)$, ...; der Quotientenkörper Q_1 bekommt die Gestalt $\{y\colon y = \frac{a_1}{b_1}, a_1, b_1 \in I_1, b_1 \neq 0\}$, und analog sieht Q_2 aus. Durch $\varphi\left(\frac{a_1}{b_1}\right) = \frac{a_2}{b_2}$ wird dann eine Abbildung $\varphi\colon Q_1 \to Q_2$ definiert: Wenn $\frac{a_1}{b_1} = \frac{c_1}{d_1}$ ist, so folgt $a_1d_1 = b_1c_1$ oder $f(a_1d_1) = f(b_1c_1)$ oder $a_2d_2 = b_2c_2$ und damit $\frac{c_2}{d_2} = \frac{a_2}{b_2}$, wie es sein muß; dabei sind mit b_1 und d_1 auch b_2 und d_2 ungleich Null. Ähnlich sieht man, daß φ sogar bijektiv ist. Schließlich ist φ auch relationstreu:

$$\varphi\left(\frac{a_1}{c_1} + \frac{b_1}{c_1}\right) = \varphi\left(\frac{a_1 + b_1}{c_1}\right) = \frac{a_2 + b_2}{c_2} = \varphi\left(\frac{a_1}{c_1}\right) + \varphi\left(\frac{b_1}{c_1}\right),$$

$$\varphi\left(\frac{a_1}{c_1} \cdot \frac{b_1}{c_1}\right) = \frac{a_2b_2}{c_2c_2} = \varphi\left(\frac{a_1}{c_1}\right) \varphi\left(\frac{b_1}{c_1}\right).$$

Ein Element $a_1 \in I_1$, $a_1 \neq 0$, tritt in Q_1 in der Gestalt $\frac{a_1^2}{a_1}$ auf und hat in Q_2 das Bild $\frac{a_2^2}{a_2}$, also $a_2 \in I_2$. Der Isomorphismus φ ist daher eine Fortsetzung des Isomorphismus f.

23.1 Die Behauptung deckt sich im wesentlichen mit dem Inhalt der Beispiele 2 und 3 am Ende von § 6.

23.2 Die Konstruktion verläuft wie die im Beweis von Satz 1. Man setzt $(a, b) + (c, d) = (a + c, b + d)$ und $(a, b) \cdot (c, d) = (ac + 2bd, ad + bc)$ und zuletzt $(0, 1) = \alpha$.

24.1 Man geht von der Vorstellung aus, die Menge aller $r + k$, $r \in R$, $k \in \mathfrak{Z}$, zu konstruieren; in ihr wäre R enthalten und $0 + 1$ Einselement ($0 \in R$, $1 \in \mathfrak{Z}$). Es sei also $M = R \times \mathfrak{Z}$ das cartesische Produkt von R und $\mathfrak{Z}$ und $(r, k) + (s, l) = (r + s, k + l)$ die Addition, $(r, k) \cdot (s, l) = (rs + ks + lr, kl)$ die Multiplikation auf M; dabei sind ks und lr die in § 20.2 erklärten Elemente aus R. Man bestätigt ohne Mühe, daß M ein Ring mit dem Einselement $(0, 1)$ ist. Die Teilmenge T aller

$(r, 0)$ kann dann mit der isomorphen Struktur R identifiziert werden. Diese Konstruktion ist sogar dann möglich, wenn R schon ein Einselement hat; das (einzige) Einselement im derart konstruierten Erweiterungsring E bleibt $(0, 1)$.

25.1 Man betrachte die durch $\psi(f(x)) = xf(x)$ definierte Abbildung $\psi: \mathfrak{Q}[x] \to \mathfrak{Q}[x]$. Wegen $\psi(f + g) = \psi(f) + \psi(g)$ gehört ψ zum Endomorphismenring R von $\mathfrak{Q}[x]$. Man definiere ferner $\varphi: \mathfrak{Q}[x] \to \mathfrak{Q}[x]$ durch $\varphi(q) = 0$ für $q \in \mathfrak{Q}$ und

$$\varphi(a_0 + a_1x + \ldots + a_nx^n) = a_1 + a_2x + a_3x^2 + \ldots + a_nx^{n-1}$$

für $n \geqq 1$. Dann ist auch $\varphi \in R$. In R gilt offenbar $\varphi\psi = \varepsilon$, aber beispielsweise $\psi\varphi(1) = 0$, also $\psi\varphi \neq \varepsilon$. Es ist also ψ ein Rechtsinverses, aber kein Linksinverses von $\varphi \in R$. Nach Aufgabe 20.6 besitzt also $\varphi \in R$ unendlich viele Rechtsinverse und nach Aufgabe 20.5, Aussage d), kein Linksinverses.

25.2 Man geht von $M = R^\infty$ aus und kopiert das Konstruktionsverfahren aus dem Beweis von Satz 25.1.

26.1 Wir wenden Satz 3 an. Durchprobieren der sechs möglichen Fälle in a) liefert $2 \in \mathfrak{Q}$ als einzige rationalzahlige Nullstelle. Das Polynom in b) ist zwar nicht normiert, aber Multiplikation mit 9 und anschließende Untersuchung von $(3x)^3 - 2(3x)^2 + 18(3x) - 36 = y^3 - 2y^2 + 18y - 36$ auf rationalzahlige Nullstellen ergibt für y nur 2, für x also $\frac{2}{3}$. Das Polynom in c) hat keine Nullstelle $\alpha \in \mathfrak{Q}$.

26.2 Anwendung von Satz 9.4 auf die multiplikative Gruppe von $\mathfrak{Z}_p$ zeigt, daß jedes $a \in \mathfrak{Z}_p$, $a \neq 0$, Nullstelle von $x^p - x \in \mathfrak{Z}_p[x]$ ist. Es folgt: Jedes $a \in \mathfrak{Z}_p$ ist Nullstelle des Polynoms. Wir schreiben $\mathfrak{Z}_p$ in der Gestalt $\{0, 1, 2, \ldots, p - 1\}$ und zerlegen $x^p - x = x(x^{p-1} - 1) = x(x - 1)g(x)$. Einsetzen von 2 liefert $g(2) = 0$; dabei wird die Nullteilerfreiheit von $\mathfrak{Z}_p$ benutzt. Man bekommt also weiter $x^p - x = x(x - 1)(x - 2)h(x)$. Fortsetzung des Verfahrens und Vergleich der höchsten Koeffizienten liefert zuletzt die behauptete Zerlegung. Die Wilsonsche Kongruenz ergibt sich durch Vergleich der Koeffizienten von x als Identität in $\mathfrak{Z}_p$.

26.3 Es soll gezeigt werden: Es gibt genau eine Derivation $D^*: Q \to Q$ mit $D^*(a) = D(a)$ für $a \in I$. Man wähle $\frac{a}{b} \in Q$, $a \in I$, $b \in I$, $b \neq 0$. Ist D^* eine Fortsetzung von D, so muß $D^*(a) = D^*\left(b \cdot \frac{a}{b}\right) = bD^*\left(\frac{a}{b}\right) + \frac{a}{b}D^*(b)$, also

$$(\ast) \qquad D^*\left(\frac{a}{b}\right) = \frac{bD(a) - aD(b)}{b^2}$$

gelten. Wenn man also eine Fortsetzung D^* von D definieren kann, dann nur so. Wir zeigen zunächst, daß durch $(\ast)$ überhaupt eine Abbildung $D^*: Q \to Q$ definiert ist. Es sei also $\frac{a}{b} = \frac{c}{d}$ oder $ad = bc$; dann muß $D^*\left(\frac{a}{b}\right) = D^*\left(\frac{c}{d}\right)$ oder

$$\frac{bD(a) - aD(b)}{b^2} = \frac{dD(c) - cD(d)}{d^2}$$

nachgewiesen werden; wegen $bd^2D(a) + cb^2D(d) = bd(dD(a) + aD(d)) = bdD(ad) = bdD(bc) = bd(bD(c) + cD(b)) = db^2D(c) + ad^2D(b)$ ist das auch richtig. Weiter zeigen wir, daß die Abbildung D^*: $Q \to Q$ auch wirklich eine Fortsetzung von D: $I \to I$ ist:

$$D^*\left(\frac{ab}{b}\right) = \frac{bD(ab) - abD(b)}{b^2} = \frac{abD(b) + b^2D(a) - abD(b)}{b^2} = D(a).$$

Schließlich weisen wir nach, daß D^* eine Ableitung von Q ist: Für $c \neq 0$ gelten die beiden Beziehungen

$$D^*\left(\frac{a}{c} + \frac{b}{c}\right) = D^*\left(\frac{a+b}{c}\right) = \frac{cD(a+b) - (a+b)D(c)}{c^2} = D^*\left(\frac{a}{c}\right) + D^*\left(\frac{b}{c}\right),$$

$$D^*\left(\frac{a}{c} \cdot \frac{b}{c}\right) = \frac{c^2D(ab) - abD(c^2)}{c^4} = \frac{(ac^2D(b) - abcD(c)) + (bc^2D(a) - abcD(c))}{c^4}$$

$$= \frac{a}{c}\, D^*\left(\frac{b}{c}\right) + \frac{b}{c}\, D^*\left(\frac{a}{c}\right).$$

26.4 Behauptet wird: Das Polynom $a_nx^n + a_{n-1}x^{n-1} + \ldots + a_0 \in \mathfrak{Z}_p[x]$, $a_n \neq 0$, hat in $\mathfrak{Z}_p$ höchstens n Nullstellen. Das folgt aber aus Satz 2.

26.5 Es seien a, b reelle Zahlen. Durch $\varphi(a + bi) = a - bi$ wird, wie zwei kurze Rechnungen bestätigen, ein Automorphismus des Körpers $\mathfrak{C}$ definiert. Auf diesem Sachverhalt beruht die Behauptung: Es sei $f(\alpha) = \sum_{\nu=0}^{n} a_\nu\alpha^\nu = 0$, $a_\nu \in \mathfrak{R}$; durch Anwendung von φ auf beiden Seiten folgt $\sum_{\nu=0}^{n} \varphi(a_\nu\alpha^\nu) = \sum_{\nu=0}^{n} \varphi(a_\nu)(\varphi(\alpha))^\nu = \sum_{\nu=0}^{n} a_\nu(\varphi(\alpha))^\nu$ $= 0$ oder $f(\varphi(\alpha)) = 0$, und das sollte gezeigt werden.

27.1 Daß mit α^2 auch α algebraisch über K ist, folgt unmittelbar aus der Definition. Ist α algebraisch über K,

$$a_n\alpha^n + a_{n-1}\alpha^{n-1} + \ldots + a_0 = 0, \qquad a_i \in K,\ a_n \neq 0,$$

so bringe man die Terme mit geradem Exponenten bei α auf die rechte Seite und quadriere. Man bekommt eine Polynomgleichung für α^2 oder ein $g(x) \in K[x]$, $g(x) \neq 0$, mit $g(\alpha^2) = 0$.

27.2 Man setze $\sqrt{2} + \sqrt{3} + \sqrt{5} = \alpha$. Quadrieren von $\alpha - \sqrt{5} = \sqrt{2} + \sqrt{3}$ liefert $\alpha^2 - 2\sqrt{5}\alpha = 2\sqrt{6}$ und erneutes Quadrieren $\alpha^4 - 4\sqrt{5}\alpha^3 + 20\alpha^2 = 24$. Zuletzt quadriert man $\alpha^4 + 20\alpha^2 - 24 = 4\sqrt{5}\alpha^3$ und bekommt $\alpha^8 - 40\alpha^6 + 352\alpha^4 - 960\alpha^2 + 576 = 0$.

27.3 a) Der Fall $\sqrt{d} \in \mathfrak{Q}$ ist trivial; es sei also $\sqrt{d} \notin \mathfrak{Q}$. Die Struktur $\mathfrak{Q}[\sqrt{d}]$ besteht aus allen $a + b\sqrt{d}$ mit $a, b \in \mathfrak{Q}$ und ist ein kommutativer Ring mit Einselement. Ist $a + b\sqrt{d} \neq 0$, so ist wegen $\sqrt{d} \notin \mathfrak{Q}$ auch $a^2 - db^2$ nicht Null, und man hat noch

$$(a + b\sqrt{d})^{-1} = \frac{a - b\sqrt{d}}{a^2 - db^2} \in \mathfrak{Q}[\sqrt{d}].$$

Nach Satz 20.3 ist also $\mathfrak{Q}[\sqrt{d}]$ sogar ein Körper, und das bedeutet $\mathfrak{Q}[\sqrt{d}] = \mathfrak{Q}(\sqrt{d})$.
b) Zunächst ist $\mathfrak{Q}(\sqrt{d}) = \mathfrak{Q}[\sqrt{d}]$; da ferner $\sqrt{d} \notin \mathfrak{Q}$ gilt, ist jedes Element von $\mathfrak{Q}(\sqrt{d})$ eindeutig in der Gestalt $a + b\sqrt{d}$ mit $a, b \in \mathfrak{Q}$ darstellbar. Durch $\varphi(a + b\sqrt{d}) = a - b\sqrt{d}$ wird also eine Abbildung φ: $\mathfrak{Q}(\sqrt{d}) \to \mathfrak{Q}(\sqrt{d})$ definiert. Man sieht sofort, daß sie bijektiv ist. Die Relationstreue für die Addition und die Multiplikation rechnet man leicht nach. (In der Lösung von Aufgabe 26.5 wurde ein ähnlicher Sachverhalt benutzt. Dort stand $\mathfrak{R}$ statt $\mathfrak{Q}$ und -1 an Stelle von d.)

27.4 Sind $a^2 + db^2$ und $u^2 + dv^2$ Elemente aus G, so ist es auch ihr Produkt

$$\begin{aligned}(a^2+db^2)(u^2+dv^2) &= ((a+b\sqrt{-d})(u+v\sqrt{-d}))\cdot((a-b\sqrt{-d})(u-v\sqrt{-d}))\\ &= ((au-bvd)+(av+bu)\sqrt{-d})\cdot((au-bvd)-(av+bu)\sqrt{-d})\\ &= (au-bvd)^2+d(av+bu)^2,\end{aligned}$$

wie sich durch Rechnen in $\mathfrak{Q}(\sqrt{-d})$ zeigt. Die Multiplikation in G ist assoziativ wie die in $\mathfrak{Q}_0$; es ist $1 \in G$. Schließlich wird noch

$$(a^2 + db^2)^{-1} = \left(\frac{a}{a^2 + db^2}\right)^2 + d\left(\frac{b}{a^2 + db^2}\right)^2 \in G.$$

27.5 a) Ist K ein Körper, so wird $K[\sqrt{3}] = K(\sqrt{3})$; der Beweis verläuft wie in Aufgabe 27.3, a). Daraus folgt $\mathfrak{Q}[\sqrt{2}, \sqrt{3}] = \mathfrak{Q}[\sqrt{2}][\sqrt{3}] = \mathfrak{Q}(\sqrt{2})[\sqrt{3}] = \mathfrak{Q}(\sqrt{2})(\sqrt{3}) = \mathfrak{Q}(\sqrt{2}, \sqrt{3})$.
b) Nach a) besteht $\mathfrak{Q}(\sqrt{2}, \sqrt{3})$ aus allen reellen Zahlen der Gestalt $(a + b\sqrt{2}) + (c + d\sqrt{2})\sqrt{3} = a + b\sqrt{2} + c\sqrt{3} + d\sqrt{6}$ mit $a, b, c, d \in \mathfrak{Q}$.

27.6 Nach § 27, Beispiel 3, ist $\mathfrak{Q}(\sqrt{2} + \sqrt{3}) = \mathfrak{Q}(\sqrt{2}, \sqrt{3})$. Für K können also gewiß die fünf verschiedenen Körper $\mathfrak{Q}$, $\mathfrak{Q}(\sqrt{2})$, $\mathfrak{Q}(\sqrt{3})$, $\mathfrak{Q}(\sqrt{6})$, $\mathfrak{Q}(\sqrt{2}, \sqrt{3})$ gewählt werden. Weitere Zwischenkörper gibt es, wie man zeigen kann, nicht (Aufgabe 67.1).

27.7 a), b) Es ist $\operatorname{Irr}(3 + \sqrt{3}, \mathfrak{Q}) = \operatorname{Irr}(3 - \sqrt{3}, \mathfrak{Q}) = x^2 - 6x + 6$. Das Polynom ist irreduzibel über $\mathfrak{Q}$, weil es in $\mathfrak{Q}$ keine Nullstelle hat (vgl. § 27, Beispiel 5).
c) Wir setzen $\sqrt{2} + \sqrt{3} = \alpha$ und bekommen $\alpha^2 = 5 + 2\sqrt{6}$ oder $(\alpha^2 - 5)^2 = \alpha^4 - 10\alpha^2 + 25 = 24$. Das Polynom $P(x) = x^4 - 10x^2 + 1 \in \mathfrak{Q}[x]$ ist also normiert und hat α als Nullstelle. Wir behaupten $\operatorname{Irr}(\alpha, \mathfrak{Q}) = P(x)$ und haben dazu noch zu zeigen, daß $P(x)$ irreduzibel über $\mathfrak{Q}$ ist. Einen Faktor $g(x) \in \mathfrak{Q}[x]$ vom Grad Eins kann $P(x)$ nicht haben; dies zeigt man wie in § 27, Beispiel 5. Der Ansatz

$$x^4 - 10x^2 + 1 = (x^2 + ax + b)(x^2 + cx + d)$$

schließlich führt (vgl. § 27, Beispiel 7) auf die möglichen Zerlegungen

$$\begin{aligned}x^4 - 10x^2 + 1 &= (x^2 - 5 + \sqrt{24})(x^2 - 5 - \sqrt{24})\\ &= (x^2 + 2\sqrt{3}x + 1)(x^2 - 2\sqrt{3}x + 1)\\ &= (x^2 + 2\sqrt{2}x - 1)(x^2 - 2\sqrt{2}x - 1)\end{aligned}$$

mit Faktoren, die nicht in $\mathfrak{Q}[x]$ liegen.
d) Mit $\sqrt[4]{2} + 1 = \alpha$ wird $(\alpha - 1)^4 = 2$. Man bekommt $\operatorname{Irr}(\alpha, \mathfrak{Q}) = x^4 - 4x^3 + 6x^2 - 4x - 1$.
e) Mit $\sqrt[4]{2} + 1 = \alpha$ wird $(\alpha - 1)^2 = \sqrt{2}$. Man bekommt $\operatorname{Irr}(\alpha, \mathfrak{Q}(\sqrt{2})) = x^2 - 2x + (1 - \sqrt{2})$.

27.8 Es sei $\sqrt[3]{2} = u$. Wir haben damals gezeigt: Es gibt kein

$$g(x) = x^2 + ax + b \in \mathfrak{Q}[x] \text{ mit } g(u) = 0.$$

Das folgt aber aus $\operatorname{Irr}(u, \mathfrak{Q}) = x^3 - 2$ (§ 27, Beispiel 6), weil ein $g(x) \in \mathfrak{Q}[x]$ kleineren Grades nicht u als Nullstelle haben kann.

27.9 Wir unterscheiden zwei Fälle: Entweder $f(x) = x^4 + ax^2 + 1$ hat einen Faktor $g(x) = x - b \in \mathfrak{Q}[x]$ vom Grad Eins, oder $f(x)$ gestattet eine Zerlegung in zwei quadratische Faktoren aus $\mathfrak{Q}[x]$, die wir dann wieder als normierte Polynome ansetzen dürfen. Im ersten Fall wäre $f(b) = 0$, also (Satz 26.3) $b \in \mathfrak{Z}$ und $b \mid 1$; nur $b = 1$ und $b = -1$ kommen dann also in Frage. Aus $b = 1$, also $f(1) = 0$, folgt $a = -2$, und es wird $x^4 - 2x^2 + 1 = (x^2 - 1)^2 = (x - 1)(x^3 + x^2 - x - 1)$;

aus $b = -1$, also $f(-1) = 0$, folgt ebenfalls $a = -2$. Das Polynom $f(x)$ hat somit einen Linearfaktor $g(x) \in \mathfrak{Q}[x]$ nur für $a = -2$. Im zweiten Fall können wir gleich von dem Ansatz

$$x^4 + ax^2 + 1 = (x^2 + bx + c)\left(x^2 - bx + \frac{1}{c}\right) \qquad (b, c \in \mathfrak{Q},\ c \neq 0)$$

ausgehen; durch Koeffizientenvergleich folgt $a = c + \frac{1}{c} - b^2$ und $b\left(c - \frac{1}{c}\right) = 0$. Für $b = 0$ müßte $c + \frac{1}{c}$ die ganze Zahl a sein; man überlegt sich, daß das nur für $c = \pm 1$ möglich ist; die Werte von a sind dann ± 2. Ist schließlich $c - \frac{1}{c} = 0$, so wird entweder $c = 1$ und $a = 2 - b^2$ $(b = 0, 1, 2, \ldots)$, oder es ist $c = -1$ und $a = -2 - b^2$ $(b = 0, 1, 2, \ldots)$.
Zusammengefaßt: Das Polynom $x^4 + ax^2 + 1$ $(a \in \mathfrak{Z})$ ist genau dann reduzibel über $\mathfrak{Q}$, wenn a die Gestalt $\pm 2 - b^2$ $(b = 0, 1, 2, \ldots)$ hat. Die zugehörigen Zerlegungen sind dann

$$x^4 + (2 - b^2)x^2 + 1 = (x^2 + bx + 1)(x^2 - bx + 1),$$
$$x^4 - (2 + b^2)x^2 + 1 = (x^2 + bx - 1)(x^2 - bx - 1);$$

genau dann, wenn in der letzten Zerlegung $b = 0$, also $a = -2$ ist, lassen sich die quadratischen Faktoren rechter Hand noch in Linearfaktoren aufspalten.

31.1 Nein. In einem angeordneten Ring ist wegen $1 > 0$ eine Summe von Einsen nie Null, wohl aber in $\mathfrak{Z}_7(x)$.

31.2 In (3) und (4) kann man $a \neq 0$, $b \neq 0$ annehmen und vier leichte Fallunterscheidungen $\pm a > 0$, $\pm b > 0$ machen. Die Ungleichung (5) ist eine Folge von (4): Ersetzt man in (4) b durch $-b$, so bekommt man insgesamt $|a \pm b| \leqq |a| + |b|$. Ersetzt man in (4) a durch $a - b$, so ergibt sich $|a| \leqq |a - b| + |b|$ oder $|a| - |b| \leqq |a - b|$; Vertauschung von a und b führt zu $|b| - |a| \leqq |b - a| = |a - b|$, und zusammengefaßt wird $||a| - |b|| \leqq |a - b|$. Hierin kann man noch b durch $-b$ ersetzen und erhält dann die linke Seite von (5).

31.3 Bei der üblichen Anordnung von $\mathfrak{R}$ besteht der Positivbereich P aus genau den Elementen $r \in \mathfrak{R}$, $r \neq 0$, die sich in $\mathfrak{R}$ als Quadrat schreiben lassen: $r = s^2$, $s \in \mathfrak{R}$. Die dadurch definierte Partition von $\mathfrak{R}$ lautet $\mathfrak{R} = P \cup \{0\} \cup N$, wobei N aus den additiven Inversen der Elemente von P besteht. Die Elemente von P müssen, da sie Quadrate sind, bei jeder Anordnung von $\mathfrak{R}$ positiv sein; weitere positive Elemente von $\mathfrak{R}$ kann es aber nach (1) nicht geben.

31.4 Ein Automorphismus $f\colon \mathfrak{Z} \to \mathfrak{Z}$ überführt 1 in 1, $2 = 1 + 1$ in $1 + 1 = 2$, -1 in -1 usw., läßt also $\mathfrak{Z}$ elementweise fest. Daher gestatten $\mathfrak{Z}$ und folglich auch $\mathfrak{Q}$ nur den identischen Automorphismus:

$$f\left(\frac{m}{n}\right) = \frac{f(m)}{f(n)} = \frac{m}{n} \qquad (m, n \in \mathfrak{Z},\ n \neq 0).$$

Wir zeigen, daß auch $\mathfrak{R}$ nur den identischen Automorphismus besitzt. Dazu führen wir die Annahme, es gebe einen Automorphismus $f\colon \mathfrak{R} \to \mathfrak{R}$ und ein $r \in \mathfrak{R}$ mit $f(r) = r' \neq r$, auf einen Widerspruch. Es sei etwa $r' > r$. Dann gibt es ein $\varrho \in \mathfrak{Q}$ mit $r < \varrho < r'$ und ein $s \in \mathfrak{R}$, $s \neq 0$, mit $\varrho - r = s^2$. Da f auch einen Automorphismus von $\mathfrak{Q}$ liefert, gilt $f(\varrho) = \varrho$. Unsere Annahme bedeutet also $f(\varrho) - f(r) < 0$. Andrerseits müßte $f(\varrho) - f(r) = f(\varrho - r) = f(s^2) = f(s)^2 > 0$ sein. Die Annahme war also falsch. Den Fall $r' < r$ behandelt man analog.

31.5 Sind a, b Elemente aus R mit $ab = 0$ und etwa $a \neq 0$, so kann b nicht auch noch von Null verschieden sein, weil dann nach (1) und (2) das Produkt ab oder das Produkt $-ab$ positiv, also ab von Null verschieden ausfiele.

31.6 Nach Aufgabe 5 ist R nullteilerfrei. Wegen der Vorzeichenregeln aus Satz 20.1 braucht $ab = ba$ nur für Elemente $a, b \in R$ mit $0 < a \leqq b$ bewiesen zu werden. Es sei n irgendeine natürliche Zahl. Dann existiert ein $m \in \mathfrak{N}$ mit $(m-1)b \leqq na < mb$; nach Voraussetzung gibt es nämlich Vielfache $kb > na$, $k \in \mathfrak{N}$, und unter ihnen ein kleinstes mb. Für das beliebig gewählte $n \in \mathfrak{N}$ folgt nun

$$n(ab - ba) < mb^2 - (m-1)b^2 = b^2.$$

Da R archimedisch angeordnet ist, kann also $ab - ba$ nicht positiv sein, und es folgt $ab - ba \leqq 0$. Analog zeigt man $ba - ab \leqq 0$ und damit insgesamt $ab = ba$.

34.1 Aus $f(x) = (x - \xi_1)(x - \xi_2) \dots (x - \xi_n)$ folgt $f'(\xi_i) = \prod_{k \neq i} (\xi_i - \xi_k)$, und bis auf $\binom{n}{2}$ Vorzeichenwechsel ist $\prod_{i=1}^{n} f'(\xi_i)$ gerade $D(f)$.

35.1 Auf Grund der Sätze 2 und 3 bestehen die linke und die rechte Seite in a) genau aus allen endlichen Summen der Gestalt $\Sigma a_i b_i$, $a_i \in \mathfrak{a}$, $b_i \in \mathfrak{b}_i$; sie stimmen also überein. In b) ist $\mathfrak{b} \supset \mathfrak{b}\mathfrak{c}$ zu zeigen, und das folgt aus Satz 3 und der Idealdefinition.

35.2 Zunächst vereinfachen wir $\mathfrak{a} = (3 + \sqrt{2}, 3 - \sqrt{2}, 6, (3 + \sqrt{2})(3 - \sqrt{2})) = (3 + \sqrt{2}, 3 - \sqrt{2}, 6, 7, 1) = (1)$ und $\mathfrak{b} = (2 + \sqrt{2}, 2 - \sqrt{2}, (2 + \sqrt{2})(2 - \sqrt{2})) = (2 + \sqrt{2}, 2 - \sqrt{2}, 2, \sqrt{2}) = (\sqrt{2})$; dann wird $\mathfrak{a} + \mathfrak{b} = (1)$ und $\mathfrak{a}\mathfrak{b} = (\sqrt{2})$.

35.3 Sind a, b Elemente aus rad $\mathfrak{a}$ und $a^m \in \mathfrak{a}$, $b^n \in \mathfrak{a}$, so folgt

$$(a + b)^{m+n} = \left(a^{m+n} + \binom{m+n}{1} a^{m+n-1} b + \dots + \binom{m+n}{n} a^m b^n\right)$$
$$+ \left(\binom{m+n}{n+1} a^{m-1} b^{n+1} + \dots + b^{m+n}\right).$$

Die Summanden der ersten Klammer rechter Hand sind Vielfache von $a^m \in \mathfrak{a}$, die der zweiten Klammer Vielfache von $b^n \in \mathfrak{a}$; sie liegen also alle in $\mathfrak{a}$. Es folgt $(a + b)^{m+n} \in \mathfrak{a}$, also $a + b \in \operatorname{rad} \mathfrak{a}$. Mit $a \in \operatorname{rad} \mathfrak{a}$ gilt auch $-a \in \operatorname{rad} \mathfrak{a}$; es ist $0 \in \operatorname{rad} \mathfrak{a}$. Ist schließlich $a \in \operatorname{rad} \mathfrak{a}$, also etwa $a^m \in \mathfrak{a}$, und $r \in R$, so gilt auch $r^m a^m = (ra)^m \in \mathfrak{a}$, also $ra \in \operatorname{rad} \mathfrak{a}$.

35.4 Man betrachte das Ideal $(5, x) \subset \mathfrak{Z}[x]$. Es besteht aus allen Polynomen $f(x)$ der Gestalt $f(x) = a + xg(x)$ mit $a \in \mathfrak{Z}$, $5 | a$ und $g(x) \in \mathfrak{Z}[x]$. Schöpft man $\mathfrak{Z}[x]$ durch die Nebenklassen von $(5, x)$ aus, so bekommt man

$$\mathfrak{Z}[x]/(5, x) = \{0 + (5, x), 1 + (5, x), 2 + (5, x), 3 + (5, x), 4 + (5, x)\} \simeq \mathfrak{Z}_5.$$

Es ist, als ob 5 und x gleich Null gesetzt würden.

36.1 Es ist $E_1 = \mathfrak{Q}_0$ die multiplikative Gruppe von $\mathfrak{Q}$. Nach dem Vorbild von Beispiel 3 wird $E_2 = \{1, -1\}$.

36.2 Durch Raten findet man: In E_1 liegen die Elemente $\pm(2 \pm \sqrt{3})^n (n = 0, 1, 2, \dots)$; E_2 enthält die Elemente $\pm(\sqrt{5} \pm 2)^n$ $(n = 0, 1, 2, \dots)$. Man kann zeigen, daß dies sämtliche Elemente von E_1 bzw. E_2 sind.

36.3 a) Vgl. § 29.4.
b) Vgl. Beispiel 4.
c) Wenn $N(r)$ in $\mathfrak{Z}$ unzerlegbar ist, so ist r nicht Null und nach b) auch keine Einheit. Es sei $r = uv$; nach Teil a) folgt $N(r) = N(u)N(v)$ und auf Grund der Voraussetzung etwa $N(u) = \pm 1$. Wieder nach b) ist demnach u eine Einheit.
d) Wegen $N(1 - \sqrt{5}) \neq \pm 1$ und $N(3 + \sqrt{5}) \neq \pm 1$ sind $1 - \sqrt{5}$ und $3 + \sqrt{5}$ keine Einheiten. Aber der Quotient $\frac{3 + \sqrt{5}}{1 - \sqrt{5}} = -2 - \sqrt{5}$ liegt in $\mathfrak{Z}[\sqrt{5}]$ und ist wegen $N(-2 - \sqrt{5}) = -1$ sogar Einheit.
e) Keine zwei der Elemente 2, $3 + \sqrt{5}$, $3 - \sqrt{5}$ haben einen Quotienten, der in $\mathfrak{Z}[\sqrt{5}]$ liegt; sie sind also weder Einheiten noch Assoziierte. Aus

$$2 = (a + b\sqrt{5})(c + d\sqrt{5})$$

mit $a, b, c, d \in \mathfrak{Z}$ folgt $4 = (a^2 - 5b^2)(c^2 - 5d^2)$; keine der Klammern kann ± 2 sein, weil das bereits modulo 5 unmöglich ist; also ist entweder $a + b\sqrt{5}$ oder $c + d\sqrt{5}$ Einheit. Genauso ergibt sich die Unzerlegbarkeit von $3 + \sqrt{5}$ und $1 - \sqrt{5}$.

37.1 Es sei $\mathfrak{a} \neq (0)$ ein Ideal aus $2\mathfrak{Z}$ und a sein kleinstes positives Element, ferner b ein beliebiges Element aus $\mathfrak{a}$. In $\mathfrak{Z}$ gelte $b = qa + r$, $0 \leqq r < b$. Als endliche Summe von Elementen a oder $-a$ liegt qa in $2\mathfrak{Z}$, also auch $r = b - qa$. Es muß also $r = 0$ sein. Also ist $b = qa \in (a)$ oder $\mathfrak{a} = (a)$.

37.2 a) $\mathfrak{R}[x]$ ist ein Gaußscher Ring und $f(x)$ weder Null noch Einheit. Es ist $f(x) = 2(x^2 + 1) \sim x^2 + 1$ Primelement; denn eine nichttriviale Zerlegung von $x^2 + 1$ in $\mathfrak{R}[x]$ ließe sich in der Gestalt $x^2 + 1 = (x + a)(x + b)$ mit $a, b \in \mathfrak{R}$ schreiben im Widerspruch dazu, daß $f(x)$ keine reelle Nullstelle hat.
b) $\mathfrak{C}[x]$ ist ein Gaußscher Ring und $g(x)$ weder Null noch Einheit. Es gilt $x^2 + 1 = (x + i)(x - i)$, und keiner der Faktoren rechter Hand ist eine Einheit.

37.3 Nach etwas Rechnung liefert der Euklidische Algorithmus $d = 31$. Es ist $31 = 3039 \cdot 303\,707 - 1142 \cdot 808\,201$. Das Aufsuchen der Primfaktorzerlegungen $303\,707 = 31 \cdot 97 \cdot 101$ und $808\,201 = 29^2 \cdot 31^2$ ist ziemlich mühsam.

37.4 Der Euklidische Algorithmus liefert $d(x) = 2(x^2 + x + 1) \sim x^2 + x + 1$ und $d(x) = (x + 1)f(x) + (-x^2 - x + 1)g(x)$.

38.1 Man überträgt den Beweis von Satz 1. Zunächst ist $\mathfrak{Z}[\sqrt{2}] \subset \mathfrak{R}$ ein Integritätsbereich. Für $\alpha = a + b\sqrt{2}$ $(a, b \in \mathfrak{Q})$ setzen wir $N(\alpha) = a^2 - 2b^2$. Es zeigt sich, daß $w(\alpha) = |N(\alpha)|$ $(\alpha \in \mathfrak{Z}[\sqrt{2}], \alpha \neq 0)$ als Wertfunktion für $\mathfrak{Z}[\sqrt{2}]$ genommen werden kann: Sind α und $\beta \neq 0$ Elemente aus $\mathfrak{Z}[\sqrt{2}]$, so wird

$$\frac{\alpha}{\beta} = q^* = u^* + v^*\sqrt{2} \qquad (u^*, v^* \in \mathfrak{Q});$$

wir wählen $q = u + v\sqrt{2}$ $(u, v \in \mathfrak{Z})$ derart, daß $|u^* - u| \leqq \frac{1}{2}$ und $|v^* - v| \leqq \frac{1}{2}$ gelten, und setzen $q^* = q + \varrho$. Es folgt $\alpha = q^*\beta = q\beta + r$ $(q, r \in \mathfrak{Z}[\sqrt{2}])$ mit

$$|N(r)| = |N(\varrho\beta)| = |N(\varrho)N(\beta)| = |N(\varrho)| \cdot |N(\beta)| \leqq \frac{1}{2}\,|N(\beta)| < |N(\beta)|.$$

Also erfüllt $w(\alpha)$ die Forderung (1) aus § 37.3 und wegen $w(\alpha) \in \mathfrak{N}$ auch (2).

38.2 a) Daß $\mathfrak{Z}[\sqrt{3}]$ euklidisch ist, zeigt man wie in Aufgabe 1. Für $\alpha = a + b\sqrt{3}$ $(a, b \in \mathfrak{Q})$ setzt man $N(\alpha) = a^2 - 3b^2$ und wählt $w(\alpha) = |N(\alpha)|$ $(\alpha \in \mathfrak{Z}[\sqrt{3}], \alpha \neq 0)$.

Die entscheidende letzte Abschätzung lautet $|N(r)| \leqq \frac{3}{4}|N(\beta)| < |N(\beta)|$.

b) Angenommen, 5 wäre nicht Primelement und in der Gestalt $5 = \alpha\beta$ in $\mathfrak{Z}[\sqrt{3}]$ nichttrivial zerlegbar. Wie in § 36, Beispiel 4, folgt, daß die Normen $N(\alpha)$ und $N(\beta)$ von ± 1 verschieden sind. Aus $N(5) = 25 = N(\alpha)N(\beta)$ ergibt sich also $N(\alpha) = \pm 5$. Für $\alpha = a + b\sqrt{3}$ $(a, b \in \mathfrak{Z})$ heißt das $a^2 - 3b^2 = \pm 5$; das ist aber modulo 5 nur für $a \equiv b \equiv 0$ möglich. Letzteres bedeutet $25|(a^2 - 3b^2)$ im Widerspruch zu $a^2 - 3b^2 = \pm 5$. Also ist 5 Primelement in $\mathfrak{Z}[\sqrt{3}]$.

c) Es ist $13 = (4 + \sqrt{3})(4 - \sqrt{3})$, und dieselben Überlegungen wie in § 38.2, 1), 2), zeigen, daß dies eine Primfaktorzerlegung von 13 in $\mathfrak{Z}[\sqrt{3}]$ ist.

38.3 Man bekommt $(3, i) = (i) = (1)$; $(4 + 4i, 8i) = (4 + 4i, (4 + 4i)(1 - i)i) = (4 + 4i)$; $(2 + i, 2 - i) = (2 + i, 2 - i, i(2 - i) - (2 + i)) = (2 + i, 2 - i, 1 - i) = (2 + i, 2 - i, 1 - i, 1) = (1)$; $(1 + i, 1 - i) = (1 + i, i(1 + i)) = (1 + i)$. Auf Grund der Sätze 37.4 und 36.3 kann man auch mit Hilfe von § 38.2 den g.g.T. bestimmen.

38.4 Ohne algebraische Hilfsmittel ist diese Aufgabe nicht leicht. Hier wird die Behauptung fast trivial: Es ist $5 = (2 + i)(2 - i)$, und $2 + i$ und $2 - i$ sind nichtassoziierte Primelemente in $\mathfrak{Z}[i]$ (§ 38.2). Würde $(2 + i)^n = (2 - i)^n$ für ein gewisses $n \in \mathfrak{N}$ gelten, so wäre die Eindeutigkeitsforderung (2) aus § 37.1 in dem Gaußschen Ring $\mathfrak{Z}[i]$ verletzt.

41.1 Es ist $x^2 = x \cdot x$, aber $x \notin (x^2)$; es ist $x^3 - 2x^2 - 2x - 3 = (x - 3)(x^2 + x + 1)$, aber weder $x - 3 \in (x^3 - 2x^2 - 2x - 3)$ noch $x^2 + x + 1 \in (x^3 - 2x^2 - 2x - 3)$; es ist $6 = 2 \cdot 3$, aber weder $2 \in (6, x)$ noch $3 \in (6, x)$; die Ideale (x^2), $(x^3 - 2x^2 - 2x - 3)$ und $(6, x)$ sind also keine Primideale und erst recht nicht maximal. Da sich jedes $f(x) \in \mathfrak{Z}[x]$ in der Gestalt $f(x) = q(x) \cdot (x + 1) + r$, $q(x) \in \mathfrak{Z}[x]$, $r \in \mathfrak{Z}$, schreiben läßt, ist $\mathfrak{Z}[x]/(x + 1) \simeq \mathfrak{Z}$; es ist also $(x + 1)$ ein Primideal (Satz 40.1), aber nicht maximal (Satz 41.1). Wegen $\mathfrak{Z}[x]/(2, x) \simeq \mathfrak{Z}_2$ und $\mathfrak{Z}[x]/(3, x) \simeq \mathfrak{Z}_3$ (vgl. Aufgabe 35.4) sind $(2, x)$ und $(3, x)$ in $\mathfrak{Z}[x]$ maximale Ideale und damit erst recht Primideale.

41.2 Nach Satz 37.3 ist $\mathfrak{R}[x]$ euklidisch, also erst recht ein Hauptidealring. Das Element $x^2 + 1$ aus $\mathfrak{R}[x]$ ist ein Primelement und erzeugt nach Satz 41.3 ein maximales Ideal $(x^2 + 1)$. Also ist $\mathfrak{R}[x]/(x^2 + 1)$ ein Körper. Da sich jedes $f(x) \in \mathfrak{R}[x]$ in der Gestalt $f(x) = q(x) \cdot (x^2 + 1) + r(x)$ mit $q(x), r(x) \in \mathfrak{R}[x]$, $r(x) = ax + b$, schreiben läßt, wird $\mathfrak{R}[x]/(x^2 + 1)$ die Menge aller Klassen $ax + b + (x^2 + 1)$. Es gilt $ax + b + (x^2 + 1) = a'x + b' + (x^2 + 1)$ genau für $a = a'$ und $b = b'$, weil das Ideal $(x^2 + 1)$ außer der Null nur Polynome vom Grad $\geqq 2$ enthält. Das Quadrat von $x + (x^2 + 1)$ ist die Klasse $-1 + (x^2 + 1)$. Durch

$$\varphi(a + bx + (x^2 + 1)) = a + bi$$

wird ein Isomorphismus von $\mathfrak{R}[x]/(x^2 + 1)$ auf $\mathfrak{C}$ definiert. In $\mathfrak{R}[x]/(x^2 + 1)$ tut man so, als wäre $x^2 + 1 = 0$ und schreibt im übrigen x statt i.

41.3 Man geht vor wie in Aufgabe 41.2 und betrachtet $K[x]/(x^2 - 2)$.

41.4 a) Es gilt $\omega^3 - 1 = (\omega - 1)(\omega^2 + \omega + 1) = 0$ und $\omega \neq 1$, also $\omega^2 + \omega + 1 = 0$. Ein $f(x) \in \mathfrak{Z}[x]$ läßt sich in der Gestalt $f(x) = q(x) \cdot (x^2 + x + 1) + ax + b$ schreiben; jedes Element aus $\mathfrak{Z}[\omega]$ hat daher die Form $a\omega + b$ $(a, b \in \mathfrak{Z})$. Es folgt $\mathfrak{Z}[\omega]/(2) = \{(2), 1 + (2), \omega + (2), 1 + \omega + (2)\}$. Das ist ein kommutativer Ring mit Einselement. Wegen $(1 + (2))(1 + (2)) = 1 + (2)$ und $(\omega + (2))(1 + \omega + (2)) = -1 + (2) = 1 + (2)$ hat jedes von Null verschiedene Element aus $\mathfrak{Z}[\omega]/(2)$ sogar ein Inverses, und $\mathfrak{Z}[\omega]/(2)$ ist ein Körper. Nach Satz 41.1 ist also (2) in $\mathfrak{Z}[\omega]$ ein maximales Ideal und damit erst recht ein Primideal.

b) In $\mathfrak{Z}[i]$ ist $2 = (1 + i)(1 - i)$ nichttrivial zerlegbar; es gilt $2 \in (2)$, aber $1 \pm i \notin (2)$. Folglich ist (2) kein Primideal in $\mathfrak{Z}[i]$ und erst recht nicht maximal.

42.1 Das Polynom $f(x) + g(x)y \in R[x][y]$ ist linear in y und hat nach Voraussetzung in $R[x]$ den Inhalt Eins.

42.2 Wir brauchen nur, daß R nullteilerfrei ist. Angenommen, es sei

$$f(x_1, x_2, \ldots, x_n) = g(x_1, x_2, \ldots, x_n) \cdot h(x_1, x_2, \ldots, x_n)$$

und h nicht homogen. Dann kann man

$$h(x_1, x_2, \ldots, x_n) = h_1(x_1, x_2, \ldots, x_n) + h_2(x_1, x_2, \ldots, x_n) + h_3(x_1, x_2, \ldots, x_n)$$

schreiben, wobei $h_1 \neq 0$ homogen vom Grad r (das ist die maximale Exponentensumme der Summanden von h), $h_3 \neq 0$ homogen vom Grad $s < r$ (das ist die minimale Exponentensumme der Summanden von h) und jeder von Null verschiedene Summand von h_2 von einem Grad t mit $s < t < r$ ist. Ist g homogen, so bekommt f die Summanden $gh_1 \neq 0$ und $gh_3 \neq 0$, die sich nicht wegheben, und kann daher nicht homogen sein. Ist g nicht homogen, so spaltet man entsprechend auch g in drei Summanden auf und kommt zu dem gleichen Widerspruch.

42.3 Wir setzen $\frac{2+i}{2-i} = \alpha$. Es ist $\bar{\alpha} = \frac{2-i}{2+i}$ und $\operatorname{Irr}(\alpha, \mathfrak{Q}) = (x - \alpha)(x - \bar{\alpha}) = x^2 - \frac{6}{5}x + 1$; es sei $x^2 - \frac{6}{5}x + 1 = f(x)$. Ist $F[x] \in \mathfrak{Q}[x]$ ein Polynom mit der Nullstelle α, so ist es in $\mathfrak{Q}[x]$ durch $f(x)$ teilbar; dazu schreibe man $F(x) = q(x)f(x) + r(x)$ mit $q(x), r(x) \in \mathfrak{Q}[x]$, $r(x) = 0$ oder Grad $r(x) <$ Grad $f(x)$, und ersetze x durch α. Wäre $\alpha^n = 1$ für ein $n \in \mathfrak{N}$, so wäre $F(x) = x^n - 1$ demnach in $\mathfrak{Q}[x]$ durch $f(x)$, also auch durch das primitive Polynom $5x^2 - 6x + 5 \in \mathfrak{Z}[x]$ teilbar. Nun wende man Satz 2 an: Wegen $F(x) \in \mathfrak{Z}[x]$ müßte bereits $5x^2 - 6x + 5 \mid x^n - 1$ in $\mathfrak{Z}[x]$ gelten; ein Vergleich der höchsten Koeffizienten zeigt aber, daß $x^n - 1 = g(x) \cdot (5x^2 - 6x + 5)$ mit einem $g(x) \in \mathfrak{Z}[x]$ nicht möglich ist.

42.4 Wie Aufgabe 42.3. Mit $\alpha = \frac{3+i}{3-i}$ wird $\operatorname{Irr}(\alpha, \mathfrak{Q}) = x^2 - \frac{8}{5}x + 1$, und $5x^2 - 8x + 5$ tritt an die Stelle von $5x^2 - 6x + 5$.

43.1 In allen vier Fällen genügt es, die Irreduzibilität über $\mathfrak{Z}$ nachzuweisen (Satz 42.3). Das Polynom $f_1(x)$ ist schon über $\mathfrak{Z}_2$ irreduzibel, erst recht über $\mathfrak{Z}$. Das Polynom $f_2(x)$ hat keine Nullstelle in $\mathfrak{Z}$ (Satz 26.3) und ist folglich irreduzibel über $\mathfrak{Z}$. Das Polynom $f_3(x)$ hat ebenfalls keine Nullstelle in $\mathfrak{Z}$ (Satz 26.3); man versucht noch die beiden Ansätze $f_3(x) = (x^2 + ax - 1)(x^2 + bx - 1)$ und $f_3(x) = (x^2 + ax + 1)(x^2 + bx + 1)$ mit $a, b \in \mathfrak{Z}$; der erste führt auf $a + b = 2$ und $-a - b = 2$, versagt also; beim zweiten müßte $a + b = 2$ und $ab = -1$ sein, was für $a, b \in \mathfrak{Z}$ unmöglich ist. Bei $f_4(x)$ nehme man das Eisenstein-Kriterium und $p = 3$.

43.2 Nach Satz 42.3 genügt der Nachweis der Irreduzibilität über $\mathfrak{Z}$. Im ersten Fall nehme man das Eisenstein-Kriterium und $p = 5$. Im zweiten Fall würde eine Zerlegung in $\mathfrak{Z}[x]$ auch eine in $\mathfrak{Z}_2[x]$ liefern, und die ist nicht möglich.

43.3 Wegen $a_0 a_n \neq 0$ hat auch $g(x)$ den Grad n. Angenommen, es wäre $g(x) = g_1(x)g_2(x)$ mit Polynomen $g_1(x), g_2(x) \in R[x]$ mindestens vom Grad Eins. Wegen $a_n \neq 0$ sind die konstanten Glieder von $g_1(x)$ und $g_2(x)$ ungleich Null. Im Quotientenkörper $R(x)$ wäre $g\left(\frac{1}{x}\right) = g_1\left(\frac{1}{x}\right)g_2\left(\frac{1}{x}\right)$ und in $R[x]$ dann $x^n g\left(\frac{1}{x}\right) = f(x) = f_1(x)f_2(x)$ eine Zerlegung von $f(x)$ mit Grad $f_1(x) =$ Grad $g_1(x)$ und Grad $f_2(x) =$ Grad $g_2(x)$.

43.4 Man betrachte $f(x, y)$ als Polynom in y mit Koeffizienten aus $R[x]$ und benutze das Eisenstein-Kriterium für $p = x$.

44.1 a) Ist $f(x) = g(x)^p$, so folgt $f'(x) = pg(x)^{p-1}g'(x) = 0$ (Sätze 26.5 und 26.4). b) Ist $f'(x) = 0$, so hat $f(x)$ die Gestalt $f(x) = \sum_0^n a_\nu (x^p)^\nu$. Nach Satz 12.6 ist das dasselbe wie $f(x) = \sum_0^n (a_\nu)^p (x^p)^\nu = \sum_0^n (a_\nu x^\nu)^p$. Nun wende man Aufgabe 20.8c) an. Es folgt $f(x) = (\sum_0^n a_\nu x^\nu)^p$, also $f(x) = g(x)^p$ mit $g(x) = \sum_0^n a_\nu x^\nu$.

45.1 Die primitive fünfte Einheitswurzel $\zeta = \cos\frac{2\pi}{5} + i\sin\frac{2\pi}{5}$ ist Nullstelle von $x^4 + x^3 + x^2 + x + 1$. Also gilt $\left(\zeta^2 + \frac{1}{\zeta^2}\right) + \left(\zeta + \frac{1}{\zeta}\right) + 1 = 0$. Man setze $\zeta + \frac{1}{\zeta} = u$. Es folgt $u^2 + u - 1 = 0$, also, da u positiv reell ist, $u = \frac{1}{2}(\sqrt{5} - 1)$. Nun gilt $u = 2\cos\frac{2\pi}{5}$. Also wird $\cos\frac{2\pi}{5} = \frac{1}{4}(\sqrt{5} - 1)$. Daraus ergibt sich

$$\sin\frac{2\pi}{5} = \frac{1}{2}\sqrt{\frac{5 + \sqrt{5}}{2}}.$$

45.2 Der Fall $\zeta = 1$ ist klar. Für $\zeta \neq 1$ hat die Summe $1 + \zeta + \zeta^2 + \ldots + \zeta^{m-1}$ den Wert $\frac{\zeta^m - 1}{\zeta - 1}$, und hierin ist der Zähler Null.

45.3 In (2) ersetze man x durch 0 und beweise die Behauptung durch Induktion nach m.

45.4 Wir führen den Beweis in drei Schritten.
1) Es sei ζ eine primitive m-te Einheitswurzel. Wir behaupten: Dann ist $-\zeta$ eine primitive $2m$-te Einheitswurzel. Zunächst gilt ja $(-\zeta)^{2m} = 1$. Es sei d die Ordnung von $-\zeta$, also $d|2m$; behauptet wird $d = 2m$. Es ist d kein Teiler von m; denn dann müßte $(-\zeta)^m = 1$ sein im Gegensatz zu $(-\zeta)^m = -\zeta^m = -1$ (hier haben wir benutzt, daß m ungerade ist). Also ist $d = 2\delta$ gerade. Es folgt $(-\zeta)^d = \zeta^d = 1$, und die Ordnung m von ζ teilt d. Somit ist d ein Vielfaches von m und ein Teiler von $2m$, aber wegen $d \nmid m$ von m verschieden. Das heißt $d = 2m$.
2) Die Polynome $\Phi_m(-x)$ und $\Phi_{2m}(x)$ aus $\mathfrak{Q}[x]$ haben also in $\mathfrak{C} \supset \mathfrak{Q}$ die Nullstelle $-\zeta$ gemeinsam. Beide sind sie auf Grund von Satz 3 irreduzibel über $\mathfrak{Q}$. Die Anwendung von Satz 44.2 ergibt also sowohl $\Phi_m(-x)|\Phi_{2m}(x)$ als auch $\Phi_{2m}(x)|\Phi_m(-x)$ in $\mathfrak{Q}[x]$.
3) Da $\Phi_{2m}(x)$ und $\Phi_m(x)$ normierte Polynome sind, folgt $\Phi_{2m}(x) = \pm\Phi_m(-x)$. Rechts muß das Pluszeichen stehen, wenn wir noch zeigen, daß für $m \geqq 3$ der Grad $\varphi(m)$ von $\Phi_m(x)$ gerade ist. Dies wiederum ist auf Grund der Definition von $\varphi(m)$ richtig, weil aus $(d, m) = 1$ auch $(m - d, m) = 1$ folgt und für $m \geqq 3$ und $(d, m) = 1$ gilt: $m \quad d \neq d$.

45.5 Durch wiederholte Anwendung von (7) folgt (8) aus (4). Wir zeigen die Gültigkeit von (7) in zwei Schritten.
1) Es sei $\alpha = e^{\frac{1}{m}2\pi i}$ und $\beta = e^{\frac{1}{mp}2\pi i}$. Wegen $\beta^p = \alpha$ ist β Nullstelle von $\Phi_m(x^p)$.

Außerdem ist auch $\Phi_{mp}(\beta) = 0$ und $\Phi_{mp}(x)$ nach Satz 3 irreduzibel über $\mathfrak{Q}$. Die Anwendung von Satz 44.2 liefert $\Phi_{mp}(x) | \Phi_m(x^p)$ in $\mathfrak{Q}[x]$. Beide Polynome sind normiert. Wenn wir unter 2) zeigen, daß ihre Grade übereinstimmen, $\varphi(mp) = p\varphi(m)$, so sind sie identisch.

2) Es sei d eine natürliche Zahl. Wegen $p|m$ bedeuten $(d, mp) = 1$ und $(d, m) = 1$ dasselbe. Es ist also $\varphi(mp)$ die Anzahl aller d mit $1 \leqq d \leqq mp$ und $(d, m) = 1$. In jedem der p Teilintervalle $\nu m + 1 \leqq d \leqq (\nu + 1)m$ $(\nu = 0, 1, \ldots, p - 1)$ liegen genau $\varphi(m)$ Zahlen d mit $(d, m) = 1$ (vgl. hierzu Abschnitt 12.4); insgesamt wird also $\varphi(mp) = p\varphi(m)$.

45.6 Die $\Phi_m(x)$ für die Primzahlen $m = 2, 3, 5, 7, 11, 13$ folgen aus (4), für die Primzahlpotenzen $m = 4, 8, 9$ aus (8): $\Phi_4(x) = x^2 + 1$, $\Phi_8(x) = x^4 + 1$, $\Phi_9(x) = x^6 + x^3 + 1$. Für $m = 6, 10, 14$ bekommt man sie nach (6): $\Phi_6(x) = x^2 - x + 1$, $\Phi_{10}(x) = x^4 - x^3 + x^2 - x + 1$, $\Phi_{14}(x) = x^6 - x^5 + x^4 - x^3 + x^2 - x + 1$. Für $m = 12$ verwendet man (7) mit $p = 2$: $\Phi_{12}(x) = \Phi_6(x^2) = x^4 - x^2 + 1$. Aus (2) berechnet man $\Phi_{15}(x) = x^8 - x^7 + x^5 - x^4 + x^3 - x + 1$. Schließlich war $\Phi_1(x) = x - 1$.

46.1 Vgl. Aufgabe 37.1.

49.1 Wegen $(0, 0, \ldots, 0) \in U$ ist U nicht leer. Mit $(r_1, r_2, \ldots, r_n)$ und $(s_1, s_2, \ldots, s_n)$ ist auch $(r_1 + s_1, r_2 + s_2, \ldots, r_n + s_n)$ ein Element von U; es ist ja $\Sigma a_{ij}(r_j + s_j) = \Sigma a_{ij}r_j + \Sigma a_{ij}s_j = 0 + 0 = 0$. Ist $(r_1, r_2, \ldots, r_n) \in U$ und $c \in K$, so gilt auch $c(r_1, r_2, \ldots, r_n) = (cr_1, cr_2, \ldots, cr_n) \in U$ wegen $\Sigma a_{ij}cr_j = c\Sigma a_{ij}r_j = c \cdot 0 = 0$. Die Behauptung folgt also aus Satz 1.

50.1 Es ist $B = \{1, i\}$ eine Basis von V, also dim $V = 2$.

50.2 Es ist $B = \{1, i, j, k\}$ eine Basis von V, also dim $V = 4$.

50.3 Wäre dim $V = n < \infty$, so gäbe es eine Basis $\{\alpha_1, \alpha_2, \ldots, \alpha_n\}$ von V, und $\mathfrak{R}$ wäre gleich der Menge M aller Linearkombinationen $q_1\alpha_1 + q_2\alpha_2 + \ldots + q_n\alpha_n$, $q_i \in \mathfrak{Q}$. Aber nach Satz 2 läßt sich M eineindeutig auf $\mathfrak{Q}^n$ abbilden und damit nach Satz 4.1 abzählen. Doch $\mathfrak{R}$ ist nicht abzählbar. Also ist dim $V = \infty$.

50.4 Die Elemente aus $\mathfrak{Q}[\xi]$ haben die Gestalt $\alpha = \sum_0^n q_\nu \xi^\nu$ mit rationalen Koeffizienten q_ν. Wegen $\xi^3 = 2$ lassen sie sich sogar alle in der Gestalt $a\xi^2 + b\xi + c$ mit $a, b, c \in \mathfrak{Q}$ schreiben. Nach § 27, Beispiel 6, ist Irr $(\xi, \mathfrak{Q}) = x^3 - 2$; Satz 27.1, Aussage (3), mit ξ an Stelle von α und $f(x) = x^3 - 2$ liefert: genau dann ist $a\xi^2 + b\xi + c = 0$, wenn $a = b = c = 0$ gilt. Also hat V die Basis $\{1, \xi, \xi^2\}$, und es ist dim $V = 3$.

53.1 Der Euklidische Algorithmus für die Polynome $p(x) = x^3 - 7$ und $f(x) = x^2 + 3x + 1$ aus $\mathfrak{Q}[x]$ liefert den g.g.T. $\frac{11}{4} \sim 1$ und $\frac{11}{4} = \left(\frac{1}{8}x^2 + \frac{1}{16}x - \frac{5}{16}\right)f(x) - \left(\frac{1}{8}x + \frac{7}{16}\right)p(x)$. Es folgt (vgl. den 2. Beweis von Satz 2) $\xi^{-1} = \frac{1}{22}(\sqrt[3]{7})^2 + \frac{1}{44}\sqrt[3]{7} - \frac{5}{44} \in \mathfrak{Q}[\sqrt[3]{7}]$.

54.1 Das Eisenstein-Kriterium mit $p = 2$ zeigt die Irreduzibilität von $x^3 - 2x + 2$ über $\mathfrak{Q}$. Es folgt $[\alpha : \mathfrak{Q}] = 3$. Für $\beta \in \mathfrak{Q}(\alpha)$ gilt entweder $[\beta : \mathfrak{Q}] = 3$ oder $[\beta : \mathfrak{Q}] = 1$ (Satz 3). Wir zeigen, daß das letztere, also $\beta = \alpha^2 - \alpha \in \mathfrak{Q}$, nicht zutrifft; das bedeutet dann $[\beta : \mathfrak{Q}] = 3$ und folglich (Satz 3) $\mathfrak{Q}(\alpha) = \mathfrak{Q}(\beta)$. Mit $\alpha^2 - \alpha = \beta \in \mathfrak{Q}$

wäre ja $x^2 - x - \beta \in \mathfrak{Q}[x]$ ein Polynom vom Grad 2 mit der Nullstelle α, was wegen $[\alpha : \mathfrak{Q}] > 2$ nicht möglich ist. Das Polynom $\operatorname{Irr}(\beta, \mathfrak{Q})$ bekommt man aus $\beta = \alpha^2 - \alpha$ durch leichte Rechnungen: Zunächst wird $\beta^2 = \alpha^4 - 2\alpha^3 + \alpha^2 = \alpha(2\alpha - 2) - 2(2\alpha - 2) + \alpha^2 = 3\alpha^2 - 6\alpha + 4$ und analog $\beta^3 = 16\alpha^2 - 28\alpha + 18$; aus β und β^2 errechnet man $\alpha = -\frac{1}{3}\beta^2 + \beta + \frac{4}{3}$ und $\alpha^2 = -\frac{1}{3}\beta^2 + 2\beta + \frac{4}{3}$, und Einsetzen in β^3 führt zu $\operatorname{Irr}(\beta, \mathfrak{Q}) = x^3 - 4x^2 - 4x - 2$.

54.2 Da $\sqrt{-2}$ nicht reell ist, gilt $\sqrt{-2} \notin \mathfrak{Q}(\sqrt{2})$; andrerseits ist $\sqrt{-2}$ Nullstelle von $x^2 + 2 \in \mathfrak{Q}(\sqrt{2})[x]$; es folgt $[\mathfrak{Q}(\sqrt{2}, \sqrt{-2}) : \mathfrak{Q}] = [\mathfrak{Q}(\sqrt{2}, \sqrt{-2}) : \mathfrak{Q}(\sqrt{2})] \cdot [\mathfrak{Q}(\sqrt{2}) : \mathfrak{Q}] = 2 \cdot 2 = 4$.
Für $\mathfrak{Q}(\sqrt{3}, \sqrt{3} + \sqrt[3]{3})$ können wir $\mathfrak{Q}(\sqrt{3}, \sqrt[3]{3})$ schreiben. Es ist $[\mathfrak{Q}(\sqrt{3}, \sqrt[3]{3}) : \mathfrak{Q}] = [\mathfrak{Q}(\sqrt{3}, \sqrt[3]{3}) : \mathfrak{Q}(\sqrt{3})] \cdot [\mathfrak{Q}(\sqrt{3}) : \mathfrak{Q}]$, und der zweite Faktor rechter Hand ist 2. Wir zeigen, daß der erste Faktor gleich 3, also $[\mathfrak{Q}(\sqrt{3}, \sqrt{3} + \sqrt[3]{3}) : \mathfrak{Q}] = 6$ ist. Die Zahl $\sqrt[3]{3}$ ist Nullstelle von $x^3 - 3 \in \mathfrak{Q}(\sqrt{3})[x]$, und das Polynom kann in $\mathfrak{Q}(\sqrt{3})[x]$ nicht zerfallen, weil es sonst eine Nullstelle $\xi \in \mathfrak{Q}(\sqrt{3})$ hätte; das letztere hieße aber (Satz 3) $[\xi : \mathfrak{Q}] \leqq 2$ im Widerspruch zu $[\xi : \mathfrak{Q}] = 3$. Also ist $\operatorname{Irr}(\sqrt[3]{3}, \mathfrak{Q}(\sqrt{3})) = x^3 - 3$ und damit $[\mathfrak{Q}(\sqrt{3}, \sqrt[3]{3}) : \mathfrak{Q}(\sqrt{3})] = 3$.
Schließlich ist $\frac{-1 + i}{\sqrt{2}} = \left(\frac{1 + i}{\sqrt{2}}\right)^3$, also $\mathfrak{Q}\left(\frac{1 + i}{\sqrt{2}}, \frac{-1 + i}{\sqrt{2}}\right) = \mathfrak{Q}\left(\frac{1 + i}{\sqrt{2}}\right)$ und $\left[\mathfrak{Q}\left(\frac{1 + i}{\sqrt{2}}, \frac{-1 + i}{\sqrt{2}}\right) : \mathfrak{Q}\right] = 4$; es ist ja $\frac{1 + i}{\sqrt{2}}$ Nullstelle von $x^4 + 1 \in \mathfrak{Q}[x]$, und dieses Polynom ist irreduzibel über $\mathfrak{Q}$.

54.3 Wegen $\mathfrak{Q}(\alpha + i) \subset \mathfrak{Q}(\alpha, i)$ ist für $\mathfrak{Q}(\alpha + i) = \mathfrak{Q}(\alpha, i)$ noch $\mathfrak{Q}(\alpha, i) \subset \mathfrak{Q}(\alpha + i)$ zu zeigen. Dafür genügt es, $i \in \mathfrak{Q}(\alpha + i)$ nachzuweisen, denn dann gilt auch $\alpha + i - i = \alpha \in \mathfrak{Q}(\alpha + i)$. Wir setzen $\alpha + i = \xi$ und bekommen $5 = (\xi - i)^3 = \xi^3 - 3i\xi^2 - 3\xi + i$, also, da $3\xi^2 - 1 \neq 0$ ist,

$$i = \frac{\xi^3 - 3\xi - 5}{3\xi^2 - 1} \in \mathfrak{Q}(\xi) = \mathfrak{Q}(\alpha + i).$$

Es gilt also $\mathfrak{Q}(\alpha + i) = \mathfrak{Q}(\alpha, i)$.
Hieraus ermitteln wir den Grad von $\alpha + i$ über $\mathfrak{Q}$. Das Element i vom Grad 2 über $\mathfrak{Q}$ liegt nicht in der Erweiterung $\mathfrak{Q}(\alpha)$ von $\mathfrak{Q}$ vom Grad 3, da 2 kein Teiler von 3 ist (Satz 3); daher bleibt $[i : \mathfrak{Q}(\alpha)] = 2$, und es folgt

$$[\mathfrak{Q}(\alpha + i) : \mathfrak{Q}] = [\mathfrak{Q}(\alpha, i) : \mathfrak{Q}(\alpha)] \cdot [\mathfrak{Q}(\alpha) : \mathfrak{Q}] = 2 \cdot 3 = 6.$$

Es sei weiterhin $\alpha + i = \xi$. Da nun $[\xi : \mathfrak{Q}] = 6$ bekannt ist, genügt es zur Ermittlung von $\operatorname{Irr}(\xi, \mathfrak{Q})$, ein normiertes $f(x) \in \mathfrak{Q}[x]$ vom Grad 6 anzugeben, das ξ als Nullstelle hat; dann ist von selbst $f(x) = \operatorname{Irr}(\xi, \mathfrak{Q})$. Dazu betrachte man noch einmal $\xi^3 - 3i\xi^2 - 3\xi + i = 5$ oder $\xi^3 - 3\xi - 5 = i(3\xi^2 - 1)$ und quadriere; man bekommt $\xi^6 + 9\xi^2 + 25 - 6\xi^4 - 10\xi^3 + 30\xi = -(9\xi^4 - 6\xi^2 + 1)$ oder $\operatorname{Irr}(\alpha + i, \mathfrak{Q}) = x^6 + 3x^4 - 10x^3 + 3x^2 + 30x + 26$. Daß dieses Polynom über $\mathfrak{Q}$ irreduzibel ist, ist auf direktem Wege nicht so leicht zu sehen.

55.1 $\mathfrak{R}(x)$.

56.1 Ja: denn das regelmäßige Dreieck und das regelmäßige Fünfeck (vgl. Aufgabe 45.1) sind konstruierbar; nach der Bemerkung 1 zu Satz 3 ist also auch der Winkel $\frac{2\pi}{15}$ konstruierbar, dessen Halbierung den gesuchten Winkel $\frac{\pi}{15}$ ergibt.

56.2 Es bedeutet nur eine Umformulierung der Aufgabe, wenn wir sagen: In a) und b) soll die fehlende dritte Seite gefunden werden. Dazu verschaffen wir uns eine Formel, in der w_γ durch die drei Seiten ausgedrückt wird, und lösen sie anschließend nach c bzw. a auf. Für die Ermittlung dieser Formel (wegen der folgenden Rechnungen vergleiche man ein Lehrbuch der analytischen Geometrie) führen wir die Vektoren $\overrightarrow{AB} = \mathfrak{c}$, $\overrightarrow{BC} = \mathfrak{a}$, $\overrightarrow{CA} = \mathfrak{b}$ ein; die von C ausgehende Winkelhalbierende w_γ treffe die Seite AB im Punkte D, und es sei $\overrightarrow{CD} = \mathfrak{w}_\gamma$. Es ist nun $\mathfrak{c} = -\mathfrak{b} - \mathfrak{a}$; also existiert eine reelle Zahl μ mit

$$(1) \qquad \overrightarrow{AD} = \mu(-\mathfrak{b} - \mathfrak{a}).$$

Der Vektor der Länge Eins in Richtung von C nach A ist $\frac{1}{b}\mathfrak{b}$; der Vektor der Länge Eins in Richtung von C nach B ist $-\frac{1}{a}\mathfrak{a}$; da die Diagonalen eines Rhombus dessen Winkel halbieren, zeigt $\frac{1}{b}\mathfrak{b} - \frac{1}{a}\mathfrak{a}$ in die Richtung von C nach D, und es gibt eine reelle Zahl λ mit $\mathfrak{w}_\gamma = \lambda\left(\frac{1}{b}\mathfrak{b} - \frac{1}{a}\mathfrak{a}\right)$ oder

$$(2) \qquad \overrightarrow{AD} = -\mathfrak{b} + \lambda\left(\frac{1}{b}\mathfrak{b} - \frac{1}{a}\mathfrak{a}\right).$$

Ein Vergleich der Koeffizienten von $\mathfrak{a}$ und $\mathfrak{b}$ in (1) und (2) liefert $\lambda = \frac{ab}{a+b}$ und $\mu = \frac{b}{a+b}$. Also haben wir $\mathfrak{w}_\gamma = \lambda\left(\frac{1}{b}\mathfrak{b} - \frac{1}{a}\mathfrak{a}\right) = \frac{1}{a+b}(a\mathfrak{b} - b\mathfrak{a})$. Wir suchen die Länge w_γ dieses Vektors und finden sie als Wurzel aus dem skalaren Produkt von $\mathfrak{w}_\gamma$ mit sich selbst. Wegen $\mathfrak{a}^2 = a^2$ und $\mathfrak{b}^2 = b^2$ gibt das zunächst

$$w_\gamma = \frac{1}{a+b}\sqrt{2a^2b^2 - ab \cdot 2\mathfrak{a}\mathfrak{b}},$$

und hierin darf wegen $(\mathfrak{a} + \mathfrak{b})^2 = \mathfrak{c}^2$ noch $2\mathfrak{a}\mathfrak{b}$ durch $\mathfrak{c}^2 - a^2 - b^2$ ersetzt werden. Das führt zu der gesuchten Formel

$$(3) \qquad w_\gamma = \frac{1}{a+b}\sqrt{ab(a+b+c)(a+b-c)}.$$

Nun sieht man, daß die Konstruktionsaufgabe a) lösbar ist; denn (3) liefert eine quadratische Gleichung für c.
Die Ausführung der Konstruktion b) dagegen ist im allgemeinen mit Zirkel und Lineal unmöglich. Sind beispielsweise $b = w_\gamma = 1$ und $c = 2$, so ist der Körper $K = \mathfrak{Q}(c, b, w_\gamma) = \mathfrak{Q}$ gegeben, und aus (3) folgt $a^3 + a^2 - 5a - 1 = 0$; es gibt genau ein $a > 0$, das diese Gleichung erfüllt $(1 < a < 2)$, und dieses a ist zu konstruieren. Es ist Nullstelle von $f(x) = x^3 + x^2 - 5x - 1$, und dieses Polynom hat keine rationalzahlige Nullstelle (Satz 26.3), ist also irreduzibel über $\mathfrak{Q}$. Das bedeutet $[a : K] = 3$ und damit zugleich die Undurchführbarkeit der verlangten Konstruktion.

58.1 Wir führen den Beweis durch vollständige Induktion nach n. Die Behauptung ist richtig für $n = 1$. Sie sei bereits bewiesen für alle Körper $\tilde{K}$ und Zerfällungskörper $\tilde{E}$ von Polynomen $\tilde{f}(x) \in \tilde{K}[x]$ mit Grad $\tilde{f}(x) < n$. Für Grad $f(x)$

$= n > 1$ unterscheiden wir zwei Fälle: 1) $f(x)$ ist in $K[x]$ irreduzibel; 2) es gibt Polynome $f_1(x)$, $f_2(x) \in K[x]$ mit Graden $k, l \geqq 1$ und $f(x) = f_1(x)f_2(x)$. Im ersten Fall gibt es ein $\alpha \in E$ mit $f(\alpha) = 0$, und es wird $[E:K] = [E:K(\alpha)] \cdot [K(\alpha):K] = [E:K(\alpha)] \cdot n$. In $K(\alpha)[x]$ kann man $f(x) = (x - \alpha)g(x)$ schreiben; dann wird E Zerfällungskörper von $g(x) \in K(\alpha)[x]$ und nach Induktionsvoraussetzung $[E:K(\alpha)]$ ein Teiler von $(n-1)!$. Also geht auch $[E:K] = [E:K(\alpha)] \cdot n$ in $n!$ auf. Im zweiten Fall seien $\alpha_1, \alpha_2, \ldots, \alpha_k \in E$ die nicht notwendig paarweise voneinander verschiedenen Nullstellen von $f_1(x)$. Dann ist $K(\alpha_1, \alpha_2, \ldots, \alpha_k)$ der Zerfällungskörper von $f_1(x) \in K[x]$ und E auch Zerfällungskörper von $f_2(x) \in K(\alpha_1, \alpha_2, \ldots, \alpha_k)[x]$. Nach der Induktionsvoraussetzung ist also $[E:K(\alpha_1, \alpha_2, \ldots, \alpha_k)]$ ein Teiler von $l!$ und $[K(\alpha_1, \alpha_2, \ldots, \alpha_k):K]$ ein Teiler von $k!$, das Produkt $[E:K]$ somit ein Teiler von $l!k!$, und diese Zahl teilt $(k+l)! = n!$, weil der Binomialkoeffizient $\binom{k+l}{k} = \frac{(k+l)!}{k!\,l!}$ eine ganze Zahl ist.

58.2 Nach Satz 2 läßt sich der identische Automorphismus $\varepsilon: K \simeq K$ zu einem Isomorphismus φ von $K(\alpha_1)$ auf $K(\alpha_2)$ mit $\varphi(\alpha_1) = \alpha_2$ fortsetzen. Diesen Isomorphismus betrachte man in Satz 3; es wird $g(x) = f(x)$, und man darf $F = E$ wählen, da E sowohl Zerfällungskörper von $f(x) \in K(\alpha_1)[x]$ als auch Zerfällungskörper von $f(x) \in K(\alpha_2)[x]$ ist. Jede Fortsetzung $\tau: E \simeq E$ von $\varphi: K(\alpha_1) \simeq K(\alpha_2)$ leistet dann das Verlangte.

58.3 a) Man nehme das Eisenstein-Kriterium und $p = 2$.
b) Durch Ausrechnen der Klammern bekommt man $f(2 - \alpha) = f(\alpha) = 0$.
c) Es sind α und $2 - \alpha$ Nullstellen desselben über $\mathfrak{Q}$ irreduziblen Polynoms $f(x)$. Also wird durch $\varphi(g(\alpha)) = g(2 - \alpha)$ ein Isomorphismus φ von $\mathfrak{Q}(\alpha)$ auf $\mathfrak{Q}(2 - \alpha)$ definiert ($g(x) \in \mathfrak{Q}[x]$), der $\mathfrak{Q}$ elementweise festläßt. Wegen $\alpha \in \mathfrak{Q}(2 - \alpha)$ und $2 - \alpha \in \mathfrak{Q}(\alpha)$ ist sogar $\mathfrak{Q}(\alpha) = \mathfrak{Q}(2 - \alpha)$ und φ damit ein Automorphismus von $\mathfrak{Q}(\alpha)$. Er hat die Eigenschaft $\varphi(\alpha) = 2 - \alpha$, und aus dieser Eigenschaft folgt für einen Automorphismus φ von $\mathfrak{Q}(\alpha)$ schon $\varphi(g(\alpha)) = g(\varphi(\alpha)) = g(2 - \alpha)$. Also gibt es genau eine Fortsetzung φ von ε mit $\varphi(\alpha) = 2 - \alpha$.
d) Wegen $\mathfrak{Q} \subset L$ ist L nicht leer; speziell liegen 0 und 1 in L. Aus $a, b \in L$ folgt $\varphi(a - b) = \varphi(a) - \varphi(b) = a - b$, also $a - b \in L$, und $\varphi(ab) = \varphi(a)\varphi(b) = ab$, also $ab \in L$. Ist $a \in L$, $a \neq 0$, so wird $\varphi(a^{-1}) = \varphi(a)^{-1} = a^{-1}$, also $a^{-1} \in L$. Damit sind die in Frage stehenden Körperaxiome für L nachgeprüft.
e) $\mathfrak{Q}(\alpha)$ besteht aus allen Elementen $\gamma = a\alpha^3 + b\alpha^2 + c\alpha + d$ mit $a, b, c, d \in \mathfrak{Q}$, und es gilt $L = \{\gamma: \varphi(\gamma) = \gamma\}$. Man bekommt $\varphi(\gamma) = a(2 - \alpha)^3 + b(2 - \alpha)^2 + c(2 - \alpha) + d$; Ausrechnen der Klammern und Vergleich der Koeffizienten gleicher Potenzen von α (vgl. § 53.2) in $\varphi(\gamma) = \gamma$ liefert $a = 0$ und $2b + c = 0$, also $L = \{b\alpha^2 - 2b\alpha + d: b, d \in \mathfrak{Q}\}$. Das ist nicht ganz $\mathfrak{Q}(\alpha)$, aber mehr als $\mathfrak{Q}$; wegen $[\mathfrak{Q}(\alpha):\mathfrak{Q}] = 4$ liefert die Gradformel also $[L:\mathfrak{Q}] = 2$. Jedes nicht schon in $\mathfrak{Q}$ gelegene Element $\beta \in L$ erzeugt daher L über $\mathfrak{Q}$. Wir wählen etwa $b = 1$ und $d = 0$, also $\beta = \alpha^2 - 2\alpha$, und bekommen $L = \mathfrak{Q}(\beta)$. Man berechne $\beta^2 = \alpha^4 - 4\alpha^3 + 4\alpha^2$; dann sieht man $\operatorname{Irr}(\beta, \mathfrak{Q}) = x^2 - 2x + 2$ und erhält $\beta = 1 \pm i$. In beiden Fällen wird $L = \mathfrak{Q}(i)$.
f) Für das erzeugende Element α von $\mathfrak{Q}(\alpha) = L(\alpha)$ über L gilt $\alpha^2 - 2\alpha = \beta = 1 \pm i$. Es folgt $\alpha = 1 \pm \sqrt{2 \pm i}$. Jede dieser vier Zahlen ist Nullstelle von $f(x)$, wie die Probe durch zweimaliges Quadrieren zeigt: $(\alpha - 1)^2 = 2 \pm i$ und $((\alpha - 1)^2 - 2)^2 = -1$ ergibt $f(\alpha) = 0$.
g) Es ist $E = \mathfrak{Q}(\sqrt{2 + i}, \sqrt{2 - i})$ und, wie wir schon wissen, $[\mathfrak{Q}(\sqrt{2 + i}):\mathfrak{Q}] = 4$. Wir zeigen noch $[\mathfrak{Q}(\sqrt{2 + i}, \sqrt{2 - i}):\mathfrak{Q}(\sqrt{2 + i})] = 2$ und damit auf Grund der

Gradformel $[E:\mathfrak{Q}] = 8$. Die Zahl $\sqrt{2-i}$ ist Nullstelle von $x^2-(2-i) \in \mathfrak{Q}(\sqrt{2+i})[x]$; es folgt $[\sqrt{2-i}:\mathfrak{Q}(\sqrt{2+i})] \leq 2$. Zu zeigen bleibt $\sqrt{2-i} \notin \mathfrak{Q}(\sqrt{2+i})$. Wegen $\mathfrak{Q}(\sqrt{2+i}) = \mathfrak{Q}(i)(\sqrt{2+i})$ hat jedes Element von $\mathfrak{Q}(\sqrt{2+i})$ die Gestalt $u + v\sqrt{2+i}$ mit $u, v \in \mathfrak{Q}(i)$. Die Annahme $\sqrt{2-i} = u + v\sqrt{2+i}$ mit gewissen $u, v \in \mathfrak{Q}(i)$ hat $v \neq 0$ (wegen $\sqrt{2-i} \notin \mathfrak{Q}(i)$) und $u \neq 0$ (wegen $\sqrt{5} \notin \mathfrak{Q}(i)$) zur Folge; aber dann ergibt sich durch Quadrieren $\sqrt{2+i} \in \mathfrak{Q}(i)$, was auch nicht der Fall ist. Also ist $\sqrt{2-i} \notin \mathfrak{Q}(\sqrt{2+i})$ und demnach $[E:\mathfrak{Q}] = 8$.

59.1 Es sei α eine Nullstelle von $x^2 + ax + b \in \mathfrak{Z}_3[x]$ und demnach $[\mathfrak{Z}_3(\alpha):\mathfrak{Z}_3] = 1$ oder $[\mathfrak{Z}_3(\alpha):\mathfrak{Z}_3] = 2$. Im ersten Fall zerfällt das Polynom bereits über $\mathfrak{Z}_3 \subset GF(3^2)$, im zweiten ist $\mathfrak{Z}_3(\alpha)$ nach Satz 3 ein Körper mit 3^2 Elementen, also $GF(3^2)$.

59.2 Es sei $L = GF(p^n)$ und K ein Unterkörper von L. Dann gilt $\chi(K) = \chi(L) = p$. Daher ist $K = GF(p^m)$ mit einem gewissen $m \in \mathfrak{N}$. Nach Satz 3 ist $|L|$ eine Potenz von $|K|$; also ist notwendig m sogar ein Teiler von n. Ist nun ein Teiler m von n vorgegeben, so zeigen wir: Es gibt genau einen Körper $K \subset L$ mit $|K| = p^m$. Nach dem Beweis zu Satz 5 besteht $GF(p^m)$ aus der Gesamtheit aller Nullstellen a von $x^{p^m} - x \in \mathfrak{Z}_p[x]$ und $L = GF(p^n)$ aus der Gesamtheit aller Nullstellen von $x^{p^n} - x \in \mathfrak{Z}_p[x]$. Es sei $n = dm$. Durch Potenzieren mit p^m folgt aus $a^{p^m} = a$ zunächst $a^{p^{2m}} = a$, und Wiederholung des Potenzierens mit p^m führt schließlich zu $a^{p^{dm}} = a^{p^n} = a$. Jedes $a \in GF(p^m)$ liegt also in L. Zu jedem Teiler m von n gibt es also einen Körper $K \subset L$ mit $|K| = p^m$. Er ist eindeutig bestimmt, weil $x^{p^m} - x \in \mathfrak{Z}_p[x]$ nur p^m Nullstellen in L besitzt.

61.1 $\vartheta = i + \sqrt{3}$, $\operatorname{Irr}(\vartheta, \mathfrak{Q}) = x^4 - 4x^2 + 16$.

61.2 Es ist $E = \mathfrak{Q}(\sqrt[3]{7}, \omega)$ mit $\omega = -\frac{1}{2} + \frac{i}{2}\sqrt{3}$ (vgl. § 58, Beispiel 3), und man kann $\vartheta_1 = \omega + \sqrt[3]{7}$ wählen; aber die Ermittlung von $\operatorname{Irr}(\vartheta_1, \mathfrak{Q})$ erfordert einige Rechnung. Es gilt auch $E = \mathfrak{Q}(\sqrt[3]{7}, \sqrt{-3})$, und hier erweist sich sogar das Produkt $\vartheta_2 = \sqrt[3]{7}\sqrt{-3}$ als primitives Element von E über $\mathfrak{Q}$; denn es ist $\vartheta_2^4 = 63\sqrt[3]{7}$, also $\sqrt[3]{7}$ und damit auch $\sqrt{-3}$ ein Element von $\mathfrak{Q}(\vartheta_2)$. Aus $[E:\mathfrak{Q}] = 6$ folgt demnach $[\vartheta_2:\mathfrak{Q}] = 6$ und schließlich $\operatorname{Irr}(\vartheta_2, \mathfrak{Q}) = x^6 + 1323$ durch Potenzieren von ϑ_2 mit 6.

62.1 Das Polynom $f(x)$ ist irreduzibel über K auf Grund des Eisenstein-Kriteriums für $p = y$. Die Inseparabilität von $f(x)$ über K folgt nun aus Satz 3. Das Polynom $f(x) \in K[x]$ hat also in seinem Zerfällungskörper genau eine dreifach gezählte Nullstelle, da in Satz 4 nur $m = 1$ in Frage kommt.

67.1

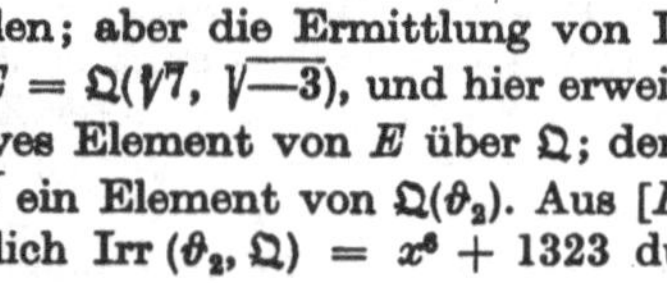

67.2 Es ist $E = \mathfrak{Q}(\sqrt{2}, \sqrt{3}, \sqrt{5})$ der Zerfällungskörper von

$$(x^2 - 2)(x^2 - 3)(x^2 - 5) \in \mathfrak{Q}[x].$$

Für jedes Element g der Galoisgruppe G von E über $\mathfrak{Q}$ gilt $g^2 = e$. Also ist (Aufgabe 6.1) G abelsch, und zwar $G = \mathfrak{Z}_2 \times \mathfrak{Z}_2 \times \mathfrak{Z}_2$. Schreibt man

$$G = \{\varepsilon, \alpha, \beta, \gamma, \alpha\beta, \alpha\gamma, \beta\gamma, \alpha\beta\gamma\} \text{ mit } \alpha^2 = \beta^2 = \gamma^2 = \varepsilon,$$

so findet man 16 Untergruppen von G. Die 16 Zwischenkörper von $\mathfrak{Q}$ und $\mathfrak{Q}(\sqrt{2}, \sqrt{3}, \sqrt{5})$ kann man alle raten: $\mathfrak{Q}$, $\mathfrak{Q}(\sqrt{2})$, $\mathfrak{Q}(\sqrt{3})$, $\mathfrak{Q}(\sqrt{5})$, $\mathfrak{Q}(\sqrt{6})$, $\mathfrak{Q}(\sqrt{10})$, $\mathfrak{Q}(\sqrt{15})$, $\mathfrak{Q}(\sqrt{30})$, $\mathfrak{Q}(\sqrt{2}, \sqrt{3})$, $\mathfrak{Q}(\sqrt{2}, \sqrt{5})$, $\mathfrak{Q}(\sqrt{3}, \sqrt{5})$, $\mathfrak{Q}(\sqrt{2}, \sqrt{15})$, $\mathfrak{Q}(\sqrt{3}, \sqrt{10})$, $\mathfrak{Q}(\sqrt{5}, \sqrt{6})$, $\mathfrak{Q}(\sqrt{6}, \sqrt{10})$, $\mathfrak{Q}(\sqrt{2}, \sqrt{3}, \sqrt{5})$.

67.3 Wir setzen $\omega = -\frac{1}{2} + \frac{i}{2}\sqrt{3}$ und bekommen $E = \mathfrak{Q}(\sqrt[3]{7}, \omega)$ und $[E : \mathfrak{Q}] = 6$. Die Galoisgruppe ist die nichtkommutative Gruppe $G = \{\varepsilon, \sigma, \sigma^2, \tau, \sigma\tau, \sigma^2\tau\}$ der Ordnung 6 ($\sigma^3 = \tau^2 = \varepsilon$, $\tau\sigma = \sigma^2\tau$), wobei σ und τ durch $\sigma(\sqrt[3]{7}) = \omega\sqrt[3]{7}$, $\sigma(\omega) = \omega$ und $\tau(\sqrt[3]{7}) = \sqrt[3]{7}$, $\tau(\omega) = \omega^2$ definiert sind. Die echten Untergruppen von G sind $\{\varepsilon\}$, $\{\varepsilon, \tau\}$, $\{\varepsilon, \sigma\tau\}$, $\{\varepsilon, \sigma^2\tau\}$ und $\{\varepsilon, \sigma, \sigma^2\}$. Man bekommt das Körperdiagramm

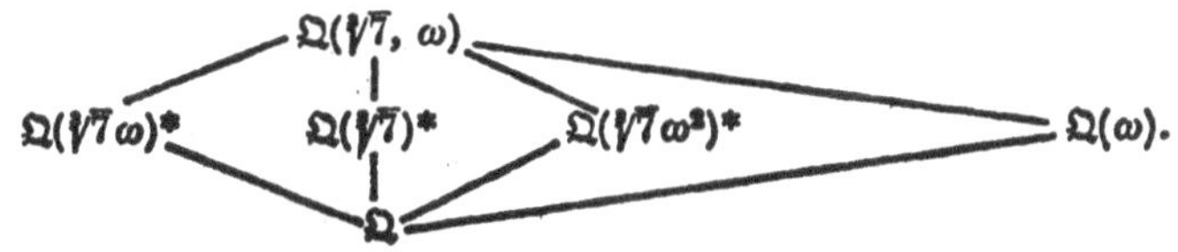

73.1 Es sei $\alpha \in \mathfrak{C}$ algebraisch über $\mathfrak{A}$. Behauptet wird $\alpha \in \mathfrak{A}$. Nach Satz 54.6 ist aber α algebraisch über $\mathfrak{Q}$, und das bedeutet $\alpha \in \mathfrak{A}$.

Bezeichnungen

$\mathfrak{L}$, $|M|$, $\mathfrak{N}$, $\mathfrak{Z}$, $\mathfrak{Q}$, $\mathfrak{R}$, $\mathfrak{C}$, $=_{Df}$ (§ 1.1)
$A \times B$, M^2, M^∞ (§ 1.3)
$\simeq$ (§ 6.3, § 19)
$\mathfrak{S}_n$ (§ 7.2)
sgn, $\mathfrak{A}_n$ (§ 7.3)
ind (§ 8.3)
$\mathfrak{Z}_n$ (§ 9.2, § 20.1)
$G \times H$, $G \oplus H$ (§ 10.1)
(m, n), $a|b$, $a \nmid b$ (§ 10.3, § 36.2)
$p(\alpha)$ (§ 11.2)
$\not\simeq$ (§ 12.1, § 19)
G/N (§ 12.1)
$\varphi(n)$, $\mathfrak{P}_n$ (§ 12.4)
$\mathfrak{D}_n$ (§ 18.1)
$\chi(R)$ (§ 20.2)
R_0 (§ 20.3)
Irr (α, K) (§ 27.3)
$\mathfrak{H}$ (§ 29.2)
(M), $(m_1, m_2, \ldots, m_s)$ (§ 35.1)
$\Phi_m(x)$ (§ 45)
dim V (§ 50)
$[E:S]_l$, $[E:S]_r$, $[E:S]$ (§ 52)
$[\alpha: K]$ (§ 53.2)
$GF(p^n)$ (§ 59)
$G(E|F)$ (§ 65.1)
$\mathfrak{K}_n$ (§ 69.1)
$\mathfrak{A}$ (§ 73.1)
Re z, Im z, $\bar{z}$, arg z (Anhang)

Literatur

[1] ALEXANDROFF, P. S.: *Einführung in die Mengenlehre und die Theorie der reellen Funktionen*, 4. Aufl., Deutscher Verlag der Wissenschaften, Berlin 1967.

[2] —: *Einführung in die Gruppentheorie*, 6. Aufl., Deutscher Verlag der Wissenschaften, Berlin 1967.

[3] ARTIN, E.: *Galoissche Theorie*, 2. Aufl., Deutsch, Frankfurt a. M. 1968.

[4] BLASCHKE, W.: *Analytische Geometrie*, 3. Aufl., Birkhäuser Verlag, Basel 1954.

[5] GRAUERT, H. u. LIEB, I.: *Differential- und Integralrechnung* I, 2. Aufl., Springer, Berlin 1970.

[6] HASSE, H.: *Zahlentheorie*, 2. Aufl., Akademie-Verlag, Berlin 1963.

[7] —: *Höhere Algebra*, 2 Bände, 6. bzw. 5. Aufl., de Gruyter (Sammlung Göschen), Berlin 1969 bzw. 1967.

[8] HASSE, H. u. KLOBE, W.: *Aufgabensammlung zur Höheren Algebra*, 3. Aufl., de Gruyter (Sammlung Göschen), Berlin 1961.

[9] HAUSDORFF, F.: *Grundzüge der Mengenlehre*, Nachdruck, Chelsea, New York 1949.

[10] JACOBSON, N.: *Lectures in Abstract Algebra*, 3 Bände, 1. Aufl., van Nostrand, New York 1951, 1953, 1964.

[11] KAMKE, E.: *Mengenlehre*, 7. Aufl., de Gruyter (Sammlung Göschen), Berlin 1971.

[12] KOCHENDÖRFFER, R.: *Einführung in die Algebra*, 3. Aufl., Deutscher Verlag der Wissenschaften, Berlin 1966.

[13] KOWALSKY, H.-J.: *Lineare Algebra*, 6. Aufl., de Gruyter, Berlin 1972.

[14] KUROSCH, A. G.: *Gruppentheorie*, Nachdruck, Akademie-Verlag, Berlin 1955.

[15] LANDAU, E.: *Grundlagen der Analysis*, Neudruck, Chelsea, New York 1960.

[16] VAN DER WAERDEN, B. L.: *Algebra*, 2 Bände, 8. bzw. 5. Aufl., Springer, Berlin 1971 bzw. 1967.

Namen- und Sachverzeichnis

FSC
www.fsc.org
MIX
Papier | Fördert gute Waldnutzung
FSC® C083411

Zeitfracht Medien GmbH
Ferdinand-Jühlke-Straße 7
99095 Erfurt, Deutschland
produktsicherheit@kolibri360.de